ABITUR-TRAINING
MATHEMATIK

Analysis

Technik

Reinhard Schuberth

STARK

Autor
Reinhard Schuberth, selbst Absolvent einer Berufsoberschule, ist langjährige Lehrkraft und stellvertretender Schulleiter.
Jahrzehntelange Unterrichtserfahrung an verschiedenen bayerischen Fachoberschulen und Berufsoberschulen, die Mitarbeit an der virtuellen Berufsoberschule (ViBOS) und das Verfassen verschiedener Lehrbücher bilden eine gute Grundlage, um verständliche und schülergerechte Lernhilfen im Bereich Mathematik zu erstellen. Das Herausarbeiten und Einüben von Schlüsselstellen des Mathematikstoffes, die für eine erfolgreiche Teilnahme am Unterricht und der Abschlussprüfung zentrale Bedeutung haben, ist ihm besonders wichtig.
Als ausgebildeter Beratungslehrer weiß er aus erster Hand, wo die Nöte von Schülerinnen und Schülern im Mathematikunterreicht liegen. Ihnen über diese Hürden mit hinwegzuhelfen und sie zu einem erfolgreichen Abschluss zu führen, ist ihm ein besonderes Anliegen.

Bildnachweis
Umschlag: © snaptitude – Fotolia.com
S. 1: © Redaktion
S. 27: gemeinfrei (Quelle: Wikimedia Commons)
S. 35: gemeinfrei (Quelle: Wikimedia Commons)
S. 39: © Sanja Gjenero | sxc.hu
S. 44: © Ula Kapala | Dreamstime.com
S. 107: © Bill Fehr | Dreamstime.com
S. 108: gemeinfrei (Quelle: Wikimedia Commons)
S. 115: © Jelka | Photocase.com
S. 145: © Chris 73, http://commons.wikimedia.org/wiki/ File:NautilusCutawayLogarithmicSpiral.jpg; lizenziert unter der Creative Commons „Namensnennung-Weitergabe unter gleichen Bedingungen 3.0 Unported“-Lizenz
S. 156: gemeinfrei (Quelle: Wikimedia Commons)
S. 176: © Bernd Laber, http://de.wikipedia.org/w/index.php?title=Datei:Coleps-Zellteilung.jpg; lizenziert unter der Creative Commons „Namensnennung-Weitergabe unter gleichen Bedingungen Deutschland 3.0“-Lizenz
S. 177: © Germanskydiver | Dreamstime.com
S. 189: © Yap Hong Chan | Dreamstime.com

Das Umschlagfoto zeigt die im Jahre 1970 eingeweihte Kathedrale in der brasilianischen Hauptstadt Brasília. Der Bau besteht aus Glas und Beton. Seine hyperbolische Form wird durch 16 gleichartige Betonsäulen hervorgerufen und erinnert an die Dornenkrone Christi, betende Hände oder auch die Krone Marias.

www.stark-verlag.de
1. Auflage 2012

Inhalt

Fortsetzung siehe nächste Seite

Autor: Reinhard Schuberth

Vorwort

Liebe Schülerin, lieber Schüler,

dieser Trainingsband ist für die 12. Jahrgangsstufe der Fachoberschule (FOS) und der Berufsoberschule (BOS) konzipiert. Behandelt wird das Themengebiet **Differenzial- und Integralrechnung** für die Ausbildungsrichtung Technik. Inhaltlich deckt dieser Band, zusammen mit den Grundkenntnissen aus dem Trainingsband „Funktionenlehre • Lineare Gleichungssysteme“ (Stark Verlag, Best.-Nr. 92406) sowie dem Trainingsband „Analytische Geometrie und Lineare Algebra“ (Stark Verlag, Best.-Nr. 92409), alles ab, was Sie für die Fachabiturprüfung in Mathematik benötigen.

Die modulare Struktur der Kapitel erlaubt es Ihnen, an vielen Stellen mit dem Lesen zu beginnen, ohne den Kontext zu verlieren. Daher können Sie sich sofort mit genau den Themenbereichen beschäftigen, die Ihnen noch Probleme bereiten. An bestimmten Schlüsselstellen des Stoffgebiets, wie beim Einüben der Ableitungsregeln, sind besonders viele Übungsmöglichkeiten vorhanden, sodass Sie Ihre Rechenfertigkeiten intensiv trainieren können. Die folgenden Punkte helfen dabei, das Lernen mit diesem Buch zu erleichtern:

- In den farbig umrandeten bzw. getönten Kästen finden Sie – präzise und schülergerecht formuliert – die wichtigen **Definitionen, Regeln** und **Merksätze,** die Sie sicher beherrschen müssen.
- Anhand passgenauer, kommentierter **Beispiele** lässt sich die Theorie unmittelbar nachvollziehen, verstehen und wiederholen.
- Die **Übungsaufgaben** eines jeden Abschnitts sind im Schwierigkeitsgrad steigend angeordnet und beinhalten auch anwendungsorientierte Aufgaben.
- Auch **Aufgaben aus größeren Zusammenhängen** sind in ausreichender Zahl vorhanden, die Sie zur gezielten Vorbereitung auf Schulaufgaben verwenden können.
- Am Ende des Buches finden Sie zu jeder Aufgabe eine vollständig ausgearbeitete, ausführliche **Lösung** zur Selbstkontrolle.

Ich wünsche Ihnen viel Erfolg bei der Arbeit mit diesem Trainingsband, in der Schule und bei der Abschlussprüfung!

Ihr

Reinhard Schuberth

Gebrochen-rationale und trigonometrische Funktionen

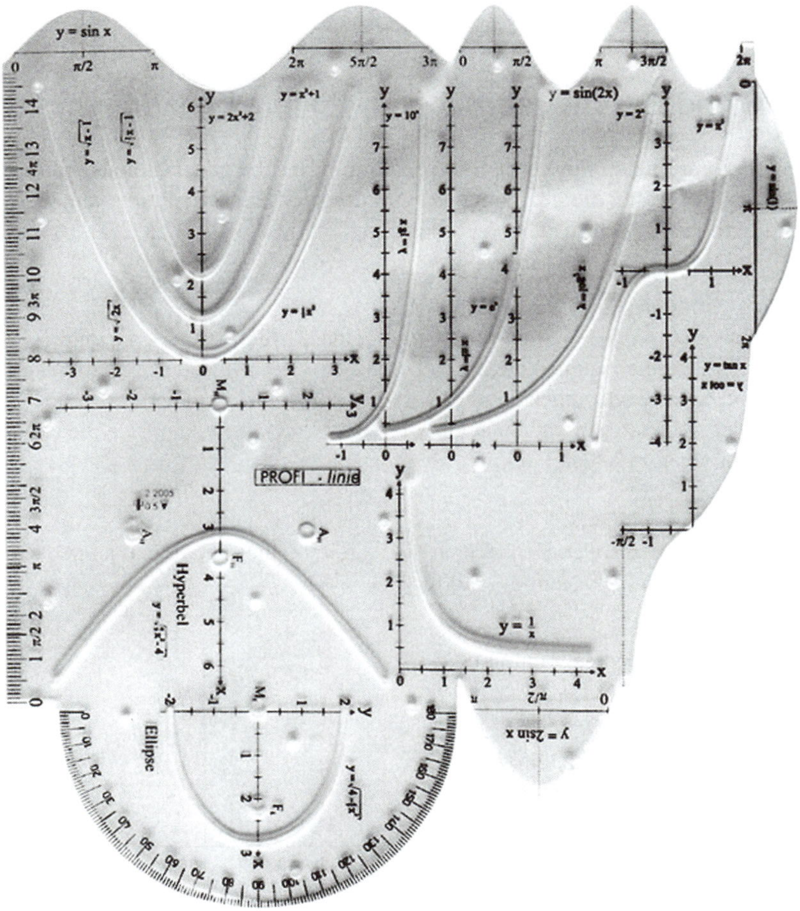

Funktionen sind wichtige mathematische Werkzeuge, die auch bei vielen Anwendungen eine bedeutende Rolle spielen. Bereits bekannt sind die ganzrationalen Funktionen. Aus diesen werden die gebrochen-rationalen Funktionen zusammengesetzt, anschließend werden noch die trigonometrischen Funktionen eingeführt.

1 Gebrochen-rationale Funktionen

Aus den ganzrationalen Funktionen (vgl. Trainingsband „Funktionenlehre und Lineare Gleichungssysteme") bauen sich die gebrochen-rationalen Funktionen auf.

1.1 Echt und unecht gebrochen-rationale Funktionen

Die gebrochen-rationalen Funktionen werden durch Brüche ganzrationaler Funktionen dargestellt, wobei die unabhängige Funktionsvariable x auch im Nenner (unter dem Bruchstrich) auftritt.

Definition

Gebrochen-rationale Funktionen
Eine gebrochen-rationale Funktion f besteht aus einem Bruch zweier ganzrationaler Funktionen. Bezeichnet man die im Zähler des Bruches stehende ganzrationale Funktion mit $Z_n(x)$, wobei n den Grad dieser Funktion angibt, und entsprechend die im Nenner stehende ganzrationale Funktion mit $N_m(x)$, dann lässt sich die zugehörige gebrochen-rationale Funktion darstellen als:

$f: x \mapsto \frac{Z_n(x)}{N_m(x)}$

Die höchsten vorkommenden Exponenten von x, n im Zähler und m im Nenner, heißen **Zählergrad** n bzw. **Nennergrad** m.

Die einfachste gebrochen-rationale Funktion hat die Gleichung $f(x) = \frac{1}{x}$.
Der Zählergrad ist 0, der Nennergrad 1. Da nicht durch 0 geteilt werden kann, ist der größtmögliche Definitionsbereich $D_{max} = \mathbb{R} \setminus \{0\} = \mathbb{R}^*$.
Der Graph dieser Funktion wird **Hyperbel** genannt. Er besitzt zwei sogenannte Asymptoten (das sind Geraden, an die sich der Graph annähert): die x-Achse (**horizontale Asymptote**: $y=0$) und die y-Achse (**vertikale Asymptote**: $x=0$).

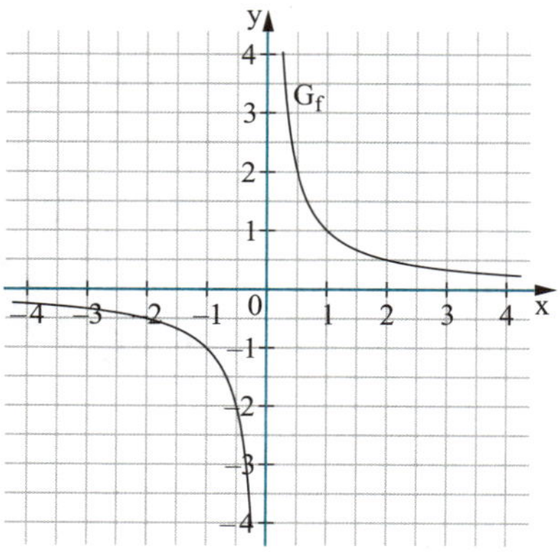

Beispiele

1. $f: x \mapsto \frac{2x^3 - 4x^2 + x - 3}{x^2 - 1}$ ist eine gebrochen-rationale Funktion mit $D_{max} = \mathbb{R} \setminus \{-1; 1\}$; der Zählergrad ist 3, der Nennergrad 2.

2. $f(x)=\frac{x}{2}$ ist keine gebrochen-rationale Funktion; es ist eine ganzrationale Funktion, da im Nenner kein x auftritt. Aber
$$g(x)=\frac{x^2-1}{x+1}=\frac{(x-1)(x+1)}{x+1}=x-1$$
mit $D_{max}=\mathbb{R}\setminus\{-1\}$ ist eine gebrochen-rationale Funktion, auch wenn sich der ursprüngliche Nennerterm wegkürzen lässt. Er hat hier Auswirkungen auf D_{max}. $h(x)=x-1$ muss von $g(x)$ unterschieden werden (siehe Grafik).

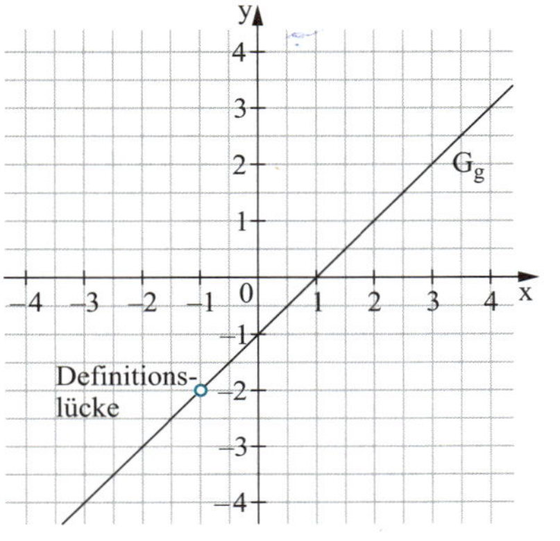

3. $f(x)=\frac{x}{\sqrt{x+1}}$ ist keine gebrochenrationale Funktion, da wegen des Wurzelterms im Nenner keine ganzrationale Funktion steht.
4. Bei $f_k(x)=\frac{kx}{x^2+k}$ und $k\in\mathbb{R}\setminus\{0\}$ handelt es sich um eine gebrochen-rationale Funktionenschar, da darin der Parameter k enthalten ist, der für jede reelle Zahl $k\neq 0$ eine gebrochen-rationale Funktion ergibt.

Ähnlich wie man echte und unechte Brüche unterscheidet ($\frac{3}{5}$ ist ein echter Bruch, $\frac{5}{3}$ hingegen ein unechter), macht man das auch bei gebrochen-rationalen Funktionen.

Definition

Echt und unecht gebrochen-rationale Funktionen
Eine gebrochen-rationale Funktion heißt **echt** gebrochen-rationale Funktion, wenn der Nennergrad gegenüber dem Zählergrad überwiegt, d. h. (mit den Bezeichnungen von oben), wenn $m>n$ ist. Andernfalls heißt die Funktion **unecht** gebrochen-rational.

Die einfachste gebrochen-rationale Funktion $f(x)=\frac{1}{x}$ ist wegen $n=0$; $m=1$ eine echt gebrochen-rationale Funktion.

Beispiel

Welche der Funktionen aus den vorangehenden Beispielen 1, 2 und 4 sind echt und welche unecht gebrochen-rationale Funktionen?

Lösung:
$f: x\mapsto\frac{2x^3-4x^2+x-3}{x^2-1}$ (mit $n=3$; $m=2$) und $g(x)=\frac{x^2-1}{x+1}$ (mit $n=2$; $m=1$) sind unecht gebrochen-rationale Funktionen.
$f_k(x)=\frac{kx}{x^2+k}$ (mit $n=1$; $m=2$) ist für $k\in\mathbb{R}\setminus\{0\}$ echt gebrochen-rational.

So wie sich ein unechter Bruch in einen ganzzahligen Anteil und einen echten Bruch zerlegen lässt $\left(\frac{5}{3}=1+\frac{2}{3}=1\frac{2}{3}\right)$, so lässt sich auch eine unecht gebrochen-rationale Funktion in einen ganzrationalen Anteil und einen echt gebrochen-rationalen Anteil zerlegen. Dies geschieht mittels **Polynomdivision mit Rest**.

Beispiel

Zerlegen Sie die folgenden Funktionen jeweils in ihren ganzrationalen und ihren echt gebrochen-rationalen Anteil. Geben Sie jeweils den Grad des ganzrationalen Anteils an.

a) $f(x)=\frac{x+1}{x-1}$ b) $g(x)=\frac{2x^3-4x^2+x-3}{x^2-1}$

Lösung:

a) Es wird die Polynomdivision von Zählerpolynom durch Nennerpolynom durchgeführt:

$$\begin{array}{l} (x+1):(x-1)=\mathbf{1}+\frac{\text{Rest}}{\text{Nenner}} \\ \underline{-(x-1)} \\ \;/\;\; \mathbf{2} \quad \leftarrow \text{Rest (lässt sich nicht mehr durch } (x-1) \text{ dividieren)} \end{array}$$

Damit kann f(x) auch geschrieben werden als:

$$f(x)=\underbrace{\mathbf{1}}_{\text{ganz-rational}}+\underbrace{\frac{\mathbf{2}}{x-1}}_{\text{echt gebrochen-rational}}$$

Der ganzrationale Anteil „1" ist vom Grade 0. Der Zählergrad $n=1$ und der Nennergrad $m=1$ vom ursprünglichen f(x) ergeben einen ganzrationalen Anteil vom Grade $n-m$, was in diesem Beispiel eben null ergibt. Selbstverständlich kann $f(x)=1+\frac{2}{x-1}$ wieder auf einen gemeinsamen Nenner gebracht werden, dann erhält man die ursprünglich gegebene Darstellung von f(x) zurück.

b) Die Polynomdivision ergibt:

$$\begin{array}{l} (2x^3-4x^2+x-3):(x^2-1)=\mathbf{2x-4}+\frac{\text{Rest}}{\text{Nenner}} \\ \underline{-(2x^3 \qquad -2x)} \\ \;/\;\; -4x^2+3x-3 \\ \quad \underline{-(-4x^2 \qquad +4)} \\ \qquad /\;\; \mathbf{3x-7} \quad \leftarrow \text{Rest} \end{array}$$

Damit lässt sich g(x) schreiben als $g(x)=2x-4+\frac{3x-7}{x^2-1}$.

Hier ist der ganzrationale Anteil vom Grade 1, da der Zählergrad um 1 höher war als der Nennergrad. Dabei ist der Rest, wie oben dargestellt, noch durch das Nennerpolynom zu dividieren, während der abdividierte Term keinen Nenner mehr erhält.

Aufgabe

1. Wandeln Sie die folgenden unecht gebrochen-rationalen Funktionen in ihren ganzrationalen und ihren gebrochen-rationalen Anteil um.

a) $f(x) = \frac{x^3}{x^2 + x + 1}$ b) $f(x) = \frac{x^2 - 1}{x + 1}$

c) $f(x) = x^2 + \frac{1}{x}$ d) $f_k(x) = \frac{kx^3}{x^2 + k}$ mit $k \in \mathbb{R} \setminus \{0\}$

1.2 Maximaler Definitionsbereich

Eine Division durch null ist bekanntlich nicht möglich, da dies keine berechenbare Zahl ergibt (der Taschenrechner meldet ERROR). Das muss man auch bei den gebrochen-rationalen Funktionen berücksichtigen, da es Zahlen für x geben kann, bei denen das Nennerpolynom $N_m(x)$ null ergibt; man nennt diese Stellen auch **Nennernullstellen**. Diese müssen aus dem Definitionsbereich der betreffenden gebrochen-rationalen Funktion ausgeschlossen werden.

Regel

Maximaler Definitionsbereich gebrochen-rationaler Funktionen
Der maximale Definitionsbereich D_{max} einer gebrochen-rationalen Funktion ist $\mathbb{R}$, ohne diejenigen Zahlen, für die der Nenner null ergibt.
Man bestimmt D_{max}, indem man den Nenner der gebrochen-rationalen Funktion null setzt, die so entstandene Gleichung löst und die Lösungen aus $\mathbb{R}$ ausschließt. Dabei wird das gesamte Wissen über das Lösen ganzrationaler Gleichungen (ggf. auch mit Parameter) benötigt.
Gegeben ist: $f(x) = \frac{Z_n(x)}{N_m(x)}$
Ansatz zur Bestimmung von D_{max}: $\mathbf{N_m(x) = 0}$
Das Lösen dieser Gleichung ergibt die sogenannten **Definitionslücken** $x_1; x_2; \ldots, x_r$. Dabei gilt $r \leq m$.
Angabe des maximalen Definitionsbereichs: $D_{max} = \mathbb{R} \setminus \{x_1; x_2; \ldots; x_r\}$

Ob eine unecht gebrochen-rationale Funktion aufgespalten in ihren ganzrationalen und echt gebrochen-rationalen Anteil dargestellt oder auf einen Bruchstrich geschrieben wird, hat keine Auswirkungen auf ihren Definitionsbereich.

Beispiel

Bestimmen Sie jeweils den größtmöglichen Definitionsbereich D_{max}:

a) $f(x) = \frac{-x}{3x + 2}$ b) $g(x) = \frac{-x}{3x^2 + 2}$

c) $f(x) = \frac{1}{\frac{1}{2}x^2 - x - 1}$ d) $g(x) = \frac{x^2 - 4x + 2}{4x^3 - 8x^2 - 3x + 9}$

Lösung:

a) $3x+2=0$

$x=-\frac{2}{3}$

$D_{max}=\mathbb{R}\setminus\left\{-\frac{2}{3}\right\}$

Ansatz: Nenner null setzen

Das Lösen der Gleichung ist hier besonders einfach.

b) $3x^2+2=0 \quad\Leftrightarrow\quad x^2=-\frac{2}{3}$

Man erkennt: Diese Gleichung hat keine (reelle) Lösung. Also gibt es auch keine Definitionslücken, folglich ist in diesem Fall $D_{max}=\mathbb{R}$.

c) $\frac{1}{2}x^2-x-1=0$

Nenner null setzen führt zu einer quadratischen Gleichung.

$x_{1/2}=\frac{-(-1)\pm\sqrt{(-1)^2-4\cdot\frac{1}{2}\cdot(-1)}}{2\cdot\frac{1}{2}}$

Lösungsformel für quadratische Gleichungen

$x_1=1-\sqrt{3};\; x_2=1+\sqrt{3}$

$D_{max}=\mathbb{R}\setminus\{1-\sqrt{3};1+\sqrt{3}\}=\mathbb{R}\setminus\{1\pm\sqrt{3}\}=\mathbb{R}\setminus\{-0{,}73;\,2{,}73\}$

d) Hier führt die D_{max}-Bestimmung auf eine Gleichung 3. Grades. Da sich x nicht ausklammern lässt, muss man – wie in solchen Fällen üblich – eine Lösung raten, $x_1=-1$, und dann eine Polynomdivision durchführen:

$(4x^3-8x^2-3x+9):(x+1)=4x^2-12x+9$

Mit den Lösungen $x_{2/3}=1{,}5$ dieser quadratischen Gleichung oder alternativ wegen $4x^2-12x+9=4(x-1{,}5)^2$ erhält man: $D_{max}=\mathbb{R}\setminus\{-1;\,1{,}5\}$

Noch aufwendiger kann die Rechnung bei Funktionen mit Parameter werden.

Beispiel

Bestimmen Sie den maximalen Definitionsbereich der Funktionenschar $g_a(x)=\frac{x-a}{x^2+a}$ mit $a\in\mathbb{R}$.

Lösung:

$x^2+a=0 \quad\Leftrightarrow\quad x^2=-a$

Der Ansatz führt auf eine Gleichung, die eine Fallunterscheidung bezüglich a erforderlich macht, bevor der nächste Umformschritt gemacht wird.

Für **$a>0$** hat die Gleichung keine (reelle) Lösung, dann ist $D_{max}=\mathbb{R}$ (es gibt nichts, was ausgeschlossen werden müsste).

Für **$a\leq 0$** kann die Wurzel gezogen werden (da dann $-a\geq 0$ ist):

$x_{1/2}=\pm\sqrt{-a}$

± nicht vergessen!

Zusammengefasst ergibt sich der folgende Definitionsbereich:

$$D_{max}=\begin{cases}\mathbb{R}, & \text{falls } a>0\\ \mathbb{R}\setminus\{-\sqrt{-a};\,\sqrt{-a}\}, & \text{falls } a\leq 0\end{cases}$$

Für $a=0$ fallen die beiden Definitionslücken $\pm\sqrt{-a}$ auf eine bei 0 zusammen.

Aufgaben

2. Bestimmen Sie jeweils den größtmöglichen Definitionsbereich der gebrochen-rationalen Funktionen.

a) $f(x)=\frac{x-1}{x+1}$

b) $f(x)=\frac{x}{6x^2-x-2}$

c) $f(x)=\frac{1}{2x^2-x+2}$

d) $f(x)=\frac{x^2+2}{x^3+2}$

e) $f(x)=\frac{x^2-3x+\frac{1}{2}}{x^3-5x^2-x}$

f) $f(x)=\frac{x^3-2x}{4x^3-2x^2-26x-12}$

3. Für die angegebenen gebrochen-rationalen Funktionen mit Parameter ist der maximale Definitionsbereich zu bestimmen. Dabei sind ggf. Fallunterscheidungen vorzunehmen. Wenn nichts weiter angegeben ist, ist der Parameter eine beliebige reelle Zahl.

a) $f_k(x)=\frac{kx^2}{x+k}$ mit $k\in\mathbb{R}\setminus\{0\}$

b) $f_t(x)=\frac{x^2}{x^2-tx}$

c) $f_t(x)=\frac{x^2}{x^2-t}$

d) $g_t(x)=\frac{x^2}{x^2-t^2}$ mit $t>0$

e) $f_a(x)=2x+\frac{1}{x^2-x+a}$

f) $g_m(x)=\frac{x^2-x+m}{x^3-2mx^2+m^2x}$

1.3 Nullstellen

An der grundsätzlichen Vorgehensweise bei der Bestimmung der Nullstellen ändert sich bei den gebrochen-rationalen Funktionen nichts im Vergleich zu den ganzrationalen Funktionen. Der Funktionsterm wird null gesetzt: $f(x)=0$.
Als Erstes wird dann die Gleichung mit dem Nenner durchmultipliziert, sodass nur das Zählerpolynom in der Gleichung verbleibt: $Z_n(x)=0$
Es genügt also, den Zähler null zu setzen. Diese Gleichung ist zu lösen. Dabei stehen, je nach Grad dieser Gleichung, die bekannten Methoden zur Verfügung. Hat man die Lösungen dieser Gleichung ermittelt, muss noch überprüft werden, ob sie im Definitionsbereich der Funktion enthalten sind. Nur dann sind es Nullstellen!

Beispiel

Bestimmen Sie die Nullstellen der folgenden Funktionen:

a) $f(x)=\frac{1}{x}$

b) $f(x)=\frac{x^2-1}{x+1}$

c) $g(x)=x-4+\frac{3x-1}{x^2-1}$

d) $f_k(x)=\frac{x^2-x+k}{x^2+x}$, wobei $k\in\mathbb{R}$

Lösung:

a) $f(x) = 0$ führt nach Multiplikation mit x auf die Gleichung $1 = 0$; diese ist für kein x wahr, also hat f keine Nullstellen.

b) Die Gleichung $x^2 - 1 = 0$ hat die beiden Lösungen $x_1 = -1$ und $x_2 = 1$. Aber nur die 1 ist eine Nullstelle, da 1 im Definitionsbereich dieser Funktion enthalten ist, während $-1 \notin D_{max} = \mathbb{R} \setminus \{-1\}$. Diese Funktion hat also nur eine Nullstelle bei 1.

c) Den maximalen Definitionsbereich kann man ohne große Rechnung direkt angeben: $D_{max} = \mathbb{R} \setminus \{-1; 1\}$. Der Ansatz zur Bestimmung der Nullstellen muss die gesamte Funktion null setzen:

$$x - 4 + \frac{3x-1}{x^2-1} = 0 \quad \Big| \cdot (x^2 - 1)$$ mit dem Nenner durchmultiplizieren

$$(x-4) \cdot (x^2 - 1) + 3x - 1 = 0$$

$$x^3 - 4x^2 + 2x + 3 = 0$$ Da sich x nicht ausklammern lässt, muss eine Lösung geraten werden.

$$x_1 = 3$$

$$(x^3 - 4x^2 + 2x + 3) : (x - 3) = x^2 - x - 1$$ Polynomdivision (ohne Rest)

$$x^2 - x - 1 = 0$$ Lösen der quadratischen Gleichung

$$x_{2/3} = \frac{1}{2} \cdot (1 \pm \sqrt{5})$$ mit der Lösungsformel

Da alle drei Lösungen in D_{max} liegen, sind es Nullstellen der Funktion g. Wenn man diese kennt, kann man g auch faktorisiert darstellen.

$$g(x) = x - 4 + \frac{3x-1}{x^2-1} = \frac{(x-4) \cdot (x^2-1)}{x^2-1} + \frac{3x-1}{x^2-1}$$ zunächst auf einen Bruch bringen

$$= \frac{x^3 - 4x^2 + 2x - 1}{x^2 - 1} = \frac{(x-3) \cdot (x^2 - x - 1)}{(x-1) \cdot (x+1)}$$

Der quadratische Term im Zähler ließe sich auch faktorisiert darstellen als $\left(x - \frac{1}{2}(1 - \sqrt{5})\right) \cdot \left(x - \frac{1}{2}(1 + \sqrt{5})\right)$. Wegen der „krummen" Werte wird man aber eher davon absehen.

d) Zunächst wird D_{max} bestimmt, da Zählernullstellen keine Nullstellen der Funktion sind, wenn sie nicht im Definitionsbereich der Funktionen enthalten sind:

$x^2 + x = 0 \quad \Leftrightarrow \quad x(x+1) = 0 \quad \Rightarrow \quad x_1 = 0;\ x_2 = -1 \quad \Rightarrow \quad D_{max} = \mathbb{R} \setminus \{-1; 0\}$

Jetzt wird die Funktion null gesetzt; es genügt dabei, den Zähler null zu setzen:

$x^2 - x + k = 0$

Die Bestimmung der Lösungen erfordert eine Fallunterscheidung bezüglich k. Je nach Vorzeichen der Diskriminante $D = b^2 - 4ac = (-1)^2 - 4 \cdot 1 \cdot k = 1 - 4k$ sind drei Fälle zu unterscheiden.

Fall 1: $D > 0$

$1 - 4k > 0 \Rightarrow k < \frac{1}{4}$

Für $k < \frac{1}{4}$ hat die Gleichung zwei einfache Lösungen: $x_{1/2} = \frac{1 \pm \sqrt{1-4k}}{2}$

Es muss noch geprüft werden, ob diese Lösungen in D_{max} liegen.

Für $k = 0$ ist:

$x_1 = \frac{1}{2}(1 - \sqrt{1 - 4 \cdot 0}) = 0 \notin D_{max}$

Für $k = -2$ ist:

$x_1 = \frac{1}{2}(1 - \sqrt{1 - 4 \cdot (-2)}) = -1 \notin D_{max}$

Fall 2: $D = 0$

$1 - 4k = 0 \Rightarrow k = \frac{1}{4}$

Für $k = \frac{1}{4}$ hat die Gleichung eine doppelte Lösung: $x_{1/2} = \frac{1 \pm 0}{2} = \frac{1}{2}$

Da $\frac{1}{2} \in D_{max}$, handelt es sich um eine doppelte Nullstelle von f_k.

Fall 3: $D < 0$

$1 - 4k < 0 \Rightarrow k > \frac{1}{4}$

Für $k > \frac{1}{4}$ hat die Gleichung keine Lösung und folglich f_k keine Nullstellen.

Insgesamt ergibt sich die recht komplizierte Situation, dass die Funktion f_k für $k > \frac{1}{4}$ keine Nullstellen besitzt, für $k = \frac{1}{4}$ eine doppelte Nullstelle bei $\frac{1}{2}$ hat. Für $k = 0$ hat sie nur eine einfache Nullstelle bei 1 und für $k = -2$ eine einfache Nullstelle bei 2. Für die restlichen k mit $k < \frac{1}{4}$ hat f_k jeweils zwei einfache Nullstellen bei $x_{1/2} = \frac{1}{2}(1 \pm \sqrt{1-4k})$.

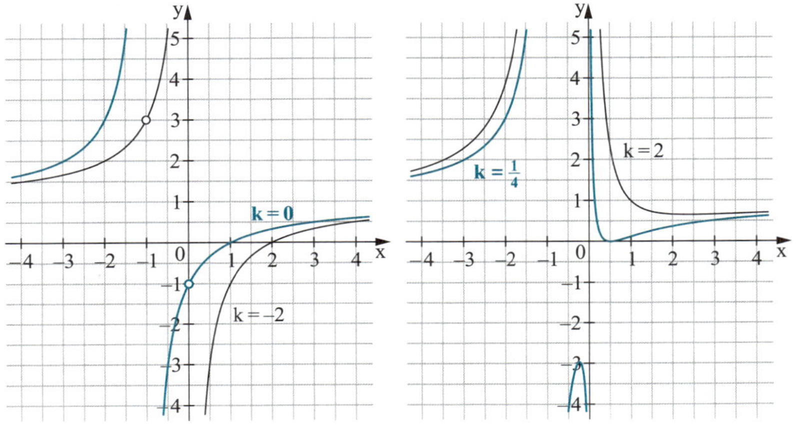

Aufgaben

4. Bestimmen Sie, nachdem Sie D_{max} ermittelt haben, sämtliche Nullstellen der gebrochen-rationalen Funktionen.

a) $f(x) = \frac{x-1}{x+1}$

b) $f(x) = \frac{6x^2 - x}{x}$

c) $f(x) = \frac{x^2-2}{x^2+2}$

d) $f(x) = \frac{1}{2}x + 1 - \frac{x^2+2}{x^3+2x}$

5. Ermitteln Sie in Abhängigkeit vom jeweiligen Parameter die Nullstellen der angegebenen gebrochen-rationalen Funktionen. Führen Sie, wo erforderlich, Fallunterscheidungen durch. Achten Sie darauf, ob es Fälle gibt, bei denen zwar der Zähler null ergibt, die betreffende Stelle aber eine Definitionslücke und somit keine Nullstelle der Funktion ist.

a) $f_t(x) = \frac{x^2}{x^2 - tx}$

b) $f_k(x) = \frac{x^2 - k^2}{x+k}$ mit $k \in \mathbb{R} \setminus \{0\}$

c) $f_b(x) = -x + b - \frac{b}{x+1}$

d) $g_t(x) = \frac{t}{x^2} - \frac{4}{x} - 2$

e) $f_a(x) = \frac{2x+a}{x^2 - 5x}$

f) $g_m(x) = \frac{x^2 - x + m}{x^3 - 2mx^2 + m^2x}$

1.4 Art der Definitionslücken

Wenn das Nennerpolynom einer gebrochen-rationalen Funktion eine Nullstelle hat, hat die Funktion an dieser Stelle eine Definitionslücke. Speziell interessiert das Verhalten der Funktion in der Nähe der Definitionslücken. Dabei sind zwei grundsätzlich verschiedene Arten von Definitionslücken zu unterscheiden (vgl. Trainingsband „Funktionenlehre und Lineare Gleichungssysteme“):

- **stetig hebbare** (oder behebbare) **Definitionslücken** und
- **Polstellen** (oder synonym: Unendlichkeitsstellen)

Woran erkennt man, welche Art von Definitionslücke vorliegt?

Im Folgenden ist $x_0 \notin D_f$ eine Definitionslücke der gebrochen-rationalen Funktion $f(x) = \frac{Z(x)}{N(x)}$, d. h., dass x_0 eine Nennernullstelle ist: $N(x_0) = 0$.

Der diese Nennernullstelle verursachende Faktor $(x - x_0)^k$, dabei ist k die Vielfachheit der Nennernullstelle, lässt sich im Nennerpolynom der Funktion abspalten: $N(x) = (x - x_0)^k \cdot N^*(x)$. Der (beispielsweise mittels Polynomdivision) abdividierte Teil $N^*(x)$ hat an der Stelle x_0 dann keine Nullstelle mehr: $N^*(x_0) \neq 0$.

Regel

Stetig hebbare Definitionslücken

Lässt sich der die Definitionslücke verursachende Faktor $(x - x_0)^k$ im Nenner **vollständig** gegen einen entsprechenden Faktor im Zähler der Funktion **wegkürzen**, so liegt bei x_0 eine stetig hebbare Definitionslücke vor.

Kurz: Ist die Definitionslücke x_0 vollständig **kürzbar**, so ist sie **stetig hebbar**.

Polstellen

Lässt sich der die Definitionslücke verursachende Faktor $(x - x_0)^k$ im Nenner **nicht** (vollständig) gegen einen entsprechenden Faktor im Zähler der Funktion **wegkürzen**, so liegt bei x_0 eine Polstelle vor.

Kurz: Ist die Definitionslücke x_0 **nicht** (vollständig) **kürzbar**, so ist sie eine **Polstelle**.

Der Graph der Funktion hat an einer stetig hebbaren Definitionslücke einfach ein „Loch".

Man sagt „Die Funktion **konvergiert** an der Stelle x_0 gegen den Grenzwert c (= y-Koordinate des „Lochs")" und schreibt dafür (sprich: „Limes x gegen x_0 von f(x) ist gleich c"):

$$\lim_{x \to x_0} f(x) = c$$

Der Umstand, dass sich die Nennernullstelle aus dem Nenner wegkürzen lässt, verändert nichts am Definitionsbereich der Funktion. Auch der gekürzte Funktionsterm behält bei x_0 eine Definitionslücke.

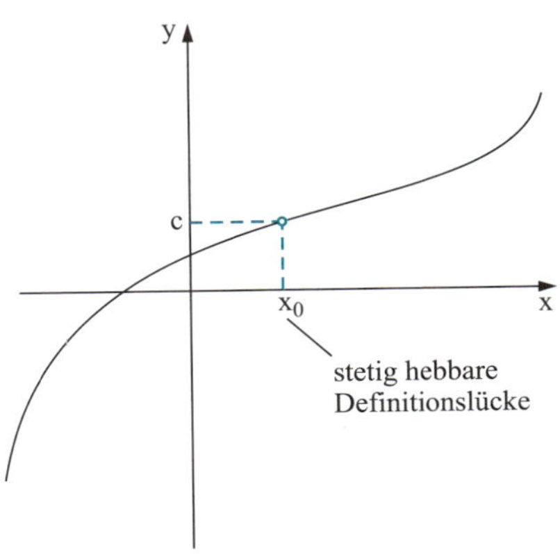

Eine Polstelle ist eine Unendlichkeitsstelle, an der der Graph der Funktion gegen unendlich (als Symbol „∞") geht. Dabei unterscheidet man, ob es bei x_0 einen **Vorzeichenwechsel** (**VZW** von $+\infty$ nach $-\infty$ oder umgekehrt) gibt oder nicht. Man sagt „Die Funktion geht an der Stelle x_0 gegen unendlich" und schreibt dafür:

$$\lim_{x \to x_0} f(x) = \infty \text{ bzw. } \lim_{x \to x_0} f(x) = -\infty$$

Bei Polstellen mit VZW muss man unterscheiden, ob die Annährung an x_0 von links (symbolisch: $x \to x_0-$) oder von rechts (symbolisch: $x \to x_0+$) erfolgt.

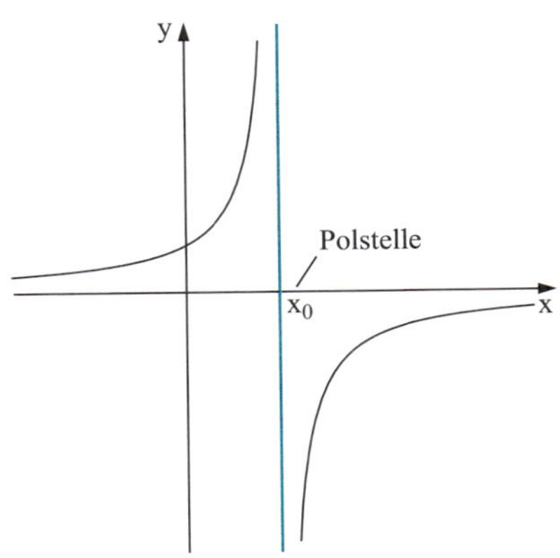

Beispiele

1. Die Funktion $f(x) = \frac{1}{x}$ hat an der Stelle $x_0 = 0$ eine **Polstelle mit VZW**, wobei gilt:

$$\lim_{x \to x_0-} f(x) = -\infty; \quad \lim_{x \to x_0+} f(x) = \infty$$

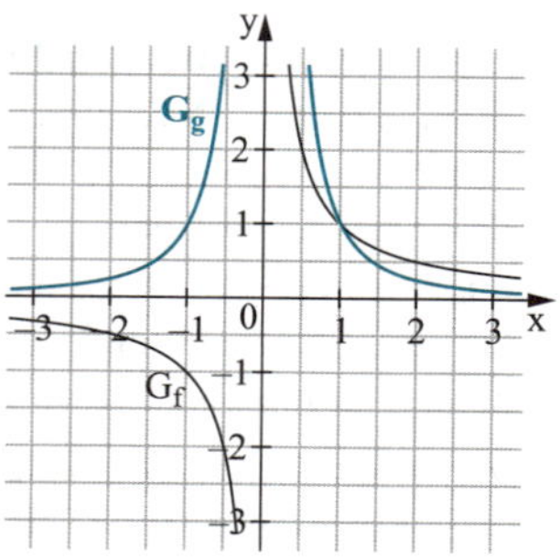

Die Funktion $g(x) = \frac{1}{x^2}$ hat an der Stelle $x_0 = 0$ eine **Polstelle ohne VZW**, weshalb man keine einseitigen Grenzwerte von links bzw. rechts benötigt. Man schreibt einfach:

$$\lim_{x \to 0} g(x) = \infty$$

2. Ermitteln Sie das Verhalten an den Definitionslücken der Funktion $f(x) = \frac{x+1}{x^2-1}$.

Lösung:

Man stellt die Funktion faktorisiert dar (Binom im Nenner):

$$f(x) = \frac{x+1}{(x+1)(x-1)}$$

Aus dieser Darstellung lassen sich alle wesentlichen Eigenschaften ablesen: $D_{max} = \mathbb{R} \setminus \{-1; 1\}$. Die Definitionslücke $x_1 = -1$ ist eine **stetig hebbare Definitionslücke**, da sich der zugehörige Linearfaktor im Nenner $(x+1)$ gegen den Zähler (vollständig) wegkürzen lässt. Die Definitionslücke $x_2 = 1$ ist eine **Polstelle mit VZW**, da sich der zugehörige Linearfaktor $(x-1)$ nicht kürzen lässt. Die Funktion hat keine Nullstelle: Zwar wird der Zähler an der Stelle –1 null, das ist jedoch eine Definitionslücke.

Um den Grenzwert der Funktion an der stetig hebbaren Definitionslücke zu berechnen, kürzt man den entsprechenden Faktor $(x+1)$ weg und lässt im gekürzten Term x gegen –1 gehen:

$$\lim_{x \to -1} f(x) = \lim_{x \to -1} \frac{x+1}{x^2-1} = \lim_{x \to -1} \frac{\cancel{x+1}}{\cancel{(x+1)}(x-1)} = \lim_{x \to -1} \frac{1}{x-1} = \frac{1}{\mathbf{-1}-1} = -\frac{1}{2}$$

Erst nachdem im gekürzten Ausdruck x gegen –1 gegangen ist, wird der „lim“ vor dem entsprechenden Ausdruck weggelassen. Das „Loch“ im Graphen an der stetig hebbaren Definitionslücke hat die Koordinaten $L\left(-1 \,\middle|\, -\frac{1}{2}\right)$.

An der Polstelle $x_2 = 1$ ergeben sich folgende Grenzwerte:

$$\lim_{x \to 1-} f(x) = -\infty; \quad \lim_{x \to 1+} f(x) = \infty$$

Wegen

$$f(x) = \frac{x+1}{x^2-1} = \frac{x+1}{(x+1)(x-1)} = \frac{1}{x-1}$$

wird die Funktion f(x) durch den ungekürzten Funktionsterm $\frac{x+1}{x^2-1}$ genauso dargestellt wie durch den gekürzten $\frac{1}{x-1}$.

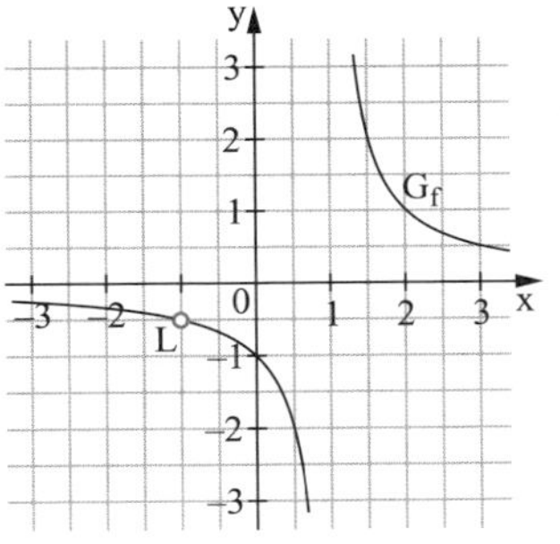

Entscheidend dabei ist nur, dass D_{max} mit dem ungekürzten Funktionsterm ermittelt und dann beibehalten wird. Wegen einfacherer Handhabung sollte man deshalb immer mit dem gekürzten Funktionsterm rechnen, aber unter Beachtung des (ursprünglichen) Definitionsbereichs.

3. Gegeben ist die gebrochen-rationale Funktionenschar $f_a(x) = \frac{x^2 + \frac{x}{2} - a}{x+1}$ mit $a \in \mathbb{R}$.
   Bestimmen Sie a so, dass die zugehörige Funktion eine stetig hebbare Definitionslücke besitzt, berechnen Sie in diesem Fall den Grenzwert für $x \to -1$ und zeichnen Sie den zugehörigen Graphen der Funktion.

   Lösung:
   $D_{max} = \mathbb{R} \setminus \{-1\}$. Da die Funktion bei $x = -1$ eine Nennernullstelle hat, muss an derselben Stelle auch eine Zählernullstelle vorhanden sein, damit sich die Nennernullstelle gegen eine entsprechende Zählernullstelle wegkürzen lässt (und nur dadurch ergibt sich eine stetig hebbare Definitionslücke bei –1).

   Setzt man $Z(x) = x^2 + \frac{x}{2} - a$, so lautet der Ansatz:

   $Z(-1) = 0 \quad \Leftrightarrow \quad (-1)^2 + \frac{-1}{2} - a = 0 \quad \Rightarrow \quad a = \frac{1}{2}$

   Man erhält damit die gebrochen-rationale Funktion

   $$f_{\frac{1}{2}}(x) = \frac{x^2 + \frac{x}{2} - \frac{1}{2}}{x+1}.$$

   Der Zählerterm hat eine Nullstelle bei –1, folglich muss sich der Faktor $(x+1)$ im Zähler ausklammern lassen. Mit dem Satz von Vieta (oder mit der Lösungsformel für quadratische Gleichungen) findet man die Zerlegung:

   $$x^2 + \frac{x}{2} - \frac{1}{2} = (x+1)\left(x - \frac{1}{2}\right)$$

   Die Funktion lässt sich also schreiben als

   $$f_{\frac{1}{2}}(x) = \frac{(x+1)\left(x - \frac{1}{2}\right)}{x+1} = x - \frac{1}{2}$$

   mit $D_{max} = \mathbb{R} \setminus \{-1\}$.

Der Grenzwert berechnet sich mit dem gekürzten Funktionsterm ganz einfach:

$$\lim_{x \to -1} f_{\frac{1}{2}}(x) = \lim_{x \to -1} \left(x - \frac{1}{2}\right)$$
$$= -1 - \frac{1}{2} = -1{,}5$$

Die Fehlstelle im Graphen von $f_{\frac{1}{2}}$ aufgrund der stetig hebbaren Definitionslücke bei $x = -1$ hat die Koordinaten $(-1 \mid -1{,}5)$.

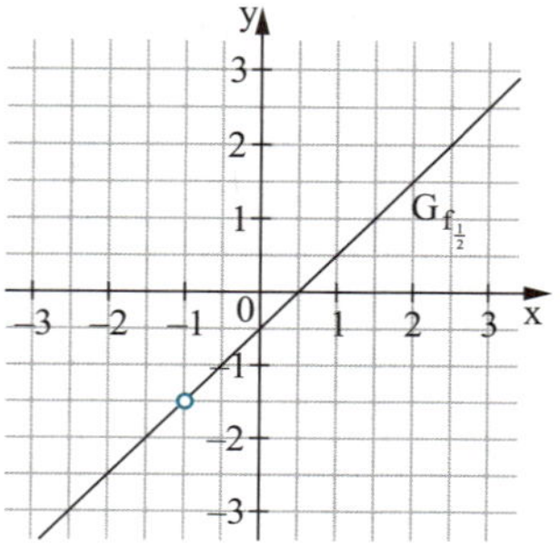

Die folgende Vorgehensweise bietet sich bei der Untersuchung gebrochen-rationaler Funktionen an:

1. Schritt: Bestimmung der Definitionslücken, indem man $N(x) = 0$ löst. Damit hat man bereits D_{max} und nimmt zusätzlich die Faktorisierung des Nennerterms vor.

2. Schritt: In gleicher Weise verfährt man mit dem Zähler (Zählernullstellen berechnen, faktorisieren).

3. Schritt: Nachdem nun die vollständige Faktorisierung des Funktionsterms hergestellt und D_{max} gemäß dem 1. Schritt bestimmt ist, wird – falls möglich – der Funktionsterm gekürzt. Daraus lässt sich alles Wesentliche ablesen:
Die Nennernullstellen, die vollständig weggekürzt worden sind, sind stetig hebbare Definitionslücken; die nicht (vollständig) kürzbaren Nennernullstellen sind Polstellen.
Die Zählernullstellen, die noch da sind (nicht vollständig kürzbar), sind Nullstellen der Funktion, falls an dieser Stelle keine Definitionslücke der (ungekürzten) Funktion vorliegt.

Alle gebrochen-rationalen Funktionen haben an den stetig hebbaren Definitionslücken einen Grenzwert, an ihren Polstellen jedoch nicht, weil dort die Funktionswerte gegen $\pm\infty$ streben, was keine reelle Zahl ist. Ferner sind sie an jeder Stelle ihres Definitionsbereichs stetig; ihr Graph macht keine Sprünge. Polstellen sind, genauso wie die stetig hebbaren Definitionslücken, nicht im Definitionsbereich enthalten, sodass an diesen Stellen keine Stetigkeitsaussage gemacht werden kann.

Zwar ist eine gebrochen-rationale Funktion an ihren stetig hebbaren Definitionslücken weder stetig noch unstetig, sie kann dort aber stetig ergänzt oder fortgesetzt werden. Dazu muss die Definitionslücke so geschlossen werden, dass der fehlende Funktionswert genau in die Lücke des Graphen passt.

Definition

Stetige Fortsetzung

Eine Funktion f habe die stetig hebbare Definitionslücke $x_0 \notin D_f$ mit

$$\lim_{x \to x_0} f(x) = c.$$

Dann heißt die Funktion f* mit

$$f^*(x) = \begin{cases} f(x) & \text{für } x \in D_f \\ c & \text{für } x = x_0 \end{cases}$$

die **stetige Fortsetzung** oder **stetige Ergänzung** der Funktion f an der Stelle x_0.

f stimmt mit f* vollkommen überein, bis auf die Stelle x_0. Dort ist f nicht definiert ($f(x_0)$ gibt es nicht), hat aber einen Grenzwert. f* hingegen ist an der Stelle x_0 definiert, hat dort einen Funktionswert (zugewiesen bekommen), und zwar so, dass die Lücke stetig geschlossen worden ist.

Kürzt man bei einer gebrochen-rationalen Funktion f die stetig hebbare Definitionslücke x_0 heraus, so ist der gekürzte Funktionsterm f* automatisch die stetige Ergänzung der Funktion f an der Stelle x_0, wenn man für f* den Definitionsbereich um x_0 erweitert. Man hat dann eine neue Funktion, eben die stetig fortgesetzte Funktion f* von f an der Stelle x_0.

Beispiel

Bestimmen Sie die Definitionslücken der gebrochen-rationalen Funktion

$$f(x) = \frac{x^2 - 4}{x^2 + 3x + 2}$$

und untersuchen Sie, wo und wie die Funktion stetig fortgesetzt werden kann.

Lösung:

$$f(x) = \frac{x^2 - 4}{x^2 + 3x + 2} = \frac{(x-2)(x+2)}{(x+1)(x+2)} \text{ mit } D_f = \mathbb{R} \setminus \{-2; -1\}, \text{ wobei } \lim_{x \to -2} f(x) = 4$$

Auch die gekürzte Version ist die Funktion f, wenn man D_f beibehält:

$$f(x) = \frac{x-2}{x+1} \text{ mit } D_f = \mathbb{R} \setminus \{-2; -1\}$$

Erweitert man nun den Definitionsbereich um die weggekürzte Nennernullstelle –2, so erhält man mit demselben Funktionsterm eine neue Funktion

$$f^*(x) = \frac{x-2}{x+1} \text{ mit } D_{f^*} = \mathbb{R} \setminus \{-1\}.$$

Dabei ist f* die an der (gekürzten) Stelle –2 stetig fortgesetzte Funktion f. Durch das Kürzen erfolgt die Zuweisung des fehlenden Funktionswertes automatisch in stetiger Weise. Man kann f* auch abschnittsweise angeben als

$$f^*(x) = \begin{cases} f(x) & \text{für } x \in \mathbb{R} \setminus \{-2; -1\} \\ 4 & \text{für } x = -2. \end{cases}$$

Diese Schreibweise ist umständlicher, dafür ist die stetige Ergänzung direkt sichtbar.

An der anderen Definitionslücke, der Polstelle –1, der Funktion f ist keine stetige Ergänzung möglich. Man könnte zwar auch diese Definitionslücke ergänzen und damit eine weitere Funktion f** definieren. Aber diese Lücke kann eben nicht stetig geschlossen werden, weil es dort keinen Grenzwert gibt.

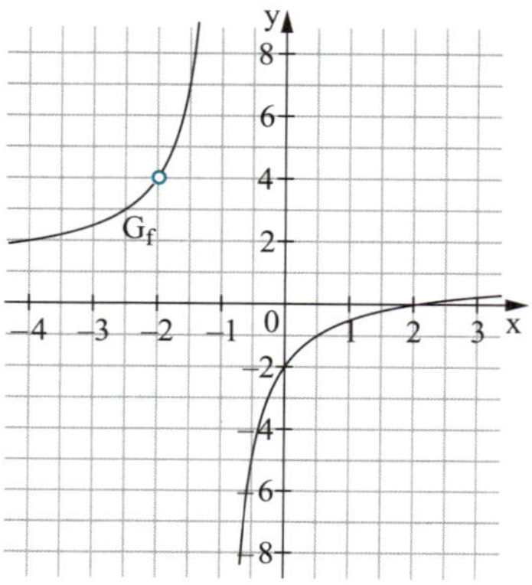

Die Polstellen sind diejenigen Definitionslücken einer gebrochen-rationalen Funktion, die sich nicht (vollständig) aus dem Nenner wegkürzen lassen. Es verbleibt also nach dem Kürzen im Nenner ein Faktor $(x - x_0)^k$, sodass eine Nennernullstelle der Vielfachheit k bestehen bleibt. Diesen Exponenten k, mit dem die Nennernullstelle nach dem Kürzen potenziert ist, bezeichnet man als die **Ordnung der Polstelle**. Je nachdem, ob k ungeradzahlig oder geradzahlig ist, ergibt sich unterschiedliches Verhalten der Funktionswerte f(x) für $x \to x_0$.

Regel

Vorzeichenwechsel bei Polstellen

Bei **ungeradzahliger** Ordnung k liegt eine Polstelle **mit Vorzeichenwechsel** vor.

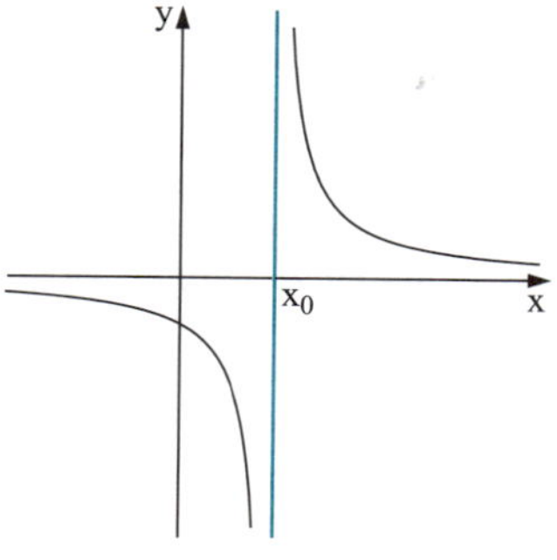

Zu dem Vorzeichenwechsel an einer Polstelle ungerader Ordnung kommt es, weil der Faktor $(x - x_0)^k$ das Vorzeichen wechselt, wenn x die Definitionslücke x_0 überschreitet.

Bei **geradzahliger** Ordnung k liegt eine Polstelle **ohne Vorzeichenwechsel** vor.

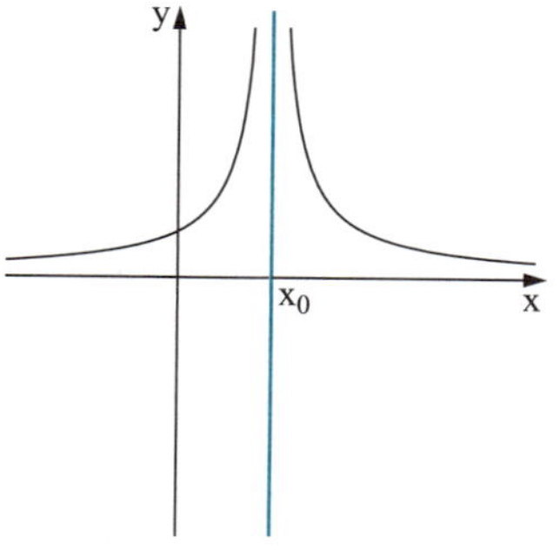

Bei geradzahligem k wechselt der Faktor $(x - x_0)^k$ sein Vorzeichen nicht, wenn x die Definitionslücke überschreitet.

Wie in den Diagrammen oben dargestellt, zeichnet man an einer Polstelle eine vertikale Gerade bei $x = x_0$ ein, entlang welcher der Graph der Funktion nach $+\infty$ oder $-\infty$ geht. Diese senkrechte Gerade bezeichnet man als **vertikale Asymptote** und gibt ihre Gleichung mit $x = x_0$ an. Meist setzt man noch „v. A." als Abkürzung für vertikale Asymptote davor.

Beispiele

1. Die beiden einfachsten Funktionen mit Polstellen 1. bzw. 2. Ordnung sind die Funktionen $f(x) = \frac{1}{x}$ bzw. $g(x) = \frac{1}{x^2}$.

   Die Funktion f hat an der Stelle $x_0 = 0$ eine Polstelle **mit VZW**; vertikale Asymptote: $x = 0$.

   Die Funktion g hat an der Stelle $x_0 = 0$ eine Polstelle **ohne VZW**; vertikale Asymptote: $x = 0$.

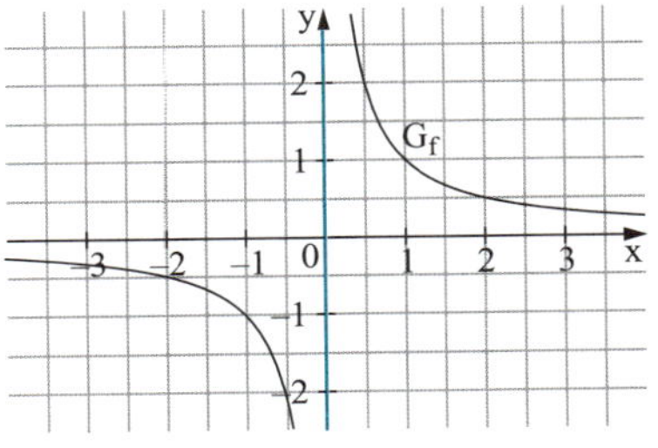

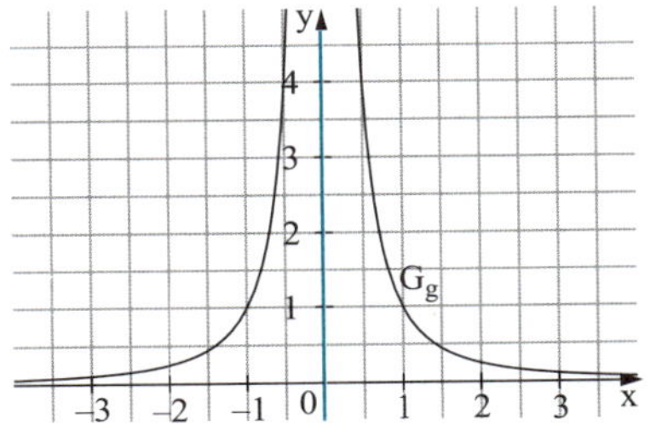

2. Untersuchen Sie die gebrochen-rationale Funktion auf Definitionslücken, Null- und Polstellen sowie vertikale Asymptoten:

   $$f(x) = \frac{x(x+2)^2(x-1)}{x^2(x+2)(x+1)^2(x-1)^2}$$

   Lösung:
   Da die Funktion bereits vollständig faktorisiert ist, genügt ein Blick auf den Nenner und man hat $D_{max} = \mathbb{R} \setminus \{-2; -1; 0; 1\}$.
   Um festzustellen, welche Art von Definitionslücken vorliegen, wird zunächst gekürzt und man hat nur noch:

   $$f(x) = \frac{x+2}{x(x+1)^2(x-1)}$$

   Die Nennernullstelle -2 ist „verschwunden", also hat f bei $x = 2$ eine stetig hebbare Definitionslücke. Da $x = (x-0)^1$ nur noch in der 1. Potenz vorkommt, liegt bei $x = 0$ eine Polstelle 1. Ordnung, also mit VZW, und eine vertikale Asymptote vor. Bei $x = -1$ ist wegen des Faktors $(x+1)^2$ eine Polstelle 2. Ordnung, also ohne VZW, und auch eine vertikale Asymptote vorhanden. Die Definitionslücke $x = 1$ stellt eine Polstelle 1. Ordnung (mit VZW) dar; dort ist eine vertikale Asymptote.
   Die Funktion f hat keine Nullstellen; die verbliebene Zählernullstelle $x_1 = -2$ ist Definitionslücke und somit keine Nullstelle von f.

Aufgaben

6. Bestimmen Sie jeweils die größtmöglichen Definitionsbereiche und ermitteln Sie jeweils die Art der Definitionslücken.

a) $f(x) = \frac{x^2-1}{x+1}$ b) $f(x) = \frac{x-3}{x^2-6x+9}$

c) $f(x) = \frac{1}{2x^2-x}$ d) $f(x) = \frac{x^2-4}{x^3+8}$

e) $f(x) = \frac{x^2+x-2}{x^3+2x^2-x-2}$ f) $f(x) = \frac{x^3-2x}{4x^3-2x^2-26x-12}$

7. a) Gegeben ist

$$g(x) = \begin{cases} f(x) & \text{für } x \in \mathbb{R}\setminus\{1\} \\ 2 & \text{für } x = 1. \end{cases}$$

Geben Sie eine gebrochen-rationale Funktion f(x) an, sodass g(x) die stetige Fortsetzung der Funktion f an der Stelle 1 ist.

b) In der nebenstehenden Abbildung ist eine gebrochen-rationale Funktion h mit $D_h = \mathbb{R} \setminus \{-1; 1\}$ dargestellt.
Klassifizieren Sie die beiden Definitionslücken.
Geben Sie die Formel für die an der Stelle 1 stetig ergänzte Funktion h* von h in abschnittsweise definierter Form an.

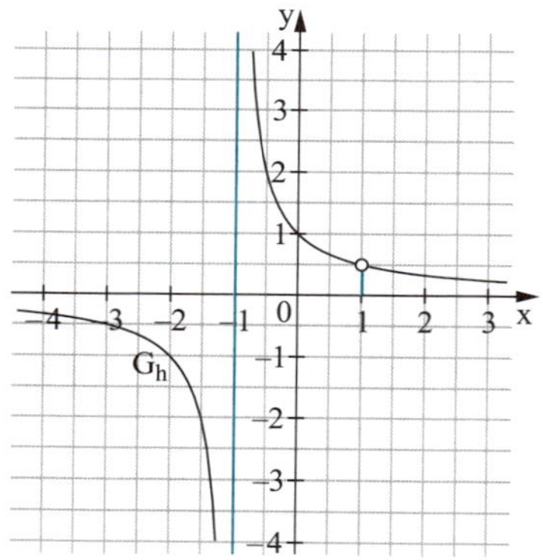

8. Ermitteln Sie bei folgenden Funktionen die Art der Definitionslücken. Geben Sie, sofern vorhanden, die Gleichungen der vertikalen Asymptoten an und ob bei den Polstellen ein Vorzeichenwechsel auftritt.

a) $f(x) = \frac{x}{x^2-2x+4}$ b) $f(x) = \frac{x^2+2x}{x^3+6x^2+12x+8}$

c) $f(x) = \frac{x+1}{x^2-1}$ d) $f_k(x) = \frac{x^2-kx+k}{x^2}$ mit $k \in \mathbb{R}$

(Fallunterscheidung)

9. Geben Sie für die nebenstehend dargestellte Funktion f die Definitionslücken, ihre Art, die Gleichungen der vertikalen Asymptoten und die Ordnungen der Polstellen an. Können Sie den Funktionsterm der dargestellten Funktion rekonstruieren?

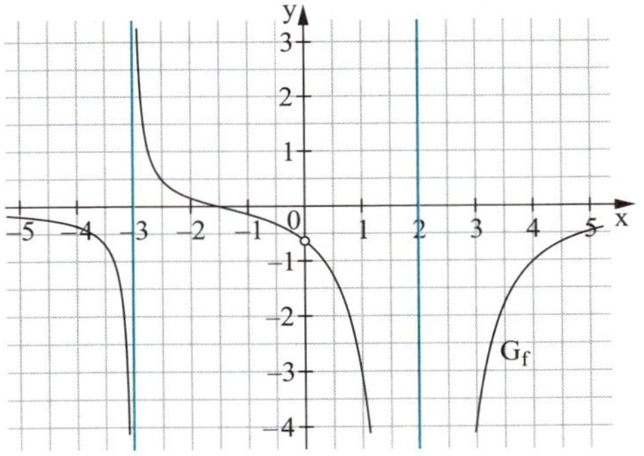

1.5 Verhalten für $x \to \pm\infty$, Asymptoten

Der Wert eines Bruches hängt von seinem Zähler (je größer die Zahl im Zähler ist, umso größer ist der Zahlenwert des Bruches) und von seinem Nenner (je größer die Zahl im Nenner ist, umso kleiner ist der Zahlenwert des Bruches) ab. Bei den gebrochen-rationalen Funktionen ist es genauso: Zähler- und Nennerpolynom bestimmen die Funktionswerte.

Wenn man wissen will, wie sich die Funktionswerte f(x) verhalten, wenn $x \to +\infty$ geht (also für „sehr große" x, d. h., dass im Koordinatensystem weit nach rechts gegangen wird) bzw. wenn $x \to -\infty$ geht (also für „sehr große negative" x, im Koordinatensystem weit nach links), muss man wissen, wie sich Zähler- und Nennerpolynom in diesen Fällen verhalten.
Bei Polynomen $p_n(x) = a_n x^n + a_{n-1} x^{n-1} + \ldots + a_1 x + a_0$ wird das Verhalten für $x \to \pm\infty$ alleine durch die höchste Potenz x^n und deren Koeffizienten a_n bestimmt:

$$\lim_{x \to \pm\infty} p_n(x) = \lim_{x \to \pm\infty} a_n x^n$$

Sämtliche nachfolgenden Glieder sind ohne Bedeutung.

Das gilt auch bei gebrochen-rationalen Funktionen, nun allerdings im Zähler und im Nenner: Es kommt bei der gebrochen-rationalen Funktion

$$f(x) = \frac{\mathbf{a_n x^n} + \ldots + a_1 x + a_n}{\mathbf{b_m x^m} + \ldots + b_1 x + b_0}$$

für $x \to \pm\infty$ nur auf den Term $\frac{a_n x^n}{b_m x^m}$ an. Dabei bezeichnet n den Zählergrad und m den Nennergrad.
Je nachdem, ob der Nenner überwiegt, Zähler und Nenner „gleich stark" sind oder ob der Zähler überwiegt, sind drei Fälle für das Verhalten einer gebrochen-rationalen Funktion f zu unterscheiden.

Regel

Das Verhalten gebrochen-rationaler Funktionen für $x \to \pm\infty$

Fall 1: Der Nenner überwiegt: $m > n$

Der Nennergrad ist größer als der Zählergrad (= echt gebrochen-rationale Funktion), dann ist:

$$\lim_{x \to \pm\infty} f(x) = 0$$

Der Graph von f nähert sich für $x \to \pm\infty$ der x-Achse an, welche die Geradengleichung $y = 0$ hat. Man sagt daher, die Funktion f hat die **horizontale Asymptote: $y = 0$**.

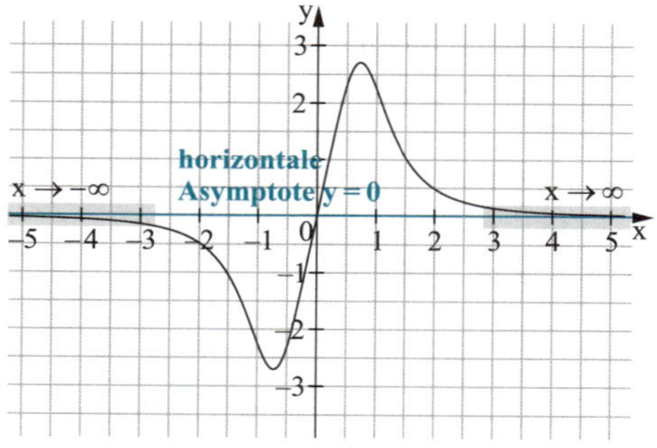

Fall 2: Nenner und Zähler sind „gleich stark": $m = n$

Ist der Nennergrad gleich dem Zählergrad, dann hat f den Grenzwert, der sich aus den Koeffizienten vor den höchsten Potenzen im Zähler a_n und im Nenner b_m ergibt:

$$\lim_{x \to \pm\infty} f(x) = \frac{a_n}{b_m}$$

Der Graph von f nähert sich für $x \to \pm\infty$ der horizontalen Geraden mit der Gleichung $y = \frac{a_n}{b_m}$. Man sagt daher, die Funktion f hat die **horizontale** Asymptote $y = \frac{a_n}{b_m}$.

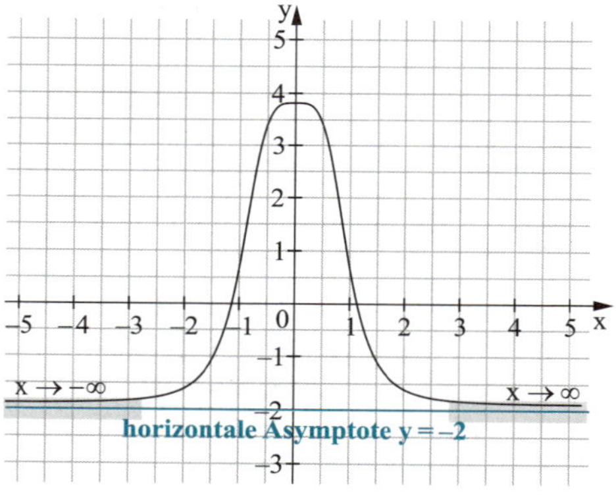

Fall 3: Der Zähler überwiegt: $n > m$

Der Zählergrad ist größer als der Nennergrad. Dadurch gehen die Funktionswerte für $x \to \pm\infty$ nach unendlich; ob nach $+\infty$ oder $-\infty$, hängt von dem Term $\frac{a_n x^n}{b_m x^m}$ ab.

Die Funktion lässt sich mittels Polynomdivision mit Rest in einen ganzrationalen und einen echt gebrochen-rationalen Anteil aufteilen.

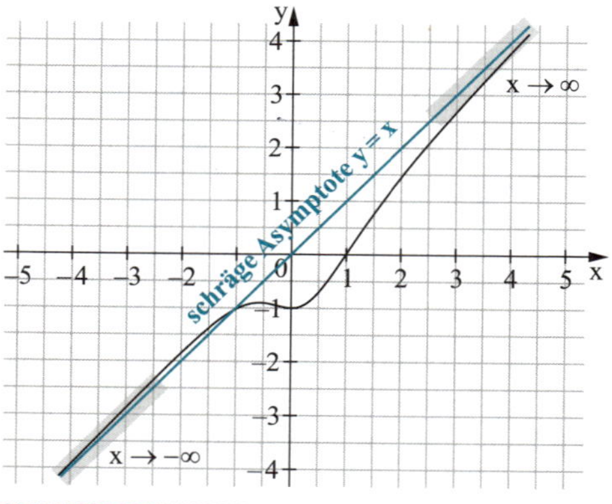

Für das Verhalten für $x \to \pm\infty$ ist der ganzrationale Anteil bestimmend, da der echt gebrochen-rationale Anteil gegen null geht.

Spezialfall: Der Zählergrad ist um 1 höher als der Nennergrad: $n = m + 1$
Die Funktion f hat eine **schräge Asymptote $y = mx + t$**, die mittels Polynomdivision bestimmt wird; es ist der ganzrationale Anteil der Polynomdivision.

Asymptoten sind Geraden, an die sich der Graph einer Funktion f annähert, wenn $x \to \pm\infty$ geht (bei horizontaler oder schräger Asymptote) oder wenn $f(x) \to \pm\infty$ geht (bei vertikalen Asymptoten). Sie sind damit so etwas wie das Gerüst eines Graphen und sehr hilfreich beim Zeichnen.
Die Asymptoten unecht gebrochen-rationaler Funktionen für $x \to \pm\infty$ kommen dadurch zustande, dass diese Funktionen f(x) sich in die zwei Anteile zerlegen lassen, einen ganzrationalen Funktionsanteil g(x) und einen echt gebrochen-rationalen Funktionsanteil e(x) (der für $x \to \pm\infty$ gegen null geht):

$$f(x) = \mathbf{g(x)} + \underbrace{e(x)}_{\text{Anteil geht gegen null, wenn } x \to \pm\infty \text{ geht}}$$

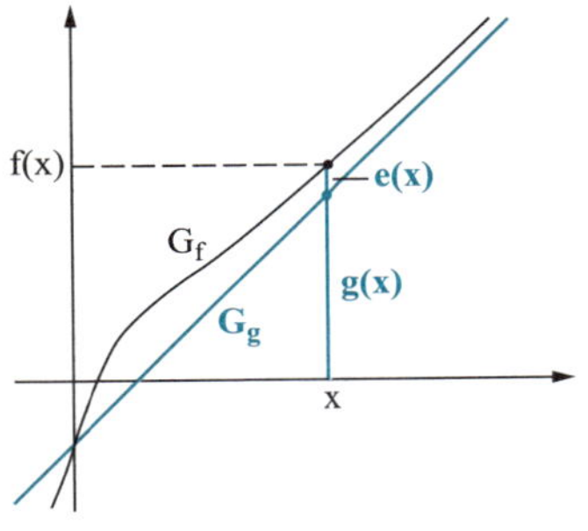

Deshalb gilt:
$f(x) \approx \mathbf{g(x)}$ für große $|x|$
f(x) wird sich also umso mehr an g(x) annähern, je größer x wird (sowohl in positiver x-Richtung als auch in negativer). Wenn $e(x) < 0$ ist, verläuft der Graph von f unterhalb des Graphen von g. An den Nullstellen von e(x) schneiden sich die Graphen von f und g.

Die einfachsten gebrochen-rationalen Funktionen $f(x) = \frac{1}{x}$ und $g(x) = \frac{1}{x^2}$ haben beide die horizontale Asymptote $y = 0$ (x-Achse; siehe Diagramm auf Seite 17), da jeweils der Nennergrad überwiegt. An die x-Achse nähern sich diese Graphen an, wenn $x \to \pm\infty$ geht. Dass beide Graphen auch eine vertikale Asymptote haben, ist davon völlig unabhängig.
So hat auch $h(x) = \frac{1}{x^2 + 1}$ die horizontale Asymptote $y = 0$, weil der Nennergrad überwiegt, aber keine vertikalen Asymptoten, die nur an Polstellen auftreten.

Beispiel

Bestimmen Sie für die Funktion h mit $h(x) = \frac{\frac{1}{3}x^3}{x^2 + 3x}$ folgende Größen:
D_{max} mit Art der Definitionslücken und Grenzwert an der stetig hebbaren Definitionslücke, falls vorhanden; alle Nullstellen; sämtliche Asymptoten.
Fertigen Sie auch eine Skizze des Graphen samt Asymptoten an.

Lösung:

Die faktorisierte Darstellung lautet:

$$h(x) = \frac{\frac{1}{3}x^3}{x(x+3)} = \frac{\frac{1}{3}x^2}{x+3}$$

Daraus lässt sich ablesen:

$D_{max} = \mathbb{R} \setminus \{-3; 0\}$, wobei –3 Polstelle mit VZW und 0 stetig hebbare Definitionslücke ist, für die gilt:

$$\lim_{x \to 0} h(x) = \lim_{x \to 0} \frac{\frac{1}{3}x^2}{x+3} = \frac{\frac{1}{3} \cdot 0}{3} = 0$$

Keine Nullstelle, da $0 \notin D_{max}$.

Vertikale Asymptote:

$x = -3$

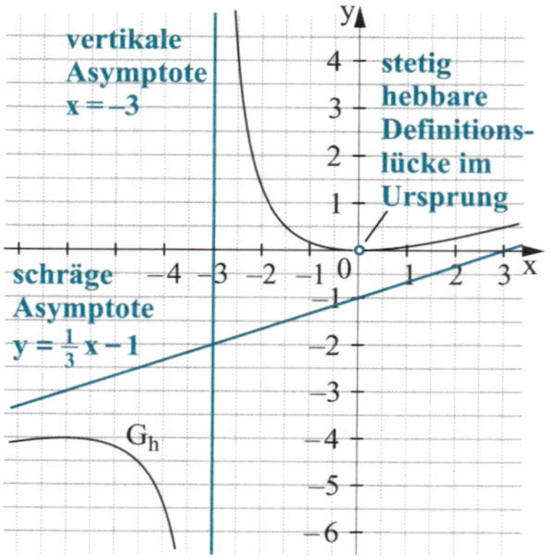

Um die schräge Asymptote zu erhalten, wird h(x) mittels Polynomdivision von Zähler durch Nenner in einen ganzrationalen Anteil und einen echt gebrochen-rationalen Anteil verwandelt. Man erhält:

$$\frac{1}{3}x^3 : (x^2 + 3x) = \mathbf{\frac{1}{3}x - 1} + \frac{3x}{x^2 + 3x}$$

Der ganzrationale Anteil 1. Grades ist die schräge Asymptote: $y = \frac{1}{3}x - 1$.
Damit sind alle charakteristischen Elemente der Funktion bestimmt.

Das „Annähern“ des Graphen an die Asymptoten ist in der unten stehenden Abbildung veranschaulicht. Nur im Bereich der farbig markierten Graphenteile wirken die Asymptoten „magnetisch“ auf den Verlauf des Graphen.

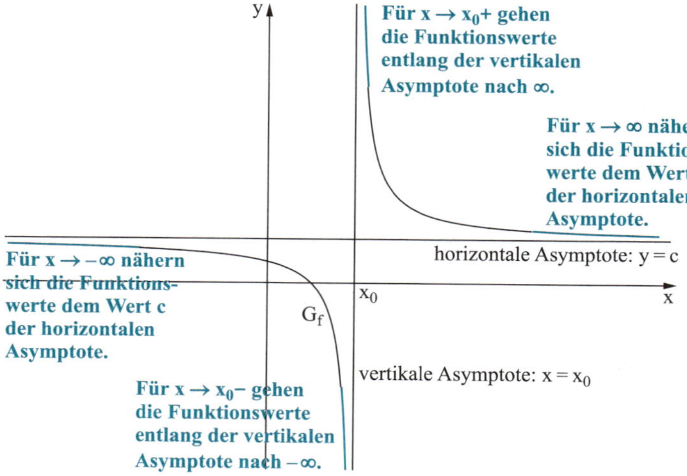

ufgaben

10. Bestimmen Sie, soweit vorhanden, für die Funktionen die Gleichungen der horizontalen bzw. schrägen Asymptoten.

a) $g(x) = \frac{1}{x}$; $h(x) = \frac{1}{x^2}$

b) $f(x) = \frac{x^2 + 2x}{x^3 + 6x^2 + 12x + 8}$

c) $f(x) = \frac{3x^2 + 1}{4x^2 - 2}$

d) $f_k(x) = \frac{x^2 - kx + 1}{kx^2}$ mit $k \in \mathbb{R} \setminus \{0\}$

e) $f(x) = \frac{x^3}{x^2 - 1}$

f) $f(x) = \frac{x^3}{x + 1}$

11. Geben Sie für die Funktion $f(x) = \frac{-5x(x + 1{,}5)}{x(x + 3)(x - 2)^2}$ (vergleiche Aufgabe 9) für sämtliche Asymptoten Art und Gleichungen an.

12. Die Funktion $f(x) = \frac{x^3 - 1}{x^2 + 1}$ hat keine Definitionslücke, also kann sie auch keine vertikalen Asymptoten besitzen. Sie hat allerdings eine schräge Asymptote. Bestimmen Sie deren Funktionsgleichung und untersuchen Sie, ob der Graph von f seine schräge Asymptote schneidet; falls ja, bestimmen Sie die Koordinaten des Schnittpunktes.
Zeichnen Sie schließlich den Graphen von f und die schräge Asymptote in ein Koordinatensystem ein.

13. Gegeben ist die Funktionenschar $f_a(x) = \frac{3x - 9}{x^2 - 6x + a}$ mit $a \in \mathbb{R}$.

a) Bestimmen Sie in Abhängigkeit von a den maximalen Definitionsbereich.

b) Geben Sie die Art der Definitionslücke und Art sowie Gleichungen sämtlicher Asymptoten für den Fall $a = 9$ an. Fertigen Sie eine Skizze des zugehörigen Graphen.

c) Verfahren Sie wie bei Teilaufgabe b für den Fall, dass $a = 5$.

d) Verfahren Sie wie bei Teilaufgabe b für den Fall, dass $a = 10$.

14. Skizzieren Sie den prinzipiellen Verlauf des Graphen einer möglichst einfachen gebrochen-rationalen Funktion, welche folgende Eigenschaften besitzt, und geben Sie den zugehörigen Funktionsterm an.

	Vertikale Asymptote	Horizontale/schräge Asymptote	Nullstellen
a)	$x = 0$ (ohne VZW)	$y = -1$	$x_{1,2} = \pm 1$
b)	$x = -2$; $x = 3$ (mit VZW)	$y = 0$	keine
c)	keine	$y = 1$	$x_{1,2} = 0$
d)	$x = -1$	$y = x - 1$	$x_{1,2} = 0$

15. Im Folgenden sind Funktionsgleichung und zugehöriger Graph durcheinandergeraten. Können Sie die richtige Zuordnung wiederherstellen?

a) $f_1(x) = \frac{x}{x^2-1}$

b) $f_2(x) = \frac{x^2}{(x-2)^2}$

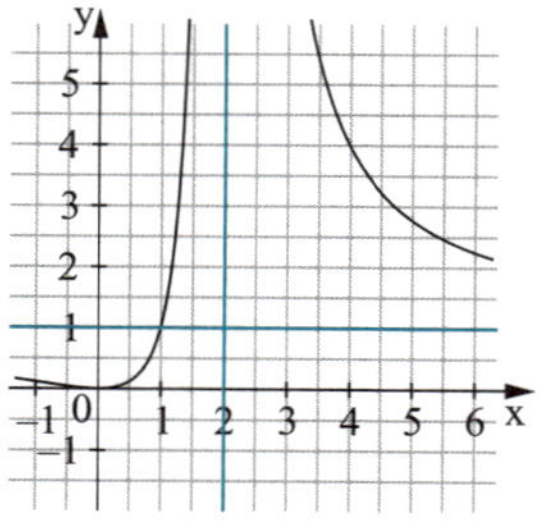

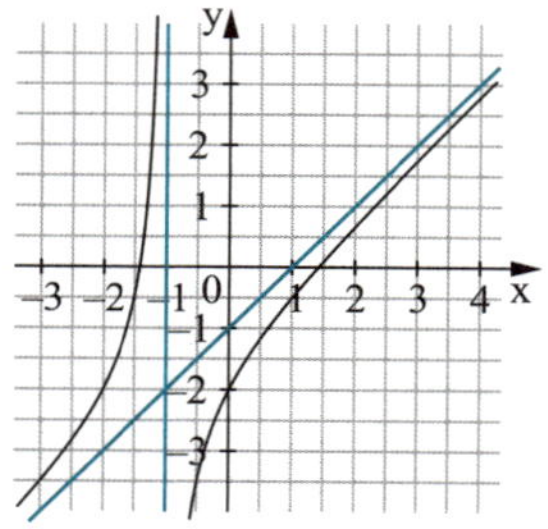

c) $f_3(x) = \frac{x^2-2}{x^2+1}$

d) $f_4(x) = \frac{x^2-2}{x+1}$

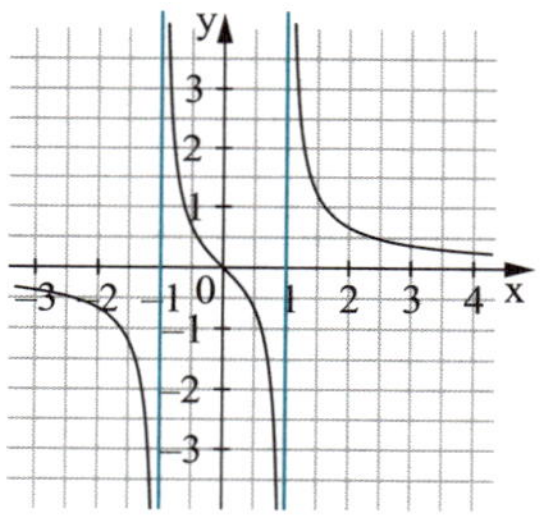

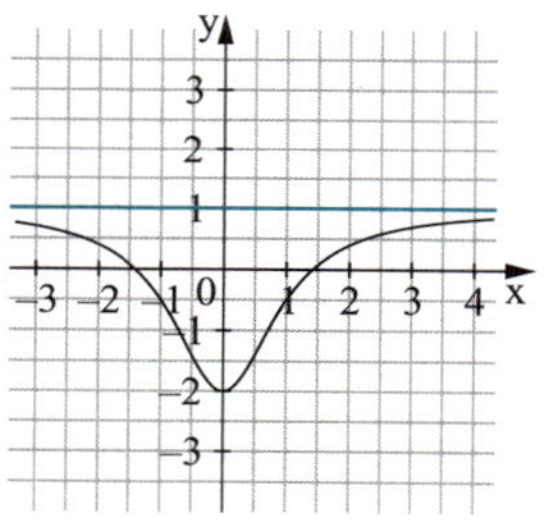

1.6 Zusammenfassende Übersicht über gebrochen-rationale Funktionen

Um die wichtigsten Eigenschaften einer gegebenen gebrochen-rationalen Funktion $f\colon x \mapsto \frac{Z_n(x)}{N_m(x)}$ herauszufinden, geht man in folgenden Schritten vor:

1. **D_{max}** bestimmen — Ansatz: $N_m(x) = 0$ — Nenner null setzen!
   Lösen der Gleichung ergibt die Definitionslücken: $x_1; \ldots; x_r$
   $D_{max} = \mathbb{R} \setminus \{x_1; \ldots; x_r\}$ — Damit lässt sich $N_m(x)$ faktorisieren.

2. **Nullstellen** bestimmen — Ansatz: $Z_n(x) = 0$ — Zähler null setzen!
   Lösen der Gleichung ergibt die Zählernullstellen.
   Nur diejenigen Zählernullstellen, die in D_{max} liegen, sind Nullstellen der Funktion f.
   Damit lässt sich $Z_n(x)$ faktorisieren.

3. **Kürzen!**
Dabei D_{max} unverändert lassen

Der faktorisierte Funktionsterm wird so weit wie möglich gekürzt. Alle weiteren Berechnungen werden mit dem gekürzten Term durchgeführt.

4. Art der **Definitionslücken** feststellen

- Die Definitionslücken, die vollständig weggekürzt wurden, sind **stetig hebbare** Definitionslücken.
- Die restlichen, noch im Nenner des gekürzten Terms als Linearfaktoren stehenden Definitionslücken, sind **Polstellen**, wobei ihre Ordnung durch den Exponenten des entsprechenden Faktors bestimmt ist.
  Ordnung ungerade $\Rightarrow$ Polstelle **mit** VZW
  Ordnung gerade $\Rightarrow$ Polstelle **ohne** VZW

5. Art und Gleichungen der **Asymptoten** angeben

- An allen Polstellen (siehe oben) liegen vertikale Asymptoten vor. Ist bei x_0 eine Polstelle (egal welcher Ordnung), so wird die vertikale Asymptote angegeben mit: **v. A.** $\mathbf{x = x_0}$.
- Horizontale bzw. schräge Asymptoten werden allein durch Zähler- und Nennergrad bestimmt:
  - Nenner überwiegt ($n < m$): **h. A.** $\mathbf{y = 0}$ (x-Achse)
  - Beide sind gleich ($n = m$): **h. A.** $\mathbf{y = \frac{a_n}{b_m}}$
    (a_n und b_m sind die Koeffizienten vor den höchsten Potenzen; parallele Gerade zur x-Achse)
  - Zählergrad ist um 1 höher als Nennergrad ($n = m + 1$): **s. A.** $\mathbf{y = m_{sA}x + t_{sA}}$
    Sie wird ermittelt durch Polynomdivision von $Z_n(x) : N_m(x)$.

6. **Graph** mithilfe der bisherigen Ergebnisse zeichnen oder skizzieren

stetig hebbare Definitionslücke bei x_0	Polstelle mit VZW	Polstelle ohne VZW

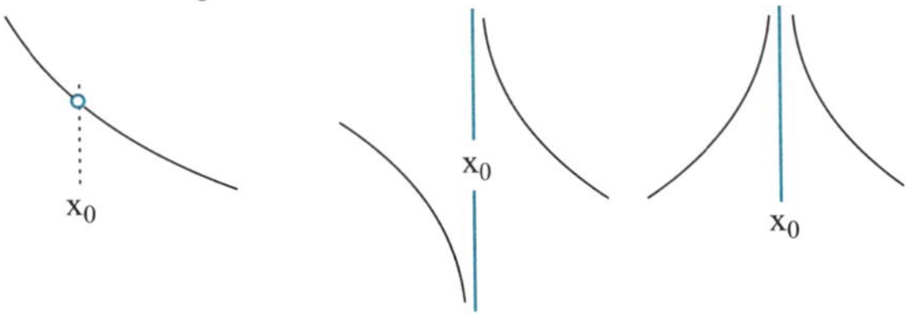

Für das Verhalten des Graphen an einer Nullstelle mit entsprechender Vielfachheit gilt das Gleiche wie bei den ganzrationalen Funktionen.

Aufgaben

16. Gegeben ist die Funktionenschar f_a mit $a \in \mathbb{R}$ durch $f_a\colon\ x \mapsto \frac{x^3+8}{-2x^2-4x+a}$.

a) Bestimmen Sie die maximale Definitionsmenge D_{max} in Abhängigkeit von a.

In allen nachfolgenden Aufgaben wird $a=0$ gesetzt. Die dadurch entstehende Funktion f_0 wird einfach mit f bezeichnet.

b) Geben Sie den maximalen Definitionsbereich der Funktion f an und ermitteln Sie die Art der Definitionslücken.

c) Untersuchen Sie f auf Nullstellen.

d) Vereinfachen Sie f (durch Kürzen) so weit wie möglich.
[Ergebnis: $f(x) = \frac{x^2-2x+4}{2x}$]

e) Berechnen Sie den Grenzwert von f an der stetig hebbaren Definitionslücke.

f) Zerlegen Sie f in einen ganzrationalen und echt gebrochen-rationalen Funktionsanteil.

g) Geben Sie die Gleichungen sämtlicher Asymptoten des Graphen von f an.

h) Zeichnen Sie den Graphen von f einschließlich seiner Asymptoten im Intervall [–5; 5].

i) Weisen Sie rechnerisch nach, dass der Graph von f und seine schräge Asymptote keine gemeinsamen Punkte haben.

17. Gegeben sind die reellen Funktionen $f_k\colon\ x \mapsto \frac{k}{x^2} + \frac{1}{x} + 1$ mit $k \in \mathbb{R}$.

a) Geben Sie den Definitionsbereich der Funktionen an und ermitteln Sie die Anzahl und Lage der Nullstellen in Abhängigkeit von k.

b) Geben Sie sämtliche Asymptoten der Graphen in Abhängigkeit von k an.

c) Bestimmen Sie k so, dass der zugehörige Graph von f_k seine horizontale Asymptote an der Stelle $x_0 = -\frac{1}{4}$ schneidet.

Nun sei $k = \frac{1}{4}$, die zugehörige Funktion werde mit f bezeichnet. Es gilt dann:

$$f(x) = \frac{4x^2+4x+1}{4x^2}$$

Zusätzlich wird die Funktion $g(x) = \frac{1}{x^2}$ betrachtet.

d) Geben Sie den Definitionsbereich, die Art der Definitionslücken sowie die Nullstellen von f und g an.

e) Berechnen Sie die Koordinaten des Schnittpunkts der Graphen von f und g.

f) Zeichnen Sie die Graphen von f und g im Bereich $|x| \le 4$ zusammen mit den zugehörigen Asymptoten in ein Koordinatensystem.

2 Trigonometrische Funktionen

Die bislang behandelten Funktionen eignen sich nicht, um periodische, also wiederkehrende Vorgänge wie das Drehen eines Rades oder das Schwingen eines Pendels zu beschreiben. Dafür bestens geeignet sind jedoch die **Sinus-** und **Kosinusfunktion**. Die Klasse dieser und ähnlicher Funktionen wird mit dem Namen trigonometrische Funktionen oder auch Winkelfunktionen bezeichnet.

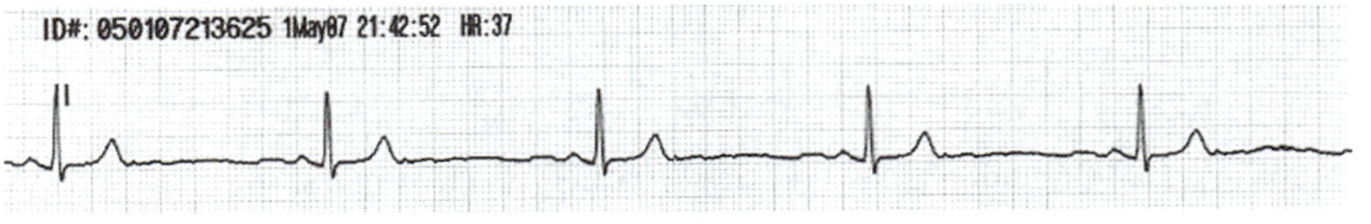

Das Elektrokardiogramm (EKG) eines (gesunden) Herzens ist eine periodische Funktion (lebenslang).

2.1 Das Bogenmaß

So wie man Längen mit verschiedenen Maßen messen kann (etwa in cm oder in Zoll), so kann man das auch bei Winkeln machen. Das bekannte Gradmaß, bei dem die volle Umdrehung 360° sind, die halbe Umdrehung entsprechend 180° und ein rechter Winkel 90°, ist genauso vertraut wie die Celsius-Skala bei der Temperatur.
Trotzdem gibt es noch ein weiteres, wichtiges Winkelmaß, das sich am besten am **Einheitskreis** (Kreis mit Radius 1 Längeneinheit) erklären lässt.

Definition

Das Bogenmaß
Das Bogenmaß x eines Winkels φ ist die Maßzahl der Länge des Kreisbogens, der im Einheitskreis zum Mittelpunktswinkel φ gehört.
Die Umrechnungsformel zwischen Bogenmaß x und Gradmaß φ ergibt sich, indem man eine volle Umdrehung zueinander in Verhältnis setzt:

$$\frac{\varphi}{360^\circ} = \frac{x}{2\pi}$$

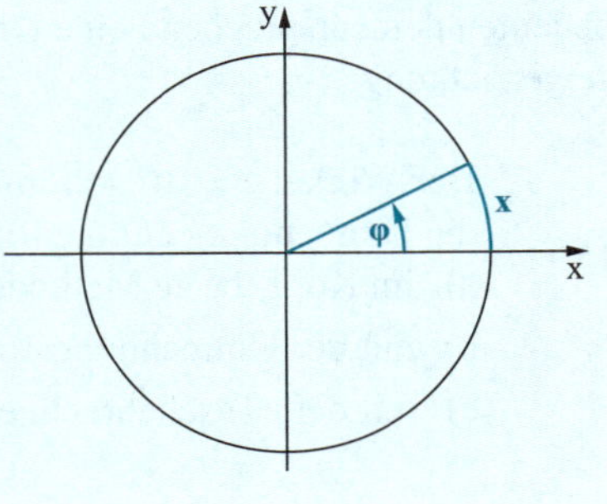

Für den Umfang eines Kreises mit Radius r hat man die Umfangsformel: $U = 2r\pi$
Beim Einheitskreis ($r = 1$) beträgt dieser Umfang $2 \cdot 1 \cdot \pi = 2\pi$. Das ist genau der Winkel einer vollen Umdrehung im Bogenmaß. Entsprechend ist π der Winkel im Bogenmaß für eine halbe Drehung und $\frac{\pi}{2}$ für den rechten Winkel.

Wenn möglich, gibt man Winkel im Bogenmaß mithilfe der Kreiszahl Pi an: $\pi = 3{,}14159\ldots$

Einige wichtige Winkelumrechnungen zwischen Gradmaß φ und Bogenmaß x:

φ	360°	180°	90°	60°	45°	30°	1°	0°
x	2π	π	$\frac{\pi}{2}$	$\frac{\pi}{3}$	$\frac{\pi}{4}$	$\frac{\pi}{6}$	$\frac{\pi}{180}$	0
≈	6,28	3,14	1,57	1,05	0,785	0,524	0,0175	0

Die Winkel im Bogenmaß, die man sich **wirklich merken** muss, sind:
$360° = 2\pi$; $180° = \pi$; $90° = \frac{\pi}{2}$

Alle anderen Winkel ergeben sich daraus durch entsprechendes Teilen und Vervielfältigen.

Taschenrechner können mit beiden Winkelmaßen rechnen; sie müssen jedoch auf das jeweilige Maß eingestellt werden. Das Gradmaß wird üblicherweise bei Taschenrechnern mit **DEG** (für degree) und das Bogenmaß mit **RAD** (für radiant) bezeichnet; die Grundeinstellung ist gewöhnlich DEG. Die Umschaltung zwischen den verschiedenen Winkelmaßen erfolgt mit der Taste [DRG]. Das normalerweise auch noch eingebaute Winkelmaß GRAD findet hier keine Verwendung und entspricht nicht dem vertrauten Gradmaß.

In der Analysis werden im Zusammenhang mit den trigonometrischen Funktionen Winkel, die dort als die unabhängige Funktionsvariable x auftreten, stets im Bogenmaß angegeben. Dabei treten Winkelwerte auch über 2π hinausgehend auf. Man stellt sich das am Einheitskreis so vor, dass sich der bewegliche Schenkel auf dem Einheitskreis nach einer Volldrehung weiterdreht und zwar entgegen dem Uhrzeigersinn. Das ist der mathematisch **positive Drehsinn**. Negative x-Werte bedeuten dementsprechend eine Drehung im **negativen Drehsinn**, also in Uhrzeigerrichtung.

Beispiele

1. Der Winkel $\varphi = 10°$ soll im Bogenmaß angegeben werden. Nehmen Sie die Umrechnung auf die folgenden Weisen vor:
   a) im Kopf (beste Methode),
   b) mit der Umrechnungsformel,
   c) mit dem Taschenrechner.

Lösung:

a) $180° = \pi$, $10°$ ist ein 18tel davon: $10° = \frac{\pi}{18}$

b) Die Umrechnungsformel $\frac{\varphi}{360°} = \frac{x}{2\pi}$ wird nach x aufgelöst:
$x = \frac{\varphi \cdot 2\pi}{360°} = \frac{\varphi \cdot \pi}{180°}$
Setzt man für $\varphi = 10°$ ein, erhält man ebenfalls das Ergebnis.

c) Taschenrechner steht auf DEG, 10 wird eingegeben und dann die Tasten [INV] + [DRG] gedrückt. Man erhält: 0,1745…

2. Rechnen Sie den (im Bogenmaß) gegebenen Winkel $x = 1$ ins Gradmaß um.

Lösung:
Aus $\frac{\varphi}{360°} = \frac{x}{2\pi}$ folgt $\varphi = \frac{x \cdot 180°}{\pi}$ und nach Einsetzen von $x = 1$:
$\varphi = \frac{1 \cdot 180°}{\pi} = 57{,}296°$
Das geht auch mit dem Taschenrechner. Dabei muss darauf geachtet werden, dass das richtige Winkelmaß eingestellt ist; das wird im Display angezeigt.

Aufgabe **18.** a) Ergänzen Sie die folgende Winkeltabelle:

φ	45°			150°		15°	20°
x	$\frac{\pi}{4}$	$\frac{\pi}{6}$	$\frac{4\pi}{3}$		$\frac{3\pi}{2}$		

b) Zeichnen Sie die Winkel aus Teilaufgabe a am Einheitskreis ein.

2.2 Die Sinus- und Kosinusfunktion

Als bekannt wird vorausgesetzt, dass der Sinus $\sin(\alpha)$ des Winkels α im rechtwinkligen Dreieck das Verhältnis der Seitenlängen von Gegenkathete zur Hypotenuse und der Kosinus $\cos(\alpha)$ das Verhältnis der Seitenlängen von Ankathete zur Hypotenuse ist:

$$\sin(\alpha) = \frac{\text{Gegenkathete}}{\text{Hypotenuse}}$$

$$\cos(\alpha) = \frac{\text{Ankathete}}{\text{Hypotenuse}}$$

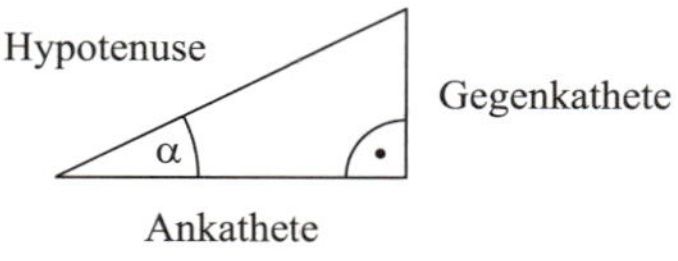

Aus diesen Grunddefinitionen lassen sich nun am Einheitskreis die Sinus- und die Kosinusfunktion gewinnen. Dabei bewegt sich ein Punkt P auf der Kreislinie des Einheitskreises. Seine Koordinaten sind dann in Abhängigkeit des Winkels x im Bogenmaß gerade cos(x) und sin(x).

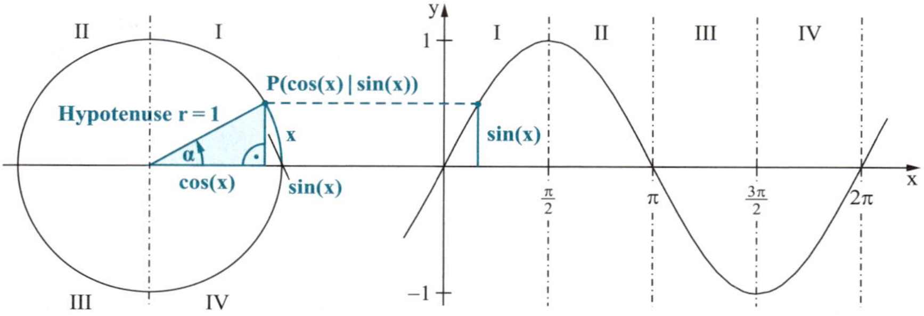

Trägt man nun die y-Koordinate des Punktes P über den Winkel im Bogenmaß auf, so erhält man den Graphen der Sinusfunktion. Damit hat man eine neue Funktion definiert, eben die **Sinusfunktion**: f: $x \mapsto \sin(x)$

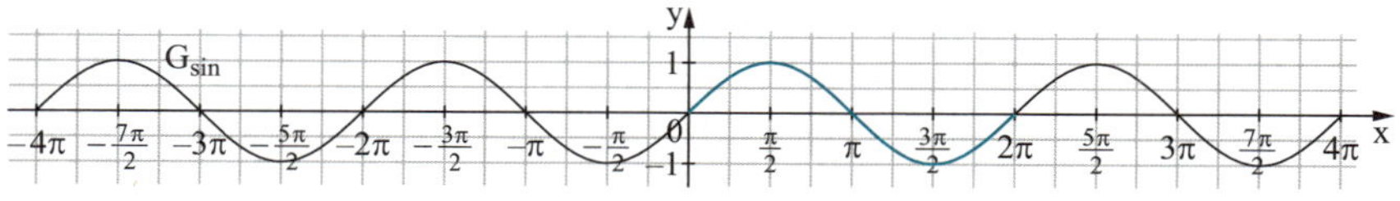

Der oben farbig markierte Kurvenzug im Graphen der Sinusfunktion auf dem Intervall $[0; 2\pi]$, der sich nach rechts und nach links fortwährend wiederholt, wird **Hauptzweig** genannt. Dieses Stück des Graphen entspricht gerade einem vollen Umlauf des Punktes auf dem Einheitskreis in mathematisch positiver Drehrichtung. Der Rest des Graphen entsteht durch fortlaufende Wiederholung dieses Kurvenzuges.

Regel

Eigenschaften der Sinusfunktion

1. Der **maximale Definitionsbereich** ist ganz $\mathbb{R}$: $\mathbf{D_{max} = \mathbb{R}}$.
2. Die Sinusfunktion besitzt den Wertebereich $W = [-1; 1]$, dazu sagt man auch, dass die Funktion **beschränkt** sei, was man mithilfe von Betragsstrichen auch so angeben kann: $\mathbf{|\sin(x)| \leq 1}$ für alle $x \in \mathbb{R}$.
3. Die Sinusfunktion ist **2π-periodisch**, d. h., jeder Funktionswert wiederholt sich jeweils nach 2π: $\mathbf{\sin(x) = \sin(x + 2\pi)}$.
4. Die **Nullstellen** der Sinusfunktion liegen bei allen ganzzahligen Vielfachen von π, demnach kann man für die Nullstellen schreiben: $x_k = k\pi$, wobei $k \in \mathbb{Z}$. Die Sinusfunktion hat damit unendlich viele Nullstellen. Die Nullstellen im Hauptintervall $[0; 2\pi]$ sind: $x_0 = 0$; $x_1 = \pi$ und $x_2 = 2\pi$.
5. Der Graph der Sinusfunktion ist **punktsymmetrisch** zum Ursprung; es gilt also $\sin(-x) = -\sin(x)$.
6. Die **Extrempunkte** der Sinusfunktion mit den Funktionswerten +1 (Hochpunkte) und –1 (Tiefpunkte) sind an den ungeradzahligen Vielfachen von $\frac{\pi}{2}$. Man schreibt dafür $x_k = (2k - 1) \cdot \frac{\pi}{2}$, wobei $k \in \mathbb{Z}$.
   Im Hauptintervall $[0; 2\pi]$ treten der Hochpunkt bei $H\left(\frac{\pi}{2} \,\middle|\, 1\right)$ und der Tiefpunkt bei $T\left(\frac{3\pi}{2} \,\middle|\, -1\right)$ auf.

Die Wertetabelle der Sinusfunktion für einige besondere Winkel:

x	0	$\frac{\pi}{6}$	$\frac{\pi}{4}$	$\frac{\pi}{3}$	$\frac{\pi}{2}$	$\frac{2\pi}{3}$	$\frac{3\pi}{4}$	$\frac{5\pi}{6}$	π	$\frac{3\pi}{2}$	2π
sin(x)	0	$\frac{1}{2}$	$\frac{1}{2}\sqrt{2}$	$\frac{1}{2}\sqrt{3}$	1	$\frac{1}{2}\sqrt{3}$	$\frac{1}{2}\sqrt{2}$	$\frac{1}{2}$	0	-1	0

Die Funktionswerte der Sinusfunktion berechnet man mit dem Taschenrechner (vorher auf RAD stellen nicht vergessen).

Beispiel

Berechnen Sie $\sin(0{,}5)$.

Lösung:
Mit dem Taschenrechner ergibt sich (ggf. nach Umstellen auf RAD):
$\sin(0{,}5) = 0{,}479$

Auch die Umkehrung benötigt man häufig: Der Sinuswert ist vorgegeben und man sucht den zugehörigen Winkel, oder wie man auch sagt das zugehörige Argument des Sinus. Dabei tritt das Problem auf, dass die Umkehrung der Sinusfunktion nicht eindeutig ist, d. h., es gibt viele x-Werte (sogar unendlich viele), die einen vorgegebenen y-Wert annehmen.

Beispiele

1. Ermitteln Sie die Lösungen der Gleichung $\sin(x) = 0{,}65$.

   Lösung:
   Der Taschenrechner berechnet, auf RAD eingestellt, mit der [$\sin^{-1}$]-Taste (oder [INV] + [SIN]) bei positiven y-Werten den ersten zugehörigen x-Wert des Hauptzweiges, der hier mit x^* bezeichnet wird. Das [$\sin^{-1}$] auf dem Taschenrechner steht für die Umkehrfunktion der Sinusfunktion, die in der Mathematik Arcussinus, kurz **arcsin**, genannt wird.

   In diesem Beispiel ergibt sich: $\sin(x) = 0{,}65 \quad \Rightarrow \quad x^* = x_1 = 0{,}70758$
   Die Probe ergibt, dass tatsächlich $\sin(0{,}70758) \approx 0{,}65$ ist.
   Es gibt aber noch mehr Lösungen, wie die Abbildung zeigt:

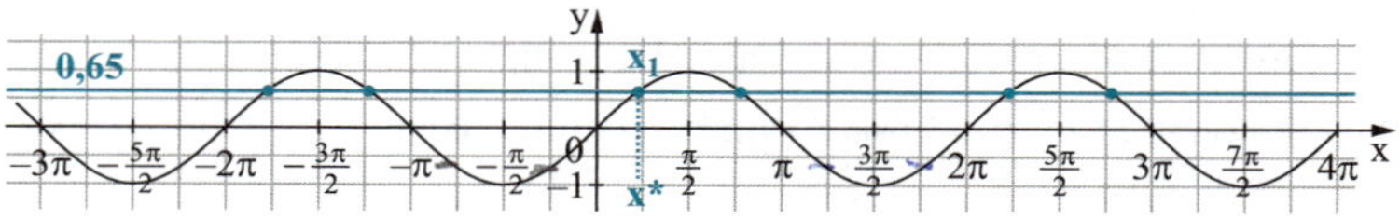

   Für den zweiten x-Wert des Hauptzweiges gilt wegen der Symmetrie der „Sinuswelle“ $x_2 = \pi - x^*$. Es ist also $x_2 = \pi - 0{,}70758 = 2{,}43401$ eine weitere Lösung der Gleichung $\sin(x) = 0{,}65$.
   Alle übrigen Lösungen erhält man, indem man zu x_1 und x_2 ganzzahlige Vielfache von 2π addiert bzw. davon subtrahiert.

2. Ermitteln Sie die Lösungen der Gleichung $\sin(x) = -0{,}75$ im Hauptzweig.

   Lösung:
   Bei vorgegebenen negativen Funktionswerten liefert der Taschenrechner den zugehörigen x-Wert links vom Ursprung, also nicht im Hauptzweig. $\sin(x) = -0{,}75$ ergibt laut Taschenrechner $\mathbf{x^* = -0{,}84806}$.

   Die Lösungen im Hauptzweig liegen zwischen π und 2π. Anhand des obigen Diagramms erkennt man, dass $x_2 = x^* + 2\pi$ und ferner $x_1 = \pi + |x^*|$ gilt. Damit ergibt sich:
   $x_1 = \pi + \mathbf{0{,}84806} = 3{,}98965$ und $x_2 = 2\pi - \mathbf{0{,}84806} = 5{,}43513$

Trägt man bei der Bewegung des Punktes P (siehe Grafik auf Seite 30) die Abszisse (x-Koordinate) von P über den Winkel im Bogenmaß auf, so erhält man den Graphen der **Kosinusfunktion** $f\colon x \mapsto \cos(x)$.

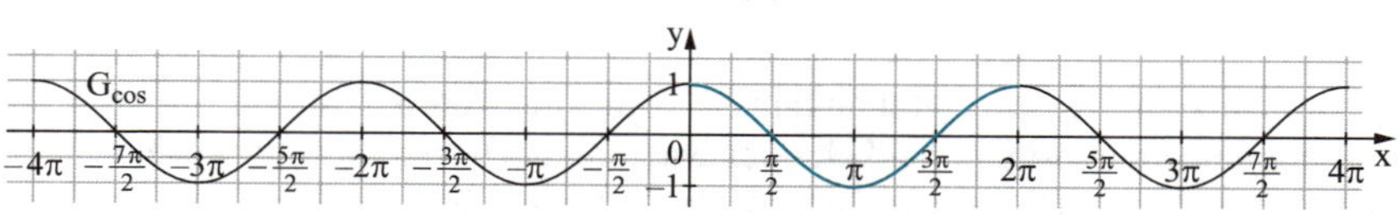

Der Graph der Kosinusfunktion geht aus dem Graphen der Sinusfunktion durch Verschiebung des Sinusgraphen um $\frac{\pi}{2}$ nach links hervor, in Formeln:
$\cos(x) = \sin(x + \frac{\pi}{2})$

Regel

Eigenschaften der Kosinusfunktion

1. Der **maximale Definitionsbereich** ist ganz $\mathbb{R}$: $D_{max} = \mathbb{R}$.
2. Es gilt $|\cos(x)| \leq 1$ für alle $x \in \mathbb{R}$.
3. Auch die Kosinusfunktion ist periodisch mit **Periodenlänge 2π**.
4. Die **Nullstellen** der Kosinusfunktion liegen bei den ungeradzahligen Vielfachen von $\frac{\pi}{2}$:
   $x_k = (2k-1) \cdot \frac{\pi}{2}$
   Die Nullstellen im Hauptintervall $[0; 2\pi]$ sind bei $x_1 = \frac{1}{2}\pi$ und $x_2 = \frac{3}{2}\pi$.
5. Der Graph der Kosinusfunktion ist **achsensymmetrisch** zur y-Achse:
   $\cos(-x) = \cos(x)$
6. Die **Extremstellen** der Kosinusfunktion sind an den ganzzahligen Vielfachen von π: $x_k = k\pi$, wobei $k \in \mathbb{Z}$.
   Im Hauptintervall $[0; 2\pi]$ treten die Hochpunkte bei $H_1(0\,|\,1)$ und $H_2(2\pi\,|\,1)$ sowie der Tiefpunkt bei $T(\pi\,|\,-1)$ auf.

Das Berechnen von Kosinuswerten erfolgt mit dem Taschenrechner entsprechend dem beschriebenen Vorgehen bei den Sinuswerten.

Zwischen dem Sinus und dem Kosinus gibt es eine Vielzahl von Beziehungen, die man in Formelsammlungen und teilweise in der Merkhilfe unter dem Stichwort Additionstheoreme findet. Das wichtigste ergibt sich am Einheitskreis unmittelbar aus dem Satz des Pythagoras.

Regel

Zusammenhang zwischen Sinus- und Kosinusfunktion

$\sin^2(x) + \cos^2(x) = 1$

Die Schreibweise $\sin^2(x)$ bedeutet, dass nach dem Berechnen von $\sin(x)$ dieser Funktionswert noch zu quadrieren ist, weshalb die ausführlichere Schreibweise $(\sin(x))^2$ ist.

Beispiele

1. Weisen Sie nach, dass dieser Zusammenhang für $x = 0;\ 0{,}5;\ 1$ und 3 stimmt.

   Lösung:
   Taschenrechner auf RAD stellen:
   $\sin(0) = 0;\ \cos(0) = 1 \quad \Rightarrow \quad 0^2 + 1^2 = 1$ wahre Aussage

   Bei den übrigen Gleichungen treten Rundungsungenauigkeiten auf:
   $\sin(0{,}5) \approx 0{,}479;\ \cos(0{,}5) \approx 0{,}878 \quad \Rightarrow \quad 0{,}479^2 + 0{,}878^2 \approx 1$
   $\sin(1) \approx 0{,}841;\ \cos(1) \approx 0{,}540 \quad \Rightarrow \quad 0{,}841^2 + 0{,}540^2 \approx 1$
   $\sin(3) \approx 0{,}141;\ \cos(3) \approx -0{,}990 \quad \Rightarrow \quad 0{,}141^2 + (-0{,}990)^2 \approx 1$

2. Betrachtet man dieses Theorem vom Standpunkt der Funktionen aus, so bedeutet das, dass sich an jeder Stelle x die Funktionswerte der veränderlichen Funktionen $x \mapsto \sin^2(x)$ und $x \mapsto \cos^2(x)$ zu der konstanten Funktion $x \mapsto 1$ addieren müssen.
Zeichnen Sie die zugehörigen Graphen.
Lösung:

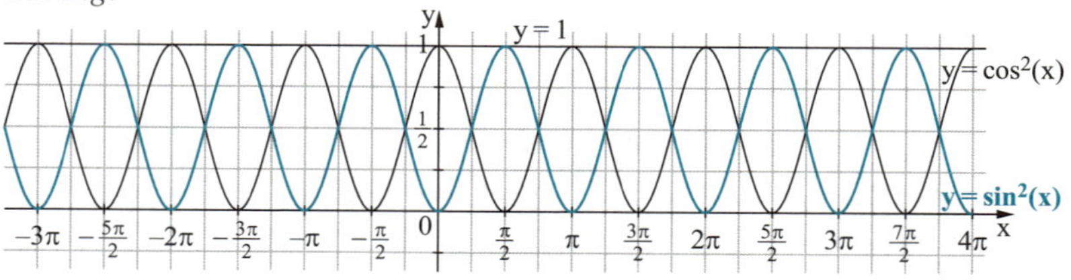

Der Tangens wird im rechtwinkligen Dreieck definiert als Gegenkathete geteilt durch Ankathete. Erweitert man diesen Bruch mit dem Kehrwert der Hypotenuse, so erkennt man, dass im Zähler die Definition des Sinus und im Nenner die des Kosinus steht. Daraus ergibt sich die wichtige Formel, die auch zur Definition der Tangensfunktion verwendet wird:

Regel

Die Tangensfunktion

$$\tan(x) = \frac{\sin(x)}{\cos(x)}$$

Dieser Zusammenhang ist nicht nur für die Tangensfunktion wichtig, sondern auch manchmal hilfreich, um Gleichungen mit Sinus und Kosinus zu lösen.

Beispiel

Berechnen Sie die Koordinaten des ersten Schnittpunktes der Sinus- und Kosinusfunktion im Intervall $[0; 2\pi]$.

Lösung:

$\sin(x) = \cos(x)$	Ansatz auf Schneiden
$\frac{\sin(x)}{\cos(x)} = 1$	Diese Gleichung lässt sich nicht direkt nach x auflösen.
$\tan x = 1$	Über den Umweg mit dem Tangens klappt es dennoch.

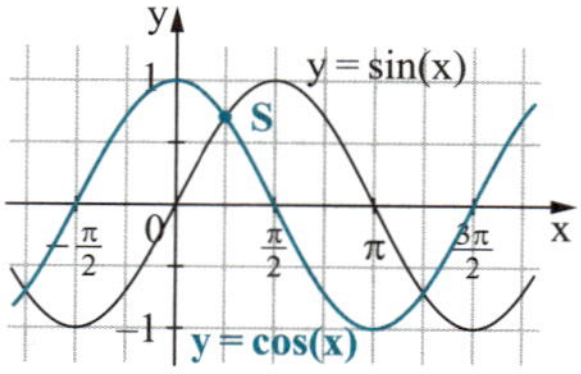

Entweder geht es mit dem Taschenrechner weiter (RAD einstellen und dann [INV] + [TAN]) oder man weiß, dass der Tangens bei $\frac{\pi}{4}$ den Wert 1 hat.
Die y-Koordinate des Schnittpunktes erhält man durch Einsetzen in eine der beiden Ausgangsfunktionen:

$$S\left(\frac{\pi}{4} \,\middle|\, \frac{1}{2\sqrt{2}}\right) \approx S(0{,}785 \,|\, 0{,}707)$$

Aus der oben angegebenen Definition ergibt sich eine neue Funktion, eben die **Tangensfunktion** $x \mapsto \tan(x)$. Ihre Eigenschaften ergeben sich aus den Eigenschaften der sie definierenden Grundfunktionen. An den Nullstellen des Nenners, also bei $\cos(x) = 0$, hat $\tan(x)$ Definitionslücken, und zwar in Form von Polstellen mit VZW. Die Nullstellen des Sinus sind auch die Nullstellen des Tangens.

Die Sinus- und Kosinusfunktionen findet man in allen sich wiederholenden Vorgängen wieder. Damit sind in der Physik insbesondere die Schwingungen und Wellen gemeint. Die Wechselspannung und der Wechselstrom des Stromnetzes haben einen sinusförmigen Zeitverlauf (siehe Abbildung), ein reiner, mit der Stimmgabel erzeugter Ton ebenfalls. Beliebige Geräusche stellen sich als Überlagerung (Addition) sinusförmiger Töne dar.

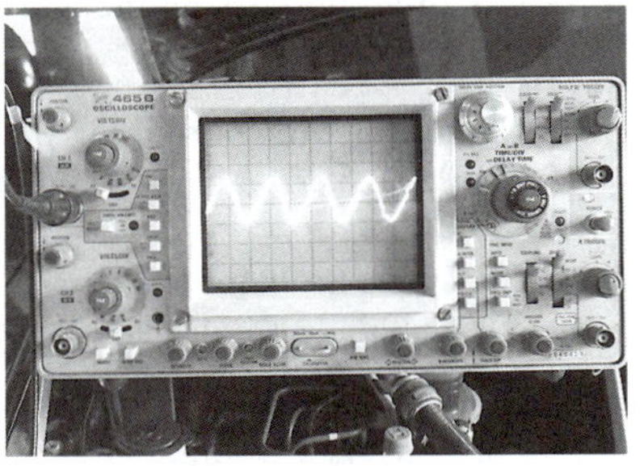
Der sinusförmige Verlauf der Netzspannung ist mithilfe eines Oszilloskops dargestellt.

Und um auch ein weniger technisches Beispiel zu nennen: Der berühmte Jo-Jo-Effekt bei Personen mit Gewichtsproblemen lässt das Gewicht näherungsweise sinusförmig hoch- und runtergehen.

Aufgaben

19. Berechnen Sie die Lösungen der folgenden Gleichungen im Hauptzweig, d. h. für $x \in [0; 2\pi]$.

a) $\sin(x) = 0{,}35$ b) $\sin(x) = -0{,}90$

c) $2\sin(x) = 1$ d) $\sin\left(\frac{x}{2}\right) = 0{,}5$

20. Bestimmen Sie die Lösungen im Hauptintervall $[0; 2\pi]$ der folgenden Gleichungen.

a) $\cos(x) = 0{,}65$ b) $\cos(x) = -0{,}5$

c) $3\cos(x) + 1 = 0$ d) $\cos(2x) = 0{,}75$

Hinweis: Es ist hilfreich, sich die möglichen Lösungen anhand des Graphen der Kosinusfunktion zu veranschaulichen.

21. Zeichnen Sie die Tangensfunktion im Intervall $\left[-\frac{3}{2}\pi; \frac{5}{2}\pi\right]$ und geben Sie die Polstellen, die Nullstellen, die Symmetrie und die Periodenlänge dieser Funktion an.

2.3 Die allgemeine Sinusfunktion

Ähnlich wie sich die Normalparabel $y = x^2$ verändert, wenn man bestimmte Parameter hinzufügt und damit zur allgemeinen quadratischen Funktion $f(x) = ax^2 + bx + c$ gelangt, rufen auch Veränderungen am Funktionsterm der Sinusgrundfunktion bestimmte, gut überschaubare Veränderungen hervor.

Definition

Die allgemeine Sinusfunktion
Mit den Parametern $a, b, c \in \mathbb{R}$ und $a \neq 0$; $b \neq 0$ bezeichnet man
$f(x) = a \cdot \sin(bx + c)$
als **allgemeine Sinusfunktion**.
Den Spezialfall der Grundfunktion $x \mapsto \sin(x)$ erhält man für $a = b = 1$ und $c = 0$.

Beispiel

In der Physik wird mit der allgemeinen Sinusfunktion die Zeitabhängigkeit der harmonischen Schwingung beispielsweise eines Federpendels beschrieben, wobei man meist die Bezeichnung
$y(t) = A \cdot \sin(\omega t + \varphi)$
verwendet. Dabei heißen:

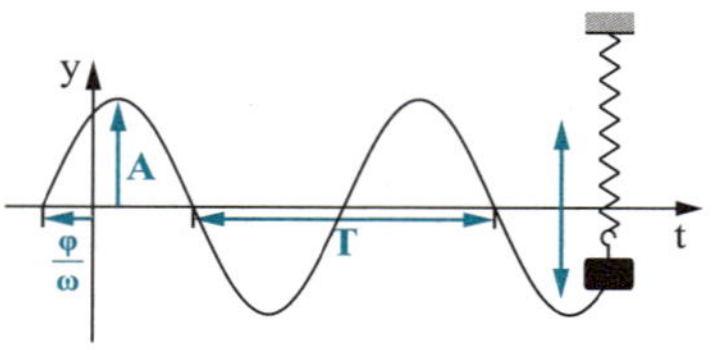

A Amplitude (größte Auslenkung)
ω Kreisfrequenz, wobei $\omega = \frac{2\pi}{T}$ mit T = Schwingungsdauer (Periodenlänge)
φ Phasenverschiebung (Diese bewirkt zusammen mit ω eine horizontale Verschiebung der Sinuskurve gegenüber der Grundkurve um $\frac{\varphi}{\omega}$.)

Strecken und Stauchen in y-Richtung – die Amplitude a

Es wird der Einfluss von a auf den Verlauf des Graphen von $x \mapsto a \cdot \sin(x)$ untersucht. Im Diagramm sind die Graphen für verschiedene a im Vergleich zur Grundfunktion (a = 1) zu sehen.

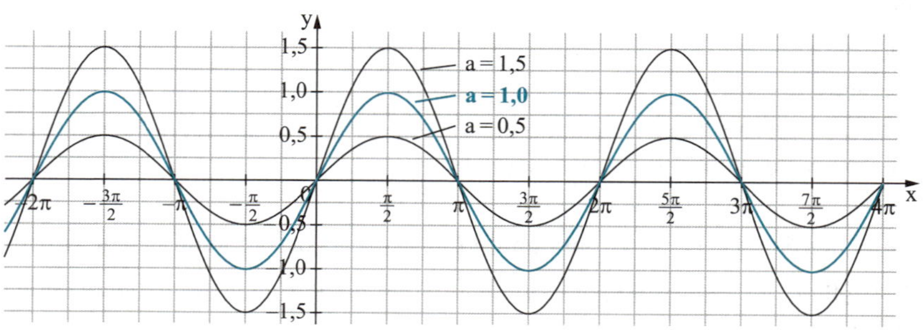

Regel

Bedeutung der Amplitude a

- $a > 1$: Die Sinuskurve wird in y-Richtung gestreckt.
- $0 < a < 1$: Die Sinuskurve wird in y-Richtung gestaucht.
- Bei negativem a wird die Kurve zusätzlich an der x-Achse gespiegelt.

Bei sinusförmigen Tönen entspricht die Amplitude der Lautstärke des Tons.

Strecken und Stauchen in x-Richtung – die Kreisfrequenz b

Nun wird der Einfluss von b auf den Verlauf des Graphen von $x \mapsto \sin(b \cdot x)$ untersucht. Im Diagramm sind die Graphen für verschiedene b im Vergleich zur Grundfunktion ($b = 1$) zu sehen.

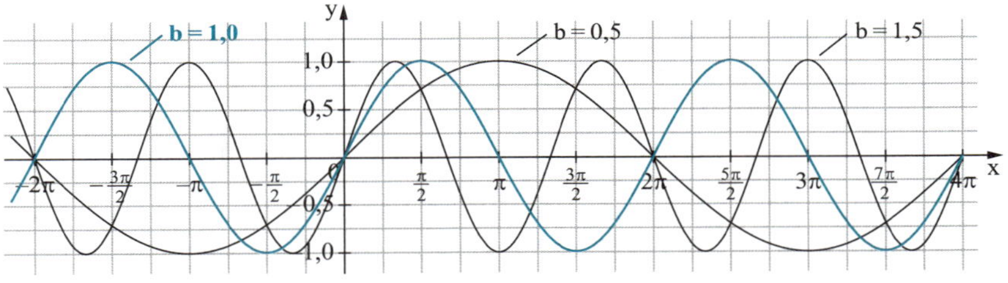

Regel

Bedeutung der Kreisfrequenz b

Der Faktor vor der unabhängigen Funktionsvariablen x streckt ($0 < b < 1$) oder staucht ($b > 1$) die Sinusfunktion in x-Richtung um den Faktor $\frac{1}{b}$. Ihre Periodenlänge beträgt $p = \frac{2\pi}{b}$.
Bei negativem b wird die Kurve zusätzlich an der y-Achse gespiegelt.

Auf einen Ton bezogen, bedeutet die Frequenz b die Tonhöhe.

Verschieben in x-Richtung – die Phasenverschiebung c

Der Einfluss von c auf den Verlauf des Graphen von $x \mapsto \sin(x + c)$ wird untersucht. Im Diagramm ist ein Graph mit $c = -\frac{\pi}{2}$ im Vergleich zur Grundfunktion ($c = 0$) zu sehen.

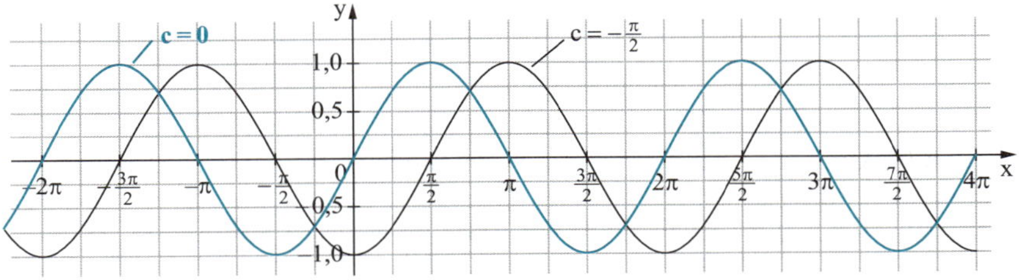

Regel

Bedeutung der Phasenverschiebung c

Die im Argument der Sinusfunktion $x \mapsto \sin(x+c)$ addierte Konstante c verschiebt den Graphen längs der x-Achse, und zwar

- um $|c|$ nach rechts, wenn c negativ ist, und
- um c nach links, wenn c positiv ist.

Beispiel

Gegeben ist die allgemeine Sinusfunktion: $f(x) = 3\sin(2x - \pi)$ mit $D_f = \mathbb{R}$.

a) Berechnen Sie die ersten beiden positiven Nullstellen der Funktion.

b) Ermitteln Sie, wie sich der Graph der Funktion f aus dem Graphen der Grundfunktion $x \mapsto \sin(x)$ ergibt.

c) Zeichnen Sie den Graphen von f.

Lösung:

a) $f(x) = 0 \Leftrightarrow 3\sin(2x - \pi) = 0 \quad |:3$

$\Leftrightarrow \sin(2x - \pi) = 0$

$2x - \pi = k\pi$ — Der Sinus wird null, wenn sein Argument (hier: $2x - \pi$) ein ganzzahliges Vielfaches von π ist.

$x_k = \frac{k\pi + \pi}{2} = \frac{(k+1)\pi}{2},\ k \in \mathbb{Z}$ — Auflösen nach x

$x_0 = \frac{\pi}{2}$ und $x_1 = 2 \cdot \frac{\pi}{2} = \pi$ — die beiden ersten positiven Nullstellen

b) Um das Entstehen des Graphen von f aus der Grundfunktion feststellen zu können, muss im Argument die 2 vorgeklammert werden:

$f(x) = 3\sin\left(2\left(x - \frac{\pi}{2}\right)\right)$

Daran kann man nun ablesen, dass der Graph von f gegenüber der Grundfunktion um $\frac{\pi}{2}$ nach rechts verschoben ist, die doppelte „Frequenz“ hat und in y-Richtung um den Faktor 3 gestreckt ist.

c)

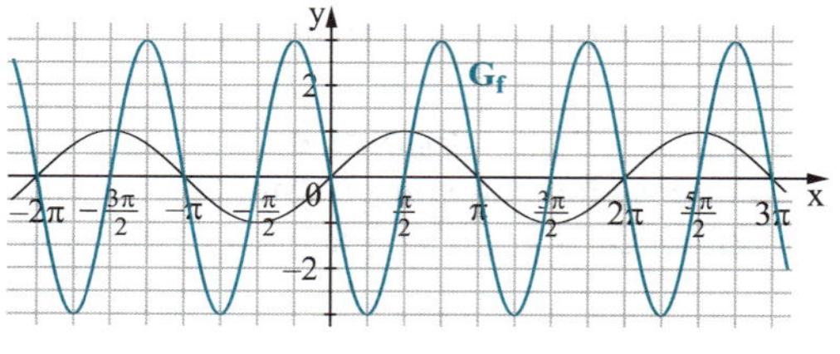

Aufgabe 22. Beschreiben Sie, wie sich bei folgenden Funktionen der Graph aus der Grundfunktion entwickelt, und bestimmen Sie jeweils eine Lösung der Gleichung $f(x) = 0{,}5$ bzw. $g(x) = 1$.
Zeichnen Sie anschließend die Graphen der Funktionen.

a) $f(x) = \frac{3}{4} \cdot \sin(3x + 5)$

b) $g(x) = \frac{3}{2} \cdot \sin\left(\pi x - \frac{\pi}{3}\right)$

Differenzialrechnung

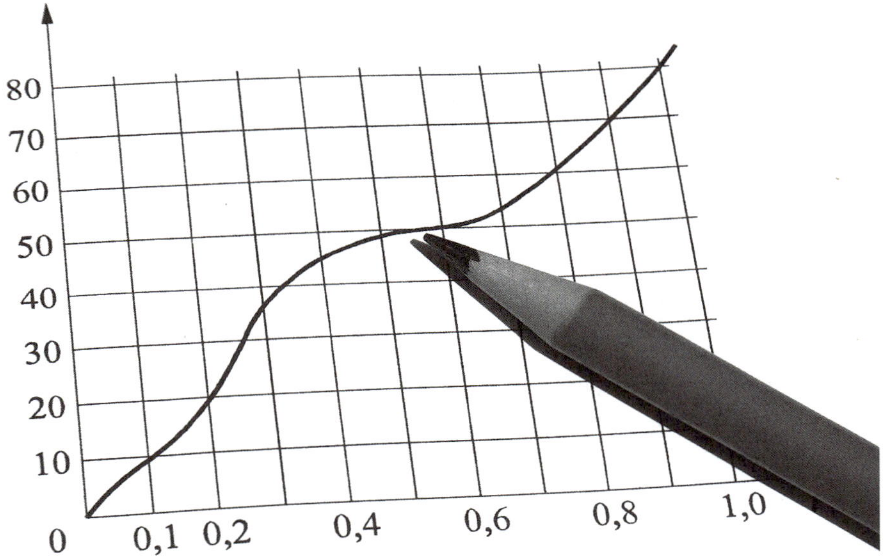

Die Differenzialrechnung ist aus dem Bedürfnis heraus entwickelt worden, Veränderungen mathematisch zu erfassen. So ist etwa bei Aktienkursen, bei den Arbeitslosenzahlen oder bei der Geschwindigkeit nicht nur der momentane Wert von Interesse, sondern (fast noch mehr) die Veränderung der Aktienkurse gegenüber dem Vortag, die Änderung der Arbeitslosenzahl gegenüber dem Vormonat bzw. die Veränderung der Geschwindigkeit gegenüber der vorherigen Sekunde. Die Kenntnis dieser Veränderungen lässt Prognosen zu, wie sich diese Werte entwickeln werden – sie erlauben einen Blick in die Zukunft.

3 Die Ableitung einer Funktion

3.1 Sekante und Differenzenquotient

Die „Veränderung" einer Größe beschreibt man in der Mathematik mithilfe der **Steigung**. Diese wurde bei den Geraden (Graphen der linearen Funktionen) mithilfe des Steigungsdreiecks eingeführt. Um den Begriff der Steigung auf gekrümmte Graphen zu übertragen, legt man zunächst durch zwei Punkte P und Q eines Graphen eine Gerade, die **Sekante** (= „Schneidende") genannt wird, und berechnet deren Steigung mithilfe des **Differenzenquotienten**.

Regel

Steigung der Sekante

$m_{PQ} = \frac{\Delta y}{\Delta x} = \frac{f(x_2) - f(x_1)}{x_2 - x_1}$

m_{PQ} ist die **mittlere Steigung** des Graphen der Funktion f im Intervall $[x_1; x_2]$.

Zudem gilt:

$\tan(\alpha) = m_{PQ}$

α heißt **Steigungswinkel**.

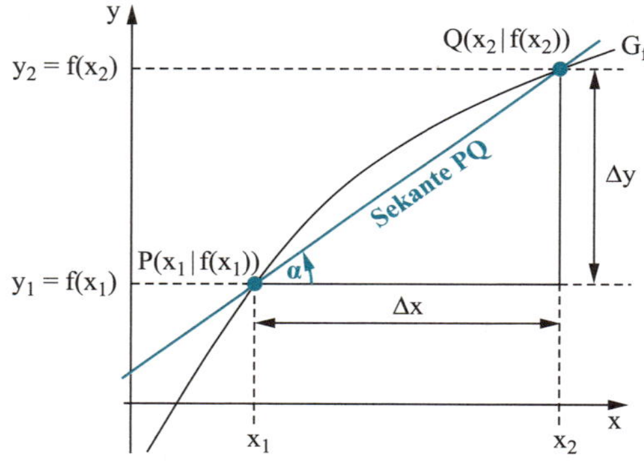

Beispiel

Betrachtet wird die Funktion $f(x) = x^2$.
Bestimmen Sie die Steigung der Sekante durch die Graphenpunkte P(1 | 1) und Q(2 | 4) sowie ihren Steigungswinkel.

Lösung:

Die Steigung der Sekante durch P und Q beträgt:

$m_{PQ} = \frac{\Delta y}{\Delta x} = \frac{f(2) - f(1)}{2 - 1} = \frac{4 - 1}{2 - 1} = 3$

Das ist die mittlere Steigung der Parabel im Intervall [1; 2].

Wegen

$\tan(\alpha) = 3$

beträgt der Steigungswinkel:

$\alpha \approx 71{,}6°$

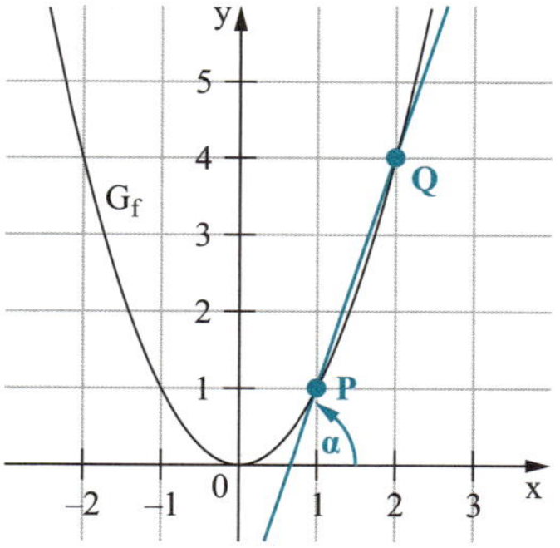

Aufgaben

23. Berechnen Sie bei den folgenden Funktionen jeweils die Steigung der Sekante durch die Graphenpunkte P und Q. Zeichnen Sie dann den Graphen und die Sekante.

a) $f(x) = x^2$; $P(0 \mid ?)$ und $Q(2 \mid ?)$

b) $f(x) = \frac{1}{x}$; $P\left(\frac{1}{2} \mid ?\right)$ und $Q(1 \mid ?)$

24. Berechnen Sie bei dem Graphen der Funktion $p(x) = -x^2 + 5x - 3$ jeweils die Steigungen der Sekanten durch den stets gleichbleibenden Punkt $P(1 \mid 1)$ und den nachfolgend angegebenen Punkten Q:

$Q_1(4 \mid ?)$, $Q_2(3 \mid ?)$, $Q_3(2 \mid ?)$, $Q_4(1{,}5 \mid ?)$, $Q_5(1{,}2 \mid ?)$, $Q_6(1{,}1 \mid ?)$ und $Q_7(1{,}01 \mid ?)$

Stellen Sie die Ergebnisse tabellarisch dar und zeichnen Sie Graph und Sekanten soweit wie möglich in ein Diagramm ein. Was vermuten Sie?

3.2 Tangente und Differenzialquotient

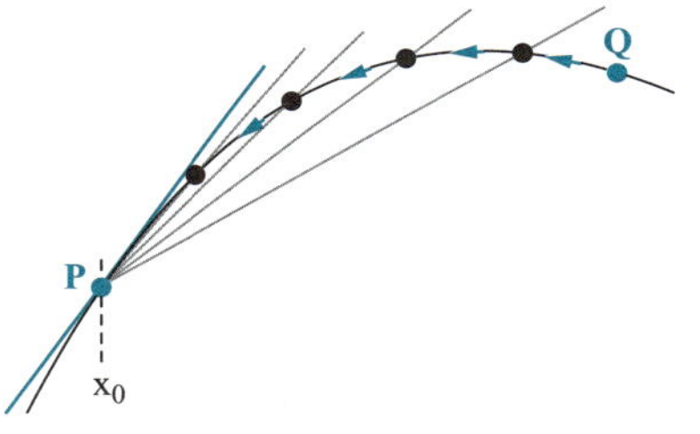

Man definiert die Steigung einer Kurve in einem Punkt $P(x_0 \mid f(x_0))$ dadurch, dass man von der Steigung der Sekante durch die Graphenpunkte $P(x_0 \mid f(x_0))$ und $Q(x \mid f(x))$ mit $x \neq x_0$ ausgeht und dann den Punkt Q auf dem Graphen von f zum Punkt P schiebt. Die Sekante wird dadurch zu einer **Tangente** (= „Berührende“), die den Graphen von f im Punkt P berührt. Aus dem Differenzenquotienten für die Berechnung der Steigung der Sekante wird durch den Grenzübergang $x \to x_0$ der sogenannte **Differenzialquotient**.

Definition

Ableitung

Die Funktion f besitzt an der Stelle $x_0 \in D_f$ die Ableitung $f'(x_0)$, sprich: „f Strich von x_0“, wenn sich der **Differenzialquotient**

$$f'(x_0) := \lim_{x \to x_0} \frac{f(x) - f(x_0)}{x - x_0} \text{ oder (was dasselbe ist) } f'(x_0) := \lim_{h \to 0} \frac{f(x_0 + h) - f(x_0)}{h}$$

bilden lässt. Existiert der Grenzwert $f'(x_0)$, so stellt er die Steigung der Tangente an den Graphen im Punkt P dar. Daher bezeichnet man $f'(x_0)$ auch als die **Steigung des Graphen** von f im Punkt $P(x_0 \mid f(x_0))$ bzw. an der Stelle x_0.

Die im Kasten links stehende Formel für die Ableitung von f an der Stelle x_0 ergibt sich aus dem Differenzenquotienten

$m_{PQ} = \frac{\Delta y}{\Delta x}$

der Sekante durch die Punkte $P(x_0 \mid f(x_0))$ und $Q(x \mid f(x))$ und anschließender Grenzwertbildung $x \to x_0$ (siehe Abbildung). Die im Kasten rechts stehende Formel für $f'(x_0)$, welche die Variable $h \neq 0$ enthält, ergibt sich dann, wenn man die Koordinaten des Punktes Q mit $(x_0 + h \mid f(x_0 + h))$ bezeichnet. Von dieser Ausgangslage wird der Punkt Q anschließend durch die Grenzwertbildung $h \to 0$ auf dem Graphen von f zum Punkt P verschoben, sodass man die Steigung der Tangente im Punkt P erhält.

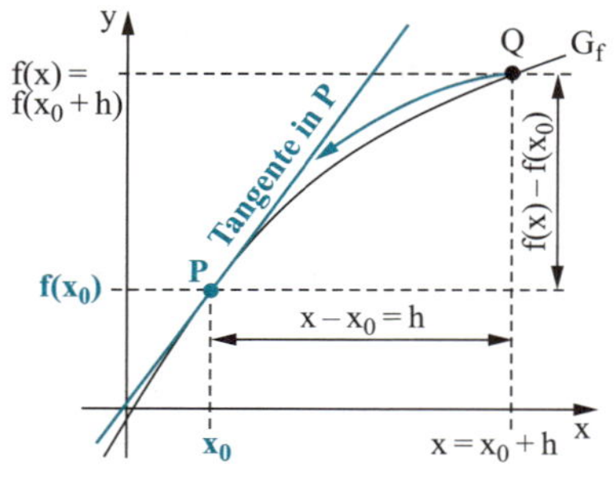

Hinweis: Statt $f'(x_0)$ für die Bezeichnung der Ableitung an der Stelle x_0 findet man gelegentlich auch das Symbol $\frac{df(x_0)}{dx}$, bei dem die Herkunft vom Differenzenquotienten $\frac{\Delta y}{\Delta x}$ deutlich wird. In der Physik wird zur Ableitung nach der Zeit t auch ein Punkt verwendet, z. B. $\dot{s}(t_0)$.

Beispiel

Gegeben ist die Funktion $f(x) = x^2$, bestimmen Sie $f'(1)$.

Lösung:

$$f'(1) = \lim_{x \to 1} \frac{f(x) - f(1)}{x - 1}$$

$$= \lim_{x \to 1} \frac{x^2 - 1}{x - 1}$$ Anwenden der dritten binomischen Formel

$$= \lim_{x \to 1} \frac{\cancel{(x-1)}\,(x+1)}{\cancel{x-1}}$$ Kürzen von $(x - 1)$

$$= \lim_{x \to 1} (x + 1) = 1 + 1 = 2$$

Alternative Lösung mit der h-Formel:

$$f'(1) = \lim_{h \to 0} \frac{f(1+h) - f(1)}{h}$$

$$= \lim_{h \to 0} \frac{(1+h)^2 - 1}{h}$$ Ausmultiplizieren

$$= \lim_{h \to 0} \frac{1 + 2h + h^2 - 1}{h}$$

$$= \lim_{h \to 0} \frac{h^2 + 2h}{h}$$

$$= \lim_{h \to 0} \frac{\cancel{h}(h+2)}{\cancel{h}}$$ Ausklammern und Kürzen von h

$$= \lim_{h \to 0} (h + 2) = 0 + 2 = 2$$

Demnach hat der Graph der Funktion $f(x) = x^2$ an der Stelle 1 die Steigung 2, d. h., es gilt $f'(1) = 2$.
Im Diagramm ist die zugehörige Tangente eingezeichnet. Die Steigung überprüft man mit einem Steigungsdreieck.

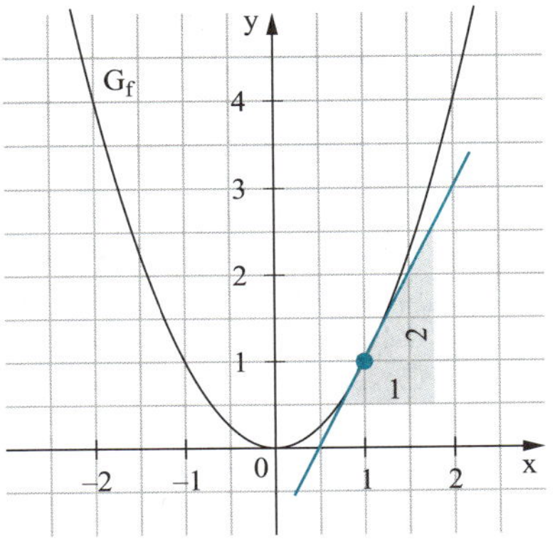

Aufgaben

25. Gegeben ist die Funktion $f(x) = x^2 - 2x - 3$.
Bestimmen Sie die Ableitungen $f'(-1)$, $f'(1)$ und $f'(4)$.

26. Gegeben sind die Funktionen $f(x) = x^3$ und $g(x) = x^3 - 2$.
Ermitteln Sie die Steigungen der Graphen an der Stelle $x_0 = 1$.

27. Bestimmen Sie bei der linearen Funktion $g(x) = mx + t$ die Steigung an der allgemeinen Stelle $x_0 \in \mathbb{R}$. Interpretieren Sie das Ergebnis.

28. Ermitteln Sie die Steigung der Normalparabel $p(x) = x^2$ an der Stelle $x_0 \in \mathbb{R}$ in Abhängigkeit von der Stelle x_0.

29. Von der mittleren Geschwindigkeit zur Momentangeschwindigkeit
Bewegt sich ein Körper nach der Zeit-Weg-Funktion $t \mapsto s(t)$, dann ist seine **Durchschnittsgeschwindigkeit** im Zeitintervall $[t_0; t_0 + \Delta t]$, in dem die Strecke Δs zurückgelegt wird, definiert als

$$\overline{v} = \frac{\Delta s}{\Delta t} = \frac{s(t_0 + \Delta t) - s(t_0)}{\Delta t}$$

und seine **Momentangeschwindigkeit** zum Zeitpunkt t_0 als

$$v(t_0) = \lim_{\Delta t \to 0} \frac{\Delta s}{\Delta t} = \lim_{\Delta t \to 0} \frac{s(t_0 + \Delta t) - s(t_0)}{\Delta t}.$$

Das Zeit-Weg-Gesetz für den freien Fall lautet:

$$s(t) = \frac{1}{2} g t^2$$

Dabei ist t die Fallzeit in Sekunden (unabhängige Funktionsvariable), s(t) die durchfallene Strecke in Meter und $g \approx 10 \, \frac{m}{s^2}$ die Fallbeschleunigung auf der Erde.

a) Ein Körper fällt bis zum Aufschlag genau vier Sekunden. Bestimmen Sie die Durchschnittsgeschwindigkeit während der gesamten Fallzeit und die Aufschlaggeschwindigkeit des Körpers. Geben Sie zudem an, wo im Zeit-Weg-Diagramm man diese beiden Geschwindigkeiten findet.

b) Ein Bungee-Jumper ist an einem 100 m langen Seil befestigt. Solange ihn das Seil nicht abbremst, fällt er näherungsweise nach dem Zeit-Weg-Gesetz des freien Falles. Berechnen Sie seine Höchstgeschwindigkeit.

3.3 Differenzierbarkeit

Es ist noch nicht geklärt, ob sich der beim Differenzialquotienten auftretende Grenzwert immer bilden lässt, oder anders formuliert, ob die Ableitung $f'(x_0)$ an jeder Stelle $x_0 \in D_f$ existiert. Es stellt sich also die Frage, ob der Graph einer Funktion f in jedem Kurvenpunkt eine Steigung besitzt, und was es bedeutet, wenn dem nicht so ist.

Definition

Differenzierbarkeit
Eine Funktion f heißt an der Stelle $x_0 \in D_f$ **differenzierbar**, wenn der Differenzialquotient bzw. die Ableitung von f an der Stelle x_0 existiert, d. h., wenn der Grenzwert

$$f'(x_0) = \lim_{h \to 0} \frac{f(x_0 + h) - f(x_0)}{h}$$

existiert.

Damit der Grenzwert

$$\lim_{h \to 0} \frac{f(x_0 + h) - f(x_0)}{h}$$

existiert, muss für jede Annäherung $h \to 0$ stets die **gleiche Zahl** herauskommen, insbesondere auch dann, wenn h negativ ist. Letzteres bedeutet, dass der Punkt Q von links an den Punkt P angenähert wird.

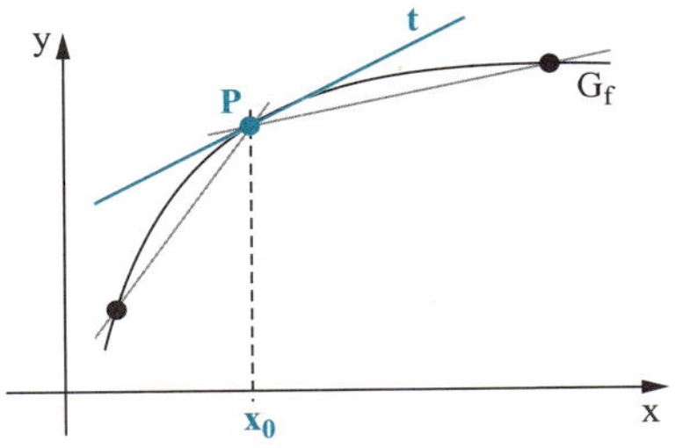

f ist an der Stelle x_0 **differenzierbar**. Bei rechtsseitiger und bei linksseitiger Annäherung ergibt sich die gleiche eindeutig bestimmte Steigung $f'(x_0)$.
Es gibt eine eindeutig definierte Tangente t in P.
Der Graph von f verläuft **glatt** (ohne Knick) durch den Punkt P.

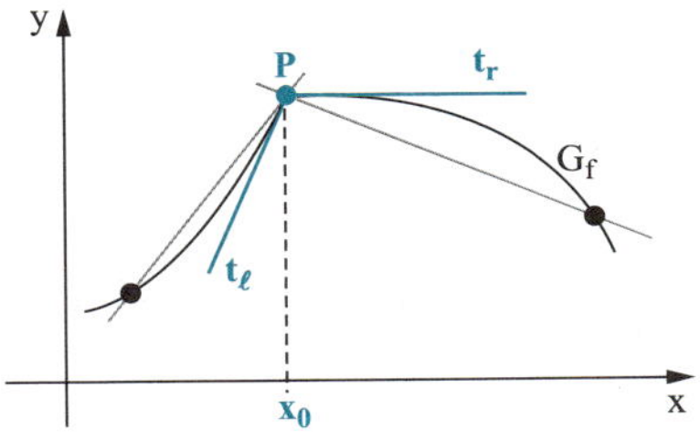

f ist an der Stelle x_0 **nicht differenzierbar**. Bei rechtsseitiger und bei linksseitiger Annäherung ergeben sich unterschiedliche Steigungen. Man erhält eine rechtsseitige Tangente t_r und eine linksseitige Tangente t_ℓ. Es existiert kein $f'(x_0)$.
Der Graph von f **knickt** im Punkt P ab (plötzliche Richtungsänderung).

Die Differenzierbarkeit ist wie die Stetigkeit (vgl. Trainingsband „Funktionenlehre und Lineare Gleichungssysteme“) eine wichtige Eigenschaft einer Funktion. Ganz grob kann man sich merken: Die Graphen stetiger Funktionen haben **keinen Sprung** und die Graphen differenzierbarer Funktionen haben zusätzlich auch **keinen Knick** und auch keine vertikalen Tangenten.
Die drei möglichen Fälle unstetig und nicht differenzierbar, stetig und nicht differenzierbar sowie stetig und differenzierbar sind nachfolgend anhand von drei Graphen veranschaulicht.

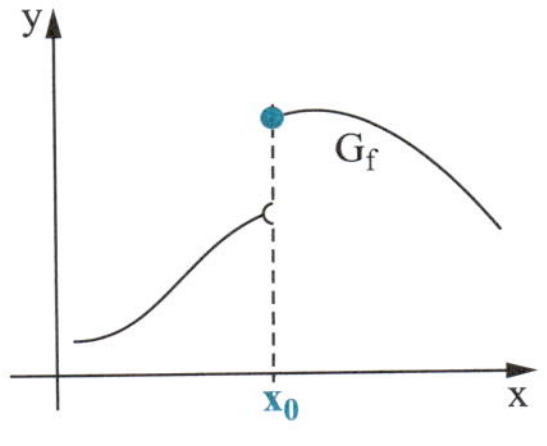

Die Funktion f ist an der Stelle x_0 unstetig und auch nicht differenzierbar.

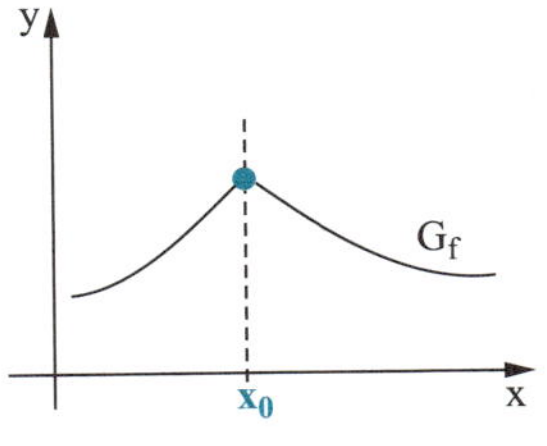

Die Funktion f ist an der Stelle x_0 stetig, aber nicht differenzierbar.

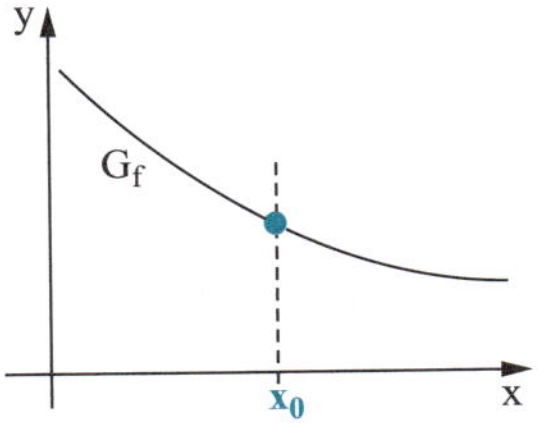

Die Funktion f ist an der Stelle x_0 stetig und differenzierbar.

Dass in dieser Darstellung der Fall unstetig und differenzierbar fehlt, ist kein Zufall. Diesen Fall gibt es nämlich **nicht**.

Regel

Zusammenhang von Differenzierbarkeit und Stetigkeit

Eine differenzierbare Funktion ist immer auch stetig, oder kurz:

f ist **differenzierbar** $\Rightarrow$ f ist **stetig**.

Die logische Umkehrung dieser Aussage lautet:

Eine unstetige Funktion kann nicht differenzierbar sein, oder kurz:

f ist **unstetig** $\Rightarrow$ f ist **nicht differenzierbar**.

Beispiel

Beurteilen Sie, ob die Funktion $f(x)=|x|$ im Ursprung differenzierbar ist.

Lösung:

Die Funktion

$$f(x)=|x|=\begin{cases} x & \text{für } x \geq 0 \\ -x & \text{für } x < 0 \end{cases}$$

ist im Ursprung nicht differenzierbar, ihr Graph hat dort einen Knick.

Rechnerischer Nachweis:

$$f'(0+) := \lim_{h \to 0+} \frac{f(0+h)-f(0)}{h}$$ rechtsseitiger Differenzialquotient

$$= \lim_{h \to 0+} \frac{h-0}{h} = \lim_{h \to 0+} 1 = 1$$

$$f'(0-) := \lim_{h \to 0-} \frac{f(0+h)-f(0)}{h}$$ linksseitiger Differenzialquotient

$$= \lim_{h \to 0-} \frac{-h-0}{h} = \lim_{h \to 0-} -1 = -1$$

Demnach gilt: $f'(0+) \neq f'(0-)$

Daraus folgt, dass f an der Stelle $x_0=0$ **nicht differenzierbar** ist.

Aufgabe **30.** Zeichnen Sie die Graphen der folgenden Funktionen und beurteilen Sie, ob die Funktionen an den Nahtstellen differenzierbar sind. Führen Sie anschließend den rechnerischen Nachweis.

a) $f(x)=x\,|x|$

b) $f(x)=\begin{cases} x^2 & \text{für } x \leq 1 \\ x & \text{für } x > 1 \end{cases}$

c) $f(x)=\begin{cases} x^2 & \text{für } x \leq 1 \\ 2x-1 & \text{für } x > 1 \end{cases}$

3.4 Tangenten- und Normalengleichung

Ist eine Funktion f an einer Stelle x_0 differenzierbar, so besitzt der Graph von f im zugehörigen Punkt $P(x_0 \mid f(x_0))$ eine eindeutig bestimmte **Tangente**. Die (wiederum eindeutig bestimmte) zur Tangente senkrecht stehende Gerade durch den Punkt $P(x_0 \mid f(x_0))$ heißt **Normale**.

Regel

Tangenten- und Normalengleichung

Der Graph einer in x_0 differenzierbaren Funktion f besitzt an der Stelle x_0 die **Tangente** mit der Funktionsgleichung

t: $y = f'(x_0)(x - x_0) + f(x_0)$

und die **Normale**

n: $y = -\frac{1}{f'(x_0)}(x - x_0) + f(x_0)$.

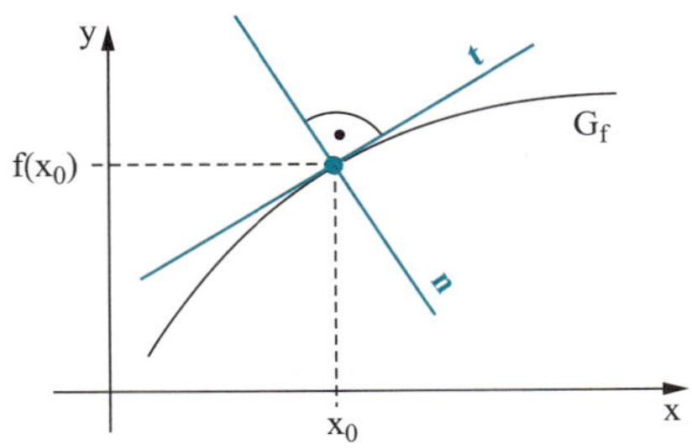

Die Steigung $-\frac{1}{f'(x_0)}$ für die Normale ergibt sich aus der Tatsache, dass für die Steigungen m_1 und m_2 von zueinander senkrecht stehenden Geraden stets gilt: $m_1 \cdot m_2 = -1$

Beispiel

Bestimmen Sie für die Funktion $f(x) = x^2$ die Funktionsgleichungen der Tangente und Normale an der Stelle $x_0 = 1$.

Lösung:

$x_0 = 1;\quad f(1) = 1^2 = 1;$

Man benötigt x_0, $f(x_0)$ und $f'(x_0)$, um die gesuchten Funktionsgleichungen mithilfe der oben stehenden Formeln angeben zu können.

$$f'(1) = \lim_{h \to 0} \frac{f(1+h) - f(1)}{h}$$

$$= \lim_{h \to 0} \frac{(1+h)^2 - 1}{h}$$

Ausmultiplizieren

$$= \lim_{h \to 0} \frac{1 + 2h + h^2 - 1}{h}$$

$$= \lim_{h \to 0} \frac{h^2 + 2h}{h}$$

$$= \lim_{h \to 0} \frac{\not{h}(h+2)}{\not{h}}$$

h ausklammern und kürzen

$$= \lim_{h \to 0} (h+2) = 0 + 2 = 2$$

Das wäre auch einfacher gegangen (Aufgabe 28): $f'(x_0) = 2x_0 \;\Rightarrow\; f'(1) = 2 \cdot 1 = 2$

t: $y = \mathbf{2}(x - \mathbf{1}) + \mathbf{1} = 2x - 1$

Tangentengleichung aufstellen und zusammenfassen

n: $y = -\frac{\mathbf{1}}{\mathbf{2}}(x - \mathbf{1}) + \mathbf{1} = -\frac{1}{2}x + \frac{3}{2}$

Normalengleichung aufstellen und zusammenfassen

Aufgaben

31. Bestimmen Sie für die Normalparabel $f(x) = x^2$ jeweils die Funktionsgleichungen der Tangente und Normale in den Punkten $P_1(0|0)$ und $P_2(-1{,}5|2{,}25)$.

32. Die Funktion $f(x) = \frac{1}{x}$ hat an der Stelle 1 die Ableitung $f'(1) = -1$. Stellen Sie an dieser Stelle die Funktionsgleichungen für die Tangente und die Normale auf. Zeichnen Sie anschließend den Graphen von f im I. Quadranten sowie die Tangente und Normale.

33. Bahngleis

Das abgebildete Bahngleis verläuft nach der Funktion $f(x) = \frac{1}{4}x^2$. Im Punkt P(2 | ?) soll ein tangential verlaufendes, geradliniges Stichgleis angeschlossen werden.
Berechnen Sie die Funktionsgleichung.

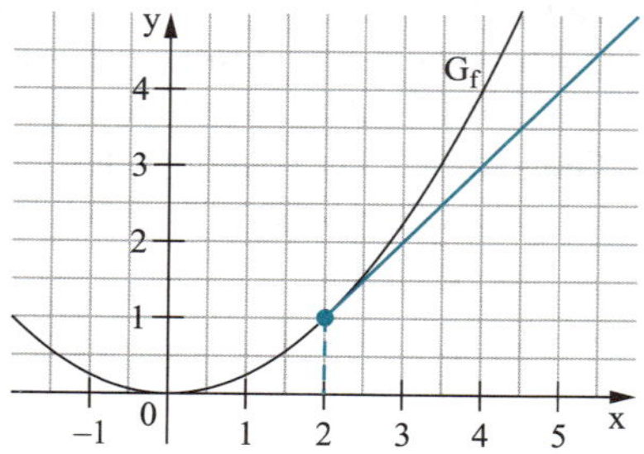

34. Weisen Sie nach, dass bei der Funktion $f(x) = x^2$ eine an der Stelle $x_0 = b$, $b \neq 0$, errichtete Tangente stets die x-Achse bei $\frac{b}{2}$ schneidet.

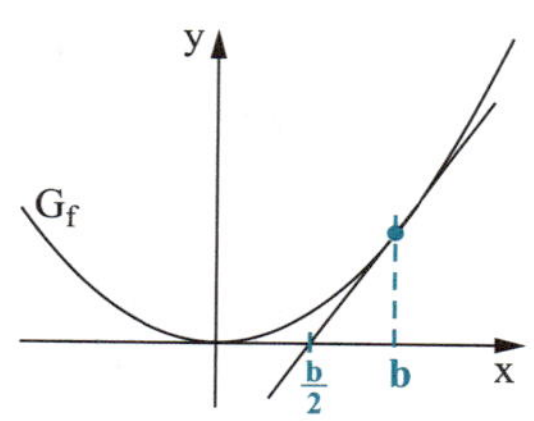

35. Luftdruck

Der Luftdruck auf der Erde nimmt mit zunehmender Höhe ab. Zu jeder Höhe h über der Erdoberfläche kann man einen bestimmten Druck p(h) messen, sodass man eine Funktion $h \mapsto p(h)$ erhält. Der prinzipielle Verlauf ihres Graphen ist im abgebildeten Diagramm zu sehen.

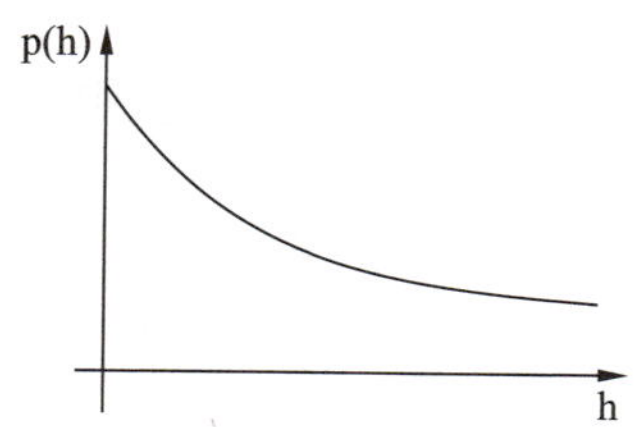

a) Was bedeuten in diesem Zusammenhang die Ausdrücke
$p(h_0 + \Delta h) - p(h_0)$, $\frac{p(h_0 + \Delta h) - p(h_0)}{\Delta h}$ und $p'(h_0)$?

b) Übernehmen Sie eine Skizze des Graphen von $h \mapsto p(h)$ und kennzeichnen Sie die in der Teilaufgabe a angegebenen Ausdrücke an einer beliebigen Stelle h_0 des Graphen.

c) Welche Aussage können Sie über das Vorzeichen von $p'(h_0)$ an einer Stelle h_0 machen und welche Bedeutung hat das?

3.5 Die Ableitungsfunktion

Im Folgenden wird nicht mehr nur die Ableitung $f'(x_0)$ an einer bestimmten Stelle x_0 betrachtet, sondern an allen Stellen x, an denen die Funktion f differenzierbar ist. Damit erhält man eine zu der Funktion f gehörende Funktion f', die sogenannte **Ableitung von f**.

Definition

Die Ableitung einer Funktion
Ist eine Funktion f in $D_{f'} \subset D_f$ differenzierbar, so wird durch die Zuordnung $x \mapsto f'(x)$ für alle $x \in D_{f'}$ eine neue Funktion f' definiert, die Ableitungsfunktion oder kurz **Ableitung von f** genannt wird.
Es gilt:

$$f'(x) := \lim_{h \to 0} \frac{f(x+h) - f(x)}{h} \text{ für alle } x \in D_{f'}$$

An den Stellen, an denen f nicht differenzierbar ist, hat f' Definitionslücken.

Das Berechnen des Funktionsterms f'(x) nennt man **Ableiten** oder auch **Differenzieren**. Die Funktionswerte der Ableitungsfunktion f'(x) sind für alle Stellen $x \in D_{f'}$ gerade die Steigungen des zugehörigen Graphen von f an eben diesen Stellen x. Insbesondere besitzt der Graph von f an den Nullstellen von f' waagrechte Tangenten.

Beispiel

Veranschaulichen Sie den Zusammenhang zwischen einer Funktion f und ihrer Ableitungsfunktion f' am Beispiel der Funktion $f(x) = x^2$.

Lösung:
Zunächst wird f' ermittelt, d. h., man leitet $f(x) = x^2$ ab:

$$\begin{aligned} f'(x) &= \lim_{h \to 0} \frac{f(x+h) - f(x)}{h} \\ &= \lim_{h \to 0} \frac{(x+h)^2 - x^2}{h} \\ &= \lim_{h \to 0} \frac{x^2 + 2hx + h^2 - x^2}{h} \\ &= \lim_{h \to 0} \frac{h^2 + 2hx}{h} \\ &= \lim_{h \to 0} \frac{h(h+2x)}{h} \\ &= \lim_{h \to 0} (h + 2x) \\ &= 0 + 2x \\ &= 2x \end{aligned}$$

Da die Funktion $f(x)=x^2$ in ihrem größtmöglichen Definitionsbereich $D_f=\mathbb{R}$ differenzierbar ist, hat auch die Ableitungsfunktion den Definitionsbereich $D_{f'}=\mathbb{R}$. Es gilt:

$f(x)=x^2$ und $f'(x)=2x$ für alle $x \in \mathbb{R}$

Die Funktionswerte f'(x) der Ableitungsfunktion sind die Steigungen des Graphen von f an den jeweiligen Stellen $x \in \mathbb{R}$.

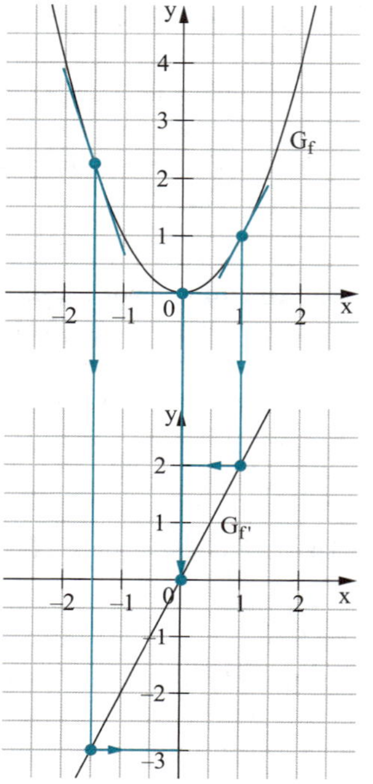

Aufgabe 36. In der Abbildung sollten in der ersten Zeile die Graphen der Funktionen f und darunter die Graphen der zugehörigen Ableitungsfunktionen f' dargestellt werden. Leider ist in der zweiten Zeile ein Fehler passiert, die Ableitungen wurden vertauscht. Stellen Sie die richtige Zuordnung wieder her.

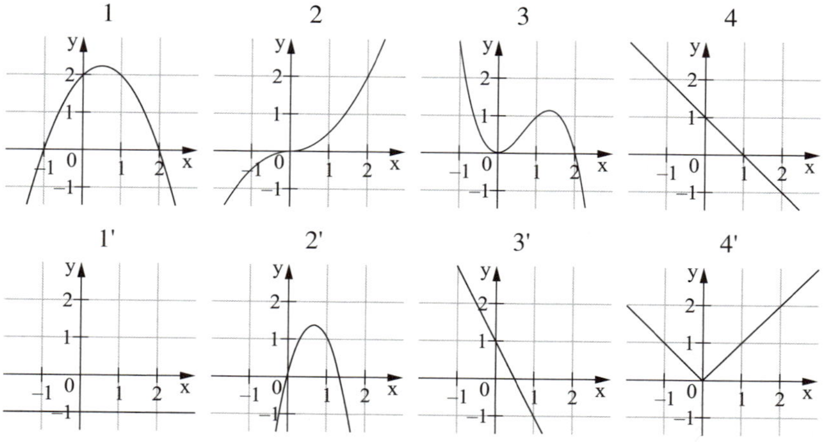

3.6 Die Ableitung elementarer Funktionen

Es genügt, sich einige wenige Ableitungsfunktionen einzuprägen:

Regel

Ableitung der konstanten Funktion
$f(x)=c \quad \Rightarrow \quad f'(x)=0$ mit $c=\text{konst.}$
Eine Konstante abgeleitet ergibt 0 oder kurz: $\mathbf{c'=0}$

Ableitung der Potenzfunktion
$f(x)=x^n \quad \Rightarrow \quad f'(x)=n \cdot x^{n-1}$ mit $n \in \mathbb{N}^*=\{1; 2; 3; \ldots\}$
oder kurz: $\mathbf{(x^n)'=n \cdot x^{n-1}}$
Man erhält also die Ableitungsfunktion einer Potenzfunktion, indem man ihren Exponenten als Vorfaktor schreibt und im Exponenten 1 subtrahiert.
Diese Ableitungsregel für Potenzfunktionen gilt auch bei negativen sowie bei gebrochenen Exponenten.

Ableitung der Sinus- und Kosinusfunktion
$\mathbf{(\sin(x))'=\cos(x)}$ und $\mathbf{(\cos(x))'=-\sin(x)}$

Beispiel

Leiten Sie die folgenden Funktionen ab: x^6, x^{100}, x^{2n}, x^{k+2}

Lösung:
$(x^6)'=6x^5$
$(x^{100})'=100x^{99}$
$(x^{2n})'=2nx^{2n-1}$
$(x^{k+2})'=(k+2)x^{k+1}$

Dadurch, dass mit der Potenzregel auch Potenzen mit negativen und gebrochenen Exponenten abgeleitet werden können, erweitert sich das Spektrum der damit ableitbaren Funktionen erheblich.
Bei **negativen Exponenten** gilt der Zusammenhang: $x^{-n}=\frac{1}{x^n}$

Bei **gebrochenen Exponenten** ergeben sich Wurzeln: $x^{\frac{1}{n}}=\sqrt[n]{x}$

Beispiel

Leiten Sie die folgenden Funktionen ab: $\frac{1}{x^2}, \frac{1}{x}, \frac{1}{x^k}$ und $\sqrt[3]{x}, \sqrt{x}, \frac{1}{\sqrt{x}}, \frac{1}{\sqrt[3]{x}}$
Lösung:
Bei diesen Ableitungen ist es wichtig, die Funktionsterme zunächst in die Potenzschreibweise x^r zu bringen und erst dann die Ableitungsregel
$(x^r)'=r \cdot x^{r-1}$
anzuwenden. Solange noch nicht abgeleitet wurde, muss das Ableitungszeichen ' an der Funktion stehen. Da es sich auf den ganzen Term bezieht, muss dieser zudem geklammert werden.

$\left(\frac{1}{x^2}\right)' = (x^{-2})' = -2x^{-3} = -\frac{2}{x^3};$ $\quad (\sqrt[3]{x})' = \left(x^{\frac{1}{3}}\right)' = \frac{1}{3}x^{\frac{1}{3}-1} = \frac{1}{3}x^{-\frac{2}{3}};$

$\left(\frac{1}{x}\right)' = (x^{-1})' = -1x^{-2} = -\frac{1}{x^2};$ $\quad (\sqrt{x})' = \left(x^{\frac{1}{2}}\right)' = \frac{1}{2}x^{-\frac{1}{2}} = \frac{1}{2x^{\frac{1}{2}}} = \frac{1}{2\sqrt{x}};$

$\left(\frac{1}{x^k}\right)' = (x^{-k})' = -kx^{-k-1} = -\frac{k}{x^{k+1}};$ $\quad \left(\frac{1}{\sqrt[3]{x}}\right)' = \left(\frac{1}{x^{\frac{1}{3}}}\right)' = \left(x^{-\frac{1}{3}}\right)' = -\frac{1}{3}x^{-\frac{4}{3}}$

Aufgaben

37. Bestimmen Sie jeweils die Ableitungsfunktionen der folgenden Funktionen:

a) $f(x) = -1$

b) $f(x) = k - 2$, wobei k konstant ist

c) $p(x) = x^7$

d) $p(x) = x^{2a+1}$, wobei $a \in \mathbb{N}$

e) $g(t) = t^2$

f) $h(x) = a^2$

g) $f(x) = x^{-3}$

h) $f(x) = x^{\frac{2}{3}}$

i) $f(x) = \sqrt[3]{x^2}$

j) $f(x) = (\sqrt{x})^5$

k) $f(x) = x^{-\frac{3}{2}}$

l) $f(x) = \frac{1}{\sqrt[3]{x^2}}$

38. Bestimmen Sie die Gleichungen der Tangenten an den Graphen der folgenden Funktionen an den angegebenen Stellen.

a) $f(x) = x^2;\ x_0 = -\frac{1}{2}$

b) $g(x) = x^3;\ x_0 = 2$

c) $h(x) = \frac{1}{x};\ x_0 = -1$

d) $w(x) = \sqrt{x};\ x_0 = 1$

39. a) An welcher Stelle hat der Graph der Normalparabel $f(x) = x^2$ eine Tangente mit der Steigung 1,5?

b) An welchen Stellen $x \in [0; 2\pi]$ hat der Graph der Funktion $f(x) = \sin(x)$ die Steigung 0,5?

40. a) Zeichnen Sie in zwei untereinanderstehenden Koordinatensystemen maßstabsgetreu oben die Sinusfunktion und darunter ihre Ableitungsfunktion, die Kosinusfunktion, ein.
Überzeugen Sie sich, dass an den Stellen $x = 0;\ \frac{\pi}{4};\ \frac{\pi}{2}$ und π jeweils der Funktionswert der Ableitungsfunktion die Steigung der Funktion ist.

b) Bestimmen Sie die Gleichung der Tangente an den Graphen der Sinusfunktion im Ursprung und zeichnen Sie Graph und Tangente in ein Koordinatensystem ein.
Für kleine Winkel x wird in der Physik sin(x) oft durch x ersetzt. Geben Sie eine kurze Begründung dafür.

3.7 Elementare Ableitungsregeln

Es genügen zwei Ableitungsregeln und die Kenntnis der Ableitungen der elementaren Funktionen $x \mapsto c$ und $x \mapsto x^n$, um sämtliche ganzrationalen Funktionen ableiten zu können, ohne auf den Differenzialquotienten zurückgreifen zu müssen.

Regel

Die Summenregel
Sind die Funktionen f und g in einem gemeinsamen Definitionsbereich definiert und dort auch differenzierbar, dann ist auch die Summenfunktion $f+g$ differenzierbar und es gilt:
$(f+g)' = f' + g'$
Beachten Sie: **Additive** Konstanten fallen beim Ableiten einfach weg.

Das bedeutet, man muss beim Ableiten einer Summe die Summanden einzeln ableiten und anschließend aufaddieren (das „+" bleibt erhalten).

Beispiele

1. Berechnen Sie die Ableitung der Funktion $f(x) = x^2 + x$.

   Lösung:
   $f'(x) = (x^2 + x)' = (x^2)' + x'$
   $= 2x + 1$

   Die Funktion $f(x) = x^2 + x$ setzt sich aus den elementaren Funktionen $x \mapsto x^2$ und $x \mapsto x$ additiv zusammen. Da diese beiden Funktionen in $\mathbb{R}$ differenzierbar sind, ist auch die Summenfunktion f in $\mathbb{R}$ differenzierbar.

2. Es sei $g(x) = x^3 - 2$. Bestimmen Sie $g'(x)$.

   Lösung:
   $g'(x) = (x^3 + (-2))'$
   $= (x^3)' + (-2)'$
   $= 3x^2 + 0 = 3x^2$

   Die Funktion $g(x) = x^3 - 2$ setzt sich aus den elementaren Funktionen $x \mapsto x^3$ und $x \mapsto -2$ additiv zusammen: $g(x) = x^3 - 2 = x^3 + (-2)$. Die Ableitung der konstanten Funktion $x \mapsto -2$ ist null.

Regel

Die Faktorregel
Die Funktion f sei differenzierbar und $k \in \mathbb{R}$ eine beliebige Konstante. Dann ist auch die Funktion $k \cdot f$ differenzierbar und es gilt:
$(k \cdot f)' = k \cdot f'$
Multiplikative Konstanten bleiben beim Ableiten unverändert erhalten.

Zu beachten ist, dass die Faktorregel nur für konstante Faktoren gilt. Sie ist nicht mehr anwendbar, wenn der Faktor selbst eine Funktion von x ist.
Ist eine Funktion als Produkt von Funktionen dargestellt, muss vor dem Ableiten immer erst ausmultipliziert werden (außer es handelt sich um konstante Faktoren).

Beispiele

1. Bestimmen Sie die Ableitungsfunktion von $f(x)=3x^2$.

Lösung:

$f'(x)=(3x^2)'=3(x^2)'=3\cdot 2x$
$=6x$

$f(x)=3x^2$ setzt sich aus der Funktion $x\mapsto x^2$ und der Konstanten 3 multiplikativ zusammen. Da die Funktion $x\mapsto x^2$ in $\mathbb{R}$ differenzierbar ist, ist es auch die Funktion f.

2. Bestimmen Sie die Ableitungsfunktion von $h(x)=x^2x^3$.

Lösung:

$h'(x)=(x^2x^3)'=(x^5)'=5x^4$

Achtung:
$(x^2x^3)'\neq(x^2)'\cdot(x^3)'$
$=2x\cdot 3x^2=6x^3$

h(x) darf nicht mit der Faktorregel abgeleitet werden, da x^2 keine Konstante ist und selbst von x abhängt. h(x) darf auch nicht abgeleitet werden, indem man in Anlehnung an die Summenregel die beiden Faktoren einzeln ableitet und die Multiplikation dazwischen beibehält.
In solchen Fällen muss entweder erst ausmultipliziert und dann abgeleitet oder gleich die Produktregel (siehe Seite 58) verwendet werden.

Summen- und Faktorregel können auch miteinander kombiniert angewandt werden. Daraus ergibt sich, dass alle ganzrationalen Funktionen in $\mathbb{R}$ differenzierbar sind. Ihre Ableitungsfunktionen werden mit den eingeführten Regeln bestimmt.

Beispiele

1. Bestimmen Sie die Ableitungsfunktion von $f(x)=4x^3-\frac{1}{2}x^2+9x-1$.

Lösung:

$f'(x)=12x^2-x+9$

Die Koeffizienten bei der Ableitungsfunktion wurden sofort zu einer Zahl zusammengefasst.

2. Bestimmen Sie die Ableitungsfunktion von $h(x)=x(x-1)^2$.

Lösung:

$h(x)=x(x-1)^2=x(x^2-2x+1)$
$=x^3-2x^2+x$

Achtung: Hier muss vor dem Ableiten ausmultipliziert werden.

$h'(x)=(x^3-2x^2+x)'$
$=3x^2-4x+1$

Erst der ausmultiplizierte Funktionsterm wird abgeleitet.

3. An welchen Stellen hat der Graph von $f(x)=\frac{1}{3}x^3+\frac{5}{2}x^2+6x+6$ waagrechte Tangenten?

Lösung:

$f'(x)=x^2+5x+6$
$f'(x)=0$
$x^2+5x+6=0$ mit Vieta:
$(x+3)(x+2)=0 \Rightarrow x_1=-3;\ x_2=-2$

An den Stellen $x_1=-3$ und $x_2=-2$ hat der Graph von f waagrechte Tangenten.

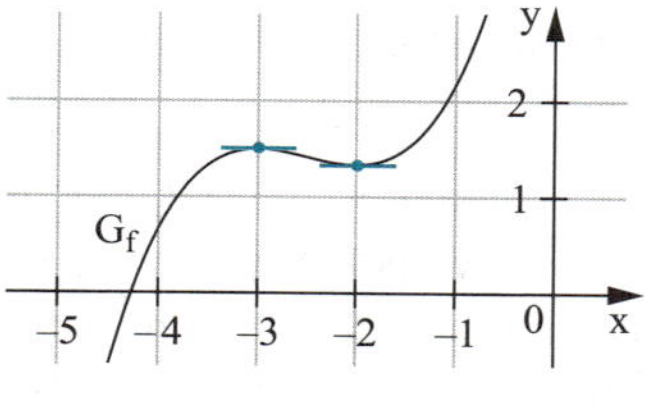

4. An welchen Stellen hat der Graph der Funktion $f(x)=x(x-1)^2$ Tangenten, die parallel zu der Geraden mit der Gleichung g: $y=2x-0{,}5$ verlaufen?

Lösung:

$f(x)=x(x-1)^2=x(x^2-2x+1)$
$=x^3-2x^2+x$

$f'(x)=3x^2-4x+1$

Da die Gerade g die Steigung $m=2$ besitzt, müssen zu g parallele Tangenten ebenfalls die Steigung 2 haben:

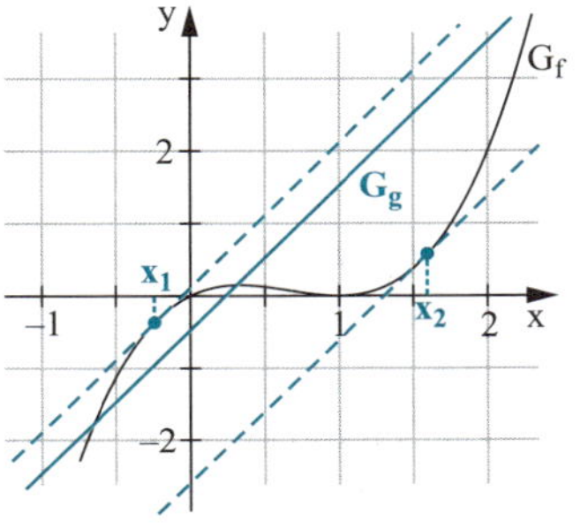

$f'(x)=2$

$3x^2-4x+1=2$

$3x^2-4x-1=0$

$$x_{1/2}=\frac{4\pm\sqrt{4^2-4\cdot3\cdot(-1)}}{2\cdot3}=\frac{4\pm\sqrt{28}}{6}=\frac{4\pm2\sqrt{7}}{6}=\frac{2\pm\sqrt{7}}{3}\approx\begin{cases}1{,}55\\-0{,}22\end{cases}$$

Aufgaben

41. Bestimmen Sie jeweils die Ableitungsfunktionen:

a) $f(x)=x^3+x$
b) $f_a(x)=x^2+a^2$
c) $f_m(x)=\frac{1}{x}+\frac{1}{m^2}+\sqrt{x}$
d) $f_k(x)=\frac{1}{x^2}+\frac{1}{x}+\frac{1}{k}$

42. Bestimmen Sie die Ableitungsfunktionen der folgenden Funktionen:

a) $f(x)=\frac{1}{3}x^2$
b) $f(x)=\sqrt{3}x^4$
c) $f(x)=\frac{x^2}{4}$
d) $f_t(x)=tx$
e) $f(x)=\frac{3}{x^2}$
f) $f_k(x)=(k^2+1)\sqrt[3]{x}$

43. Bestimmen Sie die Ableitungsfunktionen der folgenden Funktionen:

a) $f(x)=\frac{1}{4}x^4-5x^3-\sqrt{3}x+2$
b) $f_k(x)=\frac{1}{2}(x^3+k^2x^2+k^3)$
c) $f(x)=x^2(x-2)$
d) $A_z(u)=zu^2-zu+u-z^2$
e) $B_u(z)=zu^2-zu+u-z^2$
f) $h(x)=x\sqrt{x}$

44. Berechnen Sie die Ableitung an den angegebenen Stellen und geben Sie die Tangentengleichungen an:

a) $f(x)=2x-x^3;\ x_0=-1$
b) $f(x)=\frac{1}{8}(x^4-2x^2);\ x_0=1$
c) $f(x)=(x+1)(x-2);\ x_0=2$
d) $f(x)=2\cos(x);\ x_0=\frac{\pi}{2}$

45. Ermitteln Sie diejenigen Stellen, an denen der Graph der jeweiligen Funktion die angegebene Eigenschaft hat:

a) $f(x) = \frac{1}{3}x^3 + \frac{1}{2}x^2 - 2x + 3$; waagrechte Tangenten.

b) $f(x) = 2(x-1)^2$; die Steigung 1.

c) $f(x) = \frac{1}{3}x(x^2 - 2x + 3)$; eine Tangente parallel zu der Geraden g: $y = -\frac{1}{2}x + 2$.

d) $f(x) = \sqrt{x}$; eine Normale parallel zu $y = -x$.

46. Scheitel einer Parabel

Der Graph einer quadratischen Funktion $f(x) = ax^2 + bx + c$ hat stets nur einen einzigen Punkt mit waagrechter Tangente, nämlich den Scheitelpunkt. Bestimmen Sie diesen allgemein mithilfe der Ableitung.

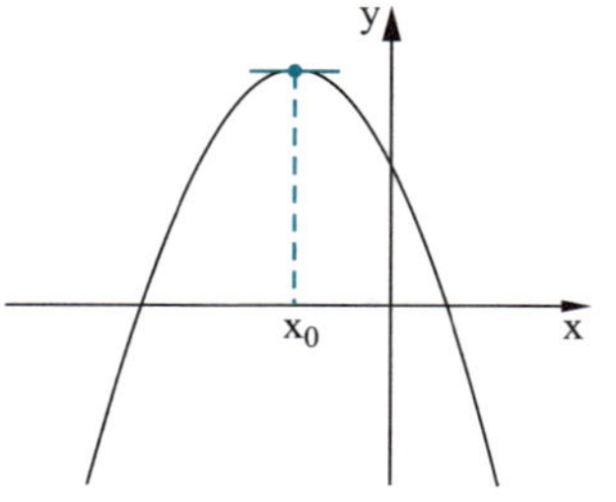

47. Tangente

Wie lautet die Gleichung der Tangente durch den Punkt $P(0|-2)$ an den Graphen der Funktion $f(x) = x^3$? Bestimmen Sie außerdem die Koordinaten des Berührpunktes $B(x_0|y_0)$.

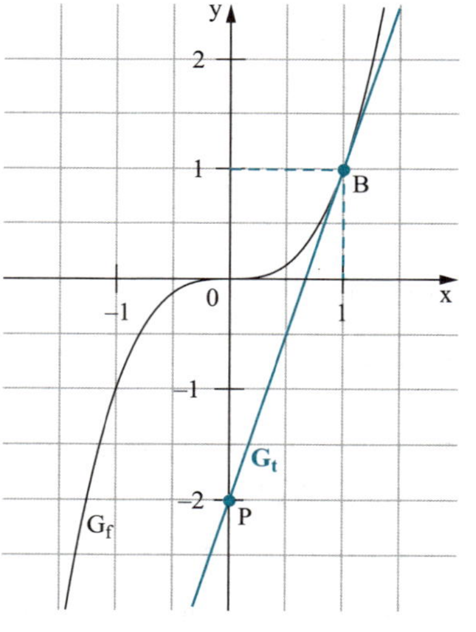

48. Schneiden und Berühren

a) Betrachtet werden die Funktionen $f(x) = x^2 + x - 0{,}5$ und $g(x) = -x^2$. Weisen Sie rechnerisch nach, dass sich ihre Graphen senkrecht schneiden.

Hinweis: Zwei Geraden schneiden sich senkrecht, wenn für ihre Steigungen gilt: $m_1 \cdot m_2 = -1$.

b) Untersuchen Sie die Graphen der Funktionen $f(x) = x^2 + x - 1$ und $g(x) = x^3$ auf Schneiden. Weisen Sie rechnerisch nach, dass sich die Graphen an einer der beiden Schnittstellen berühren.

Hinweis: Die Graphen zweier Funktionen f und g, die sich an der Stelle x_0 schneiden, berühren sich dort, wenn ihre Steigungen im Schnittpunkt gleich sind, d. h., wenn außer $f(x_0) = g(x_0)$ auch noch gilt: $f'(x_0) = g'(x_0)$.

49. Funktionenschar

Gegeben sind die Funktionenschar f_t: $x \mapsto \frac{1}{4}x^4 - t^2x^2$, wobei $t \in \mathbb{R}$, und die Funktion g: $x \mapsto x^2$.

a) Berechnen Sie die Koordinaten der Schnittpunkte der Graphen von f_t und g in Abhängigkeit von t. Wie viele Schnittpunkte haben die Graphen von f_t und g für ein bestimmtes t?

b) Zeigen Sie rechnerisch, dass sich die Graphen von f_t und g im Ursprung berühren.

c) Bestimmen Sie t so, dass der Graph von f_t an der Stelle $x_0 = 1$ eine waagrechte Tangente besitzt.

d) Zeichnen Sie die Graphen von f_t und g für $t = \frac{1}{2}\sqrt{2}$ in ein gemeinsames Koordinatensystem ein. Auf der x-Achse gilt: 1 LE = 2 cm.

50. Weltraumteleskop

Für ein Weltraumteleskop soll eine Halterung entworfen werden. Der Parabolspiegel, beschrieben durch die Funktion p: $y = \frac{1}{4}x^2$, wird in eine kegelförmige Ummantelung eingesetzt. Der Schnitt durch das Teleskop und die Ummantelung sind in der Abbildung dargestellt.

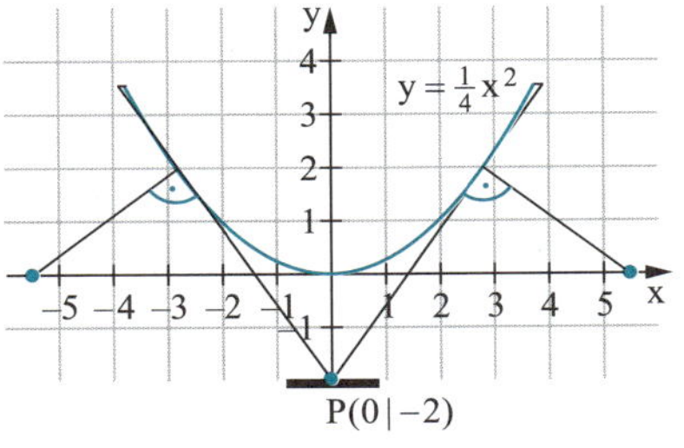

Demnach sollen vom Punkt P(0 | –2) ausgehend die Tangenten an die Parabel gelegt werden. In den Berührpunkten schließlich werden die Normalen errichtet, um diese Konstruktion abzustützen. Ermitteln Sie die Koordinaten der Berührpunkte der Tangenten an die Parabel und die Koordinaten des Schnittpunkts der Normalen mit der x-Achse rechnerisch.

3.8 Weitere Ableitungsregeln

Für komplizierter zusammengesetzte Funktionen werden zum Ableiten neben der Faktor- und der Summenregel noch drei weitere Regeln benötigt.

Regel

Die Produktregel

Sind die Funktionen f und g in einem gemeinsamen Definitionsbereich definiert und dort auch differenzierbar, dann ist auch die Produktfunktion $f \cdot g$ differenzierbar und für ihre Ableitung gilt:

$(f \cdot g)' = f' \cdot g + f \cdot g'$

Zum Einüben der Produktregel hilft folgender **Merkspruch**: „Die Erste ableiten und die Zweite abschreiben plus die Erste abschreiben und die Zweite ableiten."

Beispiele

1. Berechnen Sie die Ableitung der Funktion $h(x) = x \cdot \sin(x)$.

   Lösung:

   Die Funktion h kann ohne Kenntnis der Produktregel nicht abgeleitet werden.

   $$\begin{aligned} h'(x) &= (x \cdot \sin(x))' \qquad h(x) = f(x) \cdot g(x) \text{ mit } f(x) = x \text{ und } g(x) = \sin(x) \\ &= x' \cdot \sin(x) + x \cdot (\sin(x))' \\ &= 1 \cdot \sin(x) + x \cdot (-\cos(x)) \\ &= \sin(x) - x \cdot \cos(x) \end{aligned}$$

2. Die Richtigkeit der Produktregel kann anhand der Funktion $f(x) = x^2 \cdot x^3$ überprüft werden. In diesem Fall lässt sich das Produkt mithilfe der Potenzgesetze bilden: $f(x) = x^2 \cdot x^3 = x^5$. Nach der Potenzregel gilt für die Ableitung: $f'(x) = 5x^4$. Überprüfen Sie das mit der Produktregel.

   Lösung:

   $$\begin{aligned} f'(x) &= (x^2 \cdot x^3)' = (x^2)' \cdot x^3 + x^2 \cdot (x^3)' \\ &= 2x \cdot x^3 + x^2 \cdot 3x^2 = 2x^4 + 3x^4 = 5x^4 \end{aligned}$$

   Das ist dasselbe Ergebnis wie mit der Potenzregel.

3. Die Faktorregel ist ein Spezialfall der Produktregel. Bei der Faktorregel muss ein Faktor konstant sein, bei der Produktregel nicht.
   Zeigen Sie, dass sich die Faktorregel für den Fall, dass ein Faktor konstant ist, aus der Produktregel ergibt.

   Lösung:

   Nach der Produktregel ist:

   $(k \cdot f(x))' = k' \cdot f(x) + k \cdot f'(x) = 0 \cdot f(x) + k \cdot f'(x) = k \cdot f'(x)$

   Das ist genau das gleiche Ergebnis wie bei der Faktorregel.

Regel

Die Quotientenregel

Sind die Funktionen f und g in einem gemeinsamen Definitionsbereich, in dem zusätzlich $g(x) \neq 0$ gilt, definiert und dort auch differenzierbar, dann ist auch die Quotientenfunktion $\frac{f}{g}$ differenzierbar und für ihre Ableitung gilt:

$$\left(\frac{f}{g}\right)' = \frac{f' \cdot g - f \cdot g'}{g^2}$$

Auch die Quotientenregel ist leicht zu merken: Im Zähler steht der gleiche Term wie bei der Produktregel, jedoch mit Minuszeichen, und der Nenner wird einfach quadriert. Mit der Quotientenregel können unter anderem sämtliche gebrochen-rationalen Funktionen abgeleitet werden.

Beispiele

1. Berechnen Sie die Ableitung der Funktion $h(x) = \frac{x^2 - 1}{x + 3}$.

Lösung:

$$h'(x) = \frac{(x^2-1)' \cdot (x+3) - (x^2-1) \cdot (x+3)'}{(x+3)^2}$$

$h(x) = \frac{f(x)}{g(x)}$ mit $f(x) = x^2 - 1$ und $g(x) = x + 3$

$$= \frac{2x \cdot (x+3) - (x^2-1) \cdot 1}{(x+3)^2}$$

$$= \frac{x^2 + 6x + 1}{(x+3)^2}$$

2. Berechnen Sie die Ableitung der Tangensfunktion.

Lösung:

$$(\tan(x))' = \left(\frac{\sin(x)}{\cos(x)}\right)'$$

Nach der Definition: $\tan(x) = \frac{\sin(x)}{\cos(x)}$

$$= \frac{\cos(x) \cdot \cos(x) - \sin(x) \cdot (-\sin(x))}{(\cos(x))^2}$$

$(\sin(x))' = \cos(x)$ und $(\cos(x))' = -\sin(x)$

$$= \frac{\sin^2(x) + \cos^2(x)}{\cos^2(x)}$$

Additionstheorem: $\sin^2(x) + \cos^2(x) = 1$

$$= \frac{1}{\cos^2(x)}$$

Auch wenn der Zähler konstant ist, ist die Quotientenregel anwendbar. Normalerweise wird man so eine Funktion aber mit der Potenzregel ableiten.

Beispiel

Berechnen Sie die Ableitung der Funktion $h(x) = \frac{1}{x}$ sowohl mit der Quotienten- als auch mit der Potenzregel.

Lösung:

$$h'(x) = \frac{1' \cdot x - 1 \cdot x'}{x^2} = \frac{0 \cdot x - 1 \cdot 1}{x^2} = -\frac{1}{x^2}$$

$h(x) = \frac{f(x)}{g(x)}$ mit $f(x) = 1$ und $g(x) = x$

$$h'(x) = (x^{-1})' = -1 \cdot x^{-2} = -\frac{1}{x^2}$$

Die Potenzregel führt zum selben Ergebnis.

Die letzte Ableitungsregel ist die **Kettenregel**. Eine verkettete Funktion erhält man, wenn man Funktionen ineinander einsetzt. Ist $f(x)=\sin(x)$ und $g(x)=\sqrt{x}$, dann erhält man die verkettete Funktion $h_1(x)=f(g(x))$, indem man in der Funktion f das x durch g(x) ersetzt: $h_1(x)=\sin(\sqrt{x})$. Dabei ist „sin" die **äußere Funktion** und „$\sqrt{\ }$" die **innere Funktion**.

Es geht auch umgekehrt: $h_2(x)=g(f(x))$ ist eine andere verkettete Funktion und zwar ist $h_2(x)=\sqrt{\sin(x)}$. Nun sind die Rollen von äußerer und innerer Funktion gegenüber vorher vertauscht. Es ist für die richtige Anwendung der Kettenregel wichtig zu erkennen, welches die innere und welches die äußere Funktion ist.

Regel

Die Kettenregel

f und g sind zwei differenzierbare Funktionen, die sich in geeigneten Definitionsbereichen ineinander einsetzen lassen. Die verkettete Funktion $h(x)=f(g(x))$ mit der äußeren Funktion f und der inneren Funktion g ist dann ebenfalls differenzierbar und es gilt:

$$h'(x)=f'(g(x))\cdot g'(x)$$

Man muss also, um die Ableitung einer verketteten Funktion zu erhalten, die äußere Funktion ableiten und die innere stehen lassen: $f'(g(x))$. Anschließend muss man die innere Funktion ableiten und mit dem Bisherigen multiplizieren. Das Multiplizieren mit der Ableitung der inneren Funktion nennt man **Nachdifferenzieren**.

Beispiele

1. Berechnen Sie die Ableitung der Funktion $h(x)=\sin(3x+4)$.

   Lösung:

   $$\begin{aligned} h'(x) &= (\sin(3x+4))' \\ &= \cos(3x+4)\cdot \mathbf{3} \\ &= 3\cos(3x+4) \end{aligned}$$

   Die äußere Funktion ist „sin", die innere $3x+4$. Die äußere ist abgeleitet „cos", die innere bleibt stehen, also $\cos(3x+4)$. Jetzt muss die innere abgeleitet werden (Nachdifferenzieren), das ergibt 3 und das muss mit „·" angehängt werden.

2. Berechnen Sie die Ableitung der Funktion $h(x)=(x^2+3x)^5$, ohne die Potenz auszumultiplizieren.

   Lösung:

   $$\begin{aligned} h'(x) &= ((x^2+3x)^5)' \\ &= 5(x^2+3x)^4\cdot \mathbf{(2x+3)} \end{aligned}$$

   Die äußere Funktion ist „x hoch 5", was sich mit der Potenzregel zu $5x^4$ ableiten lässt. In die äußere Funktion wird „x^2+3x" eingesetzt, das ist die innere Funktion mit der Ableitung „$2x+3$". Da das Nachdifferenzierte hier eine Summe ist, muss es in Klammern gesetzt werden.

3. Auch 3-fach-Verkettungen sind möglich.
   Berechnen Sie die Ableitung der Funktion $h(x)=\left(\sin\left(\frac{x}{3}\right)\right)^2$.

Lösung:

$$h'(x) = 2\sin\left(\tfrac{x}{3}\right)\cdot\left(\sin\left(\tfrac{x}{3}\right)\right)'$$
$$= 2\sin\left(\tfrac{x}{3}\right)\cdot\cos\left(\tfrac{x}{3}\right)\cdot\tfrac{1}{3}$$
$$= \tfrac{2}{3}\sin\left(\tfrac{x}{3}\right)\cos\left(\tfrac{x}{3}\right)$$

Zunächst wurde die äußere Funktion mit der Potenzregel abgeleitet, die innere stehen gelassen und dann mit „·“ die Ableitung der inneren Funktion dahintergeschrieben. Da dieses Nachdifferenzieren selbst wieder auf eine verkettete Funktion führt, muss auch beim Nachdifferenzieren die Kettenregel angewandt werden.

Das folgende **Musterbeispiel** soll zeigen, an welcher Stelle man beim Ableiten gebrochen-rationaler Funktionen kürzen muss, damit die Terme nicht zu kompliziert werden.

Beispiel

Gegeben ist die gebrochen-rationale Funktion $f(x) = \frac{x^2 - 3x + 1}{(2x^2 - x)^2}$.

Gesucht ist – so weit vereinfacht wie möglich – die Ableitungsfunktion.

Lösung:

$$f'(x) = \frac{(2x-3)\cdot(\mathbf{2x^2 - x})^2 - (x^2 - 3x + 1)\cdot 2(\mathbf{2x^2 - x})(4x - 1)}{(2x^2 - x)^4}$$

Dieser Ausdruck muss nun so weit wie möglich zusammengefasst werden. Anstatt den Zähler auszumultiplizieren muss man erkennen, dass man kürzen kann. Durch die Anwendung der Kettenregel auf die Nennerfunktion hat der Zähler einen gemeinsamen Faktor, der sich auch im Nenner wiederfindet (oben farbig markiert). Dieser wird im Zähler ausgeklammert und mit dem Nenner weggekürzt. Um Schreibarbeit zu sparen, kann man auch durch Wegstreichen kürzen (aber nicht aus der Differenz heraus, sondern den gemeinsamen Faktor „$2x^2 - x$“ in beiden Produkten im Zähler heranziehen):

$$f'(x) = \frac{(2x-3)\cdot(\mathbf{2x^2 - x})^{\cancel{2}} - (x^2 - 3x + 1)\cdot 2\,\cancel{(\mathbf{2x^2 - x})}\,(4x - 1)}{(2x^2 - x)^{\cancel{4}\,3}}$$

$$= \frac{(2x-3)\cdot(2x^2 - x) - (x^2 - 3x + 1)\cdot 2(4x - 1)}{(2x^2 - x)^3}$$

Der Zähler muss nun schlicht ausmultipliziert und zusammengefasst werden, den Nenner lässt man in der kompakten Form stehen. Man erhält die so weit wie möglich vereinfachte Ableitungsfunktion dann in der Form:

$$f'(x) = \frac{-4x^3 + 18x^2 - 11x + 2}{(2x^2 - x)^3}$$

ufgaben

51. Bestimmen Sie jeweils die Ableitungsfunktionen:

a) $f(x) = x^2 \sin(x)$

b) $f(x) = \sin(x)\cdot\cos(x)$

c) $f_t(x) = (x^2 + t^2)\sin(x)$

d) $f(x) = x\sin(x)\cos(x)$

52. Leiten Sie die folgenden Funktionen ab:

a) $f(x)=\frac{x}{x-3}$

b) $f(x)=\frac{x^2-x}{2x-5}$

c) $f(x)=\frac{x^2-4}{x+2}$

d) $f_a(x)=\frac{ax^2-1}{x^2-a};\ a\in\mathbb{R}$

e) $g_a(x)=\frac{a^2-1}{x^2-a^2};\ a\in\mathbb{R}$

f) $h_t(x)=\frac{\sqrt{t^2+1}}{\sin(x)\cdot\cos(x)};\ t\in\mathbb{R}$

53. Gegeben sind die reellen Funktionen f_a durch $f_a(x)=a\frac{x^3-8}{x^2-2x}$ in D_{max} mit $a\in\mathbb{R}\setminus\{0\}$.

a) Vereinfachen Sie f_a so weit wie möglich und geben Sie D_{max} an.

b) Berechnen Sie die Ableitung von f_a.

c) Für welchen Wert von a besitzt der Graph von f_a an der Stelle $x_0=1$ eine Tangente, die parallel zu der Geraden g: $y=-x+3$ verläuft?

54. Leiten Sie die folgenden Funktionen ab:

a) $f(x)=(3x^2-7x+5)^3$

b) $f(x)=\sqrt{x^2+4}$

c) $f(x)=(6-x^2)^4-(4x+5)^5$

d) $f(x)=(3x-5x^2)^4-\sqrt{(3x+4)^3}$

e) $f(x)=3\sin\left(\frac{1}{2}x-3\right)$

f) $g(x)=\sin(2x)\cos(3x)$

g) $f_a(x)=\frac{\sin(ax)}{x+a}$

h) $g_b(x)=bx\cos\left(\frac{b}{x}\right)$

3.9 Höhere Ableitungen

Durch Ableiten erhält man aus einer in D_f definierten Funktion f die Ableitungsfunktion f' in einem ggf. kleineren Definitionsbereich $D_{f'}$. Nun ist f' selbst wiederum eine Funktion, von der man die Ableitungsfunktion berechnen kann. Man erhält dann die zweite Ableitungsfunktion oder die zweite Ableitung, die mit f'' (sprich: „f zwei Strich") bezeichnet wird. Die Funktionswerte f''(x) sind die Steigungen des Graphen der Funktion f'.

Definition

Höhere Ableitungen

Ist f eine in D_f definierte und in $D_{f'}\subset D_f$ differenzierbare Funktion und f' die Ableitung von f, dann ist

$f'':=(f')'$ die zweite Ableitung von f

$f''':=(f'')'$ die dritte Ableitung von f usw.

Allgemein bezeichnet man mit $f^{(n)}$ die n-te Ableitung von f.

Beispiele

1. Bestimmen Sie die ersten drei Ableitungen von $f(x)=x^2$.

   Lösung:

   $f'(x)=2x;\quad f''(x)=2;\quad f'''(x)=0$

2. Berechnen Sie die ersten zwei Ableitungen der Funktion

   $f(x)=\frac{1}{3}x^3-\frac{1}{2}x^2-2x+2$

   und zeichnen Sie die Graphen der drei Funktionen in ein gemeinsames Koordinatensystem ein.

   Lösung:

   $f'(x)=x^2-x-2$

   $f''(x)=2x-1$

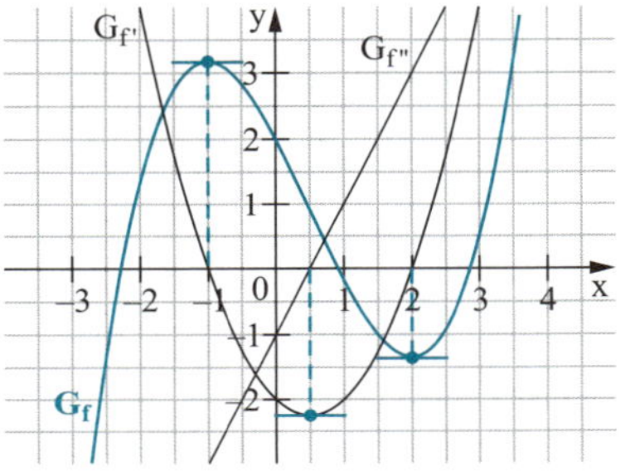

3. **Freier Fall**

   Bewegt sich ein Körper nach der Zeit-Weg-Funktion $t \mapsto s(t)$, so ist seine
   - Zeit-Geschwindigkeits-Funktion: $\mathbf{v(t)=s'(t)}$
   - Zeit-Beschleunigungs-Funktion: $\mathbf{a(t)=v'(t)=s''(t)}$

   Beim freien Fall gilt für die in der Zeit t durchfallenen Strecke $s(t)=\frac{1}{2}gt^2$, wobei die Fallbeschleunigung $g=9{,}81\,\frac{m}{s^2}$ als konstant vorausgesetzt wird.

   a) Skizzieren Sie die drei Funktionen s(t), v(t) und a(t).

   b) Zeigen Sie, dass beim freien Fall die Aufschlaggeschwindigkeit stets genau doppelt so groß ist wie die Durchschnittsgeschwindigkeit.

   Lösung:

   a) $v(t)=s'(t)=\frac{1}{2}g\cdot 2t=gt;\quad a(t)=v'(t)=g$

   Die drei Funktionen s(t), v(t) und a(t) sind in der Abbildung nebeneinander dargestellt, wobei als Zeiteinheit Sekunde und als Längeneinheit Meter gewählt ist. Die Fallbeschleunigung wurde mit $g\approx 10\,\frac{m}{s^2}$ angenähert. Damit lauten diese drei Funktionen (ohne Einheiten):

   $s(t)=5t^2;\qquad v(t)=(5t^2)'=10t;\qquad a(t)=(10t)'=10$

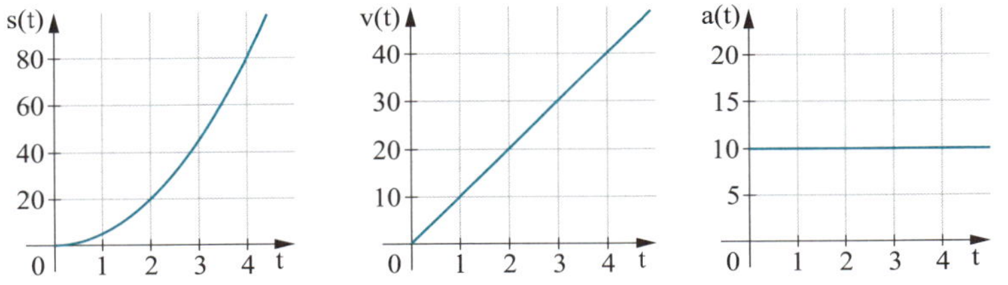

b) Der Zeitpunkt des Aufschlags werde mit t_0 bezeichnet. Zum Zeitpunkt $t=0$ wird der Körper losgelassen. Dann gilt:

$$\overline{v} = \frac{\Delta s}{\Delta t} = \frac{s(t_0) - s(0)}{t_0 - 0}$$ Durchschnittsgeschwindigkeit

$$= \frac{s(t_0)}{t_0} = \frac{\frac{1}{2}gt_0^2}{t_0} = \frac{1}{2}gt_0$$

$$v(t_0) = s'(t_0) = gt_0$$ Aufschlaggeschwindigkeit = doppelte Durchschnittsgeschwindigkeit

Aufgaben

55. Ermitteln Sie jeweils die ersten drei Ableitungsfunktionen.

a) $f(x) = \sqrt{5}\left(\frac{1}{3}x^3 + 2x^2 - \frac{x}{2} + 2\right) - 2$

b) $f(x) = \frac{x}{x^2+1}$

c) $f_k(x) = \frac{k^2}{\sqrt{x+1}}$

d) $y(t) = A\sin(\omega t + \varphi)$

56. Senkrechter Wurf

Beim senkrechten Wurf wird ein Gegenstand von der Erdoberfläche aus mit der Anfangsgeschwindigkeit v_0 senkrecht nach oben geworfen. Bei Vernachlässigung des Luftwiderstandes setzt sich die Geschwindigkeit des Gegenstandes zu jedem Zeitpunkt aus der nach oben gerichteten gleichförmigen Geschwindigkeit v_0 und der nach unten gerichteten, zunehmenden Geschwindigkeit des freien Falles zusammen. Für das Zeit-Weg-Gesetz des senkrechten Wurfes gilt daher:

$h(t) = v_0 t - \frac{1}{2}gt^2$ und $0 \le t \le t_A$

Dabei bezeichnen t die Flugzeit in Sekunden, t_A den Aufschlagzeitpunkt, h(t) die Höhe in Meter und $g = 9{,}81\ \frac{m}{s^2}$ die Fallbeschleunigung auf der Erde.

a) Ermitteln Sie das Zeit-Geschwindigkeits-Gesetz v(t) und das Zeit-Beschleunigungs-Gesetz a(t) des senkrechten Wurfes.

b) Setzen Sie nun $v_0 = 20\ \frac{m}{s}$ sowie $g = 10\ \frac{m}{s^2}$ und stellen Sie die drei Gesetze h(t), v(t) und a(t) in drei Diagrammen dar.

c) An welcher Stelle ist die Momentangeschwindigkeit des Körpers null? Warum ist die Beschleunigung negativ?

57. Gegeben ist die Funktionenschar $f_a: x \mapsto f_a(x) = \frac{ax^2 - 5ax + 4a}{(2-x)^2}$ mit $a \in \mathbb{R}\setminus\{0\}$ und $D = \mathbb{R}\setminus\{2\}$.

a) Berechnen Sie die Lage und Vielfachheit der Nullstellen von f_a.

b) Bestimmen Sie zu f_a alle Asymptotengleichungen (mit kurzen Begründungen).

c) Ermitteln Sie eventuelle Schnittpunkte der Asymptoten mit den Graphen von f_a.

d) Berechnen Sie die 1. Ableitung und die 2. Ableitung von f_a.

58. Federpendel: Harmonische Schwingung

Hat eine Schwingung ein sinusförmiges Zeit-Weg-Gesetz, so bezeichnet man dies als **harmonische Schwingung**. Ein schwingendes Federpendel hat, wenn man die Reibungsverluste unberücksichtigt lässt, ein sinusförmiges Zeit-Weg-Gesetz.

In den drei untereinanderstehenden Diagrammen sind (1) das Zeit-Weg-Gesetz $t \mapsto y(t)$ des Federpendels, (2) seine Momentangeschwindigkeit $v(t) = y'(t)$ und (3) seine Beschleunigung $a(t) = v'(t) = y''(t)$ aufgetragen. Lesen Sie ab, zu welchen Zeitpunkten und bei welchen Auslenkungen die höchsten Geschwindigkeiten und die Geschwindigkeit null auftreten. Geben Sie ferner an, was negative Geschwindigkeiten bedeuten. Verfahren Sie in gleicher Weise mit den Beschleunigungen des Pendels.

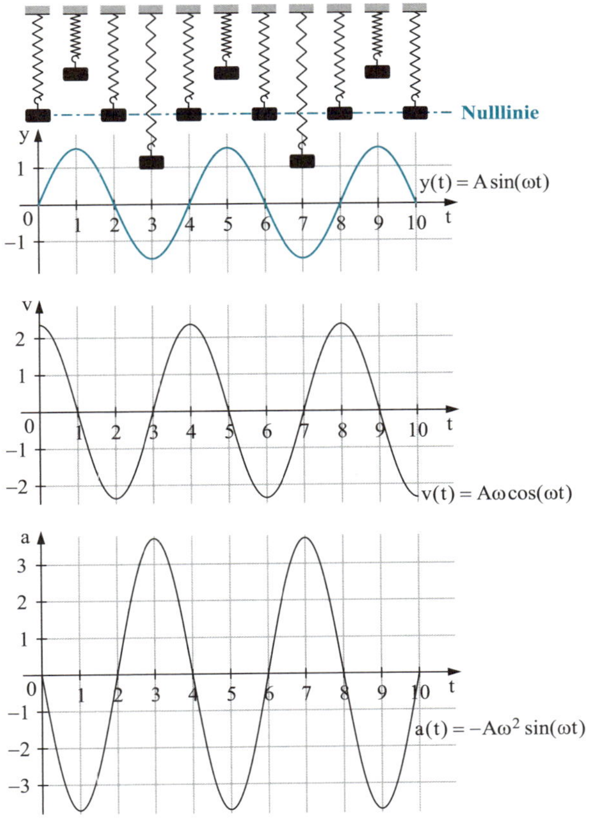

3.10 Die Ableitung abschnittsweise definierter Funktionen

An den Nahtstellen von abschnittsweise definierten Funktionen sind in Bezug auf die Differenzierbarkeit genauere Untersuchungen erforderlich. Ist eine Funktion f an der Nahtstelle unstetig, so ist sie dort auch nicht differenzierbar. Ist f an der Nahtstelle jedoch stetig, so kann sie dort differenzierbar sein oder auch nicht.

Regel

Differenzierbarkeit an der Nahtstelle

Eine abschnittsweise definierte Funktion f setze sich aus zwei differenzierbaren Funktionen f_1 und f_2 zusammen, beispielsweise nach dem Schema

$$f(x) = \begin{cases} f_1(x) & \text{für } x \leq x_0 \\ f_2(x) & \text{für } x > x_0 \end{cases},$$

wobei die Nahtstelle $x_0 \in D_f$ ist.

f ist an der Nahtstelle genau dann differenzierbar, wenn

- f an der Nahtstelle stetig ist und
- der Grenzwert der Ableitungsfunktion an dieser Stelle existiert, d. h., wenn $\lim\limits_{x \to x_0} f'(x)$ existiert.

Dies ist genau dann der Fall, wenn die **einseitigen Grenzwerte** an der Nahtstelle existieren und übereinstimmen, d. h., wenn mit den Bezeichnungen von oben gilt:

$$\lim_{x \to x_0-} f_1'(x) = \lim_{x \to x_0+} f_2'(x)$$

In diesem Fall ist

$$f'(x_0) := \lim_{x \to x_0} f'(x),$$

andernfalls hat f' an der Stelle x_0 eine **Definitionslücke**, sodass gilt: $D_{f'} = D_f \setminus \{x_0\}$.

Man muss also zur Untersuchung der Differenzierbarkeit einer abschnittsweise definierten Funktion zunächst die Funktion auf Stetigkeit untersuchen. Nur wenn Stetigkeit vorliegt, wird weiter auf Differenzierbarkeit untersucht.

Beispiele

1. Untersuchen Sie die Funktion

$$g_1(x) = \begin{cases} x^2 & \text{für } x \leq 1 \\ x & \text{für } x > 1 \end{cases}$$

an der Nahtstelle auf Differenzierbarkeit.

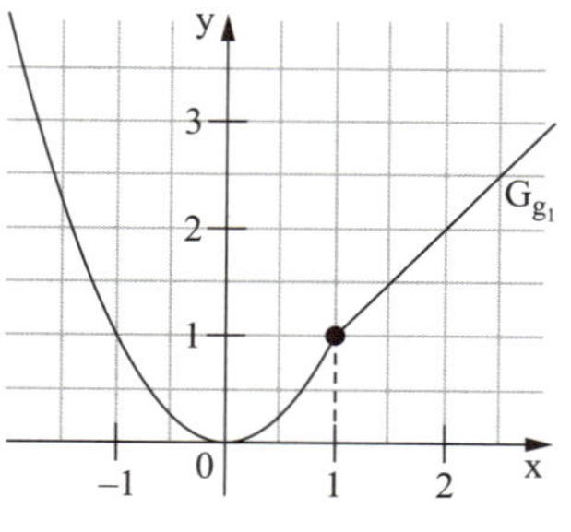

Lösung:

$$g_1'(x) = \begin{cases} 2x & \text{für } x < 1 \\ 1 & \text{für } x > 1 \end{cases}$$

Die Funktion g_1 ist an der Nahtstelle stetig. Sie kann an dieser Stelle differenzierbar sein oder auch nicht. Zunächst wird die Ableitungsfunktion mit ausgeschlossener Nahtstelle gebildet.

$$\lim_{x \to 1-} g_1'(x) = \lim_{x \to 1-} 2x = 2 \cdot 1 = 2$$

$$\lim_{x \to 1+} g_1'(x) = \lim_{x \to 1+} 1 = 1$$

Der Grenzwert der Ableitungsfunktion an der Stelle 1 existiert nicht (links- und rechtsseitiger Grenzwert sind verschieden), deshalb ist g_1 an der Nahtstelle nicht differenzierbar. Die Ableitungsfunktion hat an der Nahtstelle eine Definitionslücke: $D_{g_1'} = \mathbb{R} \setminus \{1\}$.

2. Untersuchen Sie die Funktion

$$g_2(x) = \begin{cases} x^2 & \text{für } x \le 1 \\ 2x - 1 & \text{für } x > 1 \end{cases}$$

an der Nahtstelle auf Differenzierbarkeit.

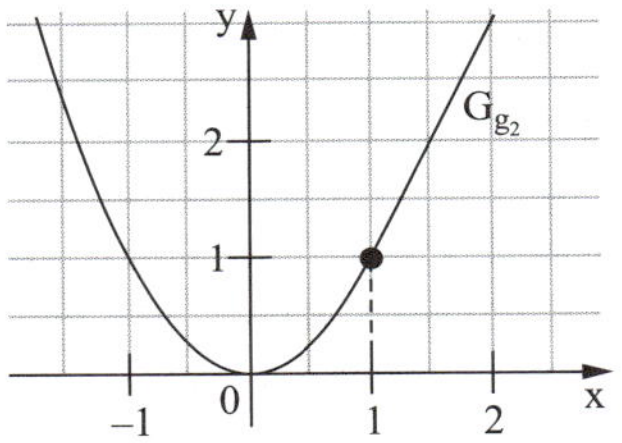

Lösung:

$$g_2'(x) = \begin{cases} 2x & \text{für } x < 1 \\ 2 & \text{für } x > 1 \end{cases}$$

Die Funktion ist an der Nahtstelle stetig. Zunächst wird die Ableitungsfunktion mit ausgeschlossener Nahtstelle gebildet.

$$\lim_{x \to 1-} g_2'(x) = \lim_{x \to 1-} 2x = 2 \cdot 1 = 2$$

$$\lim_{x \to 1+} g_2'(x) = \lim_{x \to 1+} 2 = 2$$

Der Grenzwert der Ableitungsfunktion an der Stelle 1 existiert (links- und rechtsseitiger Grenzwert sind gleich), deshalb ist die Funktion an der Nahtstelle differenzierbar.
Es gilt: $g_2'(1) = 2$, weil $\lim\limits_{x \to 1} g_2'(x) = 2$.
Die Ableitungsfunktion hat an der Nahtstelle keine Definitionslücke: $D_{g_2'} = \mathbb{R}$.

$$g_2'(x) = \begin{cases} 2x & \text{für } x < 1 \\ 2 & \text{für } x = 1 \\ 2 & \text{für } x > 1 \end{cases}$$

$$= \begin{cases} 2x & \text{für } x \le 1 \\ 2 & \text{für } x > 1 \end{cases}$$

Die vollständige Ableitungsfunktion mit eingeschlossener Nahtstelle wird angegeben.

Aufgaben

59. Bestimmen Sie für die folgenden Funktionen jeweils die Ableitungsfunktion. Zeichnen Sie anschließend Funktion und Ableitungsfunktion in zwei untereinanderstehenden Diagrammen.

a) $f(x) = \begin{cases} -x^2 - x + 2 & \text{für } x \le 2 \\ \frac{3}{4}x(x-2) & \text{für } x > 2 \end{cases}$

b) $f(x) = \begin{cases} x^2 & \text{für } x < 0 \\ x^3 & \text{für } x \ge 0 \end{cases}$

c) $f(x) = x\,|x|$

d) $f(x) = \frac{1}{2}(x + |x|)$

60. Gegeben ist:

$$g_b(x) = \begin{cases} -\frac{1}{4}x^3 + x & \text{für } x \in \mathbb{R} \setminus [-2;0] \\ x^2 + (1+b)x & \text{für } -2 \le x \le 0 \end{cases}$$

a) Bestimmen Sie b so, dass g_b an der linken Nahtstelle stetig ist, und untersuchen Sie für dieses b die linke Nahtstelle auf Differenzierbarkeit.

b) Untersuchen Sie die rechte Nahtstelle für $b = 1$ auf Stetigkeit und Differenzierbarkeit.

c) Geben Sie die vollständige Ableitungsfunktion von g_1 an. Achten Sie insbesondere auch auf die Nahtstellen.

d) Ermitteln Sie die Gleichung der Normalen im Punkt $P(-2\,|\,?)$ des Graphen von g_1.

e) Aus welchem Grund kann für den Graphen von g_1 keine Tangente und auch keine Normale an der Stelle $x_0 = 0$ angegeben werden?

f) Zeichnen Sie den Graphen von g_1 im Intervall $[-3; 3]$ (Wertetabelle!).

61. Glockenkurve

Aus drei Parabelstücken soll eine „Glockenkurve" (siehe Abbildung unten) zusammengesetzt werden, sodass die Übergänge stetig und differenzierbar sind. Bestimmen Sie die Parameter a und b.

$$f(x) = \begin{cases} a(x+5)^2 & \text{für } -5 \le x < -3 \\ bx^2 + 5 & \text{für } -3 \le x \le 3 \\ a(x-5)^2 & \text{für } 3 < x \le 5 \end{cases}$$

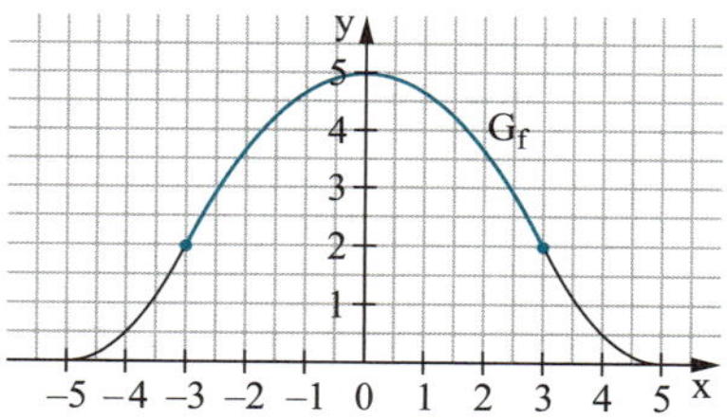

62. Wasserrutsche

Eine Wasserrutsche soll aus einem Geraden- und einem Parabelstück an der Stelle $x_0 = 3$ mit den angegebenen Maßen (alle Längenangaben sind in Meter zu verstehen) zusammengesetzt werden. Der Scheitel der Parabel hat die Koordinaten $S(5\,|\,0)$.
Selbstverständlich soll der Übergang stetig und differenzierbar ausgeführt werden.
Bestimmen Sie die abschnittsweise definierte Funktion für die Rutsche.

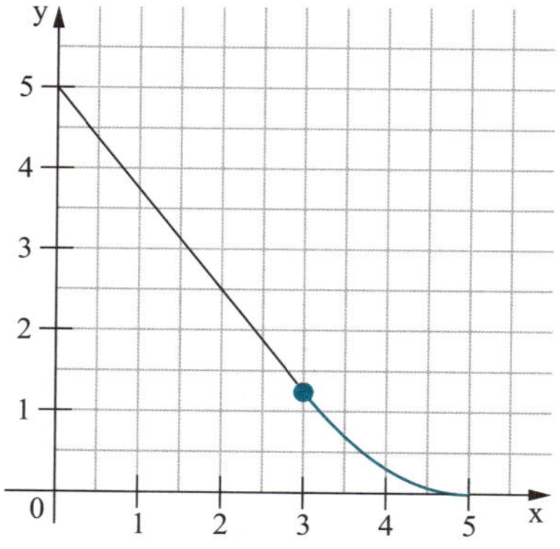

4 Kurvendiskussion

Um besonders markante Punkte eines Graphen zu ermitteln, sind die Ableitungsfunktionen ein unverzichtbares Hilfsmittel. Welche Eigenschaften des Graphen sich aus seinen Ableitungen gewinnen lassen, wird in diesem Abschnitt vorgestellt.

4.1 Monotonieverhalten

Das Monotonieverhalten einer Funktion gibt an, wie sich die Funktion bzw. deren Graph verhält, wenn man in Richtung zunehmender x (also in Leserichtung von links nach rechts) voranschreitet.

Definition

Monotonie

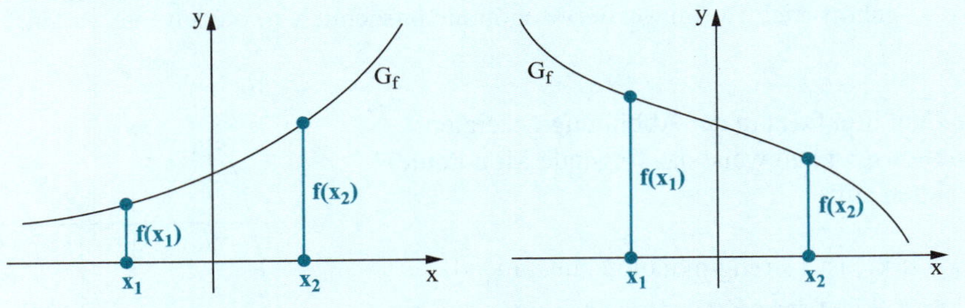

Eine Funktion f mit Definitionsbereich D heißt **streng monoton zunehmend**, wenn für alle $x_1, x_2 \in D$ mit $x_1 < x_2$ stets folgt $f(x_1) < f(x_2)$.

Eine Funktion f mit Definitionsbereich D heißt **streng monoton abnehmend**, wenn für alle $x_1, x_2 \in D$ mit $x_1 < x_2$ stets folgt $f(x_1) > f(x_2)$.

Eine Funktion heißt **monoton zunehmend** bzw. **abnehmend**, wenn auch Plateaus auftreten können, bei denen der Graph waagrecht verläuft. Zwischen den Funktionswerten $f(x_1)$ und $f(x_2)$ in der Definition steht dann ein $\leq$ bzw. $\geq$ statt des $<$ bzw. $>$.

Beispiele

1. Geben Sie das Monotonieverhalten der linearen Funktionen g: $y = mx + t$ in Abhängigkeit von m an.

Lösung:

m > 0: g ist streng monoton **zunehmend**

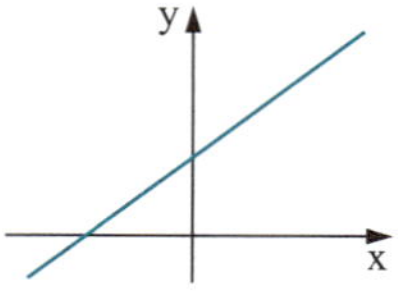

m = 0: g ist **nicht** streng monoton

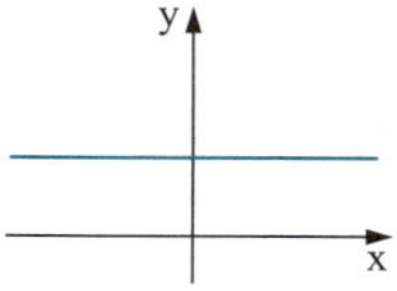

m < 0: g ist streng monoton **abnehmend**

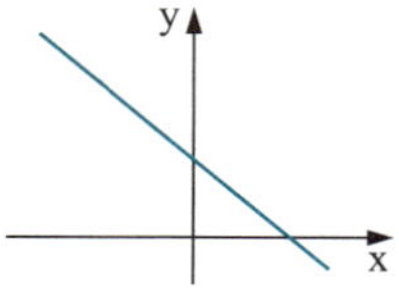

2. Beschreiben Sie das Monotonieverhalten von $x \mapsto x^3$.

   Lösung:
   Die Funktion $x \mapsto x^3$ ist streng monoton zunehmend.

3. Beschreiben Sie das Monotonieverhalten von p: $x \mapsto x^2$.

   Lösung:
   Die Funktion p: $x \mapsto x^2$ ist in $D = \mathbb{R}$ weder insgesamt streng monoton zunehmend noch streng monoton abnehmend. Man findet jedoch **Intervalle**, in denen Monotonie auftritt, und zwar ist p in $]-\infty; 0]$ streng monoton abnehmend und in $[0; \infty[$ streng monoton zunehmend. Die Stelle $x = 0$ gehört nach Definition der Monotonie tatsächlich zu beiden Intervallen.

Die Funktion f des in der Abbildung gezeigten Funktionsgraphen weist das folgende Monotonieverhalten auf:

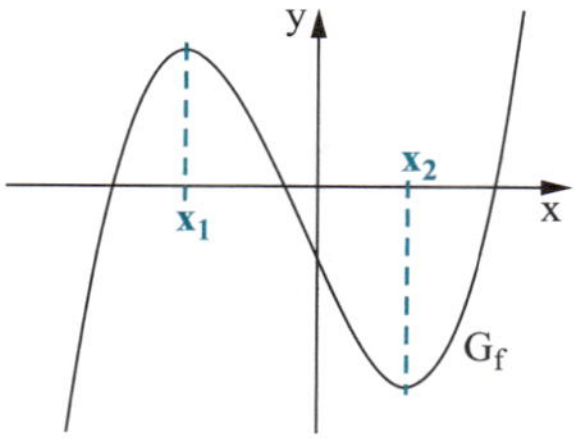

In
- $]-\infty; x_1]$ ist f streng monoton zunehmend.
- $[x_1; x_2]$ ist f streng monoton abnehmend.
- $[x_2; \infty[$ ist f streng monoton zunehmend.

Damit ist das vollständige Monotonieverhalten von f angegeben. Die Intervalle, in denen einheitliches Monotonieverhalten vorliegt, nennt man **Monotonieintervalle**. Die Frage, wie man das Monotonieverhalten einer Funktion rechnerisch ermitteln kann, lässt sich mithilfe der ersten Ableitungsfunktion beantworten.

Regel

Monotoniekriterium

Eine Funktion f sei im abgeschlossenen Intervall $[x_1; x_2] \subset D_f$ stetig und im offenen Intervall $]x_1; x_2[$ differenzierbar. Dann gilt:
- Wenn $\mathbf{f'(x) > 0}$ für alle $x \in]x_1; x_2[$, dann ist f **streng monoton zunehmend** in $[x_1; x_2]$.
- Wenn $\mathbf{f'(x) < 0}$ für alle $x \in]x_1; x_2[$, dann ist f **streng monoton abnehmend** in $[x_1; x_2]$.

Man muss also das Vorzeichen von f' untersuchen, um das Monotonieverhalten von f zu ermitteln.

Beispiele

1. Untersuchen Sie mithilfe des Monotoniekriteriums die Funktion $p(x)=x^2$ auf Monotonie.

   Lösung:

   $p'(x)=2x$ — Zunächst wird die Ableitungsfunktion gebildet.

   $p'(x)>0$ — Ansatz auf Steigen

   $2x>0 \quad |:2$

   $x>0$ — In [0; ∞[ist p streng monoton zunehmend.

   $p'(x)<0$ — Ansatz auf Fallen

   $2x<0 \quad |:2$

   $x<0$ — In]−∞; 0] ist p streng monoton abnehmend.

2. Bestimmen Sie das Monotonieverhalten der folgenden Funktion:
   $f(x)=\frac{1}{3}x^3-2x^2+3x+1$

   Lösung:

   $f'(x)=x^2-4x+3$ — Um das Monotonieverhalten von f zu ermitteln, muss untersucht werden, wo $f'(x)>0$ bzw. <0 ist.

   $x^2-4x+3=0$ — Zunächst wird die zugehörige quadratische Gleichung gelöst.

   $(x-1)(x-3)=0$ — Mit dem Satz von Vieta erhält man die Lösungen.

   $\Rightarrow \; x_1=1; \; x_2=3$

   Das Monotonieverhalten lautet damit:
   Für
   - $x \in \,]-\infty; 1]$ ist $f'(x)>0$.
     $\Rightarrow$ f streng monoton zunehmend.
   - $x \in [1; 3]$ ist $f'(x)<0$.
     $\Rightarrow$ f streng monoton abnehmend.
   - $x \in [3; \infty[$ ist $f'(x)>0$.
     $\Rightarrow$ f streng monoton zunehmend.

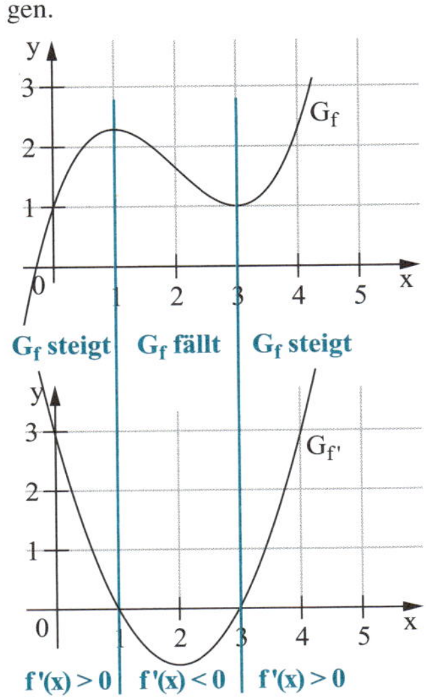

Die Überlegung, die der folgenden Methode der Monotonieuntersuchung zugrunde liegt, berücksichtigt, dass eine stetige Ableitungsfunktion f' nur an ihren Nullstellen und ihren Definitionslücken das Vorzeichen wechseln kann.

Regel

Monotonieuntersuchung

Um das Monotonieverhalten einer bis auf einige Stellen differenzierbaren Funktion f zu untersuchen, ermittelt man zunächst sämtliche Nullstellen und (falls vorhanden) Definitionslücken von f', die man in aufsteigender Reihenfolge anordnet: $x_1 < x_2 < x_3 < \ldots$

Diese Stellen sind die Ränder der **Monotonieintervalle**.

Nun genügt es, in jedem dieser Intervalle das Vorzeichen von f' zu bestimmen, indem man einen Testwert x_0 aus dem jeweiligen Intervall in f' einsetzt. Das jeweilige Vorzeichen von $f'(x_0)$ legt dann im kompletten Intervall das zugehörige Monotonieverhalten von f fest.

Am einfachsten erklärt sich diese Methode anhand von Beispielen.

Beispiele

1. Untersuchen Sie das Monotonieverhalten der Funktion $f(x) = \frac{1}{3}x^3 - 2x^2 + 3x + 1$.

Lösung:

$$f'(x) = x^2 - 4x + 3 = (x-1)(x-3)$$

Definitionslücken von f': keine

$$f'(x) = 0 \Leftrightarrow x_1 = 1; \quad x_2 = 3$$

Es ergeben sich drei Monotonieintervalle: $]-\infty; 1]$, $[1; 3]$ und $[3; \infty[$. Weil f' stetig ist, hat f' in jedem dieser Intervalle ein einheitliches Vorzeichen.

$0 \in\,]-\infty; 1[$ und $f'(0) = 3 > 0$

$2 \in\,]1; 3[$ und $f'(2) = -1 < 0$

$4 \in\,]3; \infty[$ und $f'(4) = 3 > 0$

Es genügt, mithilfe eines Testwertes aus dem jeweiligen Intervallinneren das Vorzeichen von f' festzustellen.

Am besten stellt man die Zusammenhänge in einer Tabelle dar (vgl. Abbildung zum vorherigen Beispiel):

x		1		3	
f'(x)	+	0	–	0	+
f(x)	↑		↓		↑

Die erste Zeile in der Tabelle stelle man sich als die x-Achse von $-\infty$ bis ∞ vor. Auf ihr werden der Reihe nach die „Intervallunterbrecher“ notiert. Eine Zeile darunter trägt man das jeweilige Vorzeichen von f' ein, das mithilfe eines Testwertes gewonnen wird. Eine weitere Zeile darunter gibt man dann das Monotonieverhalten von f im jeweiligen Intervall an.

2. Betrachtet wird die gebrochen-rationale Funktion $f\colon x \mapsto \frac{x^2-2x}{(x+1)^2}$ mit $D_f = \mathbb{R}\setminus\{-1\}$.
Bestimmen Sie das Monotonieverhalten von f.

Lösung:

$$f'(x) = \frac{(2x-2)(x+1)^2-(x^2-2x)\cdot 2(x+1)}{(x+1)^4} = \frac{(2x-2)(x+1)-2(x^2-2x)}{(x+1)^3} = \frac{2(2x-1)}{(x+1)^3}$$

Damit ist die Ableitungsfunktion bestimmt und so weit zusammengefasst, wie es möglich ist. Nun braucht man die „Intervallunterbrecher", also die Stellen, an denen sich das Monotonieverhalten ändern kann. Das ist an den Nullstellen von f' und an den Definitionslücken von f' der Fall. Dabei ist zu beachten, dass Definitionslücken von f immer auch Definitionslücken von f' sind. Damit hat man zwei Intervallunterbrecher: Die Definitionslücke von f' bei $x_1=-1$ und die Nullstelle von f', die sich direkt ablesen lässt, bei $x_2=\frac{1}{2}$. Es ergeben sich somit drei Monotonieintervalle:

$$]-\infty; -1[;\ \left]-1; \tfrac{1}{2}\right];\ \left[\tfrac{1}{2}; \infty\right[$$

In diesen Intervallen liegt einheitliches Vorzeichen von f' vor (dass in Randpunkten f' null werden kann, spielt keine Rolle) und damit eben auch einheitliches Monotonieverhalten von f. Man beachte bei den Monotonieintervallen die subtile Klammerung: Da $-1 \notin D_f$, müssen die entsprechenden Intervallklammern offen sein. Die Nullstelle von f' hingegen, die Zahl $\frac{1}{2}$, wird in beide angrenzenden Intervalle mit hineingenommen.
Jetzt werden die jeweiligen Vorzeichen von f' in den betrachteten Intervallen festgestellt. Man kann das mit Testwerten machen wie im vorherigen Beispiel. Meist kann man bei relativ einfachen Ableitungstermen wie hier das Vorzeichen auch ohne Einsetzen bestimmen; es geht wirklich nur um das Vorzeichen!

Wenn $x \in\ ]-\infty; -1[$, also $x<-1$, dann ist der Zähler von f' negativ und der Nenner auch, also gilt $f'(x)>0$ und damit ist f streng monoton zunehmend.

Wenn $x \in\ ]-1; \frac{1}{2}[$, dann ist der Zähler von f' immer noch negativ und der Nenner allerdings positiv, also gilt $f'(x)<0$ und damit ist f streng monoton abnehmend.

Im dritten Intervall sind Zähler und Nenner positiv und damit auch f', also ist dort f streng monoton zunehmend.
Diese Überlegungen werden tabellarisch dargestellt:

x		-1		$\frac{1}{2}$	
f'(x)	+	/	–	0	+
f(x)	↑		↓		↑

Die vollständige Angabe des Monotonieverhaltens lautet:
In

- $]-\infty; -1[$ ist f streng monoton zunehmend.
- $\left]-1; \frac{1}{2}\right]$ ist f streng monoton abnehmend.
- $\left[\frac{1}{2}; \infty\right[$ ist f streng monoton zunehmend.

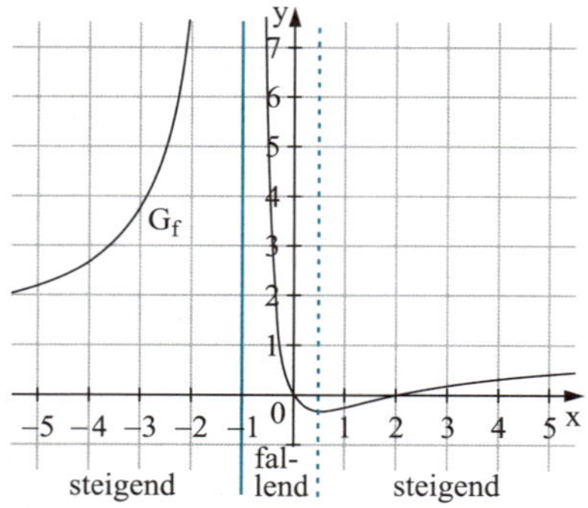

Aufgaben **63.** a) Skizzieren Sie den Graphen einer Funktion f mit folgendem Monotonieverhalten: In

- $]-\infty; -2]$ ist f streng monoton abnehmend.
- $[-2; 1]$ ist f streng monoton zunehmend.
- $[1; 3]$ ist f streng monoton abnehmend.
- $[3; \infty[$ ist f streng monoton zunehmend.

b) Nachfolgend sind die Graphen von vier Funktionen abgebildet. Geben Sie jeweils das Steigungsverhalten der Graphen an.

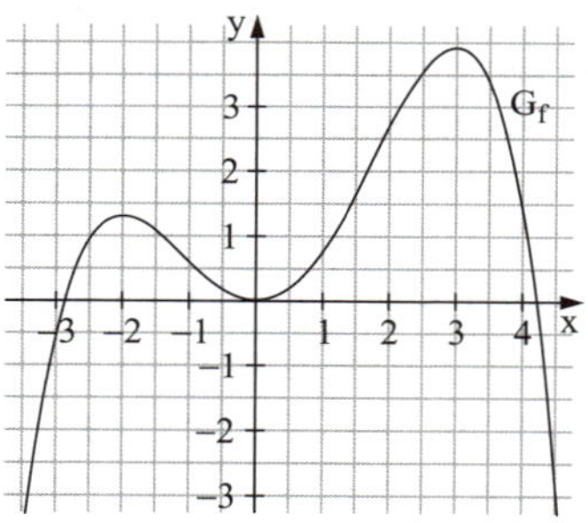

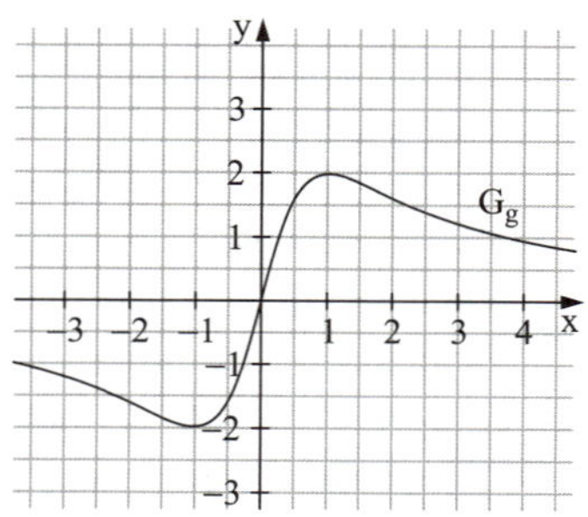

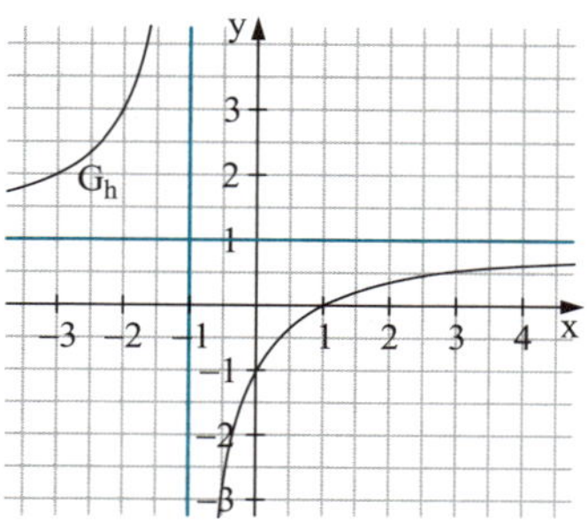

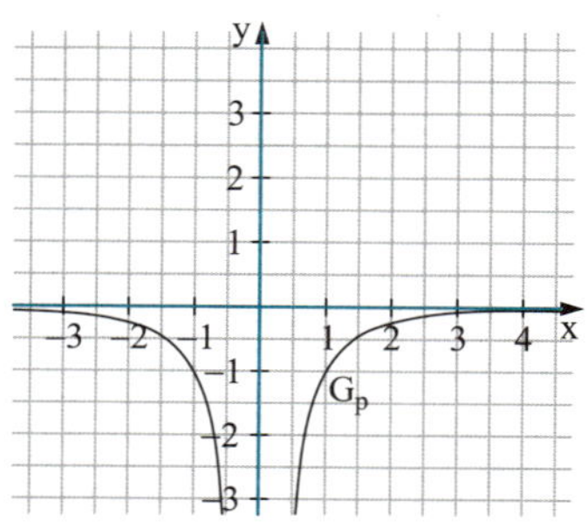

c) In den nachfolgenden Abbildungen sind die Graphen zweier **Ableitungsfunktionen** dargestellt. Geben Sie das Monotonieverhalten der zugehörigen Funktionen an.

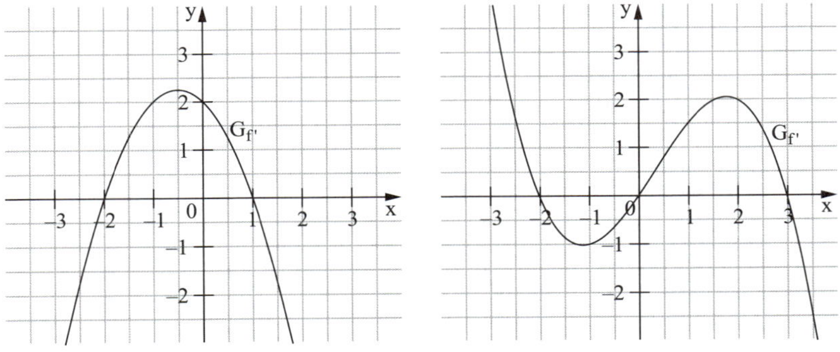

d) Es sind folgende erste Ableitungsfunktionen gegeben:
$f_1'(x) = 2$; $f_2'(x) = -x$; $g'(x) = (x-1)^2$; $h'(x) = x^2 + 1$
Was können Sie über die zugehörigen Funktionen aussagen?

64. Ermitteln Sie jeweils das Monotonieverhalten der nachfolgend angegebenen Funktionen.

a) $f(x) = -(x-1)^2$

b) $f(x) = \dfrac{x^3 + x^2}{x^2 - 1}$

c) $f(x) = \dfrac{4x^2}{x^2 - 4x + 4}$

d) $f(x) = \dfrac{-x^4 - 1}{x^2}$

e) $f(x) = x\,|x|$

f) $f(x) = \begin{cases} -x^2 - x + 2 & \text{für } x \le 2 \\ \frac{3}{4}x(x-2) & \text{für } x > 2 \end{cases}$

65. Untersuchen Sie das Monotonieverhalten der Funktionenscharen in Abhängigkeit vom jeweiligen Parameter.

a) $p_a(x) = a(x^2 + 1)$; $a \in \mathbb{R} \setminus \{0\}$

b) $f_a(x) = \dfrac{4x^2 + a}{2x}$; $a \in \mathbb{R}$

4.2 Krümmungsverhalten

Betrachtet man gedanklich den Graphen einer Funktion und durchfährt ihn in Richtung zunehmender x, so bedeutet Linkskrümmung, dass man eine „Linkskurve“ durchfährt, und Rechtskrümmung, dass man eine „Rechtskurve“ durchfährt. Die mathematisch exakte Definition erfolgt über das Monotonieverhalten der Steigungen.

Definition

Krümmung eines Funktionsgraphen

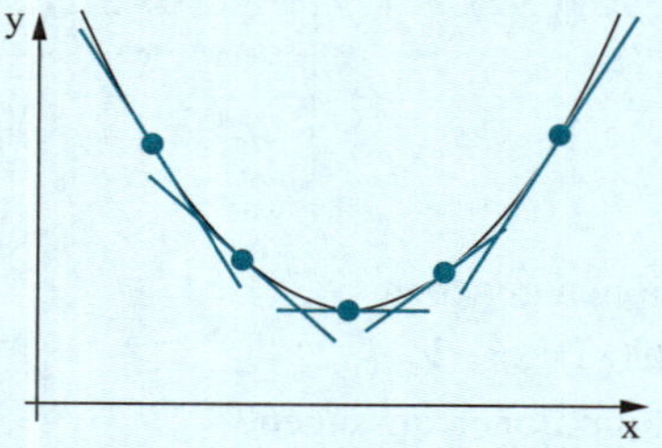

Der Graph einer Funktion f heißt **linksgekrümmt**, wenn seine Steigung streng monoton zunimmt.

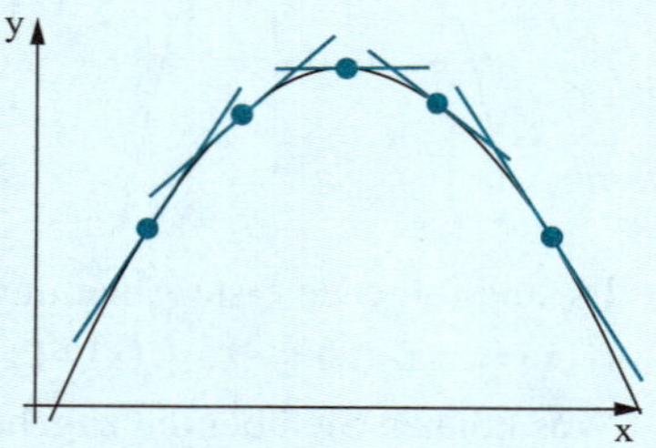

Der Graph einer Funktion f heißt **rechtsgekrümmt**, wenn seine Steigung streng monoton abnimmt.

Beispiele

1. Beschreiben Sie das Krümmungsverhalten der Normalparabel $p(x) = x^2$.

   Lösung:

   Die Steigung der Normalparabel kommt durch ihre erste Ableitungsfunktion $p'(x) = 2x$ zum Ausdruck. Da $p'(x)$ streng monoton zunehmend ist, ist die Normalparabel linksgekrümmt.

2. Beschreiben Sie das Krümmungsverhalten des Graphen der Funktion $x \mapsto x^3$.

   Lösung:

   Der Graph der Funktion $x \mapsto x^3$ hat kein einheitliches Krümmungsverhalten. In $]-\infty; 0]$ ist er rechtsgekrümmt (seine Ableitungsfunktion $x \mapsto 3x^2$ ist dort streng monoton abnehmend) und in $[0; \infty[$ ist er linksgekrümmt (seine Ableitungsfunktion ist dort streng monoton zunehmend).

Die Intervalle, in denen einheitliches Krümmungsverhalten vorliegt, nennt man **Krümmungsintervalle**. Um das Krümmungsverhalten des Graphen einer Funktion rechnerisch zu bestimmen, muss man das Monotonieverhalten der ersten Ableitungsfunktion ermitteln. Das Monotoniekriterium wird auf f' angewandt:

Dort wo $f''(x) > 0$ gilt, ist f' streng monoton zunehmend und damit der Graph von f linksgekrümmt. Entsprechend ist bei Rechtskrümmung $f''(x) < 0$.

Regel

Krümmungskriterium

Eine Funktion f sei im abgeschlossenen Intervall $[x_1; x_2] \subset D_f$ stetig und im offenen Intervall $]x_1; x_2[$ mindestens zweimal differenzierbar. Dann gilt:

- Wenn $f''(x) > 0$ für alle $x \in\ ]x_1; x_2[$, dann ist G_f **linksgekrümmt** in $[x_1; x_2]$.
- Wenn $f''(x) < 0$ für alle $x \in\ ]x_1; x_2[$, dann ist G_f **rechtsgekrümmt** in $[x_1; x_2]$.

Man muss also das Vorzeichen von f'' untersuchen, um das Krümmungsverhalten von f zu ermitteln.

Beispiel

Untersuchen Sie das Krümmungsverhalten der folgenden Funktion:

$f(x) = \frac{1}{16}x^4 - \frac{3}{4}x^3 + 3x^2 - 4x + 2$

Lösung:

$f'(x) = \frac{1}{4}x^3 - \frac{9}{4}x^2 + 6x - 4$ — Erste Ableitung

$f''(x) = \frac{3}{4}x^2 - \frac{9}{2}x + 6$ — Zweite Ableitung

$f''(x) = 0$ — Es werden die Nullstellen von f'' berechnet.

$\frac{3}{4}x^2 - \frac{9}{2}x + 6 = 0 \quad \left|\cdot \frac{4}{3}\right.$

$x^2 - 6x + 8 = 0$

$(x-2)(x-4) = 0$ — Faktorisieren mit Vieta

$\Leftrightarrow \quad x_1 = 2;\ x_2 = 4$

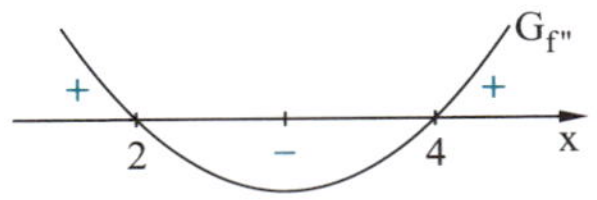

Veranschaulichung mithilfe einer Skizze: Die zweite Ableitungsfunktion hat als Graph eine nach oben geöffnete Parabel mit Nullstellen $x_1 = 2$ und $x_2 = 4$, hieraus ergeben sich die Vorzeichen von f''.

Definitionslücken von f'' gibt es nicht, sodass man folgende Krümmungstabelle hat:

x		2		4	
$f''(x)$	+	0	−	0	+
$f(x)$	⌣		⌢		⌣

G_f ist in $]-\infty; 2]$ linksgekrümmt, in $[2; 4]$ rechtsgekrümmt und in $[4; \infty[$ linksgekrümmt.

Der Zusammenhang zwischen dem Krümmungsverhalten von G_f und dem Vorzeichen von f" ist in der Abbildung noch einmal verdeutlicht. Die Vorgehensweise zur Bestimmung des Krümmungsverhaltens verläuft also vollkommen analog zur Untersuchung des Monotonieverhaltens.

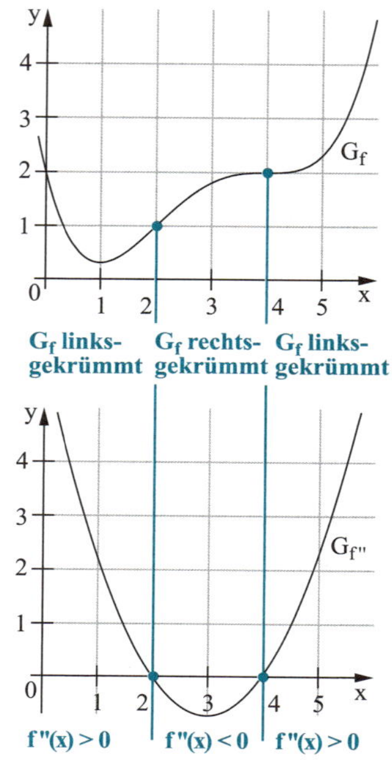

Das Vorzeichen der 2. Ableitungsfunktion f"(x) bestimmt die Krümmung des Graphen von f.

Aufgaben

66. a) Im Diagramm sind drei Graphen dargestellt.
Wie verändert sich jeweils die Steigung dieser Graphen und was folgt daraus für ihre Krümmung?

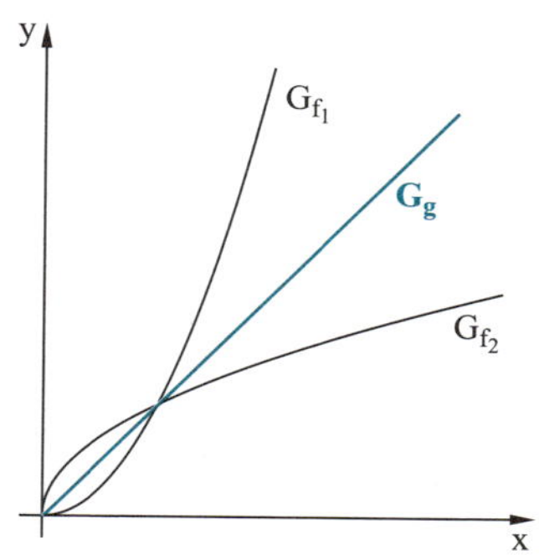

b) In den nachfolgenden beiden Abbildungen sind jeweils die Graphen der **zweiten Ableitung** eingezeichnet.
Geben Sie das Krümmungsverhalten der zugehörigen Graphen an.

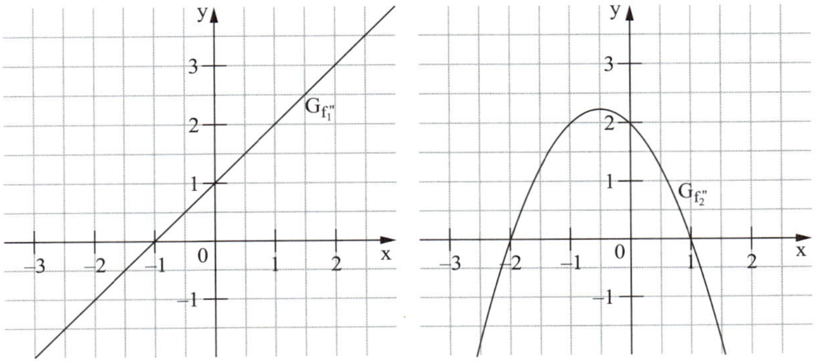

c) Es sind folgende zweite Ableitungsfunktionen gegeben. Geben Sie das Krümmungsverhalten der zugehörigen Funktionsgraphen an.

$f_1''(x) = -1$; $f_2''(x) = -x + 1$; $g''(x) = (x-1)^2$; $h''(x) = -x^2 + 1$

67. Ermitteln Sie jeweils das Krümmungsverhalten der Graphen der nachfolgend angegebenen Funktionen.

a) $f(x) = x(x+2)^2$

b) $f(x) = \frac{x^2 - 4x}{(x+2)^2}$

c) $f(x) = \frac{x^2 - 2x + 4}{2x}$

d) $f(x) = 8\frac{x-3}{x^2 - 6x + 10}$

68. Ermitteln Sie das Krümmungsverhalten bei den nachfolgend angegebenen Funktionenscharen.

a) $f_a(x) = a(x+a)(x-2)^2$ mit $a \in \mathbb{R} \setminus \{0\}$

b) $f_a(x) = \frac{x+a}{x-a}$ mit $a \in \mathbb{R} \wedge a > 0$

4.3 Extremwerte

Von besonderem Interesse sind häufig diejenigen Punkte eines Graphen, an denen die Funktionswerte am größten oder am kleinsten sind. Als Oberbegriff spricht man von Extremwerten oder Extrema, die zugehörigen Graphenpunkte heißen Extrem- oder Extremalpunkte.

Definition

Lokale Extrema

Eine Funktion f hat an der Stelle $x_0 \in D_f$ ein

- **lokales** (oder **relatives**) **Maximum**, wenn in einer Umgebung von x_0 gilt: $f(x_0) \geq f(x)$. Die Stelle x_0 heißt dann **lokale Maximumstelle** und den zugehörigen Punkt des Graphen nennt man **lokalen Hochpunkt** mit den Koordinaten $H(x_0 \mid f(x_0))$.

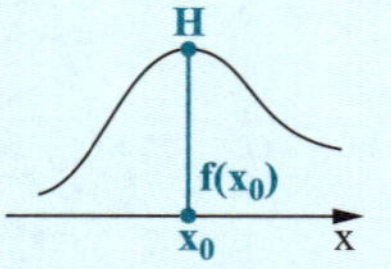

- **lokales** (oder **relatives**) **Minimum**, wenn in einer Umgebung von x_0 gilt: $f(x_0) \leq f(x)$. Die Stelle x_0 heißt dann **lokale Minimumstelle** und den zugehörigen Punkt des Graphen nennt man **lokalen Tiefpunkt** mit den Koordinaten $T(x_0 \mid f(x_0))$.

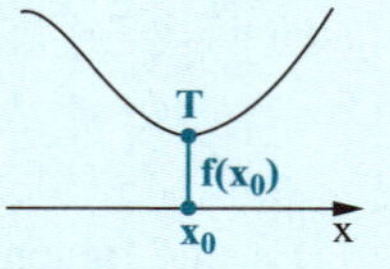

Wenn man also ein „Zoomfenster" auf einen **lokalen** Extremalpunkt richtet, so ist in dieser (unmittelbaren) Umgebung kein größerer (beim Maximum) bzw. kein kleinerer (beim Minimum) Funktionswert vorhanden.

Beispiele

1. Bestimmen Sie die lokalen Extrema der Funktion $f\colon x \mapsto |x^2 - 4|$.

   Lösung:
   Der Graph der Funktion f hat ein lokales Maximum an der Stelle $x_1 = 0$ mit dem Extremwert $f(0) = 4$. An den Stellen $x_2 = -2$ und $x_3 = 2$ liegen lokale Minima vor mit $f(\pm 2) = 0$.

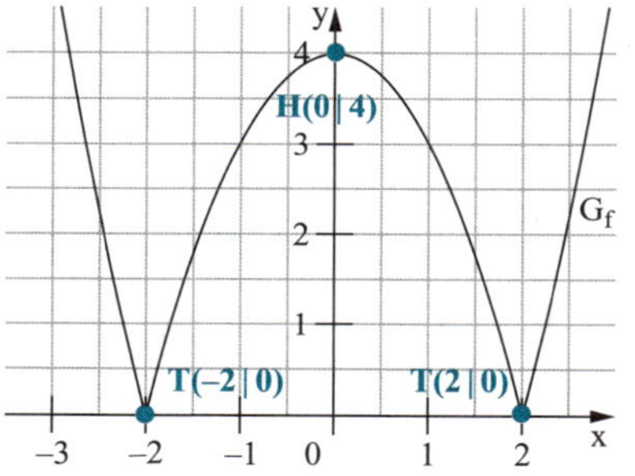

2. Bestimmen Sie die lokalen Extrema des nebenstehenden Graphen.

   Lösung:
   Der Graph besitzt vier lokale Extrempunkte, zwei Hochpunkte und zwei Tiefpunkte. Genauer gilt:
   x_1 und x_3 sind (lokale) Minimumstellen, $f(x_1)$ und $f(x_3)$ sind die beiden lokalen Minima. Entsprechend sind x_2 und x_4 (lokale) Maximumstellen sowie $f(x_2)$ und $f(x_4)$ die lokalen Maxima.

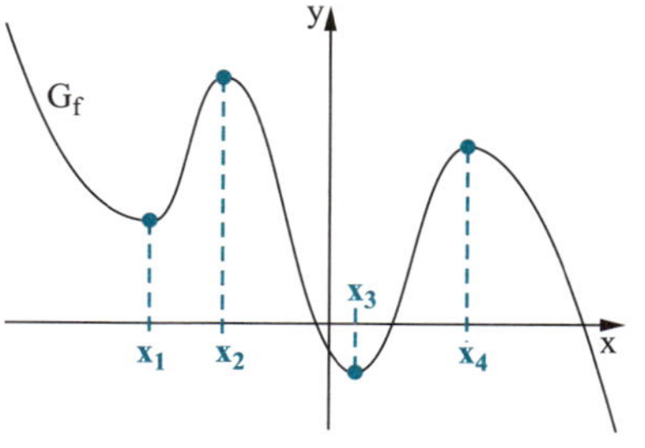

Wie lassen sich nun die Extremwerte rechnerisch ermitteln? Man bestimmt zunächst die Extremstellen, also die x-Werte, bei denen die Extremwerte auftreten.

Regel

Extremwerte aus dem Monotonieverhalten
Ist f eine Funktion mit dem Definitionsbereich D und ist weiter $x_0 \in D$, dann gilt:
Die Funktion f besitzt an der Stelle x_0 ein

- **lokales Maximum**, wenn f unmittelbar links von x_0 streng monoton zunimmt und unmittelbar rechts von x_0 streng monoton abnimmt.
- **lokales Minimum**, wenn f unmittelbar links von x_0 streng monoton abnimmt und unmittelbar rechts von x_0 streng monoton zunimmt.

Bei einer stetig differenzierbaren Funktion kann sich das Monotonieverhalten nur an den Nullstellen und an den Definitionslücken der Ableitungsfunktion f' ändern, weil nur dort ein Vorzeichenwechsel von f' und damit ein Monotoniewechsel von f möglich ist. Hat die erste Ableitung von f bei x_0 eine Nullstelle, gilt also $f'(x_0) = 0$, so hat der Graph an dieser Stelle x_0 eine waagrechte Tangente. Wenn f' an dieser Nullstelle einen Vorzeichenwechsel besitzt, so ist x_0 eine Extremstelle. Genauer gilt:
f hat an der Stelle x_0 ein

- **lokales Maximum**, wenn $f'(x_0) = 0$ und das Vorzeichen von f' an der Stelle x_0 von + nach – wechselt, also G_f von steigend in fallend übergeht.
- **lokales Minimum**, wenn $f'(x_0) = 0$ und das Vorzeichen von f' an der Stelle x_0 von – nach + wechselt, also G_f von fallend in steigend übergeht.

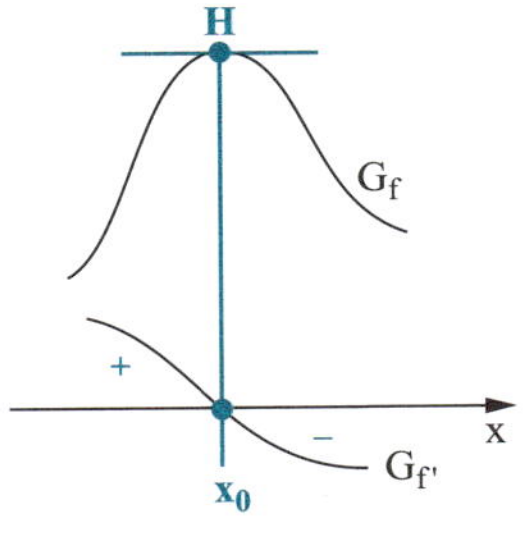

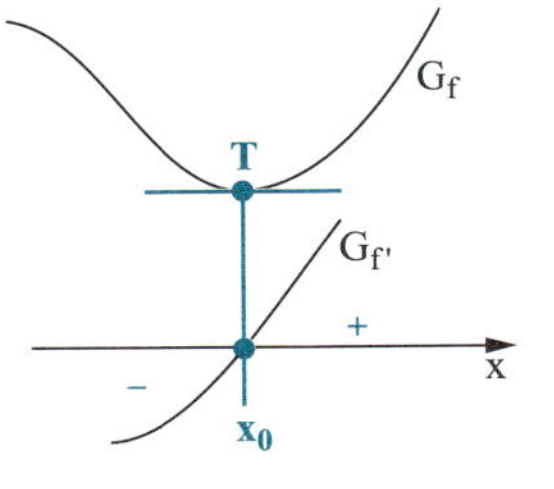

Folglich kann das Vorliegen von lokalen Maxima und Minima direkt aus dem Monotonieverhalten einer Funktion abgelesen werden. Daraus folgt die Regel:

Regel

Hinreichende Bedingung für das Vorliegen eines Extremwertes
Die Funktion f hat an der Stelle x_0 ein

- **lokales Maximum**, wenn $f'(x_0) = 0$ und $f''(x_0) < 0$.
- **lokales Minimum**, wenn $f'(x_0) = 0$ und $f''(x_0) > 0$.

Mit dieser Aussage lassen sich bei differenzierbaren Funktionen die Extremstellen nach dem folgenden Schema bestimmen:

Regel

Art und Lage von Extrema

1. Die erste und zweite Ableitungsfunktion f' und f'' bestimmen.
2. Die Nullstellen der ersten Ableitungsfunktion berechnen: $f'(x)=0$.
3. Jede der Nullstellen von f' in f'' einsetzen und je nach Vorzeichen auf die Art des Extremwertes schließen.
4. Die Koordinaten der Extrempunkte angeben.

Beispiele

1. Bestimmen Sie Art und Lage der Extrempunkte der folgenden Funktion:
$f(x)=\frac{1}{3}x^3-2x^2+3x+1$

Lösung:

Schritt 1: Erste und zweite Ableitung berechnen

$f'(x)=x^2-4x+3$
$f''(x)=2x-4$

Schritt 2: Nullstellen von f'

$f'(x)=0$
$x^2-4x+3=0$
$\Leftrightarrow\ (x-1)(x-3)=0$
$\Rightarrow\ x_1=1;\ x_2=3$

Schritt 3: Einsetzen der Nullstellen von f' in f''

$f''(1)=2\cdot 1-4=-2<0$
$\Rightarrow$ lokales Maximum
$f''(3)=2\cdot 3-4=2>0$
$\Rightarrow$ lokales Minimum

Schritt 4: Einsetzen der Extremstellen in die Ausgangsfunktion

$f(1)=\frac{1}{3}\cdot 1^3-2\cdot 1^2+3\cdot 1+1=\frac{7}{3}$

$\Rightarrow$ lokaler Hochpunkt $\mathbf{H\left(1 \,\middle|\, \frac{7}{3}\right)}$

$f(3)=\frac{1}{3}\cdot 3^3-2\cdot 3^2+3\cdot 3+1=1$

$\Rightarrow$ lokaler Tiefpunkt $\mathbf{T(3|1)}$

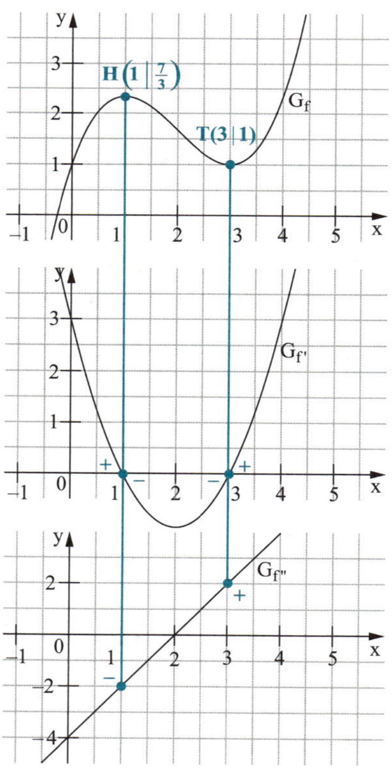

2. Bestimmen Sie die Art und Lage der Extrempunkte der Funktion
$f(x) = \frac{1}{5}(x^4 - 4x^3)$.

Lösung:

Schritt 1:

$f'(x) = \frac{1}{5}(4x^3 - 12x^2)$ Erste Ableitung

$= \frac{4}{5}(x^3 - 3x^2)$

$f''(x) = \frac{4}{5}(3x^2 - 6x)$ Zweite Ableitung

$= \frac{12}{5}(x^2 - 2x)$

Schritt 2:

$f'(x) = 0$ Nullstellen von f' bestimmen

$\Leftrightarrow \frac{4}{5}(x^3 - 3x^2) = 0 \quad \Big| \cdot \frac{5}{4}$

$\Leftrightarrow x^2(x - 3) = 0$

$\Rightarrow x_{1/2} = 0;\ x_3 = 3$

Schritt 3:

$f''(0) = 0$

Nullstellen von f' in f'' einsetzen. Für diesen Fall, dass die zweite Ableitung ebenfalls null ist, macht die Regel über das Vorliegen eines Extremwertes keine Aussage. Da $x_{1/2} = 0$ jedoch eine doppelte Nullstelle von f' ist, hat f' an dieser Stelle keinen Vorzeichenwechsel, folglich hat f auch keinen Monotoniewechsel. Demnach liegt bei 0 in diesem Fall kein Extremwert vor.

$f''(3) = \frac{36}{5} > 0$

$\Rightarrow$ lokales Minimum

Schritt 4:

$f(3) = -\frac{27}{5} = -5{,}4$ Extremstellen in f(x) einsetzen

$\Rightarrow$ lokaler Tiefpunkt **T(3 | –5,4)**

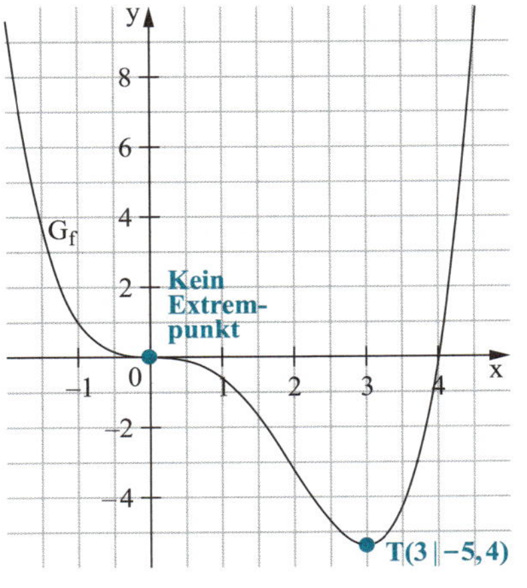

Nachdem jetzt klar ist, wie man die lokalen Extremwerte einer mindestens zweimal differenzierbaren Funktion findet, geht es im Folgenden darum, die globalen (oder absoluten) Extrema zu ermitteln.

Definition

Globaler Extremwert, Randextremwert

- Hat eine Funktion f an einer Stelle $x_0 \in D_f$ den größten/kleinsten Funktionswert überhaupt, so nennt man diesen Funktionswert **globales** (oder **absolutes**) **Maximum/Minimum**.
- Tritt ein Extremwert am Rand des Definitionsbereichs auf, so spricht man von einem **Randextremum**.

Beispielsweise haben Parabeln jeweils in ihrem Scheitel einen globalen Extrempunkt, und zwar einen globalen Tiefpunkt bei nach oben geöffneter Parabel und einen globalen Hochpunkt bei nach unten geöffneter Parabel. Entsprechend ist es bei den Graphen ganzrationaler Funktionen vierten Grades: Sie haben mindestens einen globalen Extrempunkt, ggf. auch zwei. Im Diagramm sind eine Parabel und eine ganzrationale Funktion vierten Grades eingezeichnet, die jeweiligen globalen Extrempunkte sind markiert. Man erkennt, dass es nirgends noch kleinere (rechter Graph) bzw. noch größere (linker Graph) Funktionswerte als an diesen Stellen gibt.

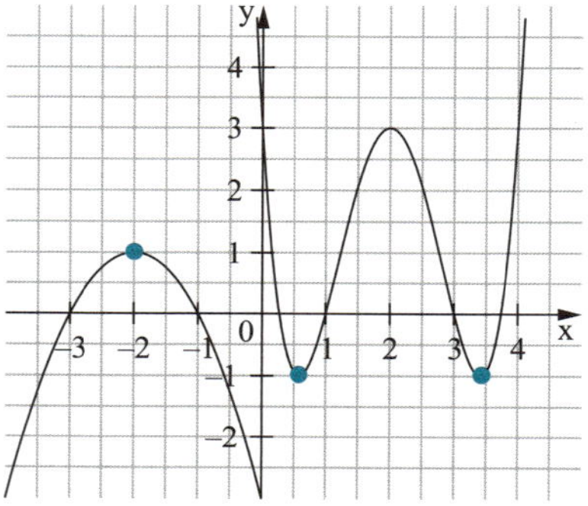

Regel

Bestimmung globaler Extrema

Um die globalen Extrema einer Funktion zu bestimmen (falls sie existieren), geht man folgendermaßen vor:

1. Mit den bekannten und oben beschriebenen Methoden werden zunächst sämtliche **lokalen Extrema** im Inneren des Definitionsintervalls bestimmt. Nur die Nullstellen der Ableitungsfunktion, die im Definitionsbereich liegen, sind zu beachten.
2. Anschließend erfolgt die Untersuchung des **Definitionsrandes**, indem man die Funktionswerte an den Intervallrändern berechnet (ggf. die Grenzwerte).
3. Schließlich vergleicht man die Funktionswerte der lokalen Extrema mit den Funktionswerten an den Rändern. Beim größten Funktionswert liegt das **globale Maximum**, beim kleinsten Funktionswert das **globale Minimum**.

Beispiel

Bestimmen Sie die globalen Extrema der Funktion $f(x) = -x^2 + 4x - 1$ für die Definitionsbereiche

a) $D_1 = D_{max} = \mathbb{R}$ und

b) $D_2 = [1;\ 3{,}5]$.

Lösung:

a) **Schritt 1:**

$f'(x) = -2x + 4$

$f'(x) = 0 \;\Leftrightarrow\; x_1 = 2$

$f(2) = 3$

Nullstellen der Ableitungsfunktion bestimmen und in f einsetzen. An der Stelle 2 liegt ein lokales Maximum $f(2) = 3$ vor.

Schritt 2:

$f(x) \to -\infty$ für $x \to \pm\infty$

Untersuchung des Definitionsrandes

Schritt 3: Das lokale Maximum an der Stelle 2 ist auch das globale Maximum. Die Untersuchung des Definitionsrandes ergibt, dass f kein globales Minimum besitzt.

b) **Schritt 1:** An der Stelle $2 \in [1;\ 3{,}5]$ liegt ein lokales Maximum $f(2) = 3$ vor.

Schritt 2: Am linken Rand ist $x_1 = 1$, dort ist $f(1) = 2$, es liegt ein lokales Minimum vor. Am rechten Rand, bei $x_2 = 3{,}5$, erhält man mit $f(3{,}5) = 0{,}75$ ebenfalls ein lokales Minimum.

Schritt 3: Das lokale Maximum an der Stelle 2 ist auch das globale Maximum. Das globale Minimum von f auf dem Definitionsbereich D_2 ist $f(3{,}5) = 0{,}75$. Bei $x_1 = 1$ liegt wegen $f(1) > f(3{,}5)$ lediglich ein lokales Minimum vor.

Aufgaben

69. Bestimmen Sie rechnerisch die Art und Lage der Extrempunkte der Graphen der folgenden Funktionen:

a) $f(x) = x(x-2)^2$

b) $f(x) = \frac{1}{4}x^4 - \frac{1}{3}x^3 - x^2$

c) $f(x) = \frac{x}{x^2+1}$

d) $f(x) = \frac{x^2-2x}{(x+1)^2}$

e) $f(x) = 2\sin(\pi x)$

f) $f(x) = x + \sin(x)$

70. Berechnen Sie für die Graphen der angegebenen Funktionenscharen die Hoch- und Tiefpunkte in Abhängigkeit des Scharparameters.

a) $f_a(x) = x^2 - 2a^2x;\ a \in \mathbb{R}$

b) $f_t(x) = x^2(x - 3t);\ t \in \mathbb{R}$

c) $f_k(x) = -\frac{1}{k^2}x^3 + \frac{2}{k}x^2;\ k \in \mathbb{R}\setminus\{0\}$

d) $g_t(x) = \frac{1}{-x^2 + tx};\ t \in \mathbb{R} \wedge t > 0$

71. Im Folgenden sind vier Graphen abgebildet. Geben Sie jeweils, sofern vorhanden, die Art und Lage der globalen Extrempunkte an.

a) 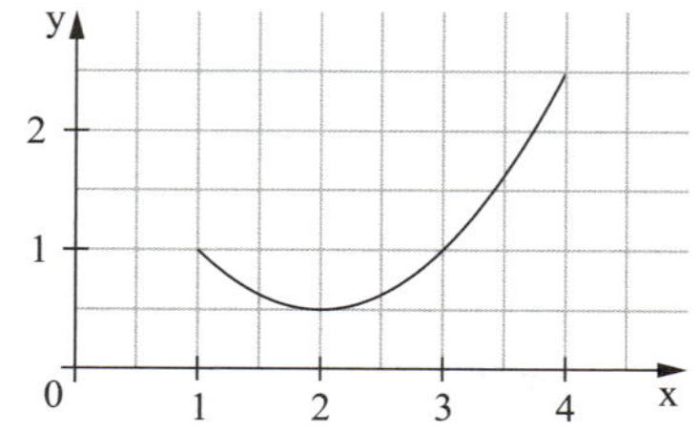

b) 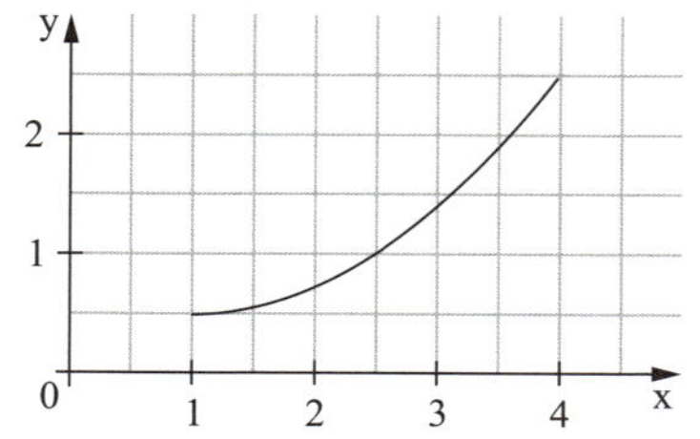

c) 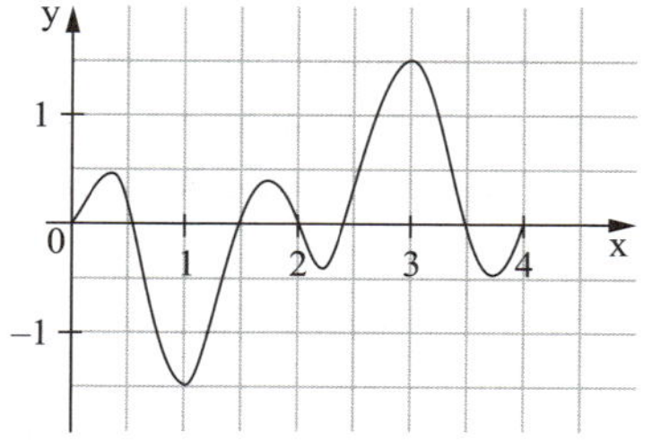

d) 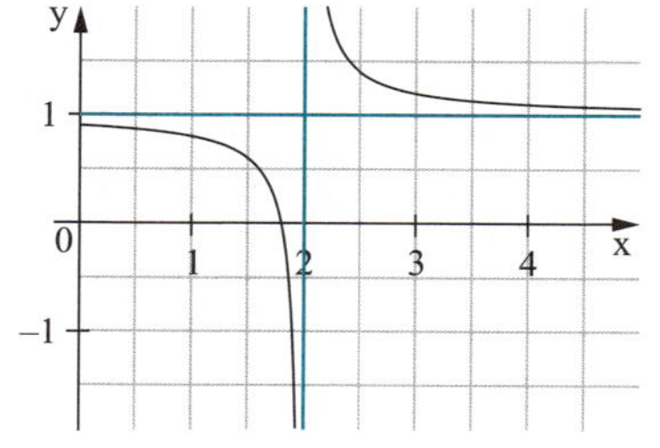

72. Untersuchen Sie die nachfolgend gegebenen Funktionen auf globale Extrema und ermitteln Sie ggf. die Koordinaten der zugehörigen globalen Extrempunkte.

a) $p_1(x) = \frac{1}{2}(x^2 - 4x + 5)$; $D_1 = [1; 4]$

b) $f(x) = x^3 - 3x$; $D_f = [-0,5; 3]$

c) $g(x) = \frac{1}{x^2}$; $D_1 = [-3; -1]$ bzw. $D_2 =]1; 4]$

d) $h(x) = x + \sin(x)$; $D_h = [0; 2\pi]$

73. Seil

Eine Schlucht wird von einem auf zwei Masten aufliegenden Seil überspannt. Im in der Abbildung eingezeichneten Koordinatensystem lässt sich der Verlauf des Seils mit der Funktionsgleichung

$f(x) = \frac{1}{1875}x^2 - \frac{11}{75}x + 8$

in einem geeigneten Definitionsbereich beschreiben. (Alle Längen in Meter.)

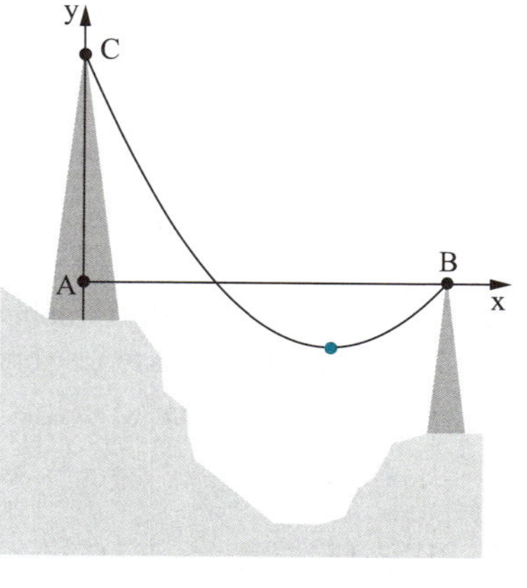

a) Bestimmen Sie die Koordinaten der Punkte B und C.

b) Geben Sie den Definitionsbereich von f in Bezug auf diese Aufgabenstellung an.

c) Ermitteln Sie die Koordinaten des absolut höchsten und absolut tiefsten Seilpunktes.

d) Wie viele Höhenmeter sind es vom tiefsten Punkt des Seils bis zum höchsten?

74. An eine Spannungsquelle mit konstantem Innenwiderstand R_i und konstanter Leerlaufspannung U ist ein Verbraucher mit dem variablen Widerstand R_V mit $0 \leq R_V < \infty$ angeschlossen. Für die Leistung P, die im Verbraucher umgesetzt wird, gilt

$$P(R_V) = U^2 \frac{R_V}{(R_V + R_i)^2},$$

wobei $U > 0$ und $R_i > 0$ konstant sind. Weisen Sie nach, dass für $R_V = R_i$ die umgesetzte Leistung den maximalen Wert annimmt.

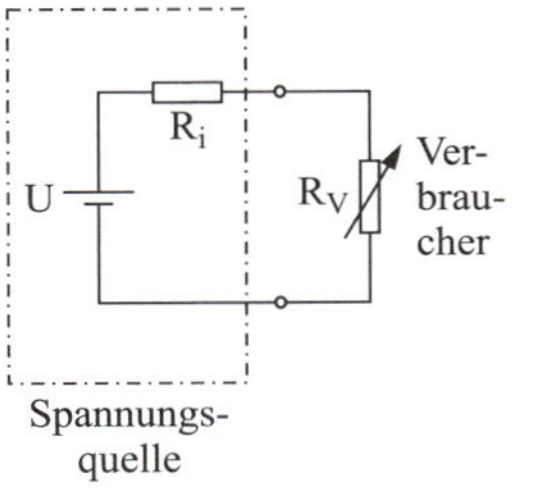

4.4 Wendepunkte und Wendetangenten, Sattelpunkte

Neben den Extrem- sind die Wendepunkte markante Punkte bei Funktionsgraphen.

Definition

Wendepunkt, Wendetangente, Sattel- oder Terrassenpunkt

- Der Graph einer Funktion f hat an der Stelle $x_0 \in D_f$ einen **Wendepunkt**, wenn f an der Stelle x_0 differenzierbar ist und der Graph dort einen Krümmungswechsel aufweist, d. h., wenn der Graph an der Stelle x_0 von Links- in Rechtskrümmung übergeht oder umgekehrt. Die Stelle x_0 heißt dann **Wendestelle** und der Wendepunkt hat die Koordinaten $W(x_0 \,|\, f(x_0))$.
- Die im Wendepunkt errichtete Tangente heißt **Wendetangente**. Wegen des Krümmungswechsels wird die Wendetangente vom Graphen im Wendepunkt durchsetzt.
- Besitzt ein Wendepunkt eine waagrechte Tangente, so wird er auch **Sattel-** oder **Terrassenpunkt** genannt.

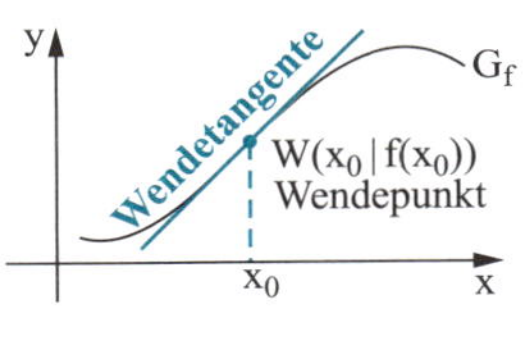

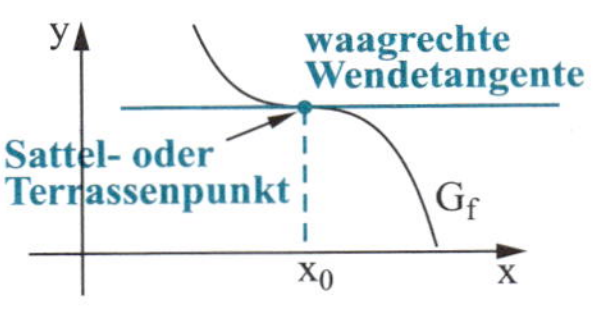

Wenn das Krümmungsverhalten eines Graphen ermittelt wurde, so können daraus die Wendepunkte bestimmt werden. Sie lassen sich aber auch ohne vorausgehende Bestimmung des Krümmungsverhaltens ermitteln, indem man die Monotonieänderungen von f' betrachtet. Da eine Monotonieänderung das Vorliegen eines Extremwertes nach sich zieht, hat der Graph von f dort einen Wendepunkt, wo der Graph der Ableitungsfunktion f' einen Extrempunkt besitzt. Demnach lässt sich das Bestimmen von Wendepunkten einer Funktion f auf das Ermitteln der lokalen Extrempunkte der zugehörigen Ableitungsfunktion f' zurückführen.

Regel

Kriterium für das Vorliegen eines Wende- oder Sattelpunktes

Der Graph der Funktion f hat an der Stelle x_0 einen

- **Wendepunkt**, wenn $f''(x_0)=0$ und $f'''(x_0)\neq 0$.
- **Sattel-** oder **Terrassenpunkt**, wenn $f'(x_0)=0$ und $f''(x_0)=0$ und $f'''(x_0)\neq 0$.

Damit der Graph einer Funktion f an der Stelle x_0 einen Wendepunkt besitzt, muss f'' an der Stelle x_0 eine Nullstelle mit Vorzeichenwechsel besitzen. Dies stellt im oben genannten Kriterium die Forderung $f'''(x_0)\neq 0$ sicher, weil damit eine Steigung von f'' an der Nullstelle x_0 vorhanden ist, sodass die x-Achse auch tatsächlich überquert wird.

Beispiele

1. a) Was lässt sich über die Wendepunkte einer ganzrationalen Funktion zweiten Grades (Parabelfunktion) aussagen?
   b) Hat der Graph der Funktion $f(x)=\frac{1}{x}$ Wendepunkte? Begründung.

   Lösung:

   a) Die Parabelfunktionen $p(x)=ax^2+bx+c$, mit $a\neq 0$, haben wegen $p''(x)=2a\neq 0$ keine Wendepunkte.
   b) Wegen $f''(x)=\frac{2}{x^3}\neq 0$ für alle $x\in D_{max}=\mathbb{R}\setminus\{0\}$ hat der Graph von f keine Wendepunkte. Zwar wechselt der Graph von f an der Stelle $x_0=0$ sein Krümmungsverhalten, da aber $0\notin D_{max}$ ist, liegt kein Wendepunkt des Graphen vor.

2. Untersuchen Sie die ganzrationale Funktion dritten Grades
   $f(x)=\frac{1}{3}x^3-2x^2+3x+1$
   auf Wendepunkte und geben Sie die Wendetangenten an.

Lösung:

$f'(x) = x^2 - 4x + 3$

$f''(x) = 2x - 4$

$f'''(x) = 2$

Die Nullstellen von f" werden berechnet:

$f''(x) = 0$

$2x - 4 = 0,$

$\Rightarrow \; x_1 = 2$

Die Nullstelle von f" wird in f"' eingesetzt:

$f'''(2) = 2 \neq 0$

$\Rightarrow$ Wendepunkt an der Stelle 2

Die y-Koordinate des Wendepunktes ergibt sich wie üblich durch Einsetzen des berechneten x-Wertes, der Wendestelle 2, in die Ausgangsfunktion:

$f(2) = \frac{1}{3} \cdot 2^3 - 2 \cdot 2^2 + 3 \cdot 2 + 1$

$= \frac{5}{3}$

$\Rightarrow$ **$W\left(2 \,\middle|\, \frac{5}{3}\right)$**

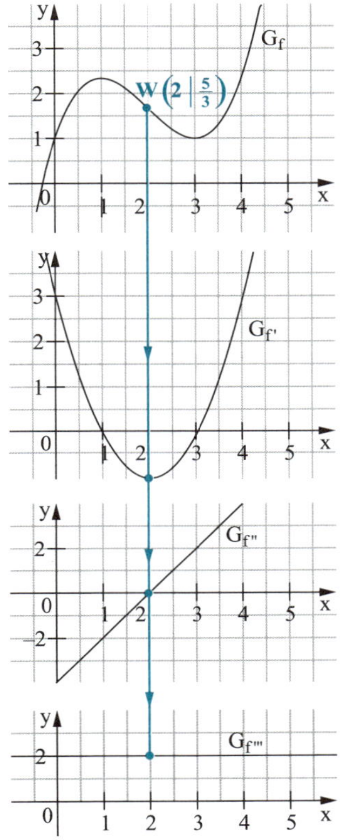

Funktion

1. Ableitungsfunktion

2. Ableitungsfunktion

3. Ableitungsfunktion

Das Ermitteln der Geradengleichung für die Wendetangente geschieht auf die gleiche Weise wie bei einer „normalen" Tangente, nur eben im Wendepunkt.

$t: y = f'(x_0)(x - x_0) + f(x_0)$ — Allgemeine Formel für die Tangente

Es gilt: $x_0 = 2$ und $f(2) = \frac{5}{3}$

$f'(2) = 2^2 - 4 \cdot 2 + 3 = -1$ — Es bleibt noch f'(2) zu berechnen.

$t: \; y = -1(x - 2) + \frac{5}{3} = -x + \frac{11}{3}$ — Einsetzen in die Tangentengleichung ergibt die Gleichung der Wendetangente.

Aufgaben

75. a) An welchen Stellen haben die abgebildeten Graphen Wendepunkte? Befinden sich darunter auch Sattelpunkte?

(1)

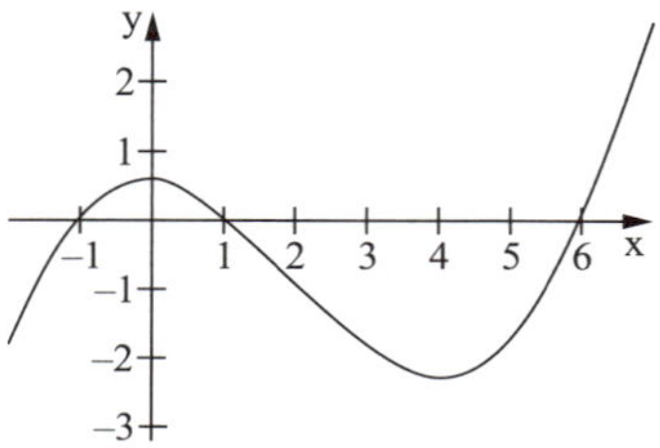

(2)

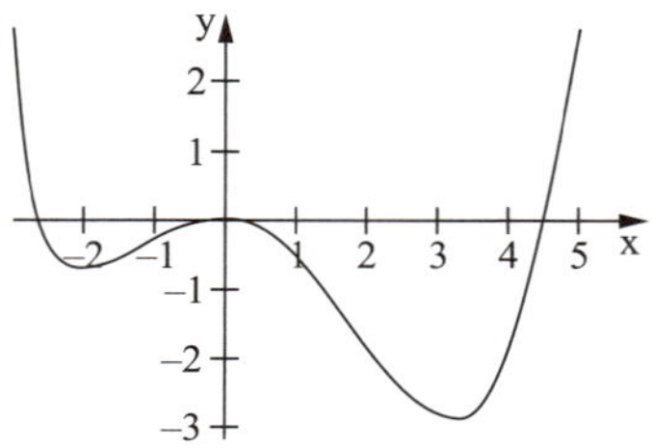

b) Unten sind die Graphen von zweiten Ableitungsfunktionen eingezeichnet. Was können Sie über Wendepunkte der zugehörigen Graphen aussagen?

(1)

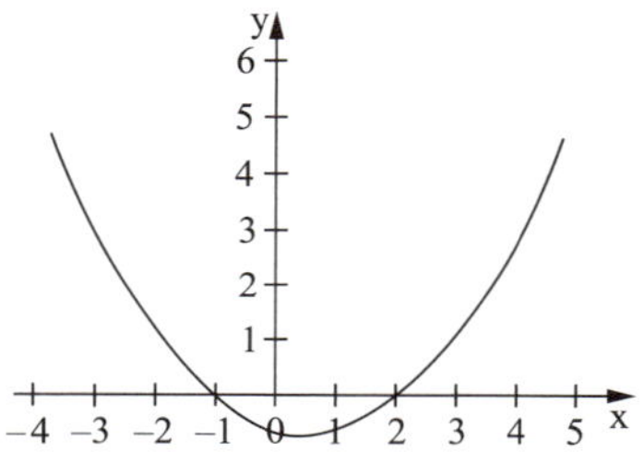

(2)

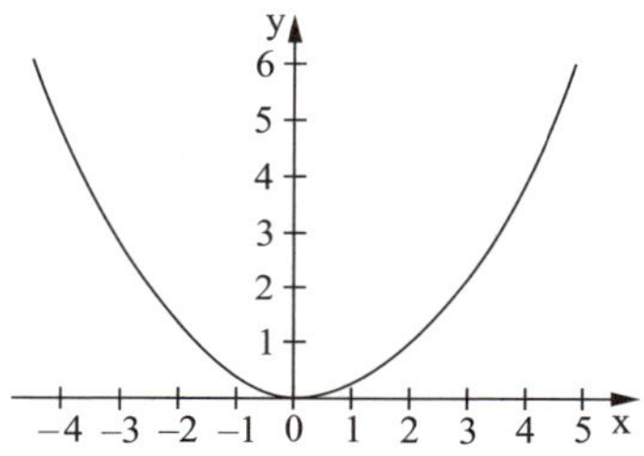

76. a) Skizzieren Sie den Graphen einer ganzrationalen Funktion dritten Grades, die in $W(2\,|\,1)$ einen Wendepunkt hat und deren Wendetangente lautet:
t: $y = -\frac{1}{2}(x-2)+1$

b) Skizzieren Sie einen Graphen, der in $(-1\,|\,1)$ einen Sattelpunkt besitzt.

77. Berechnen Sie die Koordinaten der Wendepunkte für folgende Funktionen:

a) $f(x) = \frac{1}{6}x^3 - x^2 + 1$

Ermitteln Sie hier zusätzlich die Gleichung der Wendetangente.

b) $f(x) = \frac{1}{5}(x^4 - 4x^3)$

c) $f_t(x) = \frac{3}{8}x^4 - t^2x^2$ mit $t \in \mathbb{R} \wedge t > 0$

d) $f(x) = \frac{x}{(x+1)^2}$

78. Gegeben ist die Funktionenschar $f_a(x) = \frac{1}{12}(x^4 - 2ax^3 + 30x^2)$ mit $a \in \mathbb{R}$.

a) Bestimmen Sie, für welche a der Graph von f_a zwei bzw. keine Wendepunkte besitzt.

b) Gibt es a, sodass der Graph von f_a genau einen Wendepunkt hat?

c) Geben Sie die Lage der Wendestellen in Abhängigkeit von a an.

d) Berechnen Sie die Koordinaten der Wendepunkte für $a=5$.

e) Zeichnen Sie die zwei Graphen der Funktionenschar für $a=4$ und $a=5$ in ein Koordinatensystem ein, wobei $x \in [-2; 5]$ ist.

79. Skihang

Das Profil eines Skihanges kann durch folgende Funktion beschrieben werden:

$f(x) = \frac{3}{625\,000}x^3 - \frac{9}{2\,500}x^2 + 300,$

mit $0 \leq x \leq 500$

(alle Längenangaben in Meter).

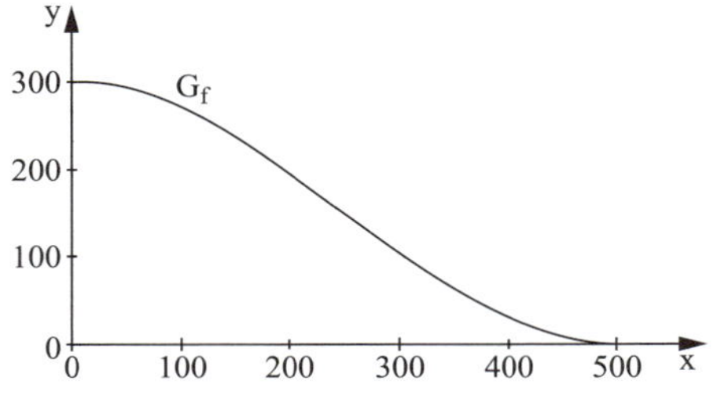

a) Berechnen Sie, an welcher Stelle der Hang am steilsten ist.

b) Bestimmen Sie dort die Steigung und den Neigungswinkel des Hanges.

c) Welche Art von Kurvenpunkt liegt an dieser Stelle vor?

4.5 Zusammenfassende Übersicht über Extrem- und Wendepunkte

In der nachfolgenden Übersicht sind die entwickelten Kriterien für das Vorliegen markanter Punkte zusammengestellt.

Art der Punkte		Kriterien
Hochpunkte	$H(x_0 \mid f(x_0))$	$f'(x_0)=0$ mit VZW* von + nach – oder $f'(x_0)=0$ und $f''(x_0)<0$
Tiefpunkte	$T(x_0 \mid f(x_0))$	$f'(x_0)=0$ mit VZW von – nach + oder $f'(x_0)=0$ und $f''(x_0)>0$
Wendepunkte	$W(x_0 \mid f(x_0))$	$f''(x_0)=0$ mit VZW oder $f''(x_0)=0$ und $f'''(x_0)\neq 0$
Sattelpunkte	$S(x_0 \mid f(x_0))$	$f'(x_0)=0$ und $f''(x_0)=0$ mit VZW oder $f'(x_0)=0$ und $f''(x_0)=0$ und $f'''(x_0)\neq 0$

* VZW bedeutet Nullstelle mit Vorzeichenwechsel

Im nächsten Beispiel werden diese Kriterien verwendet, um die Extrem- und Wendepunkte des Graphen zu bestimmen. Beachten Sie die prinzipielle Vorgehensweise in diesem Beispiel, die bei Funktionsuntersuchungen immer wieder auftritt und die Sie sich in Form der folgenden Regel einprägen sollten:

Regel

Bestimmung der Extrem- und Wendepunkte

Um Art und Lage der Extrem- und Wendepunkte des Graphen einer Funktion zu bestimmen, geht man folgendermaßen vor:

1. Die ersten drei Ableitungsfunktionen berechnen.
2. Die erste Ableitung null setzen und ihre Nullstellen berechnen.
3. Die Nullstellen der ersten Ableitung in die zweite Ableitung einsetzen und aus den Vorzeichen auf die Art des Extrempunktes schließen.
4. Die zweite Ableitung null setzen und ihre Nullstellen berechnen.
5. Die Nullstellen der zweiten Ableitung in die dritte Ableitung einsetzen und den Nachweis für Wendepunkte erbringen.

Beispiel

Gesucht sind die Art und Lage der Extrem- und Wendepunkte des Graphen der Funktion $f(x) = \frac{4x^2}{x^2 - 4x + 4}$.

Lösung:

Bevor die Ermittlung der gesuchten Punkte vorgenommen wird, werden noch einige andere Bestandteile des Graphen ermittelt.

$$f(x) = \frac{4x^2}{x^2 - 4x + 4} = \frac{4x^2}{(x-2)^2}$$

Aus dieser faktorisierten Darstellung liest man ab:

$D_{max} = \mathbb{R} \setminus \{2\}$;

doppelte Nullstelle $x_{1/2} = 0$;

vertikale Asymptote ohne Vorzeichenwechsel: $x = 2$;

horizontale Asymptote (da Zählergrad = Nennergrad): $y = 4$

Damit sind bereits viele Eigenschaften des Graphen bekannt. Nun erfolgt noch die Berechnung der Extrem- und Wendepunkte.

Schritt 1:

Die ersten drei Ableitungsfunktionen berechnen. Kürzen nicht vergessen!

$$f'(x) = \frac{8x \cdot (x-2)^2 - 4x^2 \cdot 2(x-2)}{(x-2)^4}$$

$$= \frac{8x \cdot (x-2) - 4x^2 \cdot 2}{(x-2)^3} = \mathbf{\frac{-16x}{(x-2)^3}}$$

$$f''(x) = \frac{-16 \cdot (x-2)^3 + 16x \cdot 3(x-2)^2}{(x-2)^6}$$

$$= \frac{-16 \cdot (x-2) + 16x \cdot 3}{(x-2)^4} = \mathbf{\frac{32(x+1)}{(x-2)^4}}$$

$$f'''(x) = \frac{32 \cdot (x-2)^4 - 32(x+1) \cdot 4(x-2)^3}{(x-2)^8}$$
$$= \frac{32(x-2) - 32(x+1) \cdot 4}{(x-2)^5}$$
$$= -\frac{\mathbf{96x + 192}}{\mathbf{(x-2)^5}}$$

Sollte die 3. Ableitung zu kompliziert werden, kann man auf ihre Ermittlung verzichten und den Nachweis für einen Wendepunkt über den VZW an der Nullstelle von f'' erbringen.

Schritt 2:

$f'(x) = 0$

$-16x = 0 \Rightarrow x_1 = 0$

Die erste Ableitung null setzen und ihre Nullstellen berechnen.

Schritt 3:

$f''(0) = \frac{32}{(-2)^4} = 2 > 0 \Rightarrow$ **Tiefpunkt**

$f(0) = 0 \Rightarrow$ **T(0 | 0)**

Die Nullstellen von f' werden in f'' eingesetzt. Das Vorzeichen von f'' entscheidet über die Art des Extrempunktes.
Es wird noch die y-Koordinate berechnet.

Schritt 4:

$f''(x) = 0$

$32(x+1) = 0 \Rightarrow x_1 = -1$

Die zweite Ableitung null setzen und ihre Nullstellen berechnen.

Schritt 5:

$f'''(-1) = \frac{-96}{(-3)^5} \neq 0 \Rightarrow$ **Wendepunkt**

$f(-1) = \frac{4}{9} \Rightarrow$ $\mathbf{W\left(-1 \,\middle|\, \frac{4}{9}\right)}$

Nullstellen der zweiten Ableitung in die dritte Ableitung einsetzen. Da sich nicht null ergibt, liegt sicher ein Wendepunkt vor.

Die ermittelten Punkte sind zusammen mit den beiden Asymptoten im nebenstehenden Graphen eingezeichnet.

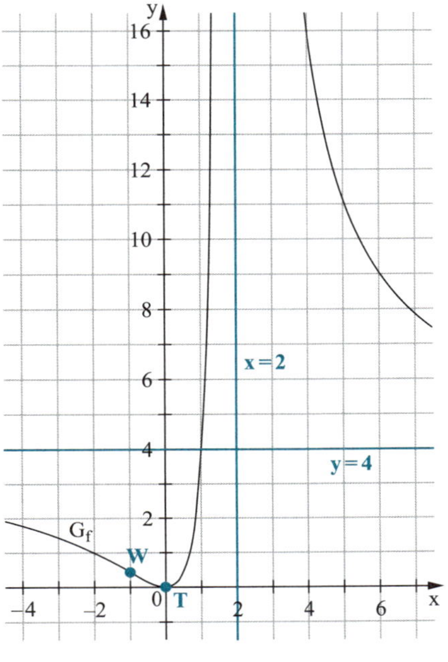

Aufgaben

80. Untersuchen Sie bei den im Folgenden angegebenen Funktionen, ob ihre Graphen Extrem- und Wendepunkte besitzen, und berechnen Sie ggf. deren Koordinaten.

a) $f(x) = -\frac{1}{2}(x^3 - 3x^2)$

Bestimmen Sie hier zusätzlich die Gleichung der Wendetangente.

b) $g(x) = x^4 - 8x$

81. Bestimmen Sie für die beiden nachfolgenden Funktionen die Wendepunkte.

a) $g(x) = \sin(x)$ b) $g(x) = \cos(x)$

82. Von einer Funktion g sind folgende Eigenschaften bekannt:

- $g'(x) > 0 \wedge g''(x) < 0$ für alle $x \in [-1; 1[$;
- $g(1) = g'(1) = g''(1) = 0$;
- $g'(x) > 0 \wedge g''(x) > 0$ für alle $x \in]1; 3]$.

Skizzieren Sie einen möglichen Verlauf des Graphen von g in $[-1; 3]$.

Im Folgenden sind einige umfangreichere Aufgaben mit gebrochen-rationalen Funktionen angegeben, die zum Einüben größerer Stoffgebiete dienen sollen.

83. Gegeben sind die Funktionen $f_a: x \mapsto a\frac{x^3 + x^2}{x^2 - 1}$ mit $a \in \mathbb{R}\setminus\{0\}$ in D_{max}.

a) Geben Sie D_{max} an und klassifizieren Sie die Definitionslücken.

b) Ermitteln Sie $\lim\limits_{x \to -1} f_a(x)$.

c) Berechnen Sie die Nullstelle und geben Sie an, welche Besonderheit die Graphen an dieser Stelle aufweisen.

d) Bestimmen Sie die Extrempunkte in Abhängigkeit von a.

e) Untersuchen Sie das Krümmungsverhalten der Graphen von f_a und geben Sie ggf. seine Wendepunkte an.
[Teilergebnis: $f_a''(x) = \frac{2a}{(x-1)^3}$]

f) Bestimmen Sie die Gleichungen sämtlicher Asymptoten.

g) Berechnen Sie den Wert von a so, dass der Graph von f_a an der Stelle $x_0 = 3$ eine zu der Geraden g: $3y - 4x + 1 = 0$ senkrechte Tangente aufweist.

h) Zeichnen Sie den Graphen von f_a für $a = -1$ im Intervall $[-2; 5]$ zusammen mit seinen Asymptoten.

Hinweis: Verwenden Sie für die x-Achse 1 LE = 2 cm.

i) Tragen Sie in Farbe den ungefähren Verlauf des Graphen von $f'_{-1}(x)$ in das in Teilaufgabe h angelegte Bild ein.

84. Gegeben sind die reellen Funktionen $f_k: x \mapsto -x^2 + kx$ und $g_k(x) = \frac{1}{f_k(x)}$ mit $k \in \mathbb{R} \wedge k > 0$ in ihren größtmöglichen Definitionsbereichen.

a) Berechnen Sie in Abhängigkeit von k die Nullstellen von f_k.

b) Geben Sie die Definitionsmenge und die Gleichungen der Asymptoten von g_k an.

c) Bestimmen Sie die maximalen Intervalle, in denen die Graphen von g_k streng monoton steigen bzw. fallen, in Abhängigkeit von k.

d) Entscheiden Sie, ob die Graphen von g_k Extrempunkte besitzen, und geben Sie ggf. deren Art und Lage an.
[Teilergebnis: $x_{EP} = \frac{k}{2}$]

e) Untersuchen Sie die Graphen von f_k auf Wendepunkte.

f) Berechnen Sie die Scheitelpunktkoordinaten der Graphen von f_k.

g) Für welchen Wert von k schneiden sich die Graphen von f_k und g_k in ihren Extrempunkten? Begründen Sie verbal, dass sie sich in diesem Fall *berühren*.

h) Zeichnen Sie für $k = 2$ in ein Koordinatensystem im Bereich von $-2 \le x \le 4$ die Graphen von f_2 und g_2 mit verschiedenen Farben ein.

Hinweis: Verwenden Sie auf beiden Achsen 1 LE = 2 cm.

85. Gegeben ist die reelle Funktionenschar $f_t: x \mapsto \frac{tx}{x^2 + t^2}$ mit $t \in \mathbb{R} \wedge t > 0$.

a) Bestimmen Sie den größtmöglichen Definitionsbereich.

b) Untersuchen Sie die Graphen von f_t auf Symmetrie.

c) Geben Sie die Nullstelle und die Asymptote (Art und Gleichung) an.

d) Ermitteln Sie die 1. und 2. Ableitungsfunktion von f_t.

[Zur Kontrolle: $f_t''(x) = \frac{2tx(x^2 - 3t^2)}{(x^2 + t^2)^3}$]

e) Bestimmen Sie die Art und Lage der Extrempunkte der Graphen. Geben Sie aufgrund Ihrer Ergebnisse verbal an, auf welcher Kurve die Hoch- und Tiefpunkte der Schar liegen.

f) Berechnen Sie diejenigen Stellen, an denen sich zwei Graphen von f_t mit unterschiedlichen Parameterwerten $t = t_1$ und $t = t_2$ (mit $t_1 \neq t_2$) schneiden.

g) Bestimmen Sie nun t so, dass die Tangente an den Graphen von f_t im Ursprung die Steigung $\frac{1}{2}$ besitzt.

Nun sei $t = 2$.

h) Ermitteln Sie das Krümmungsverhalten des Graphen von f_2 und geben Sie die Koordinaten der Wendepunkte an.

i) Zeichnen Sie unter Verwendung Ihrer bisherigen Ergebnisse den Graphen von f_2 im Bereich $|x| \leq 4$ zusammen mit der Tangente im Ursprung in ein Koordinatensystem ein.

Hinweis: Verwenden Sie als Skalierung der Abszisse 1 LE = 2 cm und der Ordinate 1 LE = 4 cm.

86. Gegeben sind die reellen Funktionen $f_k: x \mapsto \frac{kx+1}{x^3}$ mit $k \in \mathbb{R} \setminus \{0\}$.

a) Geben Sie den Definitionsbereich und die Nullstelle der Funktionen sowie sämtliche Asymptoten der Graphen in Abhängigkeit von k an.

b) Jeder Graph dieser Funktionen besitzt einen Punkt P_k mit horizontaler Tangente. Berechnen Sie die Koordinaten dieses Punktes in Abhängigkeit von k.
[Teilergebnis: $f_k'(x) = -\frac{2k}{x^3} - \frac{3}{x^4}$]

c) Bestimmen Sie k so, dass der zugehörige Graph von f_k an der Stelle $x_0 = 1$ eine Tangente besitzt, die senkrecht zu der Geraden mit der Gleichung $g\colon y = \frac{1}{9}x$ verläuft.

Für die folgenden Teilaufgaben gelte $k = 3$.

d) Bestimmen Sie das Monotonieverhalten und die Koordinaten des Extrempunktes der Funktion f_3.

e) Geben Sie die Koordinaten des Wendepunktes der Funktion f_3 an.

Hinweis: Begründen Sie das Vorliegen des Wendepunktes ohne Verwendung der 3. Ableitung.

f) Zeichnen Sie den Graphen der Funktion f_3 im Bereich $-4 \leq x \leq 4$ mithilfe einer Wertetabelle in ein kartesisches Koordinatensystem unter Verwendung Ihrer bisherigen Ergebnisse ein.

5 Anwendungen der Differenzialrechnung

Die Differenzialrechnung findet in praktisch allen Gebieten, die sich mathematisch beschreiben lassen, Anwendungen. Im Folgenden werden einige davon vorgestellt.

5.1 Aufstellen von Funktionsgleichungen

Bei einer Kurvendiskussion werden Eigenschaften (Nullstellen, Extrema usw.) einer vorgegebenen Funktion ermittelt. Nun werden die Eigenschaften vorgegeben, die eine ganzrationale Funktion haben soll, und die zugehörige Funktionsgleichung ermittelt.

Regel

Aufstellen ganzrationaler Funktionen

Ganzrationale Funktionen n-ten Grades lauten in ihrer allgemeinen Form

$f\colon x \mapsto a_n x^n + a_{n-1} x^{n-1} + \ldots + a_1 x + a_0$

mit den $n+1$ reellen Koeffizienten $a_n, a_{n-1}, \ldots, a_1, a_0$, wobei $a_n \neq 0$.

Will man eine solche Funktion aufstellen, so benötigt man $n+1$ lineare Gleichungen, um die $n+1$ Koeffizienten zu bestimmen. Die Schritte zum Aufstellen einer solchen Funktion lauten:

1. Allgemeiner Ansatz für die Funktion mit unbekannten Koeffizienten
2. Aufstellen der Gleichungen entsprechend der Anzahl der Unbekannten
3. Lösen des linearen Gleichungssystems
4. Angeben der Funktion

Zum Aufstellen von Funktionsgleichungen müssen die gegebenen Eigenschaften gemäß folgendem Schema übersetzt werden:

Eigenschaft der Funktion	Ansatz für Gleichung
Punkt $P(x_0 \mid y_0)$ liegt auf dem Graphen; kurz: $P(x_0 \mid y_0) \in G_f$.	$f(x_0) = y_0$
Nullstelle bei x_0	$f(x_0) = 0$
Extremwert bei x_0	$f'(x_0) = 0$
Wendepunkt bei x_0	$f''(x_0) = 0$

Sattelpunkt bei x_0	$f'(x_0)=0 \wedge f''(x_0)=0$
Steigung bei x_0 ist m.	$f'(x_0)=m$
G_f hat in x_0 eine Tangente, die parallel zu g: $y=mx+t$ verläuft.	$f'(x_0)=m$
G_f hat in x_0 eine Tangente, die senkrecht zu g: $y=mx+t$ verläuft.	$f'(x_0)=-\frac{1}{m}$
G_f berührt an der Stelle x_0 die x-Achse.	$f(x_0)=0 \wedge f'(x_0)=0$
G_f schneidet G_g in x_0.	$f(x_0)=g(x_0)$
G_f berührt G_g in x_0.	$f(x_0)=g(x_0) \wedge f'(x_0)=g'(x_0)$
G_f ist achsensymmetrisch.	Nur gerade Exponenten: z. B. $y=ax^4+bx^2+c$ für $n=4$
G_f ist punktsymmetrisch.	Nur ungerade Exponenten: z. B. $y=ax^3+bx$ für $n=3$

In der gleichen Art und Weise lassen sich auch die Parameter in anderen Funktionstypen bestimmen. Beispielsweise lassen sich durch Vorgabe entsprechender Eigenschaften auch die Parameter einer gebrochen-rationalen Funktion der Form $f(x)=\frac{ax^2+bx}{(x+c)^2}$ oder der allgemeinen Sinusfunktion $g(x)=a\sin(bx+c)$ bestimmen. Freilich erhält man dann in der Regel kein lineares Gleichungssystem mehr: Die Gleichungen werden dann komplizierter.

Beispiele

1. Die Parabel einer quadratischen Funktion soll ihren Scheitel in $S(2\,|\,1)$ haben, ferner soll sie an der Stelle $x_0=3$ die Steigung 2 besitzen. Ermitteln Sie die Funktionsgleichung.

Lösung:

Schritt 1:

Ansatz: $f(x)=ax^2+bx+c$

$f'(x)=2ax+b$

Da auch Steigungen vorkommen, benötigt man die erste Ableitung.

Schritt 2:

$f(2)=1 \Rightarrow a\cdot 2^2+b\cdot 2+c=1$

$f'(2)=0 \Rightarrow 2a\cdot 2+b=0$

$f'(3)=2 \Rightarrow 2a\cdot 3+b=2$

Weil die Parabel durch den Punkt $S(2\,|\,1)$ gehen soll, muss $f(2)=1$ sein. Im Scheitelpunkt liegt eine waagrechte Tangente vor, was auf die Gleichung $f'(2)=0$ führt. Die Steigung ist durch f' gegeben, sodass sich als dritte Bedingung noch $f'(3)=2$ ergibt.

(1) $4a+2b+c=1$

(2) $4a+b \quad =0$

(3) $6a+b \quad =2$

Damit ist das Gleichungssystem für a, b und c zu lösen.

Schritt 3:

$(3)-(2):\quad 2a=2$

$\Rightarrow\quad \mathbf{a=1}$

In (2): $4\cdot 1+b=0$

$\Rightarrow\quad \mathbf{b=-4}$

In (1): $4\cdot 1+2\cdot(-4)+c=1$

$\Rightarrow\quad \mathbf{c=5}$

Eine Kombination aus Additions- und Einsetzverfahren wird angewendet.

Schritt 4:

$f(x)=x^2-4x+5$

Die gesuchte Funktion wird angegeben.

Aus dem Diagramm erkennt man, dass die Funktion die geforderten Eigenschaften besitzt.

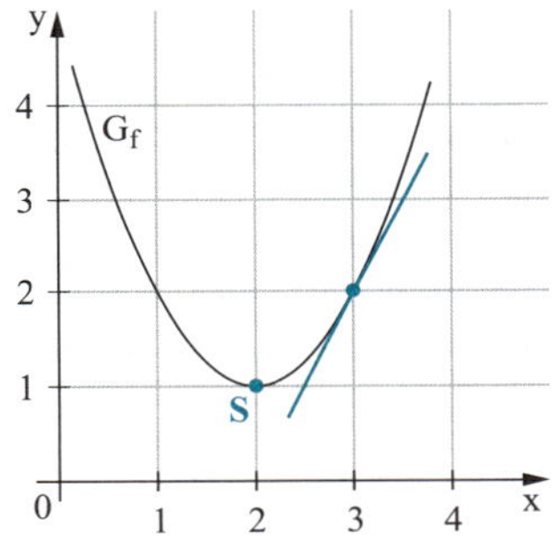

2. Gegeben ist die Funktion $f(x)=\frac{1}{2}x^3-3x^2+\frac{9}{2}x$.

   Ermitteln Sie diejenige Parabelfunktion, die den Graphen von f im Wendepunkt berührt und durch den Ursprung verläuft.

   Lösung:

   Schritt 1:

   Ansatz: $p(x)=ax^2+bx$

   $p'(x)=2ax+b$

   Weil der Graph von p durch den Ursprung geht, ist im Funktionsterm p(x) das c gleich null und wird sogleich weggelassen.

   Schritt 2:

   $f'(x)=\frac{3}{2}x^2-6x+\frac{9}{2}$

   $f''(x)=3x-6$

   Es sind zwei Gleichungen aufzustellen. Dazu werden die Koordinaten des Wendepunktes des Graphen von f und seine Steigung im Wendepunkt benötigt.

   $f''(x)=0\quad\Rightarrow\quad x=2$

   $f(2)=1\quad\Rightarrow\quad \mathbf{W(2\,|\,1)}$

   Wegen Nullstelle mit Vorzeichenwechsel liegt ein Wendepunkt vor.

   $p(2)=f(2)\quad\Rightarrow\quad a\cdot 2^2+b\cdot 2=1$

   $p'(2)=f'(2)\quad\Rightarrow\quad 2a\cdot 2+b=-\frac{3}{2}$

   Mit diesen Angaben werden die beiden Gleichungen angesetzt.

   Schritt 3:

   (1) $4a+2b=1$

   (2) $4a+b=-\frac{3}{2}$

   Gleichungssystem lösen

   Man erhält $a=-1$, $b=\frac{5}{2}$.

Schritt 4:
Ergebnis: $p(x) = -x^2 + \frac{5}{2}x$

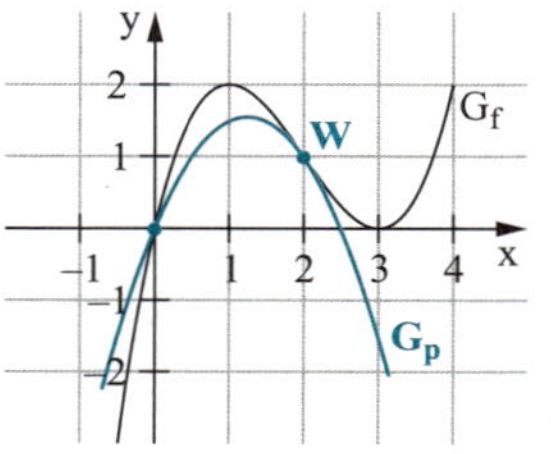

Aufgaben

87. Der Graph einer ganzrationalen Funktion dritten Grades hat im Ursprung die Tangente t: $y = 2x$ und an der Stelle $x_0 = 3$ eine doppelte Nullstelle. Bestimmen Sie seine Funktionsgleichung.

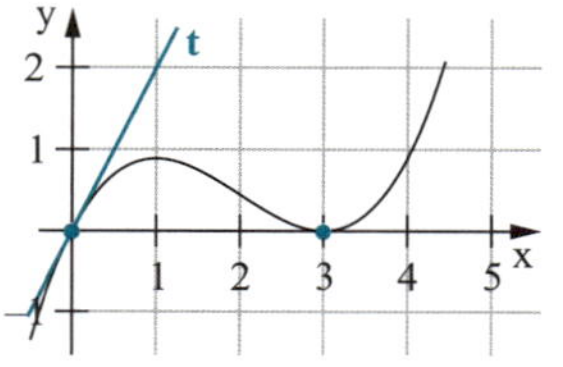

88. Bestimmen Sie die Funktionsgleichung einer ganzrationalen Funktion dritten Grades, deren Graph im Punkt P(–2 | 1) eine waagrechte Tangente besitzt und der die x-Achse an der Stelle 3 unter einem Winkel von 45° schneidet.

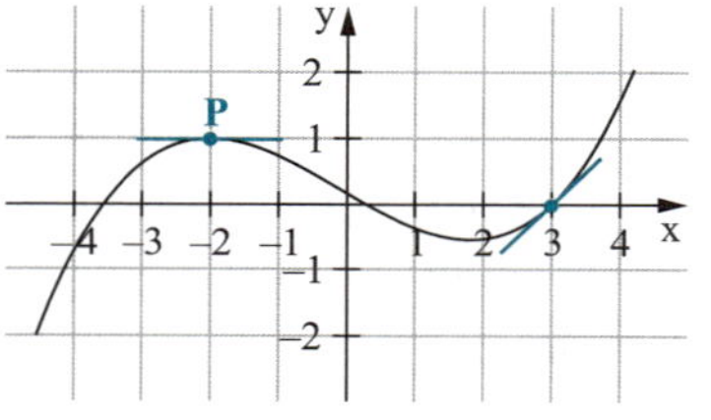

89. a) Der Graph G_f einer ganzrationalen Funktion vierten Grades hat im Ursprung einen Sattelpunkt und besitzt den Tiefpunkt $T\left(-3 \,\middle|\, -\frac{9}{8}\right)$. Bestimmen Sie die Funktionsgleichung von f.

b) Bestimmen Sie zudem eine quadratische Funktion p, welche den Graphen von f in seinem Extrempunkt berührt und im Ursprung schneidet.

c) Berechnen Sie die Koordinaten des weiteren Schnittpunkts der beiden Graphen.

d) Zeichnen Sie die beiden Graphen mindestens im Bereich $-5 \leq x \leq 2$ in ein Koordinatensystem ein.

90. Gegeben sind die reellen Funktionen $f(x) = \frac{ax^2 + bx + c}{x^2}$ mit $a, b, c \in \mathbb{R} \setminus \{0\}$ und dem maximalen Definitionsbereich $D = \mathbb{R} \setminus \{0\}$.
Bestimmen Sie die Parameter a, b und c so, dass der Graph der zugehörigen Funktion seine waagrechte Asymptote im Punkt $S\left(\frac{1}{2} \,\middle|\, -1\right)$ schneidet und durch den Punkt $P\left(-\frac{3}{2} \,\middle|\, -\frac{1}{9}\right)$ verläuft.

91. Die Graphen der ganzrationalen Funktionen dritten Grades f_k berühren die x-Achse an der Stelle $x=3$ und die Geraden g_k: $y=kx$ im Ursprung, wobei $k \in \mathbb{R} \setminus \{0\}$ ist.
Ermitteln Sie die Funktionsgleichung von f_k und stellen Sie f_k auch in faktorisierter Form dar.

92. Böschung

Im Diagramm ist das Profil einer Böschung zu sehen (alle Maßangaben verstehen sich in Meter). Während die Böschungsneigung für $x>20$ gemäß Abbildung bereits fest vorgeben ist, soll im Bereich $0 \le x \le 20$ der Verlauf durch eine lineare und eine ganzrationale Funktion dritten Grades modelliert werden.

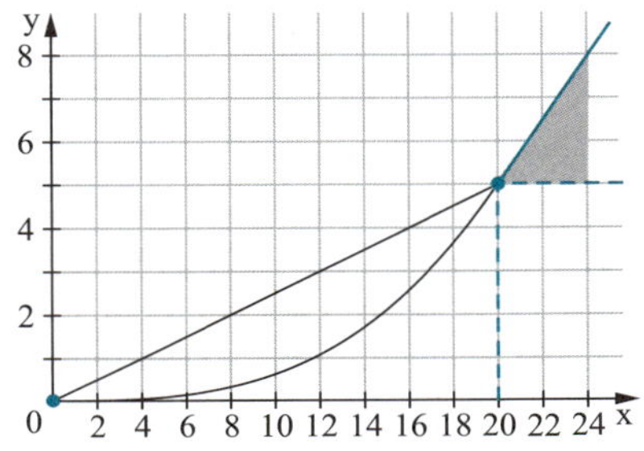

a) Erstellen Sie die lineare Funktionsgleichung für den Bereich $0 \le x \le 20$, wobei alle benötigten Angaben der Zeichnung zu entnehmen sind. Berechnen Sie außerdem den zugehörigen Neigungswinkel und vergleichen Sie ihn mit dem bereits festgelegten Böschungsteil jenseits der 20 m.

b) Alternativ zum linearen Auslauf ist auch eine gebogene Variante geplant. Ermitteln Sie die passende Funktion dafür, wobei für die Modellierung allein die Bedingungen in den beiden markierten Punkten maßgebend sein sollen.

c) Berechnen Sie, an welcher Stelle sich der größte Höhenunterschied zwischen den beiden Planungsvarianten befindet und wie viel Meter er beträgt.

93. a) Der Zeit-Weg-Verlauf eines Federpendels erfolgt nach dem nebenstehenden Diagramm, das sich mit der allgemeinen Sinusfunktion $y(t)=a\sin(bt+c)$ beschreiben lässt.

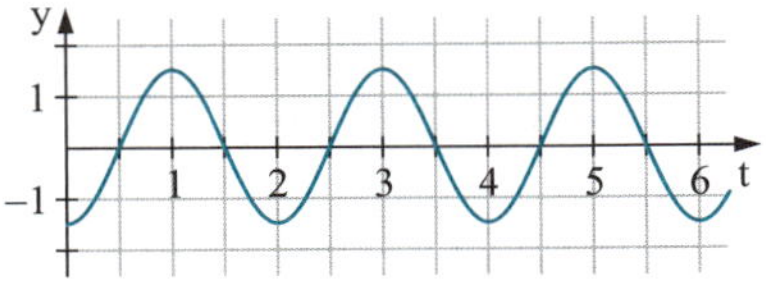

Geben Sie die Schwingungsdauer (Periodenlänge) sowie die Frequenz der Schwingung an und beschreiben Sie den Schwingungszustand zum Zeitpunkt $t=0$.
Bestimmen Sie die Parameter a, b und c, indem Sie dem Diagramm geeignete Informationen entnehmen.

b) Die Parameter der allgemeinen Kosinusfunktion $g(x)=a\cos(bx+c)$ sollen so bestimmt werden, dass g bei $x_1=2$ eine Nullstelle und der Graph von g den Extrempunkt $E(1\,|\,1{,}5)$ hat.

5.2 Lösen von Optimierungsaufgaben

Im zunehmenden wirtschaftlichen Wettbewerb wird es immer wichtiger, nicht nur irgendeine Lösung für ein bestimmtes Problem anbieten zu können, sondern die optimale (=beste) Lösung unter Berücksichtigung bestimmter Randbedingungen zu finden. Im Kern geht es jeweils darum, die zu optimierende Größe y als Funktion einer anderen Größe x aufzustellen und dann zu bestimmen, für welchen Wert von x die Funktion ihr globales Maximum oder Minimum annimmt.

Regel

Methode zum Lösen von Optimierungsaufgaben

1. Funktion für die zu optimierende Größe aufstellen (=**Zielfunktion**) und ihren Definitionsbereich ermitteln.
2. Gegebenenfalls **Nebenbedingungen** aufstellen und damit Variablen aus der Zielfunktion eliminieren.
3. Unter Beachtung des Definitionsbereiches das **globale Extremum** der Zielfunktion ermitteln.
4. **Interpretation** des Ergebnisses im Rahmen der Aufgabenstellung vornehmen.

Beispiel

Toreinfahrt

Eine parabelförmige Toreinfahrt, deren Rand sich im eingezeichneten Koordinatensystem mit $f(x) = -x^2 + 4$ beschreiben lässt, soll so vermauert werden, dass eine rechteckige Toreinfahrt besteht. Die Abmessungen sind dabei so zu wählen, dass die entstehende Toreinfahrt den größtmöglichen Flächeninhalt aufweist. Ermitteln Sie diese Abmessungen (alle Längenangaben in Meter).

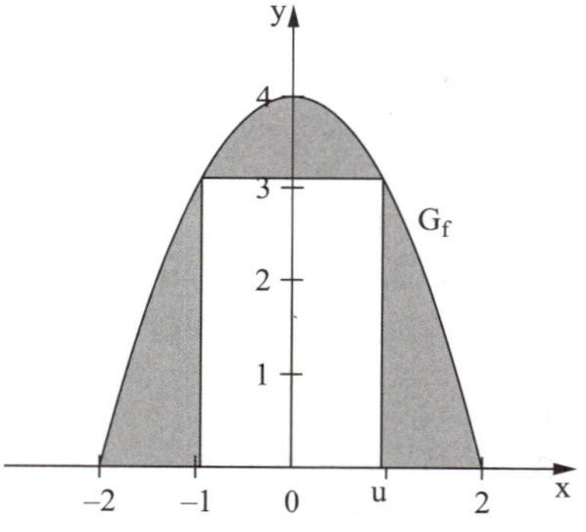

Lösung:

Schritt 1:

$A = b \cdot h$

Der Flächeninhalt der rechteckigen Toreinfahrt ist die zu optimierende Größe, dieser wird als Zielfunktion aufgestellt. Weil es sich um ein Rechteck handelt, ist der Flächeninhalt einfach Breite · Höhe.

$b = 2u;\ h = f(u)$

Die x-Koordinate auf der rechten Seite der Toreinfahrt wird mit dem Variablennamen u bezeichnet.

$A(u) = 2u \cdot f(u) = 2u(-u^2 + 4)$
$= -2u^3 + 8u$

Zielfunktion

$D_A = [0; 2]$

Zur Zielfunktion muss unbedingt der Definitionsbereich angegeben werden. Im hier auftretenden Zusammenhang darf u sich in dem Bereich $0 \le u \le 2$ bewegen. Wenn u die Randwerte annimmt, bedeutet das, dass der Torbogen jeweils komplett zugemauert wird.

Schritt 2:
entfällt

Schritt 3:

$A'(u) = -6u^2 + 8;\quad A''(u) = -12u$

$A'(u) = 0 \iff -6u^2 + 8 = 0 \iff u^2 = \frac{4}{3}$

Gesucht ist das absolute (oder globale) Maximum der Funktion A(u) in D_A.

$\Rightarrow \quad u_{1/2} = \pm\sqrt{\frac{4}{3}} = \pm\frac{2}{3}\sqrt{3} \approx \pm 1{,}15$

Wegen $-1{,}15 \notin [0; 2]$ entfällt diese Lösung.
Es wird nur mit $u_1 = 1{,}15 \in D_A$ weitergerechnet.

$A''(u_1) \approx -12 \cdot 1{,}15 < 0$
$\Rightarrow$ Maximum bei u_1

$A(u_1) \approx 6{,}16$

Um den Maximalwert zu erhalten, wird u_1 in die Ausgangsfunktion eingesetzt.

$A(0) = 0 < 6{,}16$
$A(2) = 0 < 6{,}16$
$\Rightarrow$ absolutes Maximum von A(u)
bei $u_1 \approx 1{,}15$ mit $A_{max} = A(u_1) \approx 6{,}16$

Bisher ist bekannt, dass A(u) bei u_1 ein relatives Maximum besitzt. Ob es ein absolutes ist, wird erst nach der Randuntersuchung klar.

Der Verlauf von A(u) und der berechnete Wert sind in der Abbildung zu sehen.

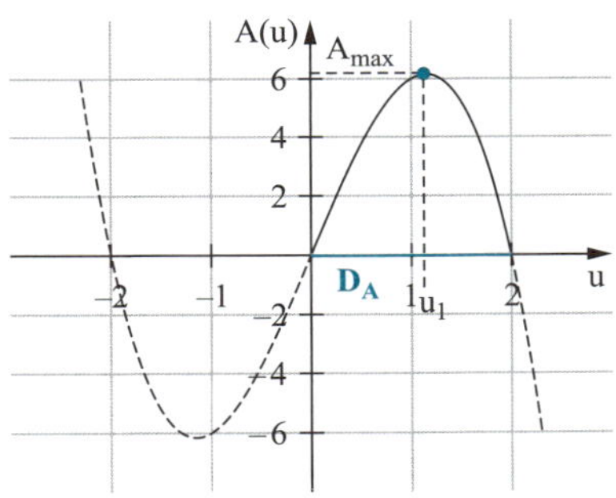

Schritt 4:
Das flächenmäßig größte Tor erhält man, wenn der rechte Rand 1,15 m rechts von der Mitte hochgemauert wird.
Die Torbreite ist dann $2 \cdot 1{,}15\ \text{m} = 2{,}30\ \text{m}$, die Torhöhe ist $f(1{,}15) \approx 2{,}68\ \text{m}$ und der Flächeninhalt $A_{max} \approx 2{,}30\ \text{m} \cdot 2{,}68\ \text{m} \approx 6{,}16\ \text{m}^2$.

Aufgaben

94. Blechplatte

Eine ursprünglich rechteckige Blechplatte hat eine Breite von $a = 300$ cm und eine Höhe von $b = 200$ cm. An ihren vier Ecken sollen kleine Quadrate mit der Seitenlänge x herausgeschnitten werden. Die überstehenden Stege werden dann nach oben gebogen, sodass ein quaderförmiger Behälter entsteht. Für welchen Wert von x erhält man den Behälter mit dem größten Volumen?

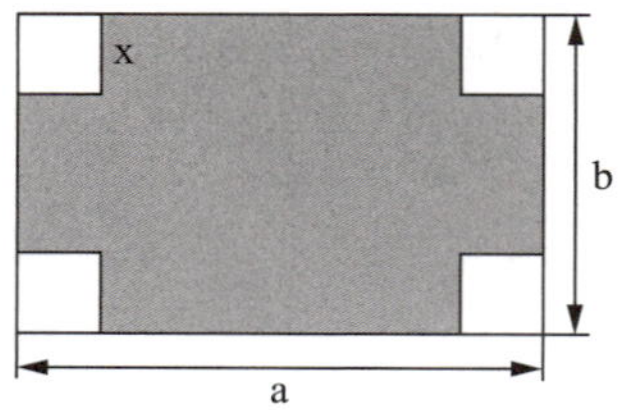

95. Die Abbildung zeigt zwei Parabeln mit den Funktionsgleichungen
$f(x) = \frac{1}{4}x^2$ und $g(x) = -\frac{1}{2}x^2 + \frac{3}{2}x + \frac{23}{8}$.
Ihre beiden Schnittstellen werden mit x_1 und x_2 bezeichnet. Die Gerade $x = u$ mit $x_1 \leq u \leq x_2$ schneidet die beiden Graphen in den Punkten P und Q. Um den größten Abstand der beiden Graphen zu ermitteln, gehen Sie folgendermaßen vor:

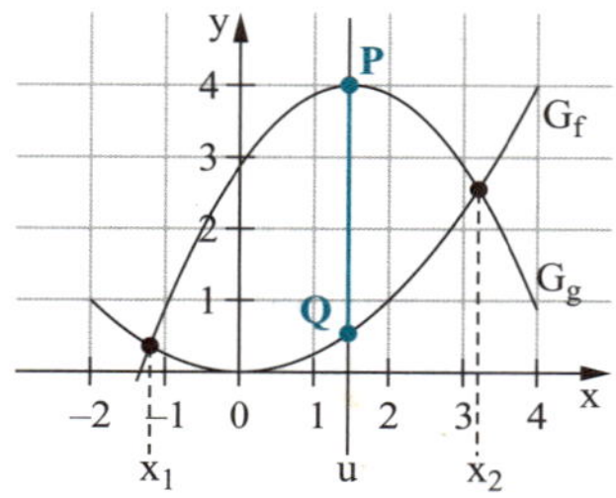

a) Berechnen Sie die Schnittstellen auf zwei Nachkommastellen genau.

b) Ermitteln Sie die Zielfunktion $d(u) = \overline{PQ}$ mit Definitionsbereich.

c) Bestimmen Sie das absolute Maximum von d(u).

96. Die Parabel mit $p(x) = x(x-4)$ wird von der Geraden mit g: $y = c$ mit $-4 < c < 0$ im IV. Quadranten zweimal geschnitten. Diese Schnittpunkte legen zusammen mit ihren senkrechten Projektionen auf die x-Achse ein achsenparalleles Rechteck fest (siehe Abbildung). Ermitteln Sie, für welchen Wert von c das flächenmäßig größte Rechteck entsteht, und berechnen Sie dessen Flächeninhalt.

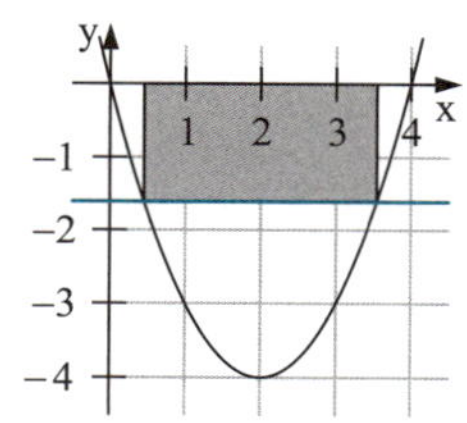

Hinweis: Beachten Sie, dass die Funktionswerte p(x) im betrachteten Bereich negativ sind.

5.3 Optimierung mit Nebenbedingungen

Der erste Schritt zum Lösen von Optimierungsaufgaben ist das Aufstellen der Zielfunktion. In einer solchen Formel sind oft mehrere (meist zwei) Variablen enthalten. Deshalb muss in solchen Fällen ein Zusammenhang zwischen diesen Variablen in Form einer Gleichung aufgestellt werden, die man als **Nebenbedingung** bezeichnet. Mithilfe dieser Nebenbedingung wird dann aus der Zielfunktion eine der beiden Variablen eliminiert.

Beispiel

Die Tragfähigkeit eines Balkens hängt von seinem Material (Holz, Stahl usw.) und von seinen Abmessungen, sprich Breite und Höhe, ab. Dabei trägt die Balkenhöhe mehr zur Tragfähigkeit bei als die Balkenbreite. In der Statik hat man dafür die Formel:

$T = K \cdot b \cdot h^2$

Dabei ist K eine Materialkonstante, b die Breite und h die Höhe des Balkens. Im Sägewerk steht man nun vor der Aufgabe, aus runden Baumstämmen rechteckige Balken heraussägen zu müssen. Wie sind bei gegebenem Stammdurchmesser die Balkenabmessungen zu wählen, um den Balken mit der größten Tragfähigkeit zu erhalten?

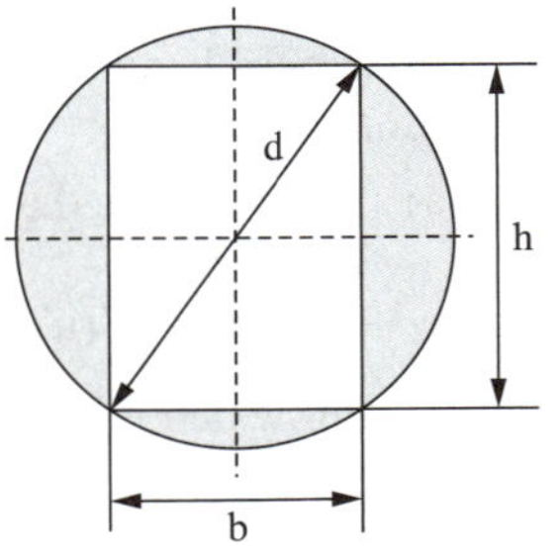

Lösung:

Schritt 1:

$T = K \cdot b \cdot h^2$

Schritt 2:

$d^2 = b^2 + h^2$
$h^2 = d^2 - b^2$

Der Zusammenhang zwischen den beiden Veränderlichen b und h ergibt sich über den konstanten Durchmesser d mithilfe des Satzes von Pythagoras.

$T = K \cdot b \cdot (d^2 - b^2) = K(b \cdot d^2 - b^3)$

In der Formel für die Tragfähigkeit wird die Unbekannte h ersetzt.

$T(b) = K(b \cdot d^2 - b^3)$, mit $0 < b < d$

Weil d bei gegebenem Stammdurchmesser ebenfalls eine Konstante ist (wie schon K), hat man jetzt T als Funktion einer Variablen, nämlich b. Der Definitionsbereich wurde auch gleich mit angegeben: Die untere Grenze für b ist 0 und die obere der Durchmesser d selbst.

Schritt 3:

$T'(b) = K(d^2 - 3b^2)$
$T''(b) = K(0 - 6b) = -6Kb$

Achtung: K und d^2 sind Konstanten, b ist die Variable, nach der differenziert wird.

$T'(b) = 0 \iff d^2 - 3b^2 = 0 \iff$
$b^2 = \frac{1}{3}d^2$

Da die negative Lösung hier keine Bedeutung hat, ergibt sich nur eine Lösung.

$b_1 = \sqrt{\frac{1}{3}} \cdot d = \frac{1}{\sqrt{3}} d \approx 0{,}58d$

Es handelt sich um ein Maximum, weil $T''(b_1)$ negativ ist, wie man sofort sieht.

Eine Randuntersuchung kann hier entfallen, weil direkt klar ist, dass an den Rändern bei dieser Problemstellung kein tragfähiger Balken entstehen kann.

Schritt 4:

Der tragfähigste Balken ergibt sich, wenn seine Breite $b = \frac{1}{\sqrt{3}} d \approx 0{,}58d$ ist.

Bei einem Durchmesser von z. B. d = 100 cm muss b = 0,58 · 100 cm = 58 cm sein. h lässt sich daraus mithilfe der Nebenbedingung errechnen:

$h = \sqrt{100^2 - 58^2} \approx 81{,}5\text{ cm}$

Das Verhältnis von h : b ist demnach 1,41 : 1.

Aufgaben

97. Paket

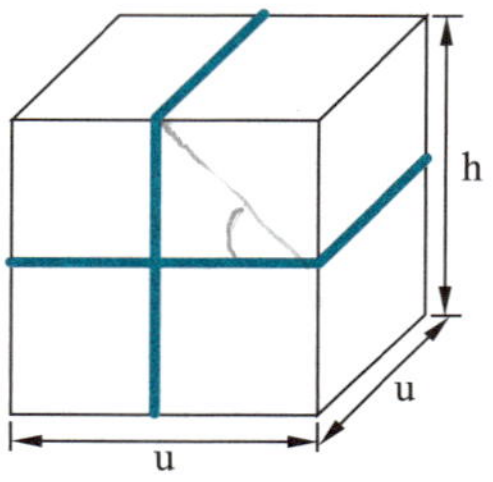

Ein quaderförmiges Paket mit den Grundkanten u und der Höhe h wird, wie in der Skizze zu sehen, mit einem 1 m langen Paketband (dicke Linien) rundum verklebt.

a) Ermitteln Sie das Paketvolumen in Abhängigkeit von u.
[Ergebnis: $V(u) = -3u^3 + \frac{1}{2}u^2$ mit $u \in \left]0; \frac{1}{6}\right[$]

b) Für welche Abmessungen von u und h erhält man das Paket mit dem größten Volumen? Wie groß ist dieses dann?

98. Getreidesilo

Der Einfülltrichter eines Getreidesilos ist ein auf der Spitze stehender Kegel. Seine Mantellinie s soll 3 m betragen.

a) Fertigen Sie eine Skizze des Kegelquerschnitts und führen Sie für die relevanten Größen sinnvolle Bezeichnungen ein.

b) Bestimmen Sie die Kegelabmessungen so, dass das Kegelvolumen maximal wird.

99. In ein Dreieck mit den Seitenlängen a = 5 cm und b = 3 cm soll das flächenmäßig größte Rechteck eingepasst werden, wobei der gekennzeichnete Eckpunkt auf der schrägen Dreiecksseite läuft.

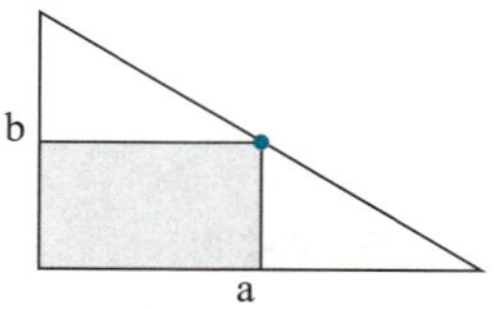

a) Bestimmen Sie die Abmessungen des Rechtecks.

b) Wie viel Prozent der Dreiecksfläche umfasst in diesem Fall das Rechteck?

c) Ermitteln Sie, um wie viel Prozent der Flächeninhalt eines eingepassten Quadrates unterhalb der des optimalen Rechtecks liegt.

Hinweis: Zur Lösung dieser Aufgabe ist die Einführung von Koordinaten hilfreich.

100. Konservendosen

Es sollen die Abmessungen für zylinderförmige Konservendosen, die einen festen Inhalt V besitzen, ermittelt werden. Dabei sollen die Konservendosen mit möglichst wenig Materialverbrauch auskommen.

a) Stellen Sie die Formeln für Volumen und Oberfläche einer Konservendose auf. Formulieren Sie die Zielfunktion.

Hinweis: Definieren Sie mithilfe einer Skizze die Variablen, die Sie verwenden.

b) Ermitteln Sie, in Abhängigkeit von V, für welche Abmessungen die Konservendosen den geringsten Materialverbrauch haben. Welcher Zusammenhang besteht für diesen Fall zwischen der Höhe und dem Durchmesser?

c) Überprüfen Sie anhand einer handelsüblichen Konservendose, ob dieser Zusammenhang eingehalten wird, d. h., ob die Hersteller materialoptimierte Konservendosen verwenden.

101. a) Im nebenstehenden Einheitskreis soll, wie eingezeichnet, ein Dreieck ABC mit $A(-a\,|\,b)$, $B(a\,|\,b)$ und $C(0\,|\,1)$ eingepasst werden, wobei $a \geq 0$ und $b \leq 0$. Bestimmen Sie die Koordinaten a und b so, dass das Dreieck ABC den maximalen Flächeninhalt hat. Ermitteln Sie zudem, wie viel Prozent der Kreisfläche vom maximierten Dreieck ausgefüllt wird.

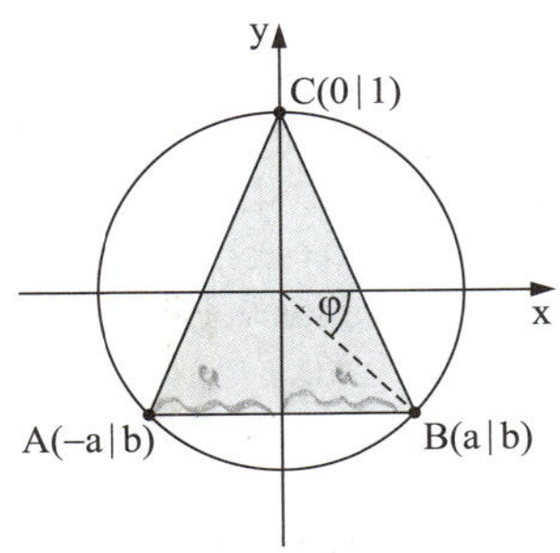

Anleitung: Geben Sie zunächst die Zielfunktion, d. h. den Flächeninhalt des Dreiecks in Abhängigkeit von a und b an. Ersetzen Sie dann diese Variablen mithilfe von Winkelfunktionen durch Ausdrücke mit dem Winkel $\varphi \in [0°; 90°]$. Es kann im anschaulicheren Gradmaß gerechnet werden. Zur Lösung der Gleichung $A'(\varphi) = 0$ sollte das Additionstheorem $\sin^2(\varphi) + \cos^2(\varphi) = 1$ eingesetzt werden. Die damit erhaltene quadratische Gleichung löst man mit einer Substitution.

b) In die obere Hälfte des Einheitskreises soll ein gleichschenkliges Trapez eingepasst werden (siehe Abbildung). Bestimmen Sie den Winkel φ, für den das Trapez den größtmöglichen Flächeninhalt hat.

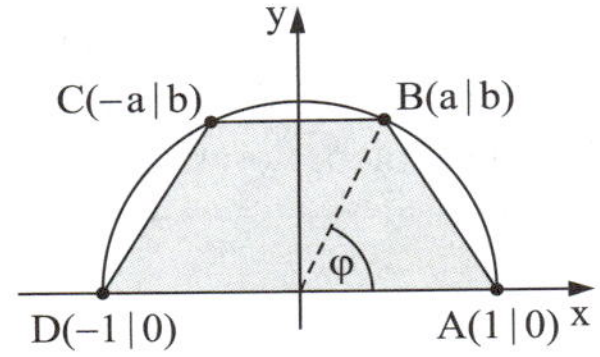

102. Mit vier gleich langen Stangen der Länge ℓ soll ein Zeltgestänge entstehen (siehe Abbildung). Die gesamte Stirnfläche A ist abhängig von der Dachneigung α.

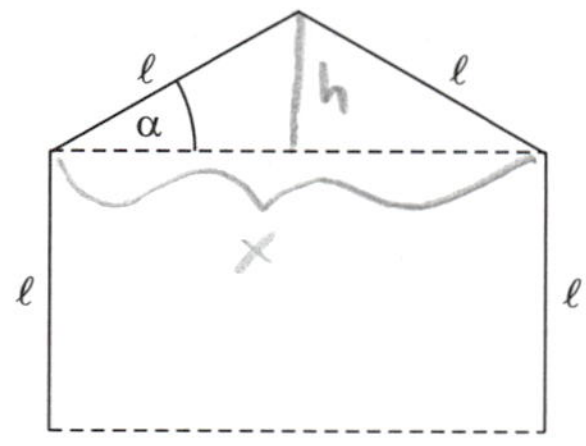

a) Berechnen Sie den Inhalt $A(\alpha)$ der Stirnfläche in Abhängigkeit von der Dachneigung α und zeigen Sie, dass für die 1. Ableitung gilt:
$\frac{dA}{d\alpha} = \ell^2 \cdot (-2\sin^2(\alpha) - 2\sin(\alpha) + 1)$

b) Berechnen Sie mithilfe der Substitution $u = \sin(\alpha)$ den Winkel $\alpha \in [0°; 90°[$, für den die Stirnfläche maximal wird.

5.4 Das Newton-Verfahren

Das Bestimmen von Nullstellen ist ein ständig wiederkehrendes Thema in der Mathematik. Nur in einfachen Fällen existieren Methoden, um die zugehörigen Gleichungen direkt lösen zu können. In allen anderen Fällen kann man mit Näherungsverfahren arbeiten. Das auf Isaac Newton (1643–1727) zurückgehende Verfahren ist ein **iteratives** (= sich schrittweise annäherndes) Verfahren zur näherungsweisen Berechnung von Nullstellen von Funktionen.

Regel

Newton-Verfahren
Betrachtet wird eine differenzierbare Funktion f, die an der unbekannten Stelle $x^* \in D_f$ eine Nullstelle hat.
Um einen Näherungswert für x^* zu erhalten, wählt man einen **Startwert** x_0 und benutzt die **Iterationsformel**

$$x_{n+1} := x_n - \frac{f(x_n)}{f'(x_n)} \quad \text{für } n = 0, 1, 2, \ldots,$$

um von einem Näherungswert x_n zu einem in der Regel besseren Wert x_{n+1} zu kommen, vorausgesetzt $f'(x_n) \neq 0$.

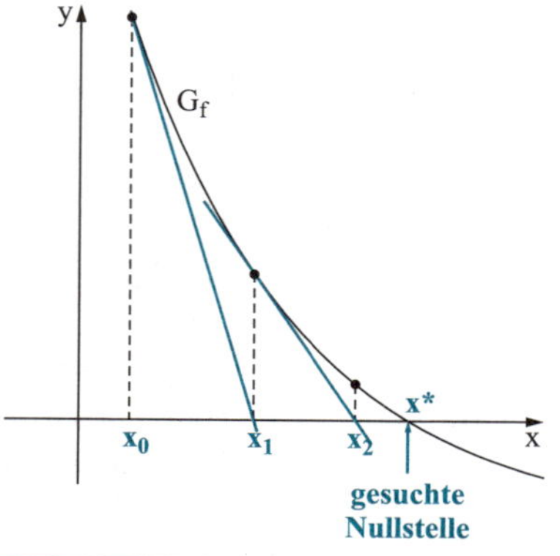

Zur Herleitung der Formel des Newton-Verfahrens wird wie in der Abbildung zu sehen an der Stelle x_0 die Tangente an den Graphen errichtet:
$y = f'(x_0)(x - x_0) + f(x_0)$
Diese Tangentengleichung wird null gesetzt und die entstehende Gleichung nach x aufgelöst, was unmittelbar zu der Newton'schen Formel führt. Die Nullstelle der „Starttangente" ist der erste Näherungswert x_1. Nun wird das Gleiche an der Stelle x_1 gemacht und man erhält x_2 usw.

Beispiel

Die Berechnung der Nullstelle der relativ einfachen ganzrationalen Funktion 3. Grades $f(x) = x^3 + x^2 - 1$ gelingt mit der bisherigen Methode, nämlich eine Nullstelle zu raten und dann eine Polynomdivision durchzuführen, nicht. Das liegt daran, dass es keine ganzzahlige Nullstelle gibt.

a) Zeigen Sie, dass es mindestens eine Stelle $x^* \in D_f$ mit $f(x^*) = 0$ gibt.
b) Führen Sie das Newton-Verfahren mit dem Startwert $x_0 = 1$ durch. Runden Sie auf vier geltende Ziffern und brechen Sie das Verfahren ab, sobald sich die ersten beiden Nachkommastellen nicht mehr verändern.
c) Warum kann $x_0 = 0$ nicht als Startwert gewählt werden?

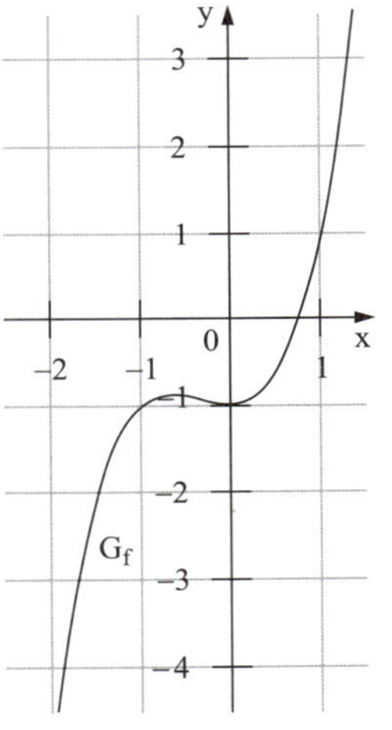

Lösung:

a) Berechnet man etwa an den Intervallgrenzen von [0; 1] die Funktionswerte $f(0) = -1$ und $f(1) = 1$, so erkennt man einen Vorzeichenwechsel. Wegen der Stetigkeit von f liegt daher eine Nullstelle $x^* \in \,]0; 1[$ vor.

b) $f'(x) = 3x^2 + 2x$

Zunächst wird die Ableitungsfunktion berechnet.

$$x_1 = x_0 - \frac{f(x_0)}{f'(x_0)}$$

Der Startwert $x_0 = \mathbf{1}$ wird in die Iterationsformel eingesetzt.

$$= \mathbf{1} - \frac{f(\mathbf{1})}{f'(\mathbf{1})} = 1 - \frac{1}{5} = 0{,}8$$

$$x_2 = x_1 - \frac{f(x_1)}{f'(x_1)} = \mathbf{0{,}8} - \frac{f(\mathbf{0{,}8})}{f'(\mathbf{0{,}8})}$$

Um x_2 zu berechnen, wird $x_1 = \mathbf{0{,}8}$ in die Iterationsformel eingesetzt.

$$= 0{,}8 - \frac{0{,}152}{3{,}52} = 0{,}7568$$

$$x_3 = x_2 - \frac{f(x_2)}{f'(x_2)}$$

Es ist ein dritter Iterationsschritt mit $x_2 = \mathbf{0{,}7568}$ erforderlich.

$$= \mathbf{0{,}7568} - \frac{f(\mathbf{0{,}7568})}{f'(\mathbf{0{,}7568})}$$

$$= 0{,}7568 - \frac{0{,}006201}{3{,}232} = 0{,}7548$$

Jetzt sind bereits zwei Ziffern stabil und das Verfahren wird abgebrochen. Eine gute Näherung für die gesuchte Nullstelle ist 0,755.

Es ist vorteilhaft, für das Newton-Verfahren ein tabellarisches Schema zu verwenden: In der letzten Spalte stehen die Näherungswerte für die gesuchte Nullstelle. Die Berechnungen erfolgen mit dem Taschenrechner.

n	x_n	$f(x_n)$	$f'(x_n)$	x_{n+1}
0	1	1	5	**0,8**
1	0,8	0,152	3,52	**0,7568**
2	0,7568	0,006201	3,232	**0,7548**

c) $x_0 = 0$ ist eine Nullstelle der 1. Ableitungsfunktion, sodass die Iterationsformel nicht anwendbar ist.

Obwohl das Newton-Verfahren zur Berechnung von Nullstellen dient, kann man es auch benutzen, um Näherungslösungen allgemeiner Gleichungen zu finden.

Beispiel

Berechnen Sie eine Näherung der im I. Quadranten liegenden Schnittstelle der Funktionen $f(x) = x$ und $g(x) = \cos(x)$.

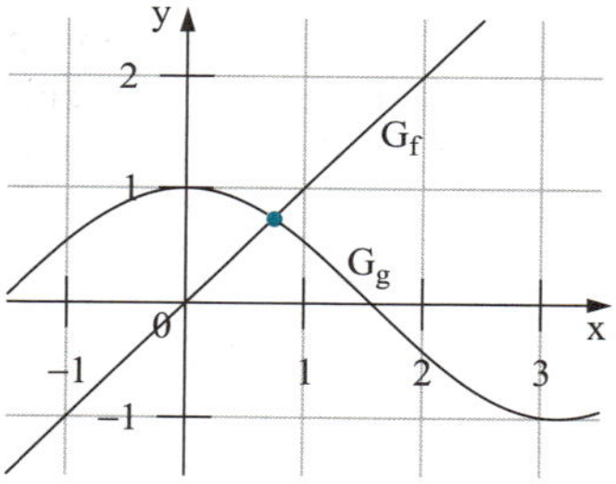

Lösung:
Zu lösen ist die Gleichung $x = \cos(x)$. Es ist keine Möglichkeit bekannt, diese Gleichung nach x aufzulösen. Um das Newton-Verfahren anwenden zu können, muss die Gleichung so umgestellt werden, dass die Nullstelle einer Funktion zu berechnen ist:

$x - \cos(x) = 0$

Das Auflösen dieser Gleichung entspricht der Berechnung der Nullstellen der Funktion $d(x) = x - \cos(x)$. Ihre Ableitungsfunktion ist:

$d'(x) = 1 + \sin(x)$

Als Startwert wird $x_0 = 1$ gewählt (Taschenrechner auf RAD stellen!):

n	x_n	$d(x_n)$	$d'(x_n)$	x_{n+1}
0	1	0,4597	1,841	**0,7504**
1	0,7504	0,01898	1,682	**0,7391**
2	0,7391	0,000025	1,674	**0,7391**

Die Schnittstelle der beiden Funktionen liegt also ungefähr bei 0,7391.

Aufgaben

103. Die quadratische Funktion $f(x) = x^2 - 4$ hat die Nullstellen $x_{1/2} = \pm 2$.

a) Führen Sie mit dem Newton-Verfahren vom Startwert $x_0 = 1$ so viele Iterationsschritte durch, bis das Ergebnis auf mindestens fünf Nachkommastellen genau ist.

b) Wie muss der Startwert verändert werden, damit das Verfahren gegen die negative Nullstelle konvergiert?

c) Erläutern Sie anhand einer Skizze, warum der Startwert 0 nicht funktioniert.

104. Mithilfe des Newton-Verfahrens soll ein Näherungswert für die irrationale Zahl $\sqrt{2}$ bestimmt werden. Dazu wird die Funktion $g(x) = x^2 - 2$ mit $D_g = [0; +\infty[$ und der Nullstelle bei $x^* = \sqrt{2}$ herangezogen.

a) Zeichnen Sie den Graphen der Funktion g.

b) Stellen Sie die Gleichung der Tangente an den Graphen von g an der Stelle $x_0 = 2$ auf und berechnen Sie die Nullstelle x_1 der Tangente. Zeichnen Sie die Tangente in Ihr Diagramm von Teilaufgabe a ein.

c) Der relative Fehler (in %), mit dem ein Näherungswert x_1 vom wahren Wert x^* abweicht, wird mit

$$\frac{|x_1 - x^*|}{x^*} \cdot 100\,\%$$

berechnet. Ermitteln Sie den relativen Fehler von x_1 aus Teilaufgabe b in Bezug auf $x^* = \sqrt{2}$.

d) Führen Sie drei Iterationsschritte des Newton-Verfahrens vom Startwert $x_0 = 2$ aus und berechnen Sie den relativen Fehler, mit der diese Näherung von $\sqrt{2}$ abweicht.

105. Die Funktion $f(x) = x + \cos(x)$ mit $D_f = \mathbb{R}$ hat genau eine Nullstelle.

a) Begründen Sie diese Aussage.

b) Ermitteln Sie, welche Stellen nicht als Startwerte für das Newton-Verfahren verwendet werden können.

c) Führen Sie vom Startwert 0 beginnend vier Iterationsschritte aus.

106. Ermitteln Sie im Intervall $[0; \frac{\pi}{2}[$ die Koordinaten des Schnittpunktes der Graphen der Funktionen $f(x) = \tan(x)$ und $g(x) = \frac{1}{x}$.

107. Ein im Erdreich versenkter, kugelförmiger Heizöltank soll mit einem Signalgeber versehen werden, der ein Signal aussendet, sobald das Heizölvolumen V_{Rest} unter einen bestimmten Wert absinkt. Es soll die Frage beantwortet werden, in welcher Höhe h, vom tiefsten Punkt der Kugel aus gemessen, der Signalgeber anzubringen ist (vgl. Abbildung). Folgende Daten liegen der Aufgabenstellung zugrunde:

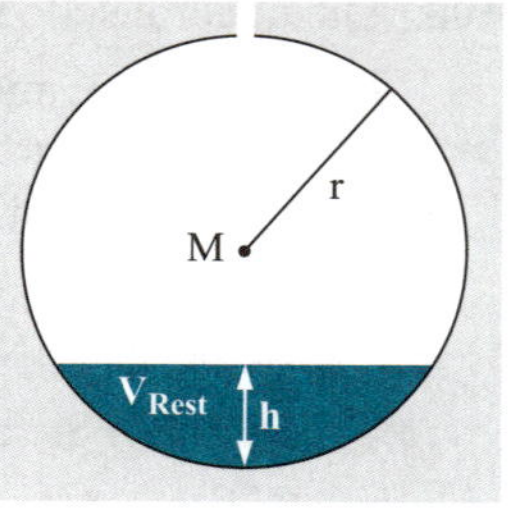

Innendurchmesser des Heizöltanks $d = 2$ m, $V_{Rest} = 500\ \ell$

Zur Berechnung der Höhe h sollen alle Längenangaben in m eingesetzt und auf das Mitführen von Einheiten verzichtet werden.

a) Mit den in der Abbildung eingezeichneten Größen gilt:

$V_{Rest} = \frac{\pi}{3} h^2 (3r - h)$

Leiten Sie damit durch Einsetzen der angegebenen Daten eine Gleichung zur Ermittlung von h her. Runden Sie zur numerischen Berechnung alle Zahlenwerte auf 3 Nachkommastellen genau.
[Ergebnis: $1{,}047h^3 - 3{,}142h^2 + 0{,}5 = 0$]

b) Bestimmen Sie h mithilfe des Newton-Verfahrens zentimetergenau.

5.5 Die Regeln von de L'Hospital

Die Berechnung von Grenzwerten von Funktionen ist nicht immer einfach und erfordert viel Erfahrung. In manchen Fällen helfen die nach dem französischen Mathematiker Marquis de L'Hospital (1661–1704) benannten Regeln weiter.

Regel

Grenzwertregeln von de L'Hospital

Die Funktionen f und g haben für $x \to x_0$ beide die Grenzwerte 0 bzw. $\pm\infty$.
Betrachtet wird nun der Quotient $\frac{f(x)}{g(x)}$ der beiden Funktionen für $x \to x_0$. Dann ergibt sich der unbestimmte Ausdruck „$\frac{0}{0}$" bzw. „$\pm\frac{\infty}{\infty}$".

Existiert nun der Grenzwert der Ableitungen $\lim\limits_{x \to x_0} \frac{f'(x)}{g'(x)}$, so auch $\lim\limits_{x \to x_0} \frac{f(x)}{g(x)}$, also der Grenzwert des ursprünglichen Quotienten, und zudem sind beide Grenzwerte gleich. Unter den genannten Voraussetzungen gilt dann also:

$$\lim_{x \to x_0} \frac{f(x)}{g(x)} = \lim_{x \to x_0} \frac{f'(x)}{g'(x)}$$

Dabei darf x_0 auch $+\infty$ oder $-\infty$ sein.

Bei der Anwendung dieser Regeln muss immer zuerst überprüft werden, ob beim Grenzübergang einer der unbestimmten Ausdrücke „null durch null“ oder „unendlich durch unendlich“ entsteht. Falls ja, müssen die Ableitungen von Zähler und Nenner getrennt berechnet werden. Wenn dann vom neuen Quotienten der Grenzwert existiert, ist dieser auch der gesuchte. Die Regel ist keinesfalls mit der Quotientenregel zur Bildung der Ableitung zu verwechseln.

Beispiele

1. Bestimmen Sie die folgenden Grenzwerte jeweils mit und ohne Verwendung der Regeln von de L'Hospital.

   a) $\lim\limits_{x \to -1} \frac{x+1}{x^2-1}$ b) $\lim\limits_{x \to \infty} \frac{x+1}{x^2-1}$

   Lösung:

   a) Zunächst ist zu prüfen, ob die Voraussetzungen zur Anwendung der Regeln erfüllt sind. Dazu setzt man im Zähler x_0, hier also –1, ein und im Nenner ebenso. Im Zähler ergibt sich 0, im Nenner ebenfalls. Die Voraussetzung „$\frac{0}{0}$“ ist erfüllt, weshalb jetzt die Regel angewandt wird, indem Zähler und Nenner getrennt abgeleitet werden:

   $$\lim_{x \to -1} \frac{x+1}{x^2-1} = \lim_{x \to -1} \frac{1}{2x}$$

   Die Gültigkeit des „=“ sichern die Regeln von de L'Hospital zu, wenn die rechte Seite existiert. Das tut sie, man erhält $-\frac{1}{2}$, wenn man x gegen –1 gehen lässt (hier also –1 für x einsetzt). Das ist der gesuchte Grenzwert.

   Dieser Grenzwert kann auch mit der Kürzungsmethode berechnet werden:

   $$\lim_{x \to -1} \frac{x+1}{x^2-1} = \lim_{x \to -1} \frac{x+1}{(x+1)(x-1)} = \lim_{x \to -1} \frac{1}{x-1} = -\frac{1}{2}$$

   b) Die Prüfung der Voraussetzung ergibt den Fall „$\frac{\infty}{\infty}$“. Mit der Regel von de L'Hospital erhält man:

   $$\lim_{x \to \infty} \frac{x+1}{x^2-1} = \lim_{x \to \infty} \frac{1}{2x} = 0$$

   Diesen Grenzwert kann man auch direkt durch Betrachtung von Zähler- und Nennergrad angeben: Der Nenner überwiegt, weshalb der Grenzwert null ist.

2. Bestimmen Sie die folgenden Grenzwerte:

   a) $\lim\limits_{x \to 0} \frac{\sin(x)}{x}$ b) $\lim\limits_{x \to \infty} \frac{\sin(x)}{x}$

Lösung:

a) Es liegt der Fall „$\frac{0}{0}$" vor, sodass L'Hospital angewendet werden kann:

$$\lim_{x \to 0} \frac{\sin(x)}{x} = \lim_{x \to 0} \frac{\cos(x)}{1} = \frac{\cos(0)}{1} = \frac{1}{1} = 1$$

b) Dieser Grenzwert lässt sich nicht mit L'Hospital bestimmen, da bereits die Voraussetzungen nicht vorliegen. Es ergibt sich nicht „$\frac{\infty}{\infty}$", da der Term sin(x) im Zähler für $x \to \infty$ keinen Grenzwert hat.
Trotzdem existiert der Grenzwert und ist 0, weil der Zähler beschränkt ist (zwischen –1 und +1 oszilliert) und der Nenner unendlich groß wird.

Aufgaben

108. Berechnen Sie folgende Grenzwerte mit den Regeln von de L'Hospital:

a) $\lim\limits_{x \to -2} \frac{x^3 + 8}{x + 2}$ b) $\lim\limits_{x \to 0} \frac{\sin(2x)}{x}$

c) $\lim\limits_{x \to 0} \frac{\sin(ax)}{bx}$ mit $a, b \in \mathbb{R} \setminus \{0\}$ d) $\lim\limits_{x \to 0} \frac{1 - \cos(x)}{x}$

109. Flößerei

Zwei Wasserkanäle mit den Breiten a und b treffen senkrecht aufeinander. Welche größtmögliche Länge L_0 darf ein Baumstamm haben, sodass er „beim Abbiegen" nicht stecken bleibt? Die Dicke des Baumstammes bleibt unberücksichtigt.

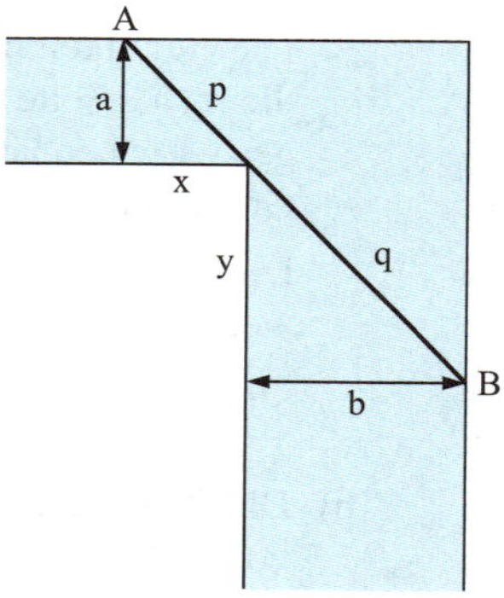

a) Zeigen Sie, dass sich die Zielfunktion $L = \overline{AB} = p + q$ in Abhängigkeit von x folgendermaßen ausdrücken lässt:
$L(x) = \left(1 + \frac{b}{x}\right)\sqrt{x^2 + a^2}$

Hinweis: Bestimmen Sie q mithilfe des Strahlensatzes.

b) Bestimmen Sie das relative Minimum der Funktion L(x) in Abhängigkeit von a und b. Das ist der längste Baumstamm, der (gerade noch) um die Ecke geht. Welche Länge ergibt sich, wenn $a = 1$ und $b = 2$?

c) Zeichnen Sie für $a = 1$ und $b = 2$ den Graphen der Funktion L(x) für $x > 0$. Zeichnen Sie auch die Gerade $g(x) = x + 2$ in das Diagramm ein und zeigen Sie mithilfe der Regeln von de L'Hospital, dass gilt:
$\lim\limits_{x \to \infty} (L(x) - g(x)) = 0$

Welche Bedeutung hat g(x) demnach für den Graphen von L(x)?

Integralrechnung

Die Integralrechnung, nach der Differenzialrechnung das zweite Standbein der Analysis, ist aus dem Wunsch heraus entwickelt worden, Flächeninhalte krummlinig begrenzter Flächen – etwa von Kreisen, Ellipsen usw. – bestimmen zu können. Das scheint zunächst etwas völlig anderes zu sein als die Differenzialrechnung. Und in der Tat hat es viele Jahrhunderte gedauert bis erkannt wurde, dass die Differenzial- und Integralrechnung aufs Engste zusammenhängen: Der Hauptsatz der Differenzial- und Integralrechnung zeigt, dass sie zueinander Umkehroperationen bilden, mit anderen Worten: Die Integralrechnung ist die Umkehrung der Differenzialrechnung.

6 Einführung in die Integralrechnung

6.1 Flächeninhalte

Die Notwendigkeit, die Inhalte ebener Flächenstücke zu berechnen, ist in der Praxis an vielen Stellen vorhanden: Bei Grundstückskäufen benötigt man die m^2-Zahl des betreffenden Stückes Land. Vor dem Kauf eines Teppichbodens muss der Flächeninhalt des Zimmers ermittelt werden, in dem er verlegt werden soll, usw. So gingen von alters her viele mathematische Bemühungen in die Berechnung von Flächeninhalten. Die einfachste geometrische Form für die Flächenberechnung ist das Rechteck, bei dem bekanntlich gilt: Flächeninhalt = Breite × Höhe. Daraus lassen sich Formeln zur Flächenberechnung von weiteren geradlinig begrenzten Flächen herleiten, wie Dreieck, Parallelogramm, Trapez usw. Der Kreis, die geometrisch idealste Figur in der Ebene, entzieht sich diesem einfachen Zugang. Hier kommt die „seltsame" Kreiszahl π (pi) ins Spiel. Aber auch dieser Flächeninhalt wurde, wenn auch mit deutlich höherem Aufwand, bereits in der Antike bestimmt.

Flächeninhalte werden üblicherweise mit dem Formelbuchstaben A (engl. area) bezeichnet. Drei elementare Formeln zur Flächenberechnung sollte man auswendig wissen, sie stehen auch auf der Merkhilfe:

Rechteck	$A = a \cdot b$	Breite mal Höhe
Dreieck	$A = \frac{1}{2}gh$	ein halb Grundlinie mal Höhe
Kreis	$A = r^2\pi$	Radius zum Quadrat mal pi

Um den Flächeninhalt einer beliebig krummlinig begrenzten Fläche zu berechnen, beispielsweise die Fläche, die von einem Funktionsgraphen G_f, der x-Achse und den senkrechten Geraden $x = a$ und $x = b$ begrenzt wird, nähert man die Fläche durch Rechtecke an, genauer durch **Rechteckstreifen**.

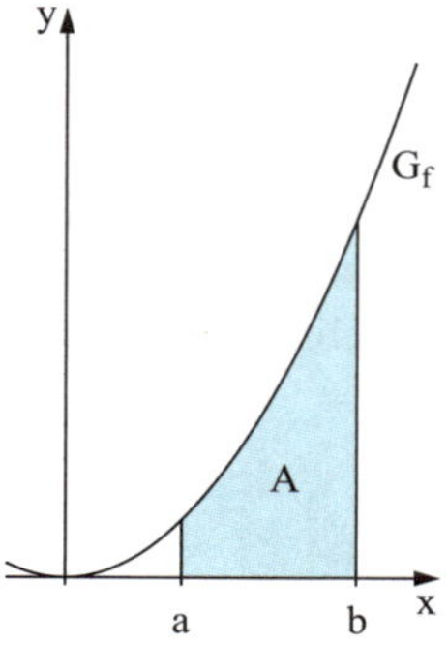

Ist also der Inhalt A der eingefärbten Fläche unter dem Graphen der Funktion f gesucht (siehe Abbildung), so unterteilt man die x-Achse in diesem Bereich in n gleich breite Streifen, deren Höhen jeweils bis zum Funktionsgraphen reichen. Die Inhalte der einzelnen Streifen sind $f(x_i) \cdot \Delta x$. Aufsummieren der Produkte liefert einen Näherungswert für den gesuchten Flächeninhalt:

$$A \approx \sum f(x_i) \cdot \Delta x = f(x_0)\Delta x + f(x_1)\Delta x + \ldots + f(x_{n-1})\Delta x$$

Wählt man die jeweilige Streifenhöhe so aus, dass der Streifen stets unterhalb des Graphen endet (linkes Bild), so erhält man einen zu kleinen Inhalt (= Untersumme A_u). Umgekehrt kann man die Höhe des Streifens auch so wählen, dass er gerade so über den Graphen hinausgeht (rechtes Bild). Es ergibt sich so ein zu großer Inhalt (= Obersumme A_o).

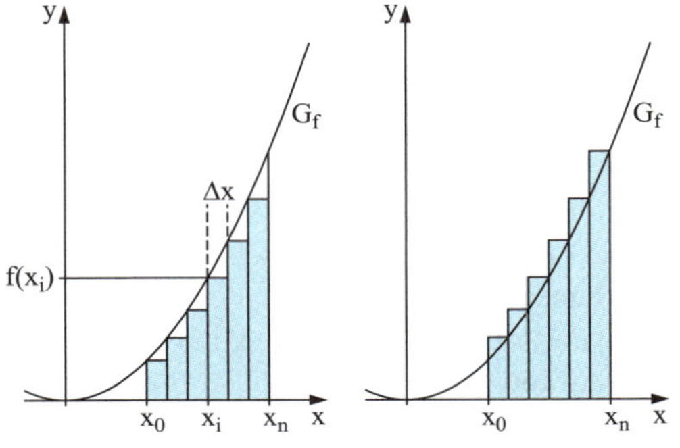

Anschaulich ist klar, dass der tatsächliche Flächeninhalt A zwischen Unter- und Obersumme liegen muss:

$A_u \leq A \leq A_o$

Damit hat man den gesuchten Flächeninhalt zwischen zwei Schranken eingegrenzt. Was tut man, wenn diese Abschätzung zu grob, zu ungenau ist? Man erhöht die Anzahl der Rechteckstreifen, um den Fehler zu verkleinern.

Die drei unten dargestellten Abbildungen – von links nach rechts gelesen – zeigen, dass mit zunehmender Streifenzahl der Fehler zwischen wahrem Flächeninhalt und Ober- bzw. Untersumme immer geringer wird.

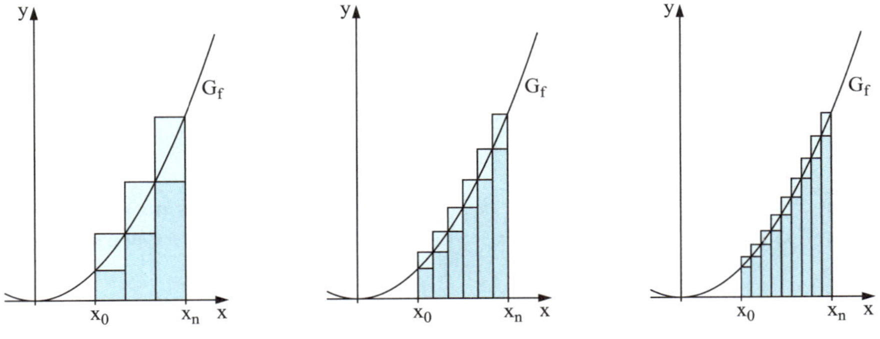

Die Idee ist nun, die Streifenbreite gegen null gehen zu lassen ($\Delta x \to 0$); die Anzahl n der Streifen geht dann gegen unendlich ($n \to \infty$). Für die Summenbildung bedeutet das, dass man es mit unendlich vielen Summanden zu tun hat. Es handelt sich um eine echte Grenzwertbildung. Existiert dieser Grenzwert, so stellt er den gesuchten Flächeninhalt dar:

$$A = \lim_{n \to \infty} \sum_{i=0}^{n-1} f(x_i)\Delta x$$

Solche unendliche Summen, in der Mathematik „Reihen“ genannt, kann man berechnen. Hier wird ein anderer Zugang gewählt. Diese Herleitung dient lediglich dazu, einen anschaulichen Zugang zur Integralrechnung darzustellen und die von diesem Zugang herrührende, historisch entstandene **Integralschreibweise** verständlich zu machen:

Definition

Schreib- und Sprechweise für das unbestimmte Integral
Das unbestimmte Integral wird folgendermaßen geschrieben: $\int f(x)\,dx$
Man sagt für diese symbolische Schreibweise: **„Das unbestimmte Integral von f(x) nach dx.“**
Die im Integral stehende Funktion f(x) wird in diesem Zusammenhang auch **Integrand** genannt.

Für die Streifenbreite Δx mit $\Delta x \to 0$ (die Streifen werden beliebig schmal) schreibt man demnach „**dx**“. Demzufolge ist $f(x) \cdot dx$ der Flächeninhalt eines (unendlich schmalen) Streifens.
Aus dem Symbol für die Summenbildung Σ (griechischer Buchstabe Sigma) mit n Summanden wird für $n \to \infty$ das **Integralzeichen** $\int$, das die einzelnen Flächeninhalte aufsummiert.
Beim **bestimmten Integral** werden an das Integralzeichen noch Grenzen angefügt. Auch diese rühren ursprünglich aus der Flächenberechnung her. Das zu berechnende Flächenstück wird außer vom Graphen der Funktion f und der x-Achse noch von den senkrechten Geraden $x = a$ und $x = b$ begrenzt. In diesem Zusammenhang nennt man a die untere und b die obere Grenze.

Definition

Schreib- und Sprechweise für das bestimmte Integral
Das bestimmte Integral wird folgendermaßen geschrieben: $\int_a^b f(x)\,dx$

Man verbalisiert diese symbolische Schreibweise als: **„das (bestimmte) Integral von f(x) nach dx in den Grenzen a (untere Grenze) und b (obere Grenze)“.**

Der eben skizzierte Weg zur Flächenberechnung unter Funktionsgraphen ist zwar sehr anschaulich, läuft aber auf das Berechnen unendlicher Summen hinaus, was hier nicht behandelt werden soll. Deshalb wird – wie heutzutage üblich – der Weg über die Einführung von sogenannten Stammfunktionen genommen.

Aufgaben

110. Berechnen Sie für den Graphen der Funktion $f(x) = \frac{1}{4}x^2$; $2 \le x \le 5$ die Unter- und die Obersumme mit jeweils 6 Streifen.

111. Berechnen Sie nebenstehend gekennzeichneten Flächeninhalt zunächst exakt. Um welche Funktion es sich handelt, ist leicht zu erkennen. Bestimmen Sie dann die Ober- und Untersumme mit jeweils 6 Rechteckstreifen. Wie groß ist der absolute und prozentuale Fehler, den man macht, wenn man den exakten Wert durch die Ober- bzw. Untersumme ersetzt?

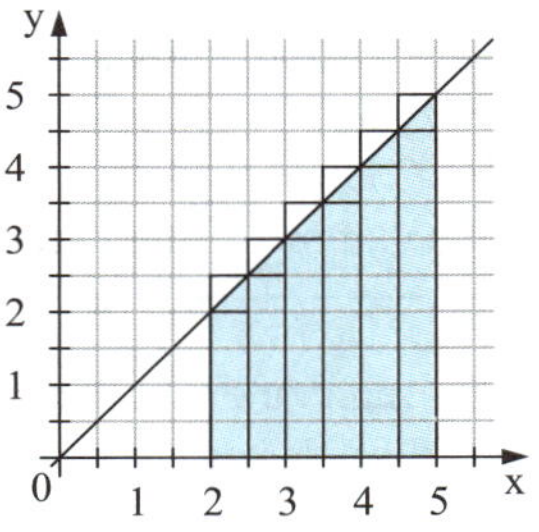

6.2 Stammfunktionen

Ähnlich, wie zu einer gegebenen Funktion f die Ableitungsfunktion f' definiert wurde, wird jetzt erklärt, was unter einer Stammfunktion F von f zu verstehen ist.

Definition

Stammfunktion
Eine Funktion f mit Definitionsbereich D hat die Stammfunktion F, wenn für alle $x \in D$ gilt: $F'(x) = f(x)$

Kurz: Eine Funktion F ist Stammfunktion einer Funktion f, wenn gilt: $F' = f$.

Beispiele

1. Geben Sie eine Stammfunktion für die Funktion $f(x) = x$ an.

   Lösung:
   $F(x) = \frac{1}{2}x^2$ ist eine Stammfunktion von f, denn F(x) hat die Ableitung $F'(x) = x$.

2. Geben Sie drei Stammfunktionen zu $f(x) = x^2$ an.

   Lösung:
   Man findet mit etwas Überlegung:
   $F_1(x) = \frac{1}{3}x^3$
   Zwei weitere Stammfunktionen sind
   $F_2(x) = \frac{1}{3}x^3 + 1$ und $F_3(x) = \frac{1}{3}x^3 + 2$.

Kennt man eine Stammfunktion von f, so lassen sich sofort weitere Stammfunktionen von f angeben.

Regel

Integrationskonstante
Ist F eine Stammfunktion von f, so ist für jede Konstante $C \in \mathbb{R}$ automatisch auch $F + C$ eine Stammfunktion von f.
C nennt man **Integrationskonstante**.

Dass man zu einer Stammfunktion eine beliebige Konstante addieren kann, liegt natürlich daran, dass beim Ableiten additive Konstanten wegfallen.

Beispiel

Skizzieren Sie fünf Stammfunktionen der Funktion $f(x) = x$.

Lösung:
Hat man die Stammfunktion $F(x) = \frac{1}{2}x^2$ gefunden, so hat man sofort (unendlich viele) weitere Stammfunktionen, nämlich $F(x) = \frac{1}{2}x^2 + C$. Die Integrationskonstante C bewirkt eine Verschiebung des Graphen von F längs der y-Achse.

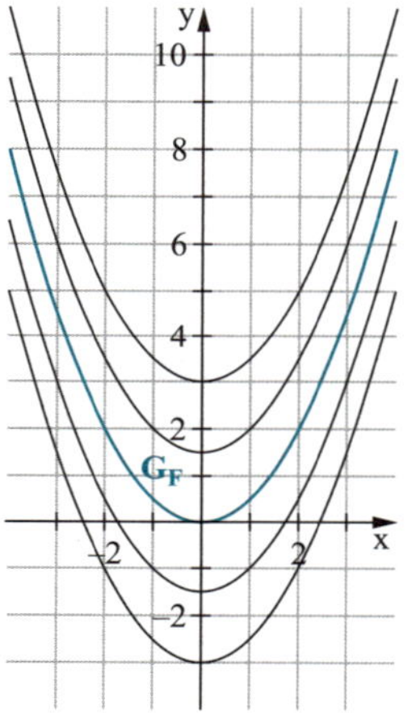

Ist F eine Stammfunktion von f, dann ist mit $\{F + C \mid C \in \mathbb{R}\}$ die Menge aller Stammfunktionen von f erfasst (es gibt außer diesen keine weiteren).

Definition

Das unbestimmte Integral
Zu einer gegebenen Funktion f versteht man unter dem **unbestimmten Integral** $\int f(x)\,dx$ die Menge aller Stammfunktionen von f. Es gilt:

$\int f(x)\,dx = F(x) + C$, wobei F eine Stammfunktion von f und $C \in \mathbb{R}$ konstant ist.

Das Bestimmen der Ableitungsfunktion f' zu einer gegebenen Funktion f nennt man Ableiten oder Differenzieren. Das Ermitteln einer Stammfunktion F einer vorgelegten Funktion f bezeichnet man als **Integrieren**.

Beispiele

1. Bestimmen Sie $\int 2x\,dx$.

   Lösung:
   Man sucht zunächst eine Stammfunktion von $f(x)=2x$, z. B. $x \mapsto x^2$. Damit ist das Problem schon gelöst. Für die Menge aller Stammfunktionen gilt dann:
   $\int 2x\,dx = x^2 + C$
   Es lässt sich sofort überprüfen, ob man richtig gerechnet hat. Wenn die Stammfunktion F abgeleitet wird, muss nach Definition die gegebene Funktion f, hier $f(x)=2x$, herauskommen.
   Probe: $F'(x)=(x^2+C)'=(x^2)'+C'=2x+0=2x=f(x)$

2. Gegeben ist die konstante Funktion $f(x)=3$. Wie lautet die Menge aller Stammfunktionen von f?

   Lösung:
   $F(x)=3x+C$
   Probe: $F'(x)=(3x+C)'=3=f(x)$

Aufgabe

112. Integrieren Sie:

a) $\int x^2\,dx$　　b) $\int (-2)\,dx$

c) $\int \frac{1}{3}x^2\,dx$　　d) $\int dx$

e) $\int \sqrt{x}\,dx$　　f) $\int \sin(x)\,dx$

6.3 Integrationsregeln

Wie schon beim Ableiten muss man sich nur die Integrale einiger weniger Grundfunktionen wirklich einprägen:

Regel

- Integration **konstanter Funktionen** $f(x)=k$
  Für eine beliebige Konstante $k \in \mathbb{R}$ wird die auf ganz $\mathbb{R}$ definierte konstante Funktion $f(x)=k$ betrachtet. Es gilt:
  $\int k\,dx = kx + C$
  Leitet man die rechte Seite ab, so ergibt sich der Integrand.

- Integration der verallgemeinerten **Potenzfunktionen** $f(x)=x^r$
  Das Integral der Potenzfunktion $f(x)=x^r$ mit $r\in\mathbb{Q}\setminus\{-1\}$ lautet:
  $\int x^r\,dx=\frac{1}{r+1}x^{r+1}+C$
  Man muss also den Exponenten um 1 erhöhen und dann den Kehrwert dieses neuen Exponenten vor die Potenz schreiben. Für $r=-1$, d. h. für die Funktion $x\mapsto x^{-1}=\frac{1}{x}$ funktioniert diese Regel nicht!
- Integration der **Sinus- und Kosinusfunktion**
  $\int\sin(x)\,dx=-\cos(x)+C$ und $\int\cos(x)\,dx=\sin(x)+C$
  Das ergibt sich jeweils unmittelbar durch Ableiten der rechten Seite.

Beispiel

Berechnen Sie $\int-\frac{1}{3}\,dx$, $\int x^5\,dx$, $\int x^{99}\,dx$, $\int\sqrt{x}\,dx$, $\int\frac{1}{x^2}\,dx$ und $\int\frac{1}{\sqrt{x}}\,dx$.

Lösung:

$$\int-\frac{1}{3}\,dx=-\frac{1}{3}x+C$$

$$\int x^5\,dx=\frac{1}{5+\mathbf{1}}x^{5+\mathbf{1}}+C=\frac{1}{6}x^6+C$$

$$\int x^{99}\,dx=\frac{1}{100}x^{100}+C$$

$$\int\sqrt{x}\,dx=\int x^{\frac{1}{2}}\,dx=\frac{1}{\frac{1}{2}+\mathbf{1}}x^{\frac{1}{2}+\mathbf{1}}+C=\frac{1}{\frac{3}{2}}x^{\frac{3}{2}}+C=\frac{2}{3}x^{\frac{3}{2}}+C$$

$$\int\frac{1}{x^2}\,dx=\int x^{-2}\,dx=\frac{1}{-2+\mathbf{1}}x^{-2+\mathbf{1}}+C=\frac{1}{-1}x^{-1}+C=-x^{-1}+C=-\frac{1}{x}+C$$

$$\int\frac{1}{\sqrt{x}}\,dx=\int x^{-\frac{1}{2}}\,dx=\frac{1}{-\frac{1}{2}+\mathbf{1}}x^{-\frac{1}{2}+\mathbf{1}}+C=\frac{1}{\frac{1}{2}}x^{\frac{1}{2}}+C=2\sqrt{x}+C$$

Wie schon beim Ableiten genügen auch beim Integrieren einige wenige Regeln, um zusammengesetzte Funktionen integrieren zu können. Die beiden ersten Regeln sind identisch mit den entsprechenden Ableitungsregeln und werden i. A. intuitiv richtig angewandt.

Regel

Summen- und Faktorregel

Betrachtet werden zwei in einem gemeinsamen Definitionsbereich definierte Funktionen f und g. Dann gilt:

$\int(f(x)+g(x))\,dx=\int f(x)\,dx+\int g(x)\,dx$ **Summenregel**

Ferner gilt mit einem beliebigen konstanten Faktor $k\in\mathbb{R}$:

$\int k\cdot f(x)\,dx=k\cdot\int f(x)\,dx$ **Faktorregel**

Beispiele

1. Berechnen Sie $\int (x^2 + x)\,dx$ und $\int \left(\sqrt{x} + \cos(x) + \frac{1}{\sqrt[3]{x}}\right) dx$.

   Lösung:

   $\int (x^2 + x)\,dx = \int x^2\,dx + \int x\,dx = \frac{1}{3}x^3 + \frac{1}{2}x^2 + C$

   Die zu integrierende Summe $x^2 + x$ wurde einzeln integriert, das „+“ bleibt einfach erhalten.

   $$\int \left(\sqrt{x} + \cos(x) + \frac{1}{\sqrt[3]{x}}\right) dx = \int x^{\frac{1}{2}}\,dx + \int \cos(x)\,dx + \int x^{-\frac{1}{3}}\,dx$$
   $$= \frac{2}{3}x^{\frac{3}{2}} + \sin(x) + \frac{3}{2}x^{\frac{2}{3}} + C$$

2. Berechnen Sie $\int (x^3 - 2)\,dx$.

   Lösung:

   $\int (x^3 - 2)\,dx = \int x^3\,dx - \int 2\,dx = \frac{1}{4}x^4 - 2x + C$

   Die Summenregel ist auch bei **Differenzen** anwendbar.

3. Berechnen Sie $\int x(x^2 - 2)\,dx$.

   Lösung:

   Dort, wo Produkte aus Funktionen auftreten, muss (wie beim Ableiten auch) vor dem Integrieren ausmultipliziert werden:

   $\int x(x^2 - 2)\,dx = \int (x^3 - 2x)\,dx = \frac{1}{4}x^4 - x^2 + C$

4. Berechnen Sie das unbestimmte Integral von $f_a(x) = ax^2$ nach dx.

   Lösung:

   Parameter sind wie konstante Zahlen zu behandeln:

   $f_a(x) = ax^2 \quad \Rightarrow \quad \int f_a(x)\,dx = \int ax^2\,dx = a \int x^2\,dx = a \cdot \frac{1}{3}x^3 + C$

Häufig muss man aus der unendlichen Menge aller Stammfunktionen diejenige ermitteln, die eine bestimmte Zusatzbedingung erfüllt.

Beispiel

Bestimmen Sie diejenige Stammfunktion von $f(x) = \frac{1}{2}(x+1)^2$, deren Graph den Punkt $P(-1\,|\,2)$ enthält.

Lösung:

$$\int f(x)\,dx = \int \frac{1}{2}(x+1)^2\,dx$$

Zunächst werden alle Stammfunktionen bestimmt.

$$= \frac{1}{2}\int (x^2 + 2x + 1)\,dx$$
$$= \frac{1}{2}\left(\frac{1}{3}x^3 + x^2 + x\right) + C$$

$F(-1) = 2$

$\frac{1}{2}\left(\frac{1}{3}(-1)^3 + (-1)^2 + (-1)\right) + C = 2$

Als Nächstes werden die Koordinaten des Punktes P(–1 | 2) eingesetzt und daraus C bestimmt.

$\frac{1}{2}\left(-\frac{1}{3}\right) + C = 2 \quad \Rightarrow \quad C = \frac{13}{6}$

$F(x) = \frac{1}{6}x^3 + \frac{1}{2}x^2 + \frac{1}{2}x + \frac{13}{6}$

Die gesuchte Stammfunktion wird angegeben.

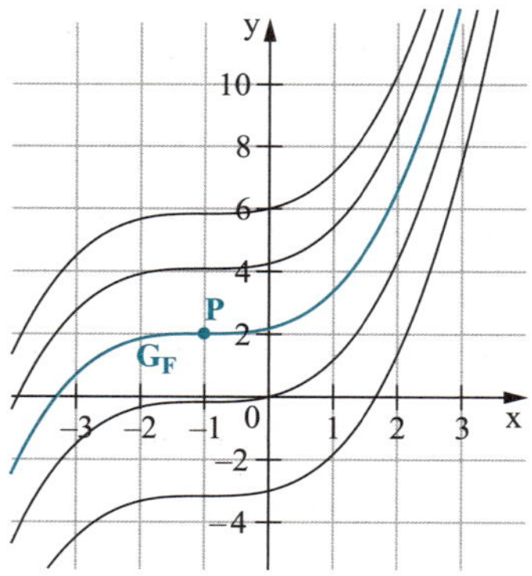

Die Kettenregel ist eine wichtige Ableitungsregel. In einfachen Fällen lassen sich verkettete Funktionen mit der Umkehrung dieser Regel integrieren: Vorausgesetzt wird, dass F eine Stammfunktion von f ist, d. h., es gilt: $F' = f$. Man bildet die verkettete Funktion $f(ax + b)$, bei der in die Funktion $f(x)$ die lineare Funktion $x \mapsto ax + b$ mit beliebigen Konstanten $a \neq 0$ und b eingesetzt wird. Probiert man nun, was naheliegend ist, ob $F(ax + b)$ auch Stammfunktion von $f(ax + b)$ ist, so muss man $F'(ax + b)$ bilden. Unter Beachtung der Kettenregel erhält man: $F'(ax + b) = f(ax + b) \cdot a$. Das multiplikative a entsteht durch das Nachdifferenzieren. Damit hat man eine weitere Integrationsregel.

Regel

Umkehrung der Kettenregel

F ist eine Stammfunktion der Funktion f. $a, b \in \mathbb{R}$ mit $a \neq 0$ sind Konstanten. Dann gilt:

$$\int f(ax + b)\,dx = \frac{1}{a}F(ax + b) + C$$

Bei der Verkettung darf die innere Funktion lediglich eine lineare Funktion der Gestalt $ax + b$ sein. Zur Anwendung der Umkehrung der Kettenregel muss die Stammfunktion der äußeren Funktion noch mit dem Kehrwert des bei x stehenden Faktors, also mit $\frac{1}{a}$, multipliziert werden.

Beispiel

Bestimmen Sie die Stammfunktionen der folgenden Funktionen.

a) $\int \sin(2x+3)\,dx$ b) $\int A\sin(\omega t+\varphi)\,dt$

c) $\int (3x-2)^4\,dx$ d) $\int \sqrt{3-\frac{x}{2}}\,dx$

Lösung:

a) $\int \sin(2x+3)\,dx$

$= -\cos(2x+3)\cdot\frac{1}{2}+C$

$= -\frac{1}{2}\cos(2x+3)+C$

Die äußere Funktion, der „sin", wird integriert, was auf „– cos" führt, die innere Funktion „**2**x + 3" bleibt erhalten. Dann muss das Ganze noch mit dem Kehrwert des bei x stehenden Faktors, also mit $\frac{1}{2}$ multipliziert werden. Schließlich ist noch das obligatorische C zu addieren.

Probe:

$\left(-\frac{1}{2}\cos(2x+3)+C\right)'$

$= -\frac{1}{2}\left(-\sin(2x+3)\cdot 2\right)+0$

$= \sin(2x+3)$

Man kann die gefundene Lösung jederzeit überprüfen, indem man sie mit der Kettenregel ableitet.

b) $\int A\sin(\omega t+\varphi)\,dt = -A\cos(\omega t+\varphi)\cdot\frac{1}{\omega}+C = -\frac{A}{\omega}\cos(\omega t+\varphi)+C$

c) $\int (3x-2)^4\,dx$

$= \frac{1}{5}(3x-2)^5\cdot\frac{1}{3}+C$

$= \frac{1}{15}(3x-2)^5+C$

Die äußere Funktion ist hier „hoch 4", innen eingesetzt ist die lineare Funktion „**3**x – 2". Die äußere Funktion ist mit der Potenzregel zu integrieren. Sie ergibt also „$\frac{1}{5}$ mal hoch 5" und dann ist noch mit dem Kehrwert von **3** zu multiplizieren.

d) $\int \sqrt{3-\frac{x}{2}}\,dx$

$= \int \left(-\frac{1}{2}x+3\right)^{\frac{1}{2}}dx$

$= \frac{2}{3}\left(-\frac{1}{2}x+3\right)^{\frac{3}{2}}\cdot(-2)+C$

$= -\frac{4}{3}\left(-\frac{1}{2}x+3\right)^{\frac{3}{2}}+C$

Zunächst wird, wie stets bei Wurzelausdrücken, in die Potenzschreibweise umgeschrieben.

Anschließend wird mit der Potenzregel integriert. Die innere lineare Funktion hat den Faktor $a=-\frac{1}{2}$, sodass mit –2 zu multiplizieren ist.

Die beiden letzten Beispiele für verkettete Potenzfunktionen lassen sich verallgemeinern.

Regel

Integration verketteter Potenzfunktionen

Für Konstanten $a, b \in \mathbb{R}$ mit $a \neq 0$ und $r \in \mathbb{Q}$ mit $r \neq -1$ gilt:

$$\int (ax+b)^r\,dx = \frac{1}{r+1}(ax+b)^{r+1}\cdot\frac{1}{a}+C$$

Aufgaben

113. Berechnen Sie:

a) $\int (2x - x^3)\,dx$
b) $\int (x+1)(x-2)\,dx$

c) $\int \left(\frac{1}{3}x^3 + \frac{1}{2}x^2 - 2x + 3\right) dx$
d) $\int \frac{x(x^2 - 2x + 3)}{3}\,dx$

e) $\int \left(\frac{2}{x^2} - \frac{1}{x^3}\right) dx$
f) $\int \frac{1}{8}\left(\frac{x^4 - 2x^2}{x^2}\right) dx$

114. Bestimmen Sie zu den folgenden Funktionen jeweils sämtliche Stammfunktionen.

a) $f(x) = \frac{1}{4}x^4 - 5x^3 - \sqrt{3}x + 2$
b) $f_k(x) = \frac{1}{2}(x^3 + k^2x^2 + k^3)$

c) $f_t(x) = \frac{3}{10}tx(x^2 - 2tx + t^2)$
d) $A_z(u) = zu^2 - zu + u - z^2$

e) $B_u(z) = zu^2 - zu + u - z^2$
f) $f_a(x) = \frac{(x+a)(x-a)}{(ax)^2}$

115. Welche Stammfunktion von $f(x) = x^3 - 2x + 1$ hat bei $x_0 = 2$ eine Nullstelle?

116. Vorgegeben sei die Funktion $g(x) = x^2 - x$.

a) Bestimmen Sie diejenige Stammfunktion G von g, deren Graph durch den Ursprung verläuft.

b) Welche Stammfunktionen von g haben Graphen mit der Tangente t: $y = 2x - \frac{1}{3}$?

c) Welche Stammfunktion von g hat auf ihrem Graphen den Wendepunkt $W(?\,|\,4)$?

117. Berechnen Sie:

a) $\int \frac{3}{2}\sin\left(\frac{1}{2}\pi x\right) dx$

b) $\int \frac{1}{2}\sin\left(2\pi - \frac{x}{2}\right) dx$

c) $\int 4a^2(ax + a^2)^3\,dx$

d) die Funktion f, für die gilt: $\int f(x)\,dx = \sin(2\sqrt{x}) + C$

e) $\int (3x^2 - 4)^2\,dx$

f) $\int (3x - 4)^2\,dx$

6.4 Zusammenhang von Ableitung und Integral

Mithilfe des Integrierens kann das Ableiten rückgängig gemacht werden. Kennt man von einer Funktion f die Ableitungsfunktion f', so kann man auf f zurückschließen, natürlich nur bis auf eine additive Konstante C.

Regel

Integrieren als Umkehrung des Differenzierens
Wie üblich werden die Ableitungen einer Funktion f mit f', f'' usw. bezeichnet.
Dann gilt:

$$\int f'(x)\,dx = f(x) + C_1$$

$$\int f''(x)\,dx = f'(x) + C_2$$

usw.

Man kann also von den Ableitungen wieder „hochintegrieren" zur ursprünglichen Funktion, wobei bei jeder Integration eine neue, unabhängige Integrationskonstante entsteht.

Beispiel

Welche Funktionen f haben die Ableitungsfunktion $f'(x) = x^2 - x + 1$?

Lösung:

$$f(x) = \int f'(x)\,dx = \int (x^2 - x + 1)\,dx = \frac{1}{3}x^3 - \frac{1}{2}x^2 + x + C$$

Wenn zusätzliche Informationen über die Funktion f vorliegen, so lässt sich die Integrationskonstante bestimmen.

Beispiele

1. Mit $h''(x) = -x$ ist die zweite Ableitungsfunktion einer Funktion h gegeben. Ferner ist bekannt, dass der Graph von h im Punkt $P(2\,|\,1)$ eine waagrechte Tangente besitzt.
   Ermitteln Sie die Funktion h.

   Lösung:

   $h'(x) = -\frac{1}{2}x^2 + C_1$ — Zunächst wird „hochintegriert".

   $h(x) = -\frac{1}{6}x^3 + C_1x + C_2$

   (1) $h(2) = 1$ — Anschließend werden die Bedingungen eingesetzt.

   $\Rightarrow\ -\frac{1}{6}2^3 + C_1 \cdot 2 + C_2 = 1$

   (2) $h'(2) = 0$

   $\Rightarrow\ -\frac{1}{2}2^2 + C_1 = 0$

Aus (2) folgt: $C_1 = 2$

Einsetzen in (1): $C_2 = -\frac{5}{3}$

$h(x) = -\frac{1}{6}x^3 + 2x - \frac{5}{3}$

Die gesuchte Funktion h wird angegeben.

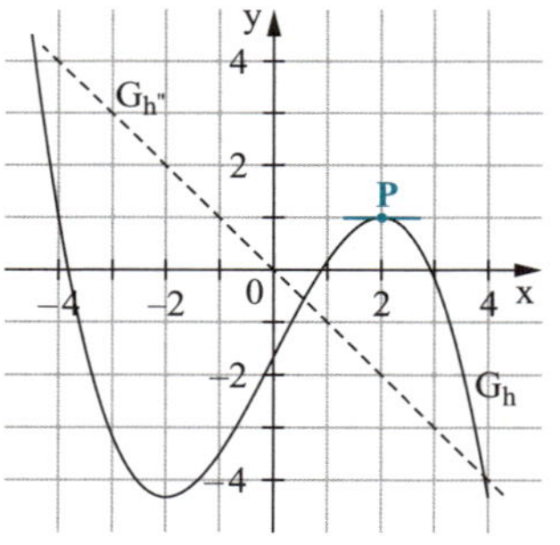

2. **Der freie Fall**

Für die physikalischen Größen **zurückgelegte Strecke s**, **Geschwindigkeit v** und **Beschleunigung a** gelten in Abhängigkeit von der Zeit die folgenden Zusammenhänge (vgl. Seite 63):

Zeit-Weg-Funktion: $s(t)$

Zeit-Geschwindigkeits-Funktion: $v(t) = s'(t)$

Zeit-Beschleunigungs-Funktion: $a(t) = v'(t) = s''(t)$

Beim freien Fall auf der Erdoberfläche kennt man die Zeit-Beschleunigungs-Funktion. Das ist die konstante Fallbeschleunigung auf der Erde:

$g = 9{,}81 \frac{m}{s^2}$

Kann man mit dieser Kenntnis die beiden anderen Funktionen des freien Falls ermitteln?

Lösung:

Die Antwort lautet ja, wobei zur eindeutigen Bestimmung **zusätzliche Informationen** vorliegen müssen.

Für die Ableitung der Zeit-Geschwindigkeits-Funktion gilt $v'(t) = g$ (g selbst ist nicht zeitabhängig, mathematisch gesehen eine Konstante).

Durch Integration erhält man:

$v(t) = \int v'(t)\,dt = \int g\,dt = gt + C_1$

Hat man die Zusatzinformation, dass die Anfangsgeschwindigkeit null ist, $v(0) = 0$, so folgt durch Einsetzen $C_1 = 0$. Es gilt für die Zeitabhängigkeit der Geschwindigkeit des freien Falls mit der Anfangsgeschwindigkeit null also $v(t) = gt$.

Analog folgt mit $s'(t) = gt$:

$s(t) = \int s'(t)\,dt = \int gt\,dt = \frac{1}{2}gt^2 + C_2$

Um C_2 festlegen zu können, bedarf es wieder einer Zusatzinformation. Nimmt man an, dass die zum Zeitpunkt $t=0$ bereits durchfallene Strecke null ist, $s(0)=0$, so ergibt sich $C_2=0$. Es gilt dann für die zurückgelegte Strecke beim freien Fall (mit Anfangsgeschwindigkeit null und Anfangsstrecke null) die Zeit-Weg-Funktion:

$s(t)=\frac{1}{2}gt^2$

ufgaben

118. Gegeben ist die zweite Ableitungsfunktion $f''(x)=(x-1)^2$.
Bestimmen Sie die Ausgangsfunktion f(x) so, dass ihr Graph in $S(1\,|\,2)$ einen Sattelpunkt besitzt.

119. Gegeben sind für positive reelle a die ersten Ableitungen der Funktionen g_a gemäß $g'_a(x)=-\frac{1}{4}x^2-\frac{3}{4}ax$.

a) Bestimmen Sie den Funktionsterm g_a so, dass die zugehörigen Graphen durch den Punkt $T\left(-3a\,\middle|\,-\frac{9}{8}a^3\right)$ verlaufen.

[Ergebnis: $g_a(x)=-\frac{1}{12}x^3-\frac{3}{8}ax^2$]

b) Geben Sie die Nullstellen der Funktionen g_a an.

c) Für welche Werte von a hat die Wendetangente der Graphen von g_a die Steigung 1?

120. Die reellen Funktionen $h''_k(x)=-\frac{6}{k^2}x+\frac{4}{k}$ mit $k\in\mathbb{R}\wedge k>0$ sind die zweiten Ableitungsfunktionen der Funktionen $h_k: x\mapsto h_k(x)$ in $D=\mathbb{R}$ mit den Graphen G_{h_k}.

a) Bestimmen Sie den Funktionsterm $h_k(x)$ so, dass bei $H\left(\frac{4}{3}k\,\middle|\,\frac{32}{27}k\right)$ ein Extrempunkt des Graphen G_{h_k} vorliegt.

[Ergebnis: $h_k(x)=-\frac{1}{k^2}x^3+\frac{2}{k}x^2$]

b) Bestimmen Sie k so, dass der Graph G_{h_k} an der Stelle 2 eine zur Geraden g: $y=-2x+1$ parallele Tangente besitzt.

121. Senkrechter Wurf
Zum Zeitpunkt $t=0$ wird ein Stein mit der Anfangsgeschwindigkeit v_0 senkrecht nach oben geworfen. Die Zeit-Beschleunigungs-Funktion lautet $a(t)=-g$. Das Minuszeichen ist nötig, da die Erdbeschleunigung entgegen der nach oben gerichteten y-Achse wirkt.
Bestimmen Sie die Zeit-Geschwindigkeits-Funktion v(t) und die Zeit-Weg-Funktion s(t).

6.5 Das bestimmte Integral

Wie in Abschnitt 6.1 angedeutet, gibt es neben dem unbestimmten Integral auch noch ein bestimmtes Integral. Dieses spielt bei Flächenberechnungen eine tragende Rolle.

Definition

Das bestimmte Integral

Eine Funktion f sei im Intervall [a; b] definiert und besitze eine Stammfunktion F. Dann heißt

$$\int_a^b f(x)\,dx$$

das **bestimmte Integral** von f(x) nach dx in den Grenzen von a bis b.

Das bestimmte Integral wird wie folgt berechnet:

$$\int_a^b f(x)\,dx := [F(x)]_a^b := F(b) - F(a)$$

Um das bestimmte Integral einer Funktion f zu berechnen, geht man folgendermaßen vor: Man verschafft sich eine Stammfunktion F, sprich: man integriert f und erhält F. Anschließend setzt man in diese Stammfunktion die **obere Grenze** sowie die **untere Grenze** ein und bildet die Differenz. Der so erhaltene Zahlenwert ist das bestimmte Integral.

Im Gegensatz zum unbestimmten Integral, das die Menge aller Stammfunktionen umfasst, ist das bestimmte Integral im Ergebnis lediglich eine Zahl, auf deren Bedeutung im nächsten Kapitel eingegangen wird.

Beispiele

1. Berechnen Sie das bestimmte Integral der Funktion $f(x) = \frac{1}{4}x^2$ in den Grenzen von a = 2 bis b = 5.

   Lösung:

   Ansatz: $\int_2^5 \frac{1}{4}x^2\,dx$

   Man braucht eine (beliebige) Stammfunktion von f(x). Man nimmt die einfachste, d. h. die mit der Integrationskonstante C = 0 (jede andere ginge auch, macht die Rechnung aber nur aufwendiger):

   $$\int_2^5 \frac{1}{4}x^2\,dx = \left[\frac{1}{12}x^3\right]_2^5 = \frac{1}{12}5^3 - \frac{1}{12}2^3 = \frac{117}{12}$$

2. Berechnen Sie $\int_{-4}^{0} x^2(x-4)\,dx$.

Lösung:

$$\int_{-4}^{0} x^2(x-4)\,dx = \int_{-4}^{0} (x^3-4x^2)\,dx = \left[\tfrac{1}{4}x^4 - \tfrac{4}{3}x^3\right]_{-4}^{0}$$
$$= 0-\left(\tfrac{1}{4}(-4)^4 - \tfrac{4}{3}(-4)^3\right) = -\tfrac{448}{3}$$

3. Ermitteln Sie $\int_{0}^{2\pi} \sin(x)\,dx$.

Lösung:

$$\int_{0}^{2\pi} \sin(x)\,dx = [-\cos(x)]_0^{2\pi} = -\cos(2\pi)+\cos(0) = -1+1=0$$

Bedenkt man, dass mit dem bestimmten Integral Flächeninhalte berechnet werden können (vgl. nächstes Kapitel), ist dieses Ergebnis anschaulich klar: Da der Graph der Sinusfunktion über dem Intervall $[0;\, 2\pi]$ einen gleich großen Flächenanteil über und unter der x-Achse einschließt, beträgt die Gesamtfläche null.

Für bestimmte Integrale hat man einige Rechenregeln, die sich unmittelbar aus der Definition des bestimmten Integrals ergeben.

Regel

Rechenregeln für bestimmte Integrale

1. $\int_{a}^{a} f(x)\,dx = 0$
2. $\int_{a}^{b} f(x)\,dx = -\int_{b}^{a} f(x)\,dx$
3. Für $a<b<c$ gilt: $\int_{a}^{c} f(x)\,dx = \int_{a}^{b} f(x)\,dx + \int_{b}^{c} f(x)\,dx$

Nach Regel 1 ergibt das bestimmte Integral den Wert null, wenn obere und untere Grenze gleich sind. Regel 2 besagt, dass beim Vertauschen der Integrationsgrenzen beim bestimmten Integral das Vorzeichen wechselt. Regel 3 benötigt man beispielsweise bei der Integration abschnittsweise definierter Funktionen, wie das folgende Beispiel zeigt.

Beispiel

Integrieren Sie die Funktion $x \mapsto |x|$ in den Grenzen von $a=-2$ bis $b=3$.

Lösung:

$|x|$ wird definitionsgemäß aufgespalten:

$$|x| = \begin{cases} x & \text{für } x \geq 0 \\ -x & \text{für } x < 0 \end{cases}$$

Dann wird über die jeweils zutreffenden Teilintervalle integriert:

$$\int_{-2}^{3} |x|\,dx = \int_{-2}^{0} (-x)\,dx + \int_{0}^{3} x\,dx = \left[-\tfrac{1}{2}x^2\right]_{-2}^{0} + \left[\tfrac{1}{2}x^2\right]_{0}^{3}$$

$$= 0 - \left(-\tfrac{1}{2}(-2)^2\right) + \tfrac{1}{2}3^2 - 0 = \tfrac{13}{2}$$

Aufgaben

122. Berechnen Sie die bestimmten Integrale:

a) $\int_{-2}^{2} x\,dx$

b) $\int_{0}^{5} x(x-3)\,dx$

c) $\int_{-2}^{1} \left(4x^3 + x^2 - \tfrac{1}{2}x + 5\right) dx$

d) $\int_{0}^{2\pi} \tfrac{\pi}{2}\sin\left(\tfrac{1}{2}x\right) dx$

123. a) Bestimmen Sie t so, dass gilt:

$$\int_{-1}^{t} (x+1)^3\,dx = 4$$

b) Bestimmen Sie a so, dass gilt:

$$\int_{0}^{a} (x^2 + a^2)\,dx = 36$$

124. Berechnen Sie:

a) $\int_{-1}^{1} f(x)\,dx$ mit $f(x) = \begin{cases} -x & \text{für } x < 0 \\ x^2 & \text{für } x \geq 0 \end{cases}$

b) $\int_{0}^{5} |2x-1|\,dx$

7 Flächenberechnungen

Wie das bestimmte Integral mit der Berechnung von Flächeninhalten zusammenhängt, wird in diesem Kapitel besprochen.

7.1 Flächen zwischen Graph und x-Achse

Die Ableitungsfunktion f'(x) hat als Funktionswert an jeder Stelle x die Steigung des zugehörigen Graphen der Funktion f(x). Entsprechend soll die Flächeninhaltsfunktion A(x) an jeder Stelle x den Inhalt der unter dem Graphen von f liegenden Fläche annehmen.

Definition

Flächeninhaltsfunktion
Gegeben ist eine in einem Intervall J definierte Funktion f mit $f(x) \geq 0$ für alle $x \in J$. Für $x_0, x \in J$ mit $x_0 < x$ heißt $x \mapsto A(x)$ **Flächeninhaltsfunktion**, wenn sie für jede Stelle x als Funktionswert den Inhalt der von dem Graphen der Randfunktion f, der x-Achse und den beiden senkrechten Geraden bei x_0 und x eingeschlossenen Fläche annimmt.

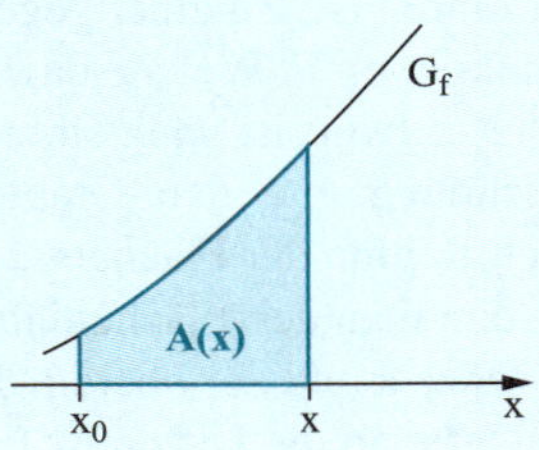

Beispiel

Ermitteln Sie für die Funktion $f(x) = x$, wobei $x \geq 0$, eine Flächeninhaltsfunktion für $x_0 = 0$. Welcher Zusammenhang besteht zwischen diesen beiden Funktionen?

Lösung:
Die zwischen dem Graphen von f, der unteren Grenze $x_0 = 0$, der x-Achse und der oberen Grenze x eingeschlossene Fläche ist ein Dreieck, dessen Inhalt sich leicht berechnen lässt:
$A(x) = \frac{1}{2}gh = \frac{1}{2}x \cdot f(x) = \frac{1}{2}x \cdot x = \frac{1}{2}x^2$
Diese Funktion A(x) hat als Funktionswert für jedes x gerade den Flächeninhalt des Dreiecks bis zur Stelle x; sie ist also die Flächeninhaltsfunktion für die Randfunktion $f(x) = x$.
Man sieht: A ist eine Stammfunktion von f.

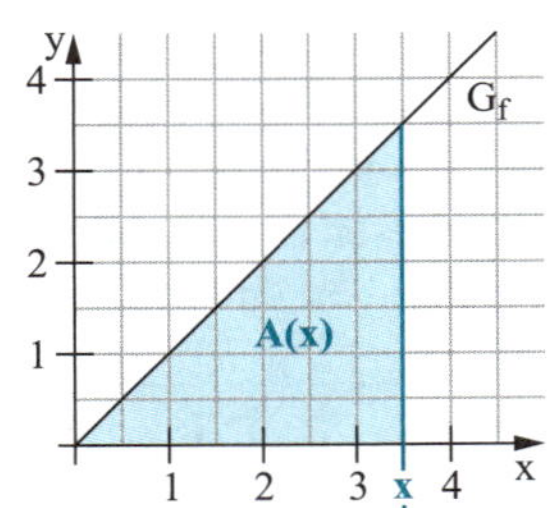

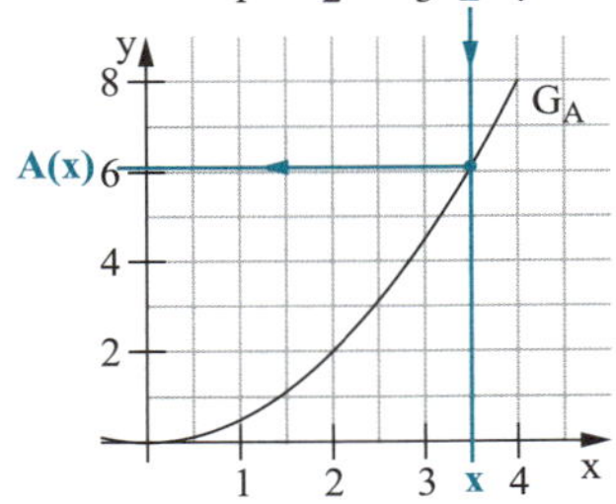

Der Zusammenhang, dass die Flächeninhaltsfunktion eine Stammfunktion ist, gilt nicht nur für dieses Beispiel, sondern er ist allgemeingültig. Das ist die wichtigste Erkenntnis der Differenzial- und Integralrechnung und wird aus diesem Grund als ihr Hauptsatz bezeichnet.

Regel

Hauptsatz der Differenzial- und Integralrechnung

Wird eine Fläche oberhalb der x-Achse vom Graphen der stetigen Randfunktion f(x) begrenzt, so ist die zugehörige Flächeninhaltsfunktion A(x) eine Stammfunktion von f(x). Es gilt also:

$A'(x) = f(x)$

Damit sind zwei getrennte Gebiete, nämlich die Differenzialrechnung (Berechnung von Steigungen bzw. Änderungsraten) einerseits und die Integralrechnung (Berechnung von Flächeninhalten) andererseits, zusammengeführt. Dieser Zusammenhang zwischen Randfunktion und zugehöriger Flächeninhaltsfunktion ist ein zentrales Ergebnis der Analysis.

Ein Problem hat man aber noch, wenn eine konkrete Flächenberechnung durchzuführen ist: Zu einer gegebenen Randfunktion f gibt es unendlich viele Stammfunktionen F. Welche davon ist die gesuchte Flächeninhaltsfunktion A?

Die Antwort ist ganz einfach: Man kann jede Stammfunktion F zur Flächenberechnung unter dem Graphen von f verwenden. Sie unterscheiden sich nur durch den Beginn der Flächenmessung bei x_0.

Wenn man den Flächeninhalt zwischen der unteren Grenze a und der oberen Grenze b berechnen will, so bildet man die Differenz F(b) minus F(a). Dadurch erhält man genau den Inhalt der gesuchten Differenzfläche zwischen a und b, und zwar unabhängig davon, wo das x_0 liegt. Genau das ist aber die Definition des bestimmten Integrals aus dem letzten Kapitel.

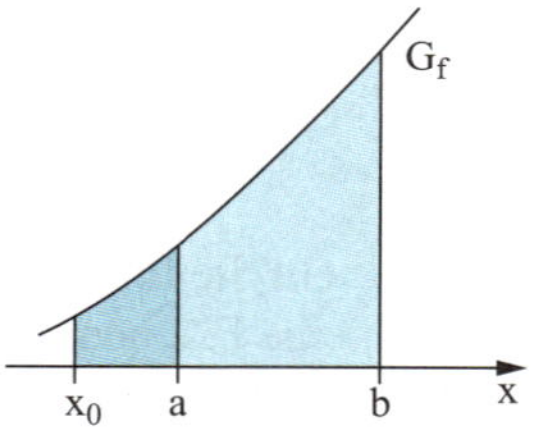

Mit dieser Überlegung hat man also eine Methode zur Flächenberechnung.

Regel

Fläche oberhalb der x-Achse

Ist eine Funktion f im Intervall [a; b] stetig und nicht negativ, dann ist der Inhalt A der vom Graphen von f, der x-Achse und den Grenzgeraden x = a, x = b eingeschlossenen Fläche gleich dem bestimmten Integral:

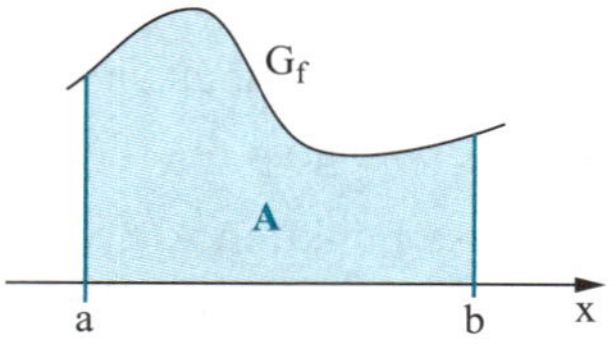

$$A = \int_a^b f(x)\,dx$$

Beispiele

1. Berechnen Sie den Inhalt A der Fläche, die vom Graphen der Funktion $f(x)=\frac{1}{4}x^2$, der x-Achse sowie den Grenzgeraden $x=2$ und $x=5$ eingeschlossen wird.

Lösung:

Die Fläche liegt vollständig oberhalb der x-Achse. Deshalb liefert das bestimmte Integral den gewünschten Flächeninhalt (Angabe in **F**lächen-**E**inheiten FE):

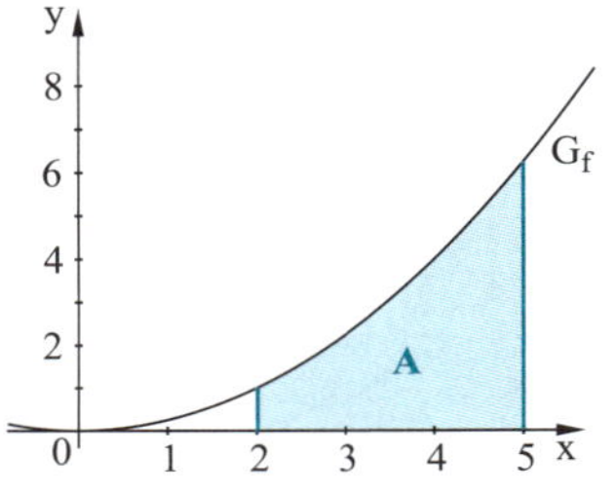

$$A=\int_2^5 \frac{1}{4}x^2\,dx$$
$$=\left[\frac{1}{12}x^3\right]_2^5$$
$$=\frac{1}{12}5^3-\frac{1}{12}2^3$$
$$=\frac{39}{4}\text{ FE}=9{,}75\text{ FE}$$

2. Berechnen Sie den Inhalt der vom Graphen der Funktion $f(x)=-x^2+2$ und der x-Achse eingeschlossenen Fläche.
Können Sie Ihre Rechnung vereinfachen, wenn Sie die Symmetrie des Graphen ausnutzen?

Lösung:

Die eingeschlossene Fläche ist in der Abbildung eingefärbt. Eine andere endliche zwischen Graph und x-Achse eingeschlossene Fläche gibt es nicht. Diesmal sind die untere und obere Grenze des Integrals nicht angegeben. Sie müssen berechnet werden. Es sind die Nullstellen von f(x):

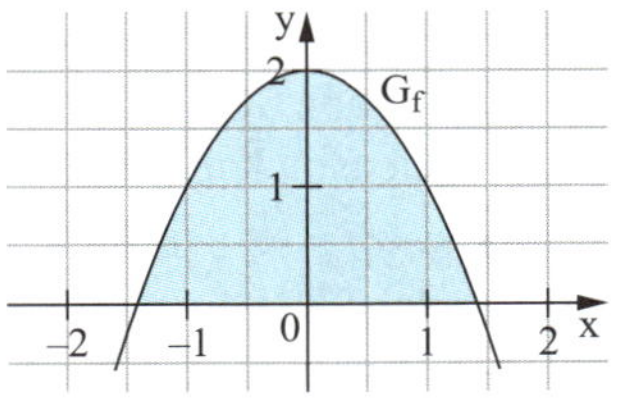

$$f(x)=0 \;\Leftrightarrow\; -x^2+2=0 \;\Leftrightarrow\; x^2=2 \;\Rightarrow\; x_{1/2}=\pm\sqrt{2}$$

Damit kann das bestimmte Integral angesetzt werden:

$$A=\int_{-\sqrt{2}}^{\sqrt{2}}(-x^2+2)\,dx=\left[-\frac{1}{3}x^3+2x\right]_{-\sqrt{2}}^{\sqrt{2}}$$
$$=-\frac{1}{3}\sqrt{2}^3+2\sqrt{2}-\left(-\frac{1}{3}(-\sqrt{2})^3+2(-\sqrt{2})\right)$$
$$=-\frac{1}{3}2\sqrt{2}+2\sqrt{2}-\left(\frac{2}{3}\sqrt{2}-2\sqrt{2}\right)$$
$$=\sqrt{2}\cdot\left(-\frac{2}{3}+2-\frac{2}{3}+2\right)=\frac{8}{3}\sqrt{2}\text{ FE}\approx 3{,}77\text{ FE}$$

Die Rechnung vereinfacht sich durch die Berücksichtigung der **Symmetrie** erheblich, weil die untere Grenze jetzt 0 ist:

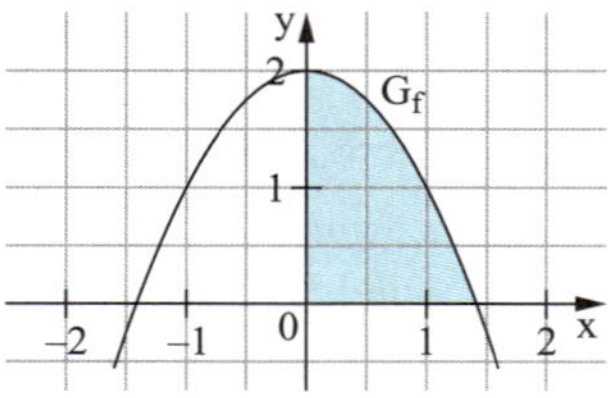

$$A = \mathbf{2} \cdot \int_0^{\sqrt{2}} (-x^2+2)\,dx = 2 \cdot \left[-\tfrac{1}{3}x^3 + 2x\right]_0^{\sqrt{2}}$$

$$= 2 \cdot \left(-\tfrac{1}{3}\sqrt{2}^3 + 2\sqrt{2} - 0\right) = 2\sqrt{2} \cdot \left(-\tfrac{2}{3}+2\right)$$

$$= \tfrac{8}{3}\sqrt{2} \text{ FE}$$

Regel

Fläche unterhalb der x-Achse

Wenn die Fläche vollständig unter der x-Achse liegt, muss man berücksichtigen, dass das zugehörige bestimmte Integral zwar den richtigen Zahlenwert liefert, jedoch mit negativem Vorzeichen. Deshalb lautet der Ansatz für den Flächeninhalt in solchen Fällen:

$$A = \left| \int_a^b f(x)\,dx \right|$$

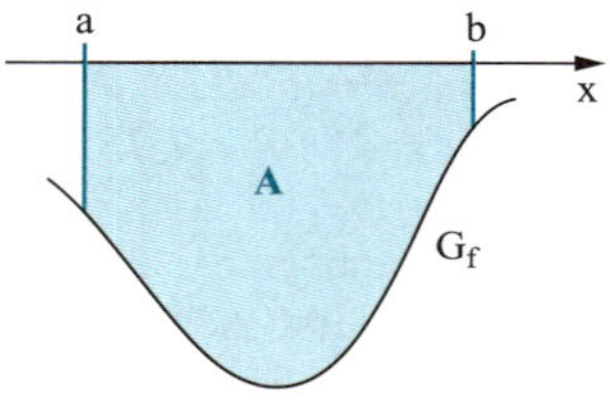

Beispiel

Der Graph der Funktion $f(x) = x^2(x-3)$ schließt mit der x-Achse ein endliches Flächenstück ein. Berechnen Sie seinen Inhalt.

Lösung:

Da das Flächenstück vollständig unter der x-Achse liegt und Flächeninhalte nicht negativ sein können, wird der Betrag angesetzt. Die Integrationsgrenzen sind die Nullstellen der Funktion; man erkennt sie sofort am faktorisierten Funktionsterm:

$x_{1/2} = 0$, $x_3 = 3$

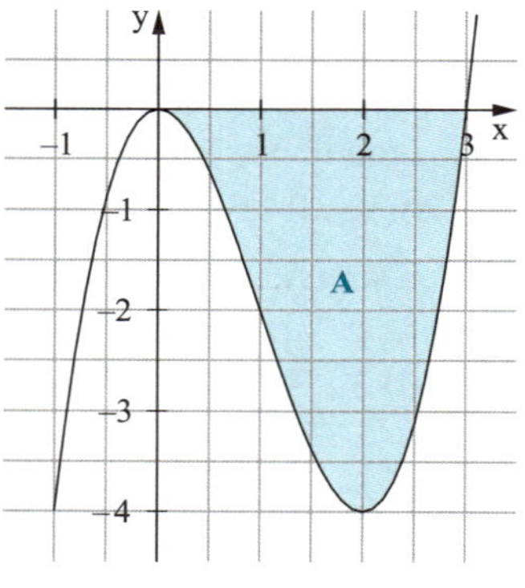

$$A = \left| \int_0^3 x^2(x-3)\,dx \right| = \left| \int_0^3 (x^3 - 3x^2)\,dx \right|$$

$$= \left| \left[\tfrac{1}{4}x^4 - x^3\right]_0^3 \right| = \left| \tfrac{1}{4}3^4 - 3^3 - 0 \right|$$

$$= 3^3 \cdot \left| \tfrac{3}{4} - 1 \right| = 27 \cdot \left| -\tfrac{1}{4} \right| = \tfrac{27}{4} \text{ FE}$$

$$= 6{,}75 \text{ FE}$$

Regel

Flächenanteile ober- und unterhalb der x-Achse

Hat eine Fläche Anteile ober- und unterhalb der x-Achse und soll der gesamte Flächeninhalt bestimmt werden, so muss man die Anteile einzeln integrieren und ihre Vorzeichen berücksichtigen. Als Formel kann man das folgendermaßen angeben (siehe Abbildung):

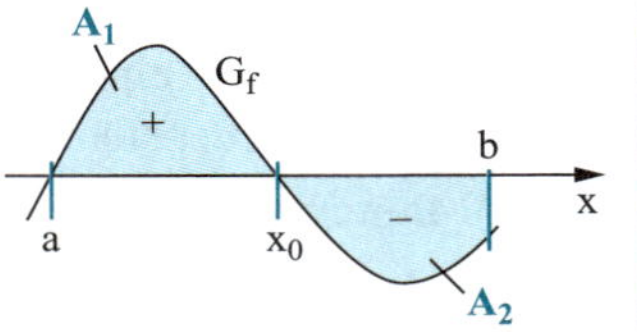

$$A_1 = \int_a^{x_0} f(x)\,dx \quad \text{und} \quad A_2 = \left| \int_{x_0}^{b} f(x)\,dx \right|$$

$$A = A_1 + A_2$$

Beispiel

Der Graph der Funktion $f(x) = x^2(x-2)(x-3)$ schließt mit der x-Achse eine endliche Fläche ein. Berechnen Sie den Inhalt.

Lösung:

Der Inhalt der in der Abbildung markierten Fläche wird berechnet. Die Nullstellen der Funktion sind:

$x_{1/2} = 0$; $x_3 = 2$ und $x_4 = 3$

Die Inhalte der zwei Flächenanteile werden getrennt berechnet:

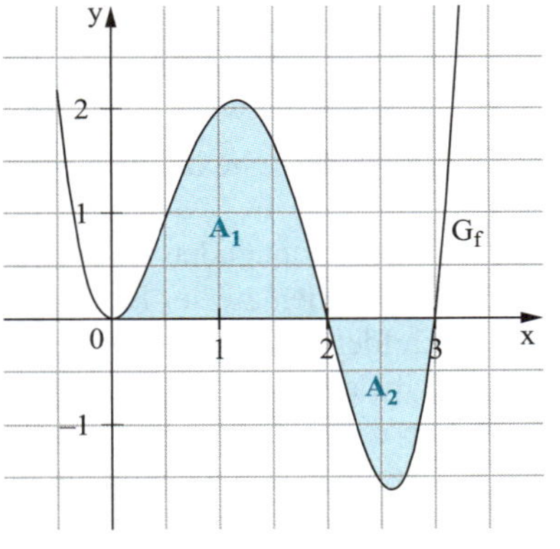

$$A_1 = \int_0^2 f(x)\,dx = \int_0^2 (x^4 - 5x^3 + 6x^2)\,dx$$

$$= \left[\tfrac{1}{5}x^5 - \tfrac{5}{4}x^4 + 2x^3\right]_0^2$$

$$= \tfrac{1}{5}2^5 - \tfrac{5}{4}2^4 + 2\cdot 2^3 - 0$$

$$= \tfrac{32}{5} - 20 + 16 = \tfrac{12}{5}\text{ FE} = 2{,}4\text{ FE}$$

$$A_2 = \left|\int_2^3 f(x)\,dx\right| = \left|\int_2^3 (x^4 - 5x^3 + 6x^2)\,dx\right| = \left|\left[\tfrac{1}{5}x^5 - \tfrac{5}{4}x^4 + 2x^3\right]_2^3\right|$$

$$= \left|\tfrac{1}{5}3^5 - \tfrac{5}{4}3^4 + 2\cdot 3^3 - \left(\tfrac{1}{5}2^5 - \tfrac{5}{4}2^4 + 2\cdot 2^3\right)\right| = \left|\tfrac{243}{5} - \tfrac{405}{4} + 54 - \tfrac{12}{5}\right|$$

$$= \left|-\tfrac{21}{20}\right|\text{ FE} = 1{,}05\text{ FE}$$

Der Gesamtinhalt ist damit:

$$A = A_1 + A_2 = 2{,}4\text{ FE} + 1{,}05\text{ FE} = 3{,}45\text{ FE}$$

Aufgaben

125. Der Graph der Funktion $f(x)=x^4-2x^2+1$, die x-Achse und die Geraden $x=-2$ sowie $x=2$ schließen ein Flächenstück ein.

a) Fertigen Sie eine Skizze des Graphen an und markieren Sie das beschriebene Flächenstück.

b) Berechnen Sie den Flächeninhalt.

126. Der Graph der Funktion $g(x)=-\frac{1}{2}(x^3+6x^2+9x)$ schließt mit der x-Achse ein Flächenstück ein.

a) Berechnen Sie die Lage und Vielfachheit der Nullstellen von g.

b) Skizzieren Sie den Graphen von g und schraffieren Sie die genannte Fläche.

c) Berechnen Sie den Flächeninhalt.

127. a) Berechnen Sie das bestimmte Integral von 0 bis π über die Funktion $f(x)=\cos(x)$.

b) Berechnen Sie den Inhalt derjenigen Fläche, die von den Grenzen $x=0$, $x=\pi$, der x-Achse und dem Graphen der Funktion $f(x)=\cos(x)$ eingeschlossen wird.

c) Erklären Sie den Unterschied in den Ergebnissen von a und b.

128. Im nebenstehenden Diagramm sind die Graphen zweier Funktionen abgebildet: Der Graph einer Funktion f (schwarz) und der Graph einer Stammfunktion F der Funktion f. Es geht um den Flächeninhalt, den G_f im I. Quadranten einschließt.

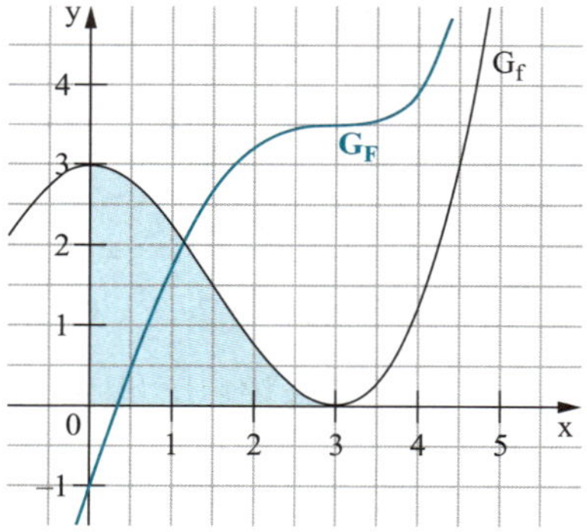

a) Versuchen Sie, den Inhalt dieser Fläche näherungsweise zu bestimmen, indem Sie die Kästchen im Gitter des Koordinatensystems zählen.

b) Ermitteln Sie durch Ablesen aus dem Diagramm den gesuchten Flächeninhalt mithilfe des Graphen G_F.

129. a) Der Graph der Funktion $f(x)=x^3-6x$ schließt mit der positiven x-Achse ein Flächenstück ein. Berechnen Sie seinen Inhalt.

b) Berechnen Sie den Inhalt der Fläche, den die Funktion $g(x)=\frac{1}{4}x^4-x^2$ mit der x-Achse einschließt.

130. Gegeben ist die Funktion $f(x) = x^3 - 3x$.

a) Berechnen Sie ihre Nullstellen und Extremwerte. Skizzieren Sie mit diesen Informationen den Graphen.

b) Berechnen Sie den Inhalt der Fläche, die der Graph von f mit der x-Achse einschließt. Nutzen Sie Rechenvorteile aus, die sich aus speziellen Eigenschaften des Graphen von f ergeben.

c) Geben Sie den Wert des bestimmten Integrals $\int\limits_{-\sqrt{3}}^{\sqrt{3}} (x^3 - 3x)\,dx$ begründet an.

131. Gegeben sind die Funktionen $f_t(x) = x^2 - t^2$ mit $t \in \mathbb{R} \wedge t > 0$.

a) Zunächst ist $t = 1$.
Berechnen Sie den Inhalt derjenigen Fläche, die von G_{f_1}, der x-Achse und den Grenzen $x_1 = 0$ sowie $x_2 = 3$ eingeschlossen wird. Fertigen Sie zuerst eine Skizze der beschriebenen Fläche.

b) Bestimmen Sie die Nullstellen von f_t in Abhängigkeit von t.

c) Für welchen Wert von t schließen der Graph von f_t und die x-Achse ein Flächenstück mit einem Inhalt von $\frac{9}{16}$ FE ein?

7.2 Flächen zwischen zwei Graphen

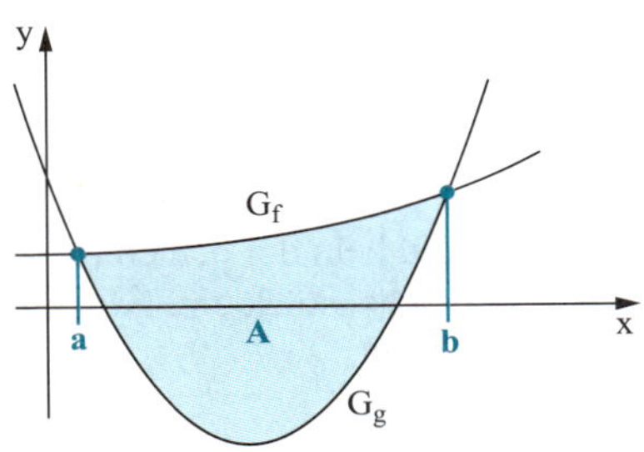

Wird eine Fläche von zwei Graphen begrenzt, so muss man das Integral über die **Differenzfunktion** $f(x) - g(x)$ bilden. Achtet man darauf, dass man bei der Differenzbildung die obere Randfunktion (im Bild f(x)) minus die untere Randfunktion ansetzt, so ergibt sich automatisch das richtige Vorzeichen „+“ für den Flächeninhalt. Für den Inhalt der abgebildeten Fläche gilt dann:

$$A = \int\limits_a^b (f(x) - g(x))\,dx$$

Beispiel

Bestimmen Sie den Inhalt der zwischen den beiden Graphen von f_1 und f_2 eingeschlossenen Fläche, wobei $f_1(x) = x^2 - 2x + 1$ und $f_2(x) = -x^2 + \frac{5}{2}$.

Lösung:

Als Integrationsgrenzen sind die Schnittstellen zu bestimmen.

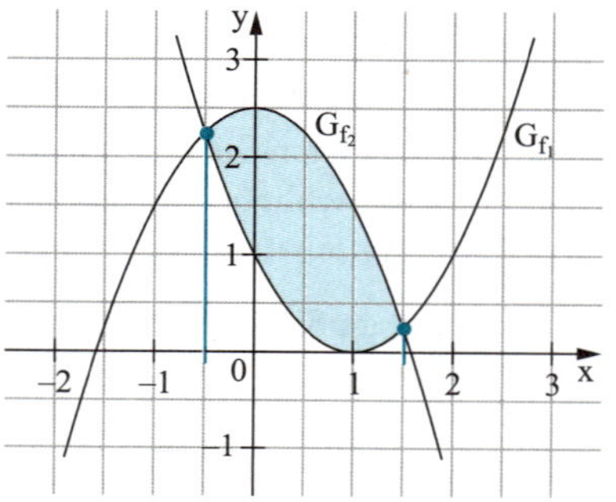

Ansatz auf Schneiden:

$f_1(x) = f_2(x)$

Man erhält:

$x_1 = -\frac{1}{2};\ x_2 = \frac{3}{2}$

Zur Flächeninhaltsbestimmung überlegt man sich, dass der Graph von f_2 den oberen Rand bildet und der Graph von f_1 den unteren. Damit lautet der Ansatz:

$$A = \int_{-\frac{1}{2}}^{\frac{3}{2}} (f_2(x) - f_1(x))\, dx = \int_{-\frac{1}{2}}^{\frac{3}{2}} \left(-x^2 + \frac{5}{2} - (x^2 - 2x + 1)\right) dx$$

$$= \int_{-\frac{1}{2}}^{\frac{3}{2}} \left(-2x^2 + 2x + \frac{3}{2}\right) dx = \left[-\frac{2}{3}x^3 + x^2 + \frac{3}{2}x\right]_{-\frac{1}{2}}^{\frac{3}{2}}$$

$$= -\frac{2}{3}\left(\frac{3}{2}\right)^3 + \left(\frac{3}{2}\right)^2 + \frac{3}{2}\cdot\frac{3}{2} - \left(-\frac{2}{3}\left(-\frac{1}{2}\right)^3 + \left(-\frac{1}{2}\right)^2 + \frac{3}{2}\cdot\left(-\frac{1}{2}\right)\right)$$

$$= -\frac{9}{4} + \frac{9}{4} + \frac{9}{4} - \left(\frac{1}{12} + \frac{1}{4} - \frac{3}{4}\right)$$

$$= \frac{9}{4} + \frac{5}{12} = \frac{32}{12} = \frac{8}{3}\text{ FE}$$

Aufgaben

132. Die Parabeln der beiden Funktionen $f(x) = x^2$ und $g(x) = \frac{1}{4}x^2 + 2$ schließen ein Flächenstück ein. Fertigen Sie eine Skizze und berechnen Sie den Flächeninhalt.

133. Gegeben ist die Funktion $f(x) = \frac{1}{2}x^3 - 3x^2 + \frac{9}{2}x$. Die im Wendepunkt errichtete Normale schließt mit dem Graphen von f zwei Flächenstücke ein.

a) Zeichnen Sie den Graphen von f und die Normale im Wendepunkt, kennzeichnen Sie die Flächenstücke.

b) Ermitteln Sie die Inhalte der Flächenstücke.

134. a) **Parabelherz**
Berechnen Sie den Flächeninhalt des abgebildeten Parabelherzens.

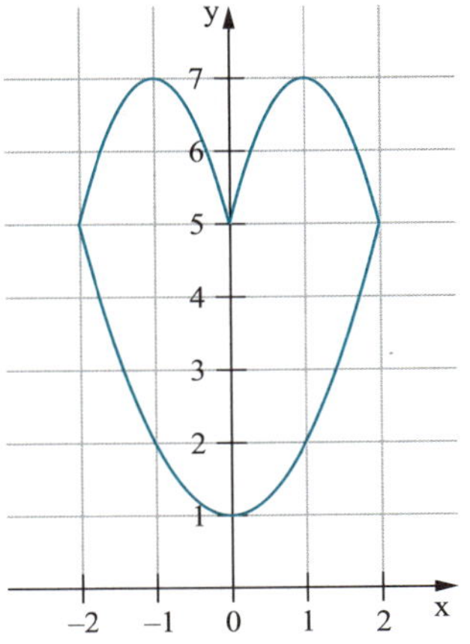

b) Die Graphen der drei Funktionen $f_1(x) = x^2$, $f_2(x) = x^2 + 4$ und $g(x) = 9$ schließen ein hufeisenförmiges Flächenstück ein.
Zeichnen Sie die drei Graphen in ein Koordinatensystem ein und berechnen Sie den eingeschlossenen Flächeninhalt.

c) Ermitteln Sie den Inhalt der in der Abbildung markierten Fläche. Die dazu nötigen Funktionsterme überlegen Sie sich anhand der abgebildeten Graphen, wobei der oberhalb der x-Achse verlaufende Graph aus dem der Sinusfunktion hervorgeht.

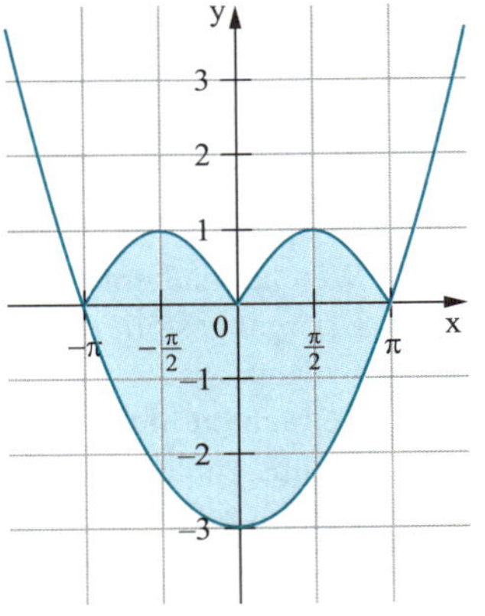

d) Berechnen Sie den Inhalt der von $f(x) = x^2$ und $g(x) = \sqrt{x}$ eingeschlossenen Fläche.

135. Ermitteln Sie die Inhalte der beiden unterschiedlich gefärbten Flächen und zeigen Sie, dass sie in einem bestimmten, von a unabhängigen Verhältnis zueinander stehen. Geben Sie auch dieses Verhältnis an.

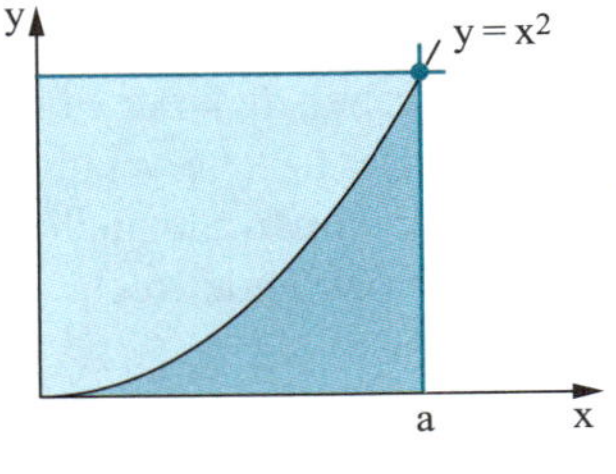

136. Für eine Funktion g soll gelten, dass $g(0)=g'(0)=0$ und

$$\int_0^a g(x)\,dx = -2 \quad \text{für } a \in \mathbb{R} \wedge a > 0.$$

Skizzieren Sie einen möglichen Verlauf für den Graphen von g in $0 \leq x \leq a$.

137. Staumauer

Die Abbildung zeigt den Querschnitt einer 10 m hohen, symmetrischen Staumauer.
Alle Längeneinheiten sind in Meter angegeben. Der rechte Mauerrand wird in einem geeigneten Intervall durch den quadratischen Funktionsterm
$r_a(x)=a(x-2)^2$, mit $a \in \mathbb{R}$,
dargestellt.

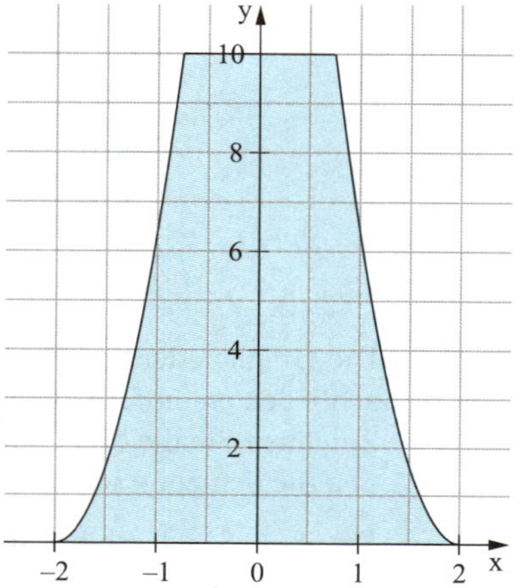

a) Bestimmen Sie a so, dass die Mauer oben noch 1,5 m breit ist. [Ergebnis: $a=6{,}4$]

b) Berechnen Sie den Flächeninhalt des Mauerquerschnitts.

c) Stellen Sie die seitlichen Mauerränder und den oberen Mauerrand als abschnittsweise definierte Funktion g dar.

d) Welche mathematischen Eigenschaften hat diese Funktion g an den Übergangsstellen?

138. a) Betrachten Sie einen Halbkreis mit Radius 1 und ein flächenmäßig gleich großes Rechteck. Ermitteln Sie die Rechteckhöhe (ohne Integralrechnung).
Identifizieren Sie in der Abbildung weitere gleich große Flächenstücke.

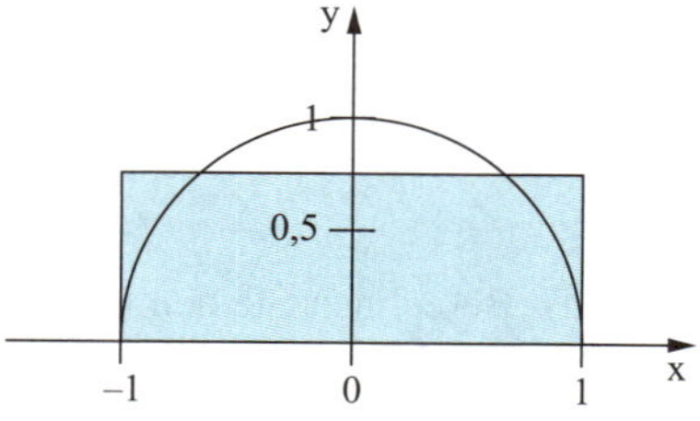

b) Jetzt ist der Halbkreis durch ein Parabelstück der Funktion $p(x)=1-x^2$ ersetzt.
Berechnen Sie auch in diesem Fall die passende Rechteckhöhe.

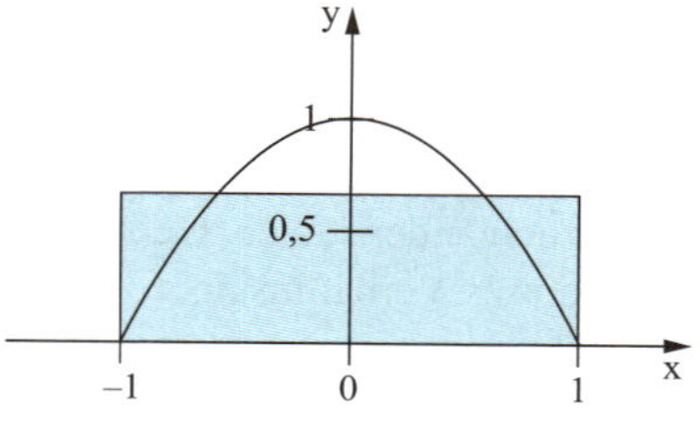

c) Diese ermittelten Rechteckhöhen bezeichnet man als die Mittelwerte der entsprechenden Funktionen auf den betrachteten Intervallen.

(1) Geben Sie eine allgemeine Formel für den Mittelwert einer Funktion f(x) auf dem Intervall [a; b] an.

(2) Bestimmen Sie den Mittelwert der Funktion $f(x) = x^2$ auf dem Intervall [0; 3].

139. Kanal

Gemäß nebenstehender Abbildung soll ein parabelförmiger Kanal mit 4 m Breite und 2 m Tiefe ausgehoben werden. Um das ausgehobene Erdreich nicht abtransportieren zu müssen, soll es an der 3 m entfernten Stützmauer angeschüttet werden. Bestimmen Sie den Neigungswinkel und die Höhe der aufzuschüttenden Böschung.

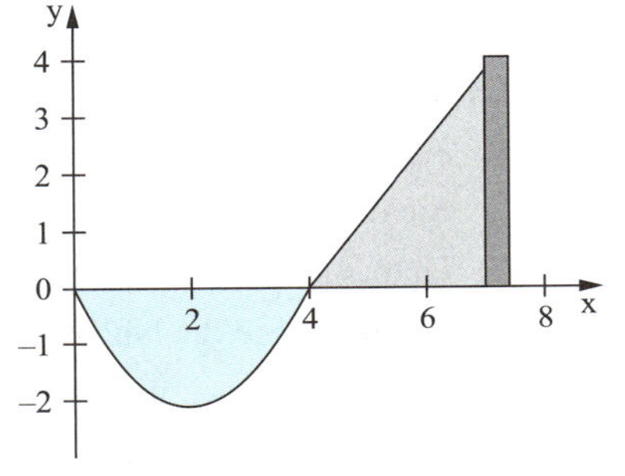

Die beiden nachfolgenden Aufgaben sind aus größeren Stoffzusammenhängen gestellt. Sie sind wie in Schulaufgaben oder Abschlussprüfungen aufgebaut. Sie können damit Ihre Analysiskenntnisse testen.

140. Betrachtet wird die Funktionenschar $f_k(x) = \frac{-x^2 + k^2}{x^2}$ mit $k \in \mathbb{R} \wedge k > 0$.

a) Geben Sie den maximalen Definitionsbereich und die Art der Definitionslücke an.

b) Untersuchen Sie die Graphen von f_k auf Symmetrie.

c) Bestimmen Sie in Abhängigkeit von k die Nullstellen sowie Art und Gleichungen aller Asymptoten.

d) Weisen Sie nach, dass die Graphen von f_k keine Stellen mit waagrechten Tangenten besitzen. Was lässt sich daraus folgern?

e) Bestimmen Sie k so, dass f_k an der Stelle $x_1 = -2$ eine Nullstelle besitzt.

f) Zeichnen Sie den Graphen von f_2, d. h. den Graphen von f_k für $k = 2$, im Bereich von $|x| \leq 4$.

g) Von den Geraden $x = 1$ und $x = 3$ sowie der horizontalen Asymptote und dem Graphen von f_2 wird ein Flächenstück eingeschlossen. Kennzeichnen Sie dieses Flächenstück in Ihrem Diagramm und berechnen Sie seinen Inhalt.

h) Berechnen Sie den Flächeninhalt der vom Graphen von f_2, der x-Achse und der Geraden $x = -1$ eingeschlossenen Fläche.

i) Ein anderes Flächenstück wird von den Geraden $x=a$ (mit $a<-2$) und $x=-2$ sowie der horizontalen Asymptote und dem Graphen von f_2 eingeschlossen.
Kennzeichnen Sie auch dieses Flächenstück für $a=-3$ in Ihrem Diagramm. Berechnen Sie außerdem den Flächeninhalt des beschriebenen Flächenstückes in Abhängigkeit von a. Bilden Sie schließlich den Grenzwert für $a \to -\infty$ und interpretieren Sie die Bedeutung der erhaltenen Zahl.

141. Gegeben sind die Funktionen $f_t\colon x \mapsto \frac{-x^4+t}{x^2}$ mit $t \in \mathbb{R}$.

a) Geben Sie den maximalen Definitionsbereich D_{max} an und klassifizieren Sie die Definitionslücke in Abhängigkeit von t.

b) Untersuchen Sie die Graphen von f_t auf Symmetrie.

c) Ermitteln Sie die Nullstellen von f_t (Fallunterscheidung!).

d) Bilden Sie die 1. und 2. Ableitungsfunktion von f_t.
[Teilergebnis: $f_t'(x) = -2x - 2tx^{-3}$]

e) Bestimmen Sie t so, dass der Graph von f_t an der Stelle $x_0=-1$ eine waagrechte Tangente besitzt.

Bei allen folgenden Teilaufgaben sei nun $t<0$.

f) Bestimmen Sie die Art und Lage der Extrempunkte.

g) Welches Krümmungsverhalten zeigen die Graphen von f_t?

h) Zeichnen Sie den Graphen von f_t für $t=-1$ in $[-3; 3]$.
Hinweis: $\Delta x = 0{,}5$; Abszisse: 1 LE = 2 cm

Von den Geraden mit den Gleichungen $x=1$ und $x=b$ sowie den Graphen der Funktionen f_{-1} und $g\colon x \mapsto -x^2$ wird für $b>1$ eine Fläche eingeschlossen.

i) Bestimmen Sie $\int f_{-1}(x)\,dx$.
[Teilergebnis: $F(x) = \frac{-x^4+3}{3x}$]

j) Zeigen Sie: Die Graphen von f_{-1} und g schneiden sich in keinem Punkt.

k) Kennzeichnen Sie die oben beschriebene Fläche in Ihrem Diagramm für $b=2$, wobei es genügt, wenn Sie den Graphen von g skizzieren.

l) Bestimmen Sie den Flächeninhalt A der oben beschriebenen Fläche in Abhängigkeit von b.

m) Ermitteln Sie b so, dass der Flächeninhalt A genau 0,75 FE beträgt.

n) Berechnen Sie den Grenzwert von A(b) für $b \to \infty$.

Exponential- und Logarithmusfunktionen

Mit den Exponential- und Logarithmusfunktionen werden weitere, wichtige Funktionen eingeführt. Die Exponentialfunktionen beschreiben Wachstums- und Schrumpfungsprozesse. Die Logarithmusfunktionen sind Umkehrfunktionen zu den Exponentialfunktionen und haben auch eigenständige Anwendungen.

8 Allgemeine Exponential- und Logarithmusfunktionen

8.1 Allgemeine Exponentialfunktionen

Zunächst werden einige Begriffe und Rechengesetze der Potenzrechnung wiederholt. Schreibt man „a hoch b" mit zwei geeigneten Zahlen a und b, so heißt der entsprechende mathematische Ausdruck:

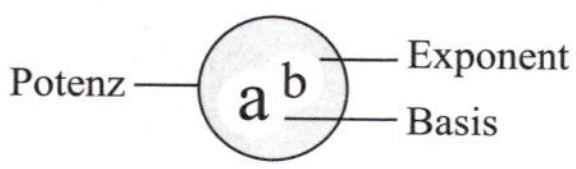

Wenn der Exponent b eine natürliche Zahl ist, so gibt er an, wie oft die Basis mit sich selbst zu multiplizieren ist, z. B.:

$2^3 = 2 \cdot 2 \cdot 2 = 8$

Ist der Exponent eine negative ganze Zahl, so ist zusätzlich der Kehrwert zu bilden, z. B.:

$2^{-3} = \frac{1}{2^3} = \frac{1}{2 \cdot 2 \cdot 2} = \frac{1}{8}$

Ist der Exponent einer Potenz der Kehrwert einer natürlichen Zahl, so ist die entsprechende Wurzel zu ziehen, z. B.:

$2^{\frac{1}{3}} = \sqrt[3]{2}$

Beliebige Brüche im Exponenten stellen eine Kombination aus Wurzelziehen und Potenzieren dar, z. B.:

$2^{\frac{4}{3}} = \sqrt[3]{2^4} = \left(\sqrt[3]{2}\right)^4$

Durch Grenzwerte werden auch irrationale Zahlen im Exponenten, also beispielsweise $2^{\sqrt{3}}$ definiert, sodass man auch derartige Potenzen bilden kann. Ferner gilt stets $a^0 = 1$ und natürlich $a^1 = a$.

Regel

Rechengesetze für Potenzen

Potenzen werden

(1) **multipliziert**, indem man ihre Exponenten **addiert**. $a^x \cdot a^y = a^{x+y}$

(2) **dividiert**, indem man ihre Exponenten **subtrahiert**. $\frac{a^x}{a^y} = a^{x-y}$

(3) **potenziert**, indem man ihre Exponenten **multipliziert**. $(a^x)^y = a^{x \cdot y}$

Man beachte, dass man nur Potenzen mit gleicher Basis so wie angegeben miteinander verrechnen darf. Bei verschiedenen Basen gilt:

$(a \cdot b)^x = a^x \cdot b^x$ und $\left(\frac{a}{b}\right)^x = \frac{a^x}{b^x}$

Man muss unterscheiden zwischen:

Potenzfunktionen	Exponentialfunktionen
$f(x) = x^r$ – Exponent **konstant**, Basis **variabel**	$g(x) = b^x$ – Exponent **variabel**, Basis **konstant**

Potenzfunktionen werden in den Abschnitten 3.6 (Ableitung) und 6.3 (Integration) behandelt, die Exponentialfunktionen werden nun untersucht.

Definition

Allgemeine Exponentialfunktion
Mit der Basis $b \in \mathbb{R}^+ \setminus \{1\}$ heißt
$f(x) = b^x$
die **Exponentialfunktion** zur Basis b.

Für den größtmöglichen **Definitionsbereich** gilt $\mathbf{D_{max} = \mathbb{R}}$.
Der **Wertebereich** ist $\mathbf{\mathbb{R}^+ =]0; \infty[}$.

Alle Exponentialfunktionen sind auf ganz $\mathbb{R}$ definiert und haben nur positive Funktionswerte, insbesondere keine Nullstellen.

Beispiele

1. a) Zum Zeitpunkt null bedeckt eine Seerose eine Fläche von 1 m^2. Mit jedem Tag verdoppelt die Seerose die bedeckte Wasserfläche. Stellen Sie die Funktionsgleichung f(x) auf, die die bedeckte Fläche in Abhängigkeit von der Zeit x in Tagen beschreibt.
Nach 24 Tagen bedeckt die Seerose die Hälfte des Sees. In wie viel Tagen ist der gesamte See bedeckt?

   b) Ein radioaktiver Stoff zerfällt mit einer Halbwertszeit von 1 Jahr, d. h., mit jedem Jahr halbiert sich die Anzahl der noch unzerfallenen Atomkerne. Stellen Sie die Funktionsgleichung g(x) auf, die den Bruchteil der nicht zerfallenen Kerne in Abhängigkeit von der Zeit x in Jahren angibt.

   c) Zeichnen Sie die Graphen der Funktionen f und g. Wie verhalten sich die Funktionswerte f(x) bzw. g(x), wenn x um 1 zunimmt?

   d) Zeigen Sie rechnerisch, dass die beiden Graphen durch Spiegelung an der y-Achse ineinander übergehen.

Lösung:

a) Es handelt sich um die exponentielle Wachstumsfunktion $f(x) = 2^x$.
Die richtige Antwort auf die Frage ist *nicht:* nach weiteren 24 Tagen. Vielmehr ist der am See am folgenden (25.) Tag vollständig bedeckt.

b) Nach 1 Jahr ist die Hälfte der Kerne nicht zerfallen. Das führt auf:

$$g(x) = \left(\frac{1}{2}\right)^x$$

c) Exponentielles Wachstum:
$f(x) = 2^x$

Die Funktionswerte verdoppeln sich jeweils, wenn x um 1 zunimmt:
$f(x+1) = 2 \cdot f(x)$

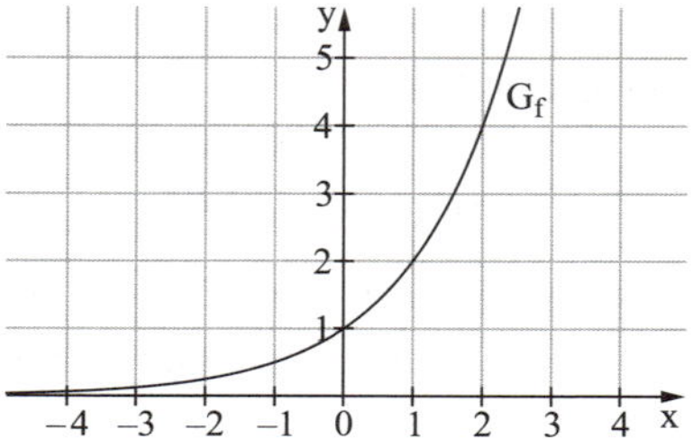

Exponentielle Abnahme:
$g(x) = \left(\frac{1}{2}\right)^x$

Die Funktionswerte halbieren sich jeweils, wenn x um 1 zunimmt:
$g(x+1) = \frac{1}{2} g(x)$

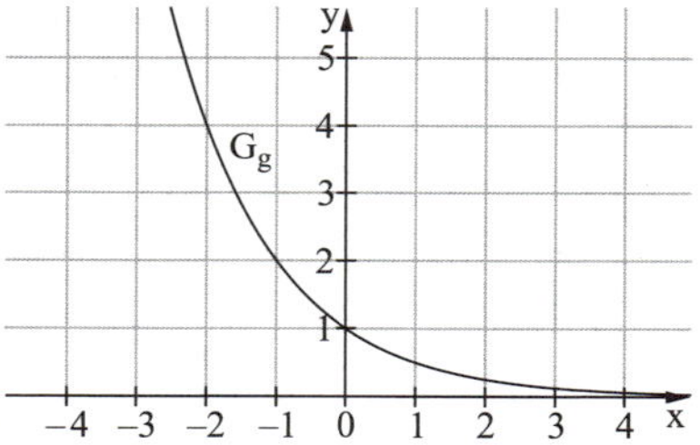

d) f(–x) bedeutet die Spiegelung des Graphen von f an der y-Achse und das ergibt den Graphen von g; das Umgekehrte gilt auch:
$g(x) = \left(\frac{1}{2}\right)^x = \frac{1^x}{2^x} = \frac{1}{2^x} = 2^{-x} = f(-x)$

2. **Zinseszinsformel**
Man legt 1 000 € Startkapital zu 5 % Zinsen pro Jahr 10 Jahre lang an, und zwar so, dass die Zinsen nach einem Jahr im 2. Jahr selbst mit verzinst werden (Zinseszins – es gibt Zinsen auf Zinsen).
Wie viel Geld erhält man nach 10 Jahren insgesamt?

Lösung:
Man kann das leicht mit der **Zinseszinsformel** ausrechnen:
$K_n = K_0 \left(1 + \frac{p}{100}\right)^n$
Darin sind:
K_0: Startkapital
p: Zinssatz in % pro Zinsperiode (pro Jahr)
n: Anzahl der Zinsperioden (Jahre)
K_n: Endkapital nach n Zinsperioden (Jahren)
Mit den Beispielzahlen ($K_0 = 1\,000$; $p = 5$; $n = 10$; gesucht ist K_{10}) ergibt sich das Endkapital durch Einsetzen zu:

$$K_{10} = 1\,000 \cdot \left(1 + \frac{5}{100}\right)^{10} = 1\,000 \cdot 1{,}05^{10} \approx 1\,628{,}89$$

Man erhält also 1 628,89 €; das Startkapital ist demnach um knapp 63 % in den 10 Jahren gewachsen. Diese prozentuale Zunahme ergibt sich bei sonst gleichen Bedingungen auch für jedes andere Startkapital, beispielsweise für 1 Mio. €.

Betrachtet man die Zeit n in der Zinseszinsformel aus dem letzten Beispiel als die unabhängige Funktionsvariable x, so stellt der Term $1+\frac{p}{100}$ die konstante Basis und K_0 einen konstanten Vorfaktor dar.

Demnach ist die Zinseszinsformel eine **verallgemeinerte Exponentialfunktion der Form $f(x) = a \cdot b^x$**, deren Bedeutung weit über Kapitalberechnungen hinausgeht. Damit lassen sich alle **exponentiellen Wachstumsprozesse** (etwas nimmt proportional zur bereits vorhandenen Menge zu – angelegtes Kapital, Energieverbrauch, Bakterienwachstum) und alle **exponentiellen Abnahmeprozesse** (etwas nimmt proportional zur vorhandenen Menge ab – Waldfläche, Wert eines Gebrauchsgegenstandes) rechnerisch (= quantitativ) erfassen.

Wenn $b = 1+\frac{p}{100}$ größer als 1 ist, handelt es sich um exponentielles Wachstum, wenn $b < 1$ ist, um exponentielle Abnahme (Schrumpfungsprozess).

Ist beispielsweise $b = 1{,}\mathbf{25}$, so nehmen die Funktionswerte um 25 % (= 0,**25**) zu, wenn sich x um 1 erhöht. Wenn $b = 0{,}85$ ist, so wird der Funktionswert um 15 % (= 0,15 = 1 − 0,**85**) kleiner, wenn x um 1 zunimmt.

Außer dem Definitions- und Wertebereich – und der daraus folgenden Tatsache, dass Exponentialfunktionen keine Nullstellen haben – haben die Graphen dieser Funktionen weitere wichtige Eigenschaften.

Regel

Eigenschaften der Exponentialfunktionen

Für Exponentialfunktionen der Form $\mathbf{f(x) = b^x}$ mit der Basis $b \in \mathbb{R} \setminus \{1\}$ und $b > 0$ gelten folgende Eigenschaften:

(1) Alle Funktionsgraphen sind **linksgekrümmt**.

(2) a) Für $\mathbf{b > 1}$ ist der zugehörige Graph **streng monoton steigend** (exponentielle Wachstumsfunktion) und die x-Achse ($y = 0$) ist linksseitige horizontale Asymptote.

b) Für $\mathbf{0 < b < 1}$ ist der zugehörige Graph **streng monoton fallend** (exponentielle Abnahmefunktion) und die x-Achse ($y = 0$) ist rechtsseitige horizontale Asymptote.

(3) Alle Graphen schneiden die y-Achse in der Höhe 1, da $b^0 = 1$.

(4) Die Graphen von $x \mapsto b^x$ und $x \mapsto \left(\frac{1}{b}\right)^x = b^{-x}$ sind zueinander spiegelbildlich bezüglich der y-Achse.

Beispiel

Zeichnen Sie die Graphen der Exponentialfunktionen mit den Basen

$b \in \left\{\frac{1}{4}; 0{,}7; 1{,}4; 2\right\}$

in ein gemeinsames Diagramm.

Lösung:

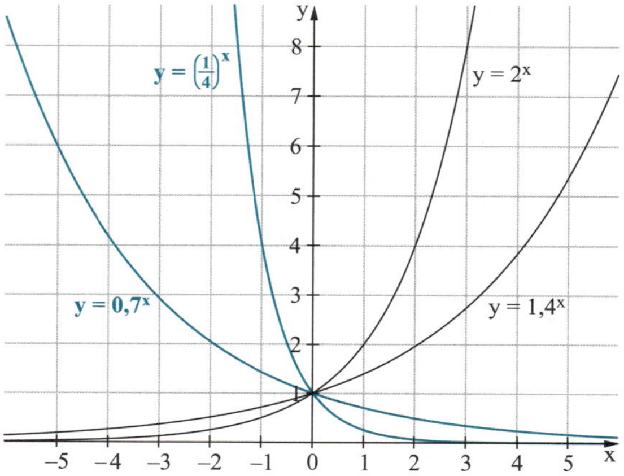

Aufgaben

142. a) Ein Blatt Papier hat eine Dicke von 1 mm. Das Blatt wird (theoretisch) 40-mal gefaltet.
Welche Höhe (in km) erreicht der dadurch entstehende Papierstapel?

b) Es wird erwartet, dass der Weltenergieverbrauch in den nächsten 20 Jahren um 2 % jährlich zunimmt.
Um wie viel Prozent wird nach dieser Zeit der Energieverbrauch größer sein als heute?

c) Durch die Rodung der Regenwälder nimmt ihre Fläche pro Jahr um 3 % ab.
Auf wie viel Prozent wird die jetzige Regenwaldfläche in 10; 25 und 50 Jahren schrumpfen?

d) Für ein neugeborenes Kind werden 10 000 € auf ein Sperrkonto zu einem jährlichen Zinssatz von 5 % eingezahlt. Mit dem Renteneintritt in 65 Jahren wird das Geld fällig.
Über welchen Betrag kann sich der Ruheständler freuen?
Vergleichen Sie diesen Betrag mit demjenigen, der sich ergibt, wenn der Zinssatz nur 2 % beträgt und der Eintritt in die Rente erst nach 67 Jahren erfolgt.

e) Der Wert eines Neuwagens sinkt um 10 % pro Jahr.
Welchen Restwert hat das Auto in 6 Jahren noch, wenn es 25 000 € gekostet hat?

143. a) Zeichnen Sie die Graphen der Exponentialfunktionen für die Basen mit $b \in \{0{,}4;\ 2{,}5\}$ in ein gemeinsames Koordinatensystem ein.

b) Vom (x | y)-Wertepaar (0 | 1) ausgehend, sollen für alle ganzzahligen x-Werte mit $0 \leq x \leq 10$ die weiteren Wertepaare so bestimmt werden, dass die y-Werte von einem Punkt zum nächsten jeweils mit dem Faktor 1,5 multipliziert werden.
Bestimmen Sie die zugehörige Wertetabelle und zeichnen Sie die ersten sechs Punkte in ein Diagramm ein. Um wie viel Prozent nehmen die y-Werte jeweils zu? Um wie viel Prozent ist der letzte y-Wert größer als der erste? Wie lautet die diesen Punkten zugrunde liegende Funktion? Zeichnen Sie ihren Graphen ebenfalls in das Diagramm ein.

8.2 Allgemeine Logarithmusfunktionen

Die Bedeutung des Wurzelsymbols ist bekannt, so beschreibt $\sqrt[n]{x}$ eine bestimmte Zahl, die mit dem Radikanden x und der n-ten Wurzel zusammenhängt: $\sqrt[n]{x}$ ist diejenige nicht negative Zahl, die n-mal mit sich selbst multipliziert genau x ergibt. In der Formelsprache ausgedrückt bedeutet das:

$\left(\sqrt[n]{x}\right)^n = x$

Anhand der Formel erkennt man, dass sich das Ziehen der n-ten Wurzel und das Potenzieren mit n gegenseitig aufheben und den Radikanden x freilegen. Entsprechendes gilt für den Logarithmus und das Potenzieren. Auch das Logarithmussymbol (genauer: „der Logarithmus von x zur Basis b") beschreibt zunächst einmal lediglich eine Zahl.

Definition

Logarithmus zur Basis b
$\log_b(x)$ ist diejenige Zahl, mit der man b potenzieren muss, um x zu erhalten.
Als Formel heißt dies: $b^{\log_b(x)} = x$
Außerdem folgt aus der Definition: $\log_b(b^x) = x$

„b hoch" und „log zur Basis b" heben sich also in ihrer Wirkung gegenseitig auf; sie sind wie Wurzel und Potenzieren **Umkehroperationen** zueinander. Die Formeln zeigen, dass man mit dem Logarithmus den Exponenten x freilegen kann.

Beispiele

1. Welche Zahl ist $\log_2(16)$?

   Lösung:
   Das ist nach der Definition diejenige Zahl, mit der man 2 potenzieren muss, wenn man 16 erhalten will. Somit ist das die Lösung der Gleichung $2^x = 16$. Für $x = \mathbf{4}$ ist die Gleichung erfüllt, sodass gilt:
   $\log_2(16) = \log_2(2^{\mathbf{4}}) = \mathbf{4}$

2. Ermitteln Sie die Zahlenwerte der folgenden Logarithmen.
   a) $\log_3(27)$ b) $\log_{10}(100)$
   c) $\log_2(1\,024)$ d) $\log_{10}(0{,}01)$

   Lösung:
   a) $\log_3(27) = \mathbf{3}$, da $3^{\mathbf{3}} = 27$
   b) $\log_{10}(100) = \mathbf{2}$, da $10^{\mathbf{2}} = 100$
   c) $\log_2(1\,024) = \mathbf{10}$, da $2^{\mathbf{10}} = 1\,024$
   d) $\log_{10}(0{,}01) = \mathbf{-2}$, da $10^{\mathbf{-2}} = \frac{1}{10^2} = 0{,}01$

Zu jeder Basis $b \in \mathbb{R}^+ \setminus \{1\}$ gibt es einen Logarithmus. Bestimmte Basen haben besonders weite Verbreitung gefunden; es sind die Basen $b = 10$ (Zehner- oder dekadischer Logarithmus), $b = e \approx 2{,}71828$ (natürlicher Logarithmus zur Basis e, der Euler'schen Zahl; dazu mehr in Abschnitt 8.3) und $b = 2$ (dualer oder binärer Logarithmus). Man hat dafür eigene Symbole eingeführt:

$\lg(x) := \log_{10}(x)$ Zehnerlogarithmus
$\ln(x) := \log_e(x)$ natürlicher Logarithmus, neuerdings auch einfach als $\log(x)$ geschrieben
$\operatorname{ld}(x) := \log_2(x)$ Zweier- oder dualer, manchmal auch binärer Logarithmus

Auf einem gewöhnlichen Taschenrechner finden sich der Zehnerlogarithmus (Taste [log]) und der natürliche Logarithmus (Taste [ln]).

Zwischen Logarithmen unterschiedlicher Basen kann man eine Umrechnung vornehmen. Die **Basisumrechnungsformel** wird hier für den Zehnerlogarithmus angegeben, da sich dieser mit dem Taschenrechner berechnen lässt:

$$\log_b(x) = \frac{\lg(x)}{\lg(b)}$$

Es muss also der Zehnerlogarithmus der Zahl x durch den Zehnerlogarithmus der Basis b dividiert werden, damit man den Logarithmus von x zur Basis b erhält. Statt des Zehnerlogarithmus in der rechten Seite der Formel kann auch jeder andere Logarithmus herangezogen werden.

Beispiele

1. Berechnen Sie im Kopf und anschließend mithilfe des Taschenrechners und der Basisumrechnungsformel den Logarithmus von 125 zur Basis 5.

   Lösung:
   $\log_5(125)$ ist diejenige Zahl x, mit der man 5 potenzieren muss, um 125 zu erhalten, also $5^x = 125$. Das gilt für $x = 3$, weil $5^{\mathbf{3}} = 125$ ist, sodass gilt:
   $\log_5(125) = \log_5(5^{\mathbf{3}}) = \mathbf{3}$

   Nun mit dem Taschenrechner und der Basisumrechnungsformel:
   $$\log_5(125) = \frac{\lg(125)}{\lg(5)} \approx \frac{2{,}097}{0{,}699} = 3$$

2. Womit muss man 3 potenzieren, wenn man 5 erhalten will?

Lösung:
Als Gleichung ausgedrückt, geht es um $3^x = 5$. Da $3^1 = 3$ und $3^2 = 9$, muss x irgendwo zwischen 1 und 2 liegen. Mit dem Logarithmus wird die Gleichung nach x aufgelöst:

$3^x = 5 \quad | \log_3$ — Die Gleichung wird logarithmiert, indem von beiden Seiten der Logarithmus gebildet wird.

$\log_3(3^x) = \log_3(5)$ — Die linke Seite ist nach Definition des Logarithmus einfach x.

$x = \log_3(5)$ — Die rechte Seite wird mit der Basisumrechnungsformel berechnet.

$x = \frac{\lg(5)}{\lg(3)} = \frac{0{,}69897\ldots}{0{,}47712\ldots} \approx 1{,}46497$ — Die Probe ergibt: $3^{1{,}46497} \approx 5$

Da die nachfolgenden Logarithmengesetze für jede Basis gelten, wird auf das Mitführen der Basis beim log-Symbol verzichtet.

Regel

Rechengesetze für Logarithmen

Für $x, y \in \mathbb{R}^+$ und $r \in \mathbb{R}$ gilt:

(1) $\log(x \cdot y) = \log(x) + \log(y)$	Aus **mal** im Logarithmus wird **plus** zwischen den Logarithmen.
(2) $\log\left(\frac{x}{y}\right) = \log(x) - \log(y)$	Aus **geteilt** im Logarithmus wird **minus** zwischen den Logarithmen.
(3) $\log(x^r) = r \cdot \log(x)$	Aus der **Potenz** im Logarithmus wird die **Multiplikation** mit dem Exponenten.

Ferner gilt $\log_b(1) = 0$, da stets $b^0 = 1$.

Beispiel

Formen Sie den Term $\log_3(9x^2)$ mithilfe der Logarithmengesetze um.

Lösung:
$\log_3(9x^2) = \log_3(9) + \log_3(x^2) = 2 + \log_3(x^2)$
Falls $x > 0$, kann weiter umgeformt werden: $\log_3(9x^2) = 2 + 2\log_3(x)$

Eine Funktion $f: D_f \to W_f$ mit dem Definitionsbereich D_f und dem Wertebereich W_f ordnet bekanntlich jedem $x \in D_f$ genau ein $f(x) \in W_f$ zu. Wenn dabei unterschiedlichen x-Werten stets unterschiedliche Funktionswerte zugeordnet werden, dann lässt sich die Zuordnungsvorschrift von f umkehren. Die zugehörige **Umkehrfunktion** wird mit $\mathbf{f^{-1}}$ bezeichnet. Mit „hoch –1“ ist nicht die Kehrwertbildung der Potenzrechnung gemeint, sondern die Umkehrung der Zuordnung von f. Dabei vertauschen Definitions- und Wertebereich ihre Rollen:

$D_{f^{-1}} = W_f$ und $W_{f^{-1}} = D_f$

Die Graphen von f und f^{-1} gehen durch Spiegelung an der Winkelhalbierenden des I. und III. Quadranten, der Geraden $y = x$, ineinander über.

Eine Funktion $f\colon D_f \to W_f$ und die zugehörige Umkehrfunktion $f^{-1}\colon D_{f^{-1}} \to W_{f^{-1}}$ heben sich, hintereinander ausgeführt, gegenseitig in ihrer Wirkung auf:
$f^{-1}(f(x)) = x$ für alle $x \in D_f$ und $f(f^{-1}(x)) = x$ für alle $x \in D_{f^{-1}}$

Streng monotone Funktionen haben die oben angegebene Eigenschaft der Umkehrbarkeit. So ist die bekannte Funktion $p\colon [0; \infty[\to [0; \infty[$ mit $p(x) = x^2$ streng monoton (wachsend) auf $[0; \infty[$ und besitzt die Umkehrfunktion $p^{-1}(x) = \sqrt{x}$. Entsprechendes gilt für Exponentialfunktionen.

Regel

Die Logarithmusfunktion als Umkehrfunktion der Exponentialfunktion
Für eine beliebige Basis $b \in \mathbb{R}^+ \setminus \{1\}$ besitzt jede Exponentialfunktion $f\colon \mathbb{R} \to \mathbb{R}^+$ mit $f(x) = b^x$ die **Umkehrfunktion** $f^{-1}\colon \mathbb{R}^+ \to \mathbb{R}$ mit $f^{-1}(x) = \log_b(x)$.
Der maximale Definitionsbereich der Logarithmusfunktion ist $D_{max} = \mathbb{R}^+ =]0; \infty[$.
Ihr Wertebereich ist ganz $\mathbb{R}$.
Wegen $\log_b(1) = 0$ hat jede Logarithmusfunktion eine Nullstelle bei $x_0 = 1$.

Beispiele

1. Zeichnen Sie den Graphen der Funktion $y = 2^x$ in ein Koordinatensystem ein und konstruieren Sie daraus punktweise durch Spiegelung an der Geraden $y = x$ den Graphen der zugehörigen Umkehrfunktion $y = \log_2(x)$.

Lösung:

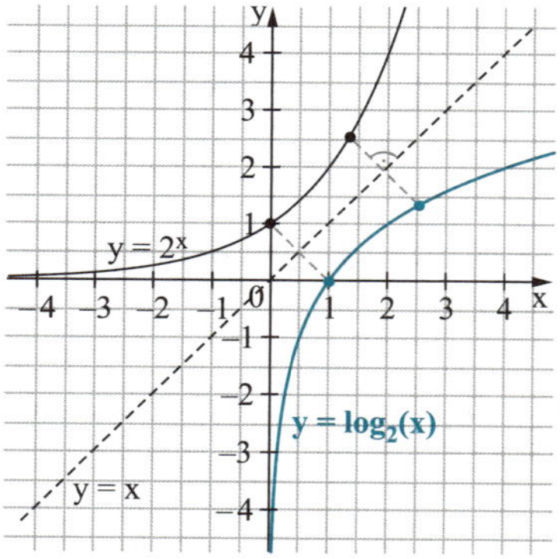

2. Erstellen Sie eine Wertetabelle für den Graphen von $f(x) = 2^x$. Nehmen Sie die Funktionswerte dieser Funktion als x-Werte für die zugehörige Umkehrfunktion $f^{-1}(x) = \log_2(x)$ und berechnen Sie damit deren Funktionswerte.
Welche Beobachtung machen Sie? Drücken Sie diese Eigenschaft formelmäßig aus.

Lösung:

Die Rechnung für $x=-3$ sieht so aus:

$f(-3) = 2^{-3} = \frac{1}{2^3} = \frac{1}{8} = 0{,}125$

$f^{-1}(0{,}125) = \log_2(0{,}125) = \frac{\lg(0{,}125)}{\lg(2)} = -3$ (mit Basisumrechnungsformel)

Die weiteren Werte sind den Wertetabellen zu entnehmen.

x	–3	–2	–1	0	1	2	3
2^x	0,125	0,25	0,5	1	2	4	8

x	0,125	0,25	0,5	1	2	4	8
$\log_2(x)$	–3	–2	–1	0	1	2	3

Man beobachtet, dass die Zuordnung von x nach f(x), welche durch die Funktion f bewerkstelligt wird, durch die darauffolgende Anwendung der Umkehrfunktion f^{-1} wieder rückgängig gemacht wird. Als Formel geschrieben heißt das, dass für alle $x \in D_f$ gilt:

$f^{-1}(f(x)) = x$

Aufgaben

144. a) Bestimmen Sie im Kopf und kontrollieren Sie mit dem Taschenrechner die Zehnerlogarithmen der folgenden Zahlen:

1 $\quad$ 10 $\quad$ 100 $\quad$ 0,1 $\quad$ 10^6 $\quad$ $\frac{1}{1000}$ $\quad$ $\sqrt[3]{100}$

b) Verfahren Sie in gleicher Weise mit den unten stehenden Zahlen, jedoch mit dem Zweierlogarithmus.

2 $\quad$ 8 $\quad$ 512 $\quad$ 0,25 $\quad$ $\frac{1}{2}$ $\quad$ $\sqrt{2}$ $\quad$ 1 $\quad$ 2^{10}

145. Formen Sie die folgenden Terme mithilfe der drei Logarithmengesetze um:

a) $\lg\left(\frac{10x^2}{(x+1)^2}\right)$ $\qquad$ b) $\log_2(4\sqrt{x})$

c) $2\log_5(x) - 0{,}5\log_5(x)$ $\qquad$ d) $\log_2(x^2+1)$

146. Erstellen Sie im Bereich $0 < x \leq 10$ eine Wertetabelle für die Funktion $f(x) = \log_{1,5}(x)$. Berechnen Sie dazu auch die Funktionswerte für $x = 0{,}1$; 0,25; 0,5. Verwenden Sie die Basisumrechnungsformel. Zeichnen Sie den Graphen von f.

Wie lautet die zugehörige Umkehrfunktion f^{-1}? Zeichnen Sie auch den Graphen von f^{-1} in das Koordinatensystem ein, indem Sie einige Graphenpunkte durch Spiegelung zeichnerisch erzeugen.

8.3 Die e-Funktion

Die allgemeine Exponentialfunktion $f(x)=b^x$ gibt es für jede positive reelle Zahl $b \neq 1$. Es stellt sich die Frage, ob es eine bestimmte Basis gibt, die besonders „schöne“ Eigenschaften der zugehörigen Exponentialfunktion zur Folge hat. Die Antwort lautet: Ja, die gibt es. Und es ist nicht $b=2$ oder $b=10$, wie man vielleicht vermuten könnte. Es ist vielmehr $b=e=2{,}71828\ldots$, die nach dem Schweizer Mathematiker Leonhard Euler (1707–1783) benannte Euler'sche Zahl e. Die Zahl e ist, genau wie die Kreiszahl π auch, eine irrationale Zahl, die sich nicht durch einen Bruch darstellen lässt. In ihrer Bedeutung als mathematische Konstante steht e der berühmten Kreiszahl in nichts nach!

Wie kommt es zu dieser „krummen“ Basis e, die dann die sogenannte **natürliche Exponentialfunktion** oder eben kurz die **e-Funktion** darstellt?

Es stellt sich zunächst die Frage, wie die Ableitungsfunktion von $x \mapsto b^x$ aussieht. Eine Ableitung mit der Potenzregel $(x^r)'=rx^{r-1}$ ist nicht möglich, da nun x im Exponenten, nicht in der Basis steht. Deshalb muss zum Ableiten auf den Differenzialquotienten zurückgegriffen werden:

$$(b^x)' = \lim_{h \to 0} \frac{b^{x+h}-b^x}{h} = \lim_{h \to 0} \frac{b^x \cdot b^h - b^x}{h} = b^x \cdot \lim_{h \to 0} \frac{b^h-1}{h}$$

Bei dieser Rechnung ist der erste Grenzwert der Differenzialquotient (laut Definition). Im 2. Bruch wurde das Potenzgesetz (1) angewandt (von rechts nach links gelesen). Schließlich wurde der Faktor b^x vorgeklammert. Der verbliebene Grenzwert (ganz rechts) hat nur noch einen Parameter, über den verfügt werden kann, nämlich b (h geht gegen null). Um eine möglichst einfache Ableitungsfunktion zu bekommen, soll dieser Grenzwert 1 sein. Für dieses b gilt dann einfach $(b^x)'=b^x$; einfacher geht es nicht mehr! Die Frage ist, für welchen Wert von b das zutrifft. Um dies zu beantworten, wird der rechte Bruch nach b aufgelöst. Für h gegen null, aber $h \neq 0$, soll also gelten:

$$\frac{b^h-1}{h} \approx 1 \quad \Rightarrow \quad b^h - 1 \approx h \quad \Rightarrow \quad b^h \approx 1+h \quad \Rightarrow \quad b \approx (1+h)^{\frac{1}{h}}$$

Da h gegen null gehen soll, kann man auf der rechten Seite der letzten Gleichung $h=\frac{1}{n}$ setzen und n gegen unendlich gehen lassen, dann geht h gegen null:

$$b = \lim_{h \to 0} (1+h)^{\frac{1}{h}} = \lim_{n \to \infty} \left(1+\frac{1}{n}\right)^n$$

Der so entstandene Ausdruck wird mit e_n bezeichnet, sodass gilt:

$$e_n := \left(1+\frac{1}{n}\right)^n, \text{ wobei } n \in \mathbb{N}^*$$

n	e_n
1	2
2	2,25
10	2,593742460
100	2,704813829
1 000	2,716923932
10 000	2,718145927
100 000	2,718268237
1 000 000	2,718280469
10 000 000	2,718281693
100 000 000	2,718281815
...	...

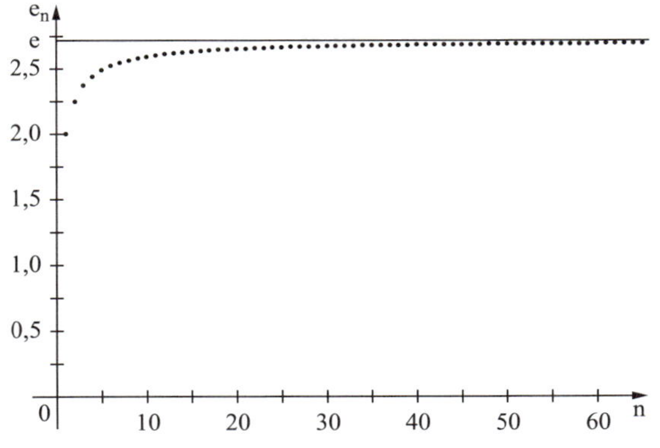

Man erkennt, dass e_n für $n \to \infty$ konvergiert, sich also einer konstanten, feststehenden Zahl beliebig genau annähert, eben der **Euler'schen Zahl e:**

$$e := \lim_{n \to \infty} e_n = \lim_{n \to \infty} \left(1+\frac{1}{n}\right)^n = 2{,}718281828459045235360287471 35\ldots$$

Mit dieser Zahl als Basis gilt dann: $(e^x)' = e^x$. An jeder Stelle x sind bei der e-Funktion also Funktionswert und Steigung gleich groß.

Definition

Die e-Funktion

Mit der **Euler'schen Zahl e** als Basis heißt

$x \mapsto \exp(x) = e^x$

die **natürliche Exponentialfunktion** oder einfach **e-Funktion** (die Schreibweisen exp(x) und e^x werden synonym verwendet, meist die letztere).

Für den größtmöglichen Definitionsbereich gilt $\mathbf{D_{exp} = \mathbb{R}}$.

Der Wertebereich ist $\mathbf{W_{exp} = \mathbb{R}^+ =]0; \infty[}$.

Die e-Funktion hat nur positive Funktionswerte: $\mathbf{e^x > 0}$ für alle $x \in \mathbb{R}$.
Der Graph verläuft also vollständig oberhalb der x-Achse.

Regel

Grenzwerte

Für alle $n \in \mathbb{N}$ gilt:

$$\lim_{x \to \infty} \frac{e^x}{x^n} = \infty \text{ und } \lim_{x \to \infty} \frac{x^n}{e^x} = 0,$$

d. h., e^x strebt **stärker** gegen ∞ als jede Potenzfunktion x^n.

Ableitung: $(e^x)' = e^x$ **Integral**: $\int e^x \, dx = e^x + C$

Eine Kurvendiskussion der e-Funktion ergibt den Verlauf des zugehörigen Graphen. Zur Berechnung der Funktionswerte haben Taschenrechner die Taste [e^x].

Regel

Eigenschaften von exp: $\mathbb{R} \to \mathbb{R}^+$ mit $\exp(x) = e^x$

$D_{max} = \mathbb{R}$ und $e^x > 0$ in $\mathbb{R}$, also hat exp insbesondere keine Nullstellen.

$\lim\limits_{x \to -\infty} e^x = 0$

$y = 0$ (die x-Achse) ist linksseitige horizontale Asymptote.

$\lim\limits_{x \to \infty} e^x = +\infty$

Die e-Funktion wächst gegen ∞, und zwar schneller als jede andere Funktion.

$(e^x)' = e^x > 0$

Die e-Funktion ist streng monoton zunehmend, ihr Graph hat keine Extrema.

$(e^x)'' = e^x > 0$

Der Graph der e-Funktion ist linksgekrümmt und hat keine Wendepunkte.

Wertetabelle und Zeichnung des Graphen:

x	exp(x)
–5	0,00674
–4	0,01832
–3	0,04979
–2	0,13534
–1	0,36788
0	1,00000
1	2,71828
2	7,38906
3	20,08554
4	54,59815
5	148,41316

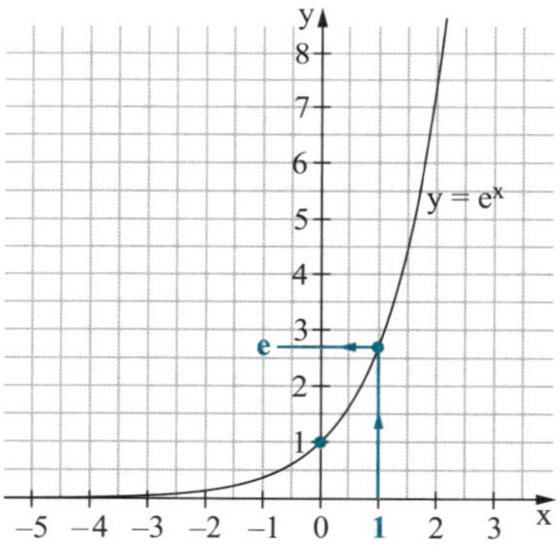

Man erkennt, dass für den Wertebereich $W_{exp} =]0; \infty[$ gilt:

$0 < e^x < 1$ für alle $x < 0$

$e^0 = 1$

$e^x > 1$ für alle $x > 0$

Für das Bestimmen der Ableitungsfunktion gelten alle Ableitungsregeln weiterhin. Hinzugekommen ist lediglich die Ableitung der Grundfunktion: $(e^x)' = e^x$. Da Integrieren die Umkehrung des Ableitens ist, hat man sofort auch die Formel $\int e^x \, dx = e^x + C$ für die Stammfunktion parat.

Beispiele

1. Bestimmen Sie die Ableitungsfunktionen der folgenden Funktionen:

   a) $f(x) = xe^x$ b) $f(x) = \frac{e^x}{x}$ c) $f(x) = e^{2x}$

Lösung:

a) $f'(x) = x' \cdot e^x + x \cdot (e^x)' = e^x + xe^x = (1+x)e^x$ Produktregel

b) $f'(x) = \frac{(e^x)' \cdot x - e^x \cdot x'}{x^2} = \frac{xe^x - e^x}{x^2} = \frac{(x-1)e^x}{x^2}$ Quotientenregel

c) $f'(x) = (e^{2x})' = e^{2x} \cdot (2x)' = e^{2x} \cdot 2 = 2e^{2x}$ Kettenregel

2. a) Ermitteln Sie mit der Umkehrung der Kettenregel das unbestimmte Integral der Funktionen $x \mapsto e^{ax+b}$; $a, b \in \mathbb{R}$, $a \neq 0$.

b) Berechnen Sie damit den Flächeninhalt der Fläche, die vom Graphen der Funktion

$f(x) = e^{-\frac{x}{2}}$

und der Geraden $x = 2$ im I. Quadranten eingeschlossen wird.

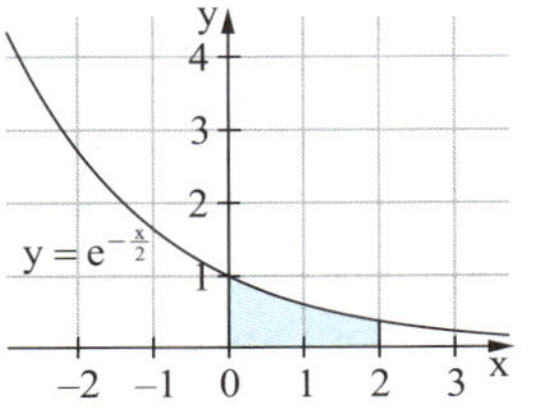

Lösung:

a) Bei $x \mapsto e^{ax+b}$ handelt es sich um zwei verkettete Funktionen: In die e-Funktion ist die lineare Funktion $y = ax + b$ eingesetzt. Die Stammfunktion muss deshalb mit dem Kehrwert des bei x stehenden Faktors (siehe Umkehrung der Kettenregel auf Seite 124) multipliziert werden:

$$\int e^{ax+b}\,dx = \frac{1}{a}e^{ax+b} + C$$

b) $$A = \int_0^2 e^{-\frac{x}{2}}\,dx = \left[\frac{1}{-\frac{1}{2}}e^{-\frac{x}{2}}\right]_0^2 = \left[-2e^{-\frac{x}{2}}\right]_0^2$$

$$= -2e^{-1} + 2e^0 = 2 - 2e^{-1} \approx 1{,}26$$

Anwendung der Formel aus Aufgabenteil a mit $a = -\frac{1}{2}$ und $b = 0$

ufgaben

147. Leiten Sie nachfolgende Funktionen ab und schreiben Sie die Ableitungsfunktionen so einfach wie möglich. Geben Sie außerdem noch dort, wo der Definitionsbereich der Funktion gegenüber $\mathbb{R}$ eingeschränkt werden muss, diesen an.

a) $f(x) = 1 + e^{-x}$

b) $f(x) = e^2 - e^{-(x-1{,}5)}$

c) $f(x) = 4x \cdot e^{-\frac{x}{2}}$

d) $f(x) = \sqrt{e^x}$

e) $f(x) = e^{\sqrt{x}}$

f) $f(x) = e^{-x} \cdot \sin(x)$

g) $f(x) = (x^2 - x)e^{-x}$

h) $f(x) = e^{\sin(x)}$

i) $f(x) = ae^{kx} + c$

148. Bestimmen Sie jeweils den maximalen Definitionsbereich D_{max} der Funktion und die erste Ableitungsfunktion.

a) $f(x) = \frac{1}{2}(e^x + e^{-x})$

b) $f(x) = \sqrt{e^x + 1}$

c) $f(x) = (2 - e^x)^2$

d) $f(x) = \frac{1}{2}(e^x + e^{-x})^2$

e) $f(x) = \frac{e^x}{e^x + x}$

f) $f(x) = \frac{e^{2x} - 4}{e^{2x} + 4}$

g) $f(x) = \frac{2e^x - 1}{e^{2x}}$

h) $f(x) = e^{x \cos(x)}$

i) $f(x) = \frac{e^{\frac{x}{2}}}{x^2 + 1}$

149. Ermitteln Sie für die Funktionen von Aufgabe 148 jeweils die Grenzwerte der Funktion an den Rändern des Definitionsbereichs.

150. Berechnen Sie die angegebenen Integrale.

a) $\int e^{\frac{x}{2}}\,dx$

b) $\int e^{-2x}\,dx$

c) $\int \sqrt{e^x}\,dx$

d) $\int \frac{1}{e^x}\,dx$

e) $\int_0^1 e^{\frac{x}{3}}\,dx$

f) $\int_{-2}^1 e^{-2x+3}\,dx$

151. Gegeben ist die Funktion $f(x) = e^x$.

a) An der Stelle $x_0 = 0$ wird die Tangente an den Graphen von f errichtet. Ermitteln Sie die Tangentengleichung.

b) Zeichnen Sie den Graphen von f und die Tangente in ein Koordinatensystem ein.

c) Im II. Quadranten wird von der Geraden $x = -3$, dem Graphen von f und der Tangente ein Flächenstück eingeschlossen.
Berechnen Sie dessen Flächeninhalt.

d) Schließlich wird noch die Fläche betrachtet, welche im II. Quadranten von der Geraden $x = a$, mit $a < 0$, und dem Graphen von f eingeschlossen wird.
Berechnen Sie deren Inhalt A(a) in Abhängigkeit von a.
Lassen Sie nun $a \to -\infty$ gehen. Welchen Flächeninhalt gibt der Grenzwert wieder?

9 Die natürliche Logarithmusfunktion

Die Exponentialfunktion mit der Basis e, die e-Funktion, hat als Umkehrfunktion die Logarithmusfunktion zu Basis e, **natürlicher Logarithmus** genannt.

Definition

Die ln-Funktion
Mit der **Euler'schen Zahl e** als Basis heißt
$x \mapsto \log_e(x) = \ln(x)$
die **natürliche Logarithmusfunktion** oder einfach **ln-Funktion**.
Für den größtmöglichen Definitionsbereich gilt $\mathbf{D_{ln} = \mathbb{R}^+ =]0; \infty[}$.
Der Wertebereich ist $\mathbf{W_{ln} = \mathbb{R}}$.

Da e-Funktion und ln-Funktion Umkehrfunktionen zueinander sind, gilt:
$\mathbf{\ln(e^x) = x}$ für alle $x \in \mathbb{R}$ und $\mathbf{e^{\ln(x)} = x}$ für alle $x \in \mathbb{R}^+$

Regel

Grenzwerte der ln-Funktion
$\lim\limits_{x \to \infty} \ln(x) = \infty$ und $\lim\limits_{x \to 0+} \ln(x) = -\infty$
Dabei gilt: ln(x) strebt **schwächer** gegen ∞ als jede andere unbeschränkte ganz- oder gebrochen-rationale Funktion und erst recht als die e-Funktion.

Die Ableitung der ln-Funktion ergibt sich folgendermaßen:
Ausgangspunkt ist die Gleichung
$e^{\ln(x)} = x$ für alle $x \in]0; \infty[$.
Dann werden die linke Seite (mit der Kettenregel) und die rechte Seite getrennt abgeleitet:

$$e^{\ln(x)} = x \;\Rightarrow\; (e^{\ln(x)})' = x' \;\Rightarrow\; e^{\ln(x)} \cdot (\ln(x))' = x' \;\Rightarrow\; x \cdot (\ln(x))' = 1$$
$$\Rightarrow\; (\ln(x))' = \frac{1}{x}$$

Somit hat man:

Regel

Die Ableitung der ln-Funktion
Für die Ableitung der ln-Funktion gilt:
$\mathbf{(\ln(x))' = \frac{1}{x}}$

Folglich gilt für das Integral der Funktion $x \mapsto \frac{1}{x}$:
$\mathbf{\int \frac{1}{x}\,dx = \ln(x) + C}$

Damit schließt sich in der Integralrechnung eine Lücke bei der Integration der Potenzfunktionen $x \mapsto x^r$. Mit der Regel

$$\int x^r \, dx = \frac{1}{r+1} x^{r+1} + C$$

kann für $x \mapsto x^{-1} = \frac{1}{x}$ keine Stammfunktion angegeben werden, da diese nur für $r \neq -1$ gilt. Mit der ln-Funktion kann auch x^{-1} integriert werden. Die Stammfunktion ist freilich eine ganz andere als bei den übrigen Potenzfunktionen.

Eine Kurvendiskussion der ln-Funktion ergibt den Verlauf des zugehörigen Graphen. Zur Berechnung der Funktionswerte haben Taschenrechner die Taste [ln].

Regel

Eigenschaften von ln: $\mathbb{R}^+ \to \mathbb{R}$ mit $x \mapsto \ln(x)$

$D_{max} = \mathbb{R}^+ =]0; \infty[$, d. h., es muss $x > 0$ sichergestellt sein.

Einfache Nullstelle $x_1 = 1$.

Wegen $\lim\limits_{x \to 0+} \ln(x) = -\infty$ ist $x = 0$ (die y-Achse) vertikale Asymptote.

$(\ln(x))' = \frac{1}{x} > 0$

Die ln-Funktion ist streng monoton zunehmend, ihr Graph hat keine Extrema.

$(\ln(x))'' = \left(\frac{1}{x}\right)' = -\frac{1}{x^2} < 0$

Der Graph der ln-Funktion ist rechtsgekrümmt und hat keine Wendepunkte.

Wertetabelle und Zeichnung des Graphen:

x	ln(x)
0,01	−4,605
0,1	−2,303
0,25	−1,386
0,5	−0,693
1	0,000
2	0,693
3	1,099
4	1,386
5	1,609
6	1,792
7	1,946
8	2,079
9	2,197
10	2,303

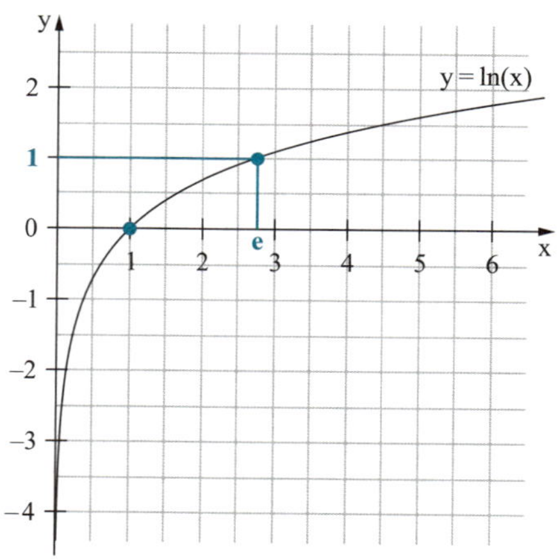

Man erkennt, dass für den Wertebereich $W_{\ln} = \mathbb{R}$ gilt:

$\ln(x) < 0$ für alle $x \in]0; 1[$; $\ln(1) = 0$; $\ln(x) > 0$ für alle $x > 1$

9.1 Definitionsbereich

Wenn bei ln-Funktionen der größtmögliche Definitionsbereich nicht vorgegeben ist, muss er ggf. rechnerisch bestimmt werden. Hat man eine Funktion der Form $f(x)=\ln(g(x))$ mit einer beliebigen in den ln eingesetzten Funktion (diese nennt man auch das **Argument** der ln-Funktion), dann lautet der **Ansatz zur Bestimmung von D_{max}:**

$g(x)>0$

Die Lösungsmenge dieser Ungleichung ist dann der größtmögliche Definitionsbereich der genannten Funktion. Um ihn zu erhalten, muss die Ungleichung nach x aufgelöst werden.

Beispiele

1. Bestimmen Sie die größtmöglichen Definitionsbereiche der folgenden Funktionen:

   a) $f(x)=\ln(x+2)$ b) $f(x)=\ln(x^2)$

   c) $f(x)=\ln(x^2-4)$ d) $f(x)=\ln(2x^2-3x-2)$

   Lösung:

   a) $x+2>0 \Leftrightarrow x>-2$ und damit:
   $D_{max}=]-2;\infty[$

   b) $x^2>0$: Diese Ungleichung muss man nicht formal lösen; man sieht auch so, dass nur die Zahl 0 sie nicht erfüllt. Deshalb gilt:
   $D_{max}=\mathbb{R}\setminus\{0\}=\mathbb{R}^*$

   c) $x^2-4>0 \Leftrightarrow x^2>4 \Leftrightarrow |x|>2$
   $\Leftrightarrow x<-2 \vee x>2$

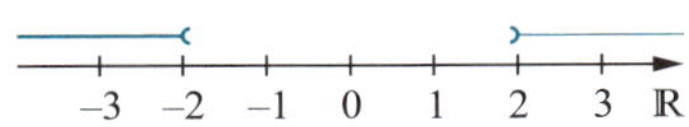

   Die Betragsstriche bei x müssen gesetzt werden, da beim Lösen einer quadratischen Ungleichung keine ±-Lösungen angegeben werden können, wie das bei quadratischen Gleichungen möglich ist:
   $x^2=4 \Leftrightarrow x=\pm 2$, das ist bei $x^2>4$ nicht möglich!
   $D_{max}=]-\infty;-2[\cup]2;\infty[=\mathbb{R}\setminus[-2;2]$

   d) $2x^2-3x-2>0$
   Diese quadratische Ungleichung wird mithilfe der Kenntnis gelöst, dass der quadratische Term $2x^2-3x-2$, als Funktion aufgefasst, eine nach oben geöffnete Parabel darstellt. Deren Nullstellen, die Lösungen von $2x^2-3x-2=0$, werden mit der Lösungsformel berechnet:

   $$x_{1/2}=\frac{3\pm\sqrt{3^2-4\cdot 2\cdot(-2)}}{2\cdot 2}=\begin{cases}2\\-\frac{1}{2}\end{cases}$$

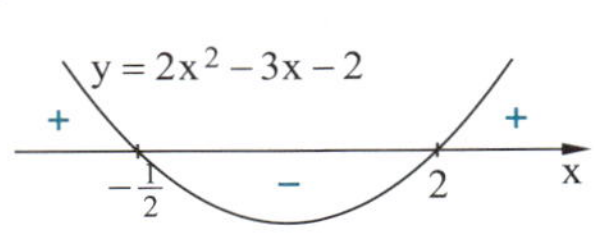

   Aus der Skizze liest man ab:
   $D_{max}=\mathbb{R}\setminus\left[-\frac{1}{2};2\right]$

2. Ermitteln Sie jeweils den maximalen Definitionsbereich der folgenden Funktionen:

a) $f(x)=\ln\left(\frac{-x+1}{x-2}\right)$ b) $f(x)=\ln\left(\frac{x}{2x-1}\right)$

c) $f(x)=\ln\left(\frac{x+4}{x-4}\right)$

Lösung:

a) $\frac{-x+1}{x-2}>0$

Diese Ungleichung kann man gut grafisch mit der Zahlengeraden lösen. Dabei wird benutzt, dass ein Bruch genau dann >0 ist, wenn Zähler und Nenner gleiches Vorzeichen haben (also +/+ oder –/–).

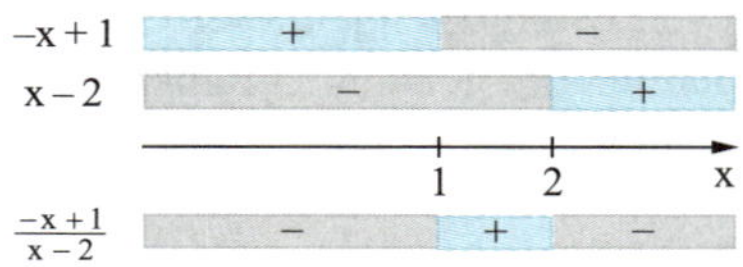

Die Rechnung führt zum gleichen Ergebnis:

(1) $-x+1>0 \;\wedge\; x-2>0$
$x<1 \;\wedge\; x>2$
$\Rightarrow\; D_1=\varnothing$

(2) $-x+1<0 \;\wedge\; x-2<0$
$x>1 \;\wedge\; x<2$
$\Rightarrow\; D_2=]1;2[$

Insgesamt: $D_{max}=D_1\cup D_2=]1;2[$

b) $\frac{x}{2x-1}>0$

(1) $x>0 \;\wedge\; 2x-1>0$
$x>0 \;\wedge\; x>\frac{1}{2}$
$\Rightarrow\; D_1=\left]\frac{1}{2};\infty\right[$

(2) $x<0 \;\wedge\; 2x-1<0$
$x<0 \;\wedge\; x<\frac{1}{2}$
$\Rightarrow\; D_2=]-\infty;0[$

Insgesamt:

$D_{max}=D_1\cup D_2$
$=\left]\frac{1}{2};\infty\right[\cup\,]-\infty;0[$
$=\mathbb{R}\setminus\left[0;\frac{1}{2}\right]$

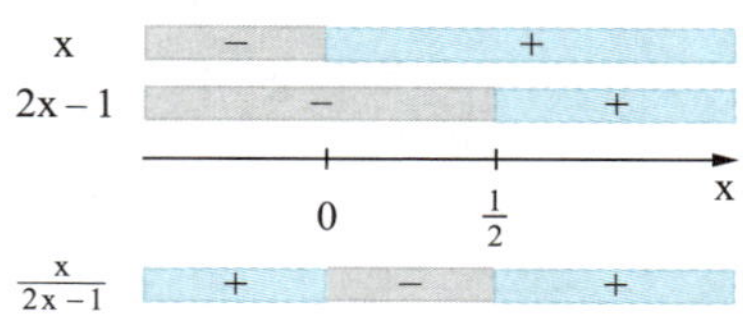

c) $\frac{x+4}{x-4}>0$

(1) $x+4>0 \;\wedge\; x-4>0$
$x>-4 \;\wedge\; x>4$
$\Rightarrow\; D_1=]4;\infty[$

(2) $x+4<0 \;\wedge\; x-4<0$
$x<-4 \;\wedge\; x<4$
$\Rightarrow\; D_2=]-\infty;-4[$

Insgesamt:

$D_{max}=D_1\cup D_2=\mathbb{R}\setminus[-4;4]$

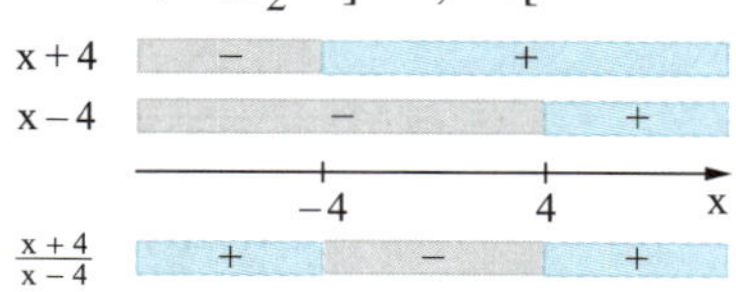

Die Funktion

$$f(x) = \ln\left(\frac{x+4}{x-4}\right)$$

aus dem letzten Beispiel hat einen **zum Ursprung symmetrischen Definitionsbereich** $D_{max} = \mathbb{R} \setminus [-4; 4]$. Es soll deshalb untersucht werden, ob die Funktion ebenfalls symmetrisch ist.
Dieser Symmetrienachweis ist für derartige ln-Funktionen typisch und stellt deshalb ein **Musterbeispiel** dar.

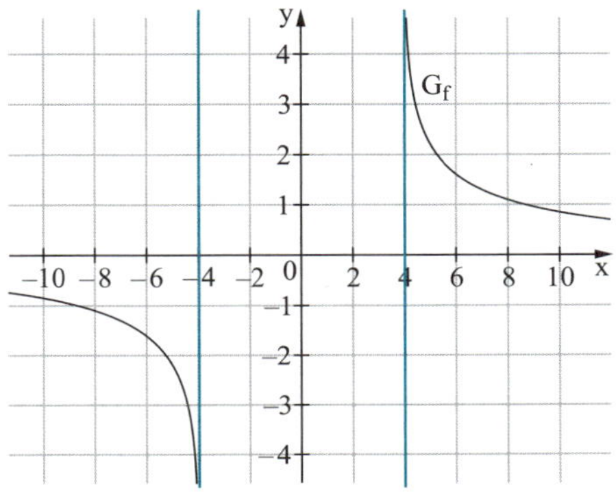

Beispiel

Weisen Sie rechnerisch nach, dass der Graph der Funktion $f(x) = \ln\left(\frac{x+4}{x-4}\right)$ mit $D_f = \mathbb{R} \setminus [-4; 4]$ punktsymmetrisch zum Koordinatenursprung ist.

Lösung:

Punktsymmetrie zum Ursprung liegt vor, wenn $f(-x) = -f(x)$ für alle $x \in D_f$ gilt. Das weist man so nach:

$f(-x) = \ln\left(\frac{-x+4}{-x-4}\right)$ — „x“ durch „–x“ ersetzen, dann den Bruch im ln mit –1 erweitern.

$= \ln\left(\frac{x-4}{x+4}\right)$ — Nun steht im Argument des ln genau der Kehrwert des Bruchs von f(x).

$= \ln\left(\left(\frac{x+4}{x-4}\right)^{-1}\right)$ — Es erfolgt nun zweimalige Kehrwertbildung, einmal indem der Bruch umgedreht wird, und einmal durch das „hoch –1“ am Bruch.

$= (-1) \cdot \ln\left(\frac{x+4}{x-4}\right)$ — Nach den Rechenregeln für Logarithmen wird der Exponent „–1“ als Faktor vor den ln geschrieben.

$= -f(x)$ — Das ergibt dann aber –f(x).

Demnach gilt $f(-x) = -f(x)$ für alle $x \in D_f$, folglich ist f punktsymmetrisch zum Ursprung (vgl. Diagramm oben).

Meist ist auch zu untersuchen, wie sich die Funktion an den Rändern ihres Definitionsbereichs verhält. Da – zumindest bei ln-Funktionen – die Randpunkte selbst gerade nicht mehr zum Definitionsbereich gehören, benötigt man dafür die Grenzwertrechnung.

Beispiel

Die im letzten Beispiel behandelte punktsymmetrische Funktion

$$f(x) = \ln\left(\frac{x+4}{x-4}\right) \text{ mit } D_f = \mathbb{R} \setminus [-4; 4]$$

ist weiter oben abgebildet. Bestimmen Sie die Grenzwerte an den Rändern des Definitionsbereichs und schließen Sie auf ggf. vorhandene Asymptoten.

Lösung:

Der Definitionsbereich $D_f = \mathbb{R} \setminus [-4; 4]$ von f hat vier Ränder, nämlich: $-\infty;\ -4;\ 4;\ \infty$

Da bereits Punktsymmetrie nachgewiesen wurde, genügt es, die beiden Ränder in der rechten Hälfte zu untersuchen. Die entgegengesetzten Randpunkte haben dann die gleichen Grenzwerte mit umgekehrten Vorzeichen.

$$\lim_{x \to \infty} f(x) = \lim_{x \to \infty} \ln\underbrace{\left(\frac{x+4}{x-4}\right)}_{\to 1} = \ln(1) = 0 \quad \Rightarrow \quad \lim_{x \to -\infty} f(x) = 0$$

Die Bestimmung dieses Grenzwertes erfolgt in zwei Schritten: Zunächst wird bestimmt, wohin die eingesetzte Funktion $\frac{x+4}{x-4}$, das Argument des ln, strebt. Da es eine gebrochen-rationale Funktion mit Zählergrad = Nennergrad ist, ist ihr Grenzwert durch die Koeffizienten vor den höchsten Potenzen von x bestimmt, hier also 1 (alternativ könnte man diesen Grenzwert auch mit den Regeln von de L'Hospital bestimmen). Im zweiten Schritt wird bestimmt, was der ln aus diesem Grenzwert macht, hier null (da $\ln(1) = 0$). Wegen der Punktsymmetrie ist der Grenzwert gegen $-\infty$ ebenfalls null.
Folglich ist die x-Achse ($y = 0$) **horizontale Asymptote** des Graphen der Funktion.

Der Grenzwert gegen den anderen Rand 4 kann nur von rechts erfolgen, da f nur dort definiert ist:

$$\lim_{x \to 4+} f(x) = \lim_{x \to 4+} \ln\underbrace{\left(\frac{x+4}{x-4}\right)}_{\to \infty} = +\infty$$

Diesen Grenzwert sieht man folgendermaßen ein: Für x gegen 4 geht der Nenner des eingesetzten Bruchs gegen null und damit der Bruch selbst gegen unendlich. Aus der ln-Grundfunktion weiß man, dass diese gegen unendlich geht, wenn ihr Argument gegen unendlich geht. Aus der Symmetrie folgt:

$$\lim_{x \to -4-} f(x) = \lim_{x \to -4-} \ln\left(\frac{x+4}{x-4}\right) = -\infty$$

Also hat der Graph von f die beiden **vertikalen Asymptoten** $x = -4$ und $x = 4$.

Aufgaben

152. Bestimmen Sie jeweils den maximalen Definitionsbereich der angegebenen Funktionen.

a) $f(x) = \ln\left(\frac{1}{x}\right)$

b) $f(x) = \ln(1 + x^2)$

c) $f(x) = \ln(x^2 - 2x + 1)$

d) $f(x) = \ln(x^2 - 4)$

e) $f(x) = \ln(-x^2 + 3x + 4)$

f) $f(x) = \frac{1}{\ln(x)}$

g) $f(x) = \ln\left(\frac{x-2}{x}\right)$

h) $f(x) = \ln\left(\frac{x+2}{1-x}\right)$

153. Ermitteln Sie bei den Funktionen der Aufgabe 152 jeweils die Grenzwerte an den Rändern des Definitionsbereichs und geben Sie ggf. Art und Gleichungen der Asymptoten an.

154. Bestimmen Sie für die folgenden Funktionen die maximalen Definitionsbereiche. Untersuchen Sie dann die Funktionen auf Symmetrie und ermitteln Sie die Grenzwerte an den Rändern des Definitionsbereichs und geben Sie ggf. die Gleichungen vorhandener Asymptoten an.

a) $f(x) = \ln(x^2 - 1)$ b) $f(x) = \frac{x}{\ln(x^2)}$

c) $f(x) = \ln\left(\frac{x-1}{x+1}\right)$

155. Bestimmen Sie die Grenzwerte (ggf. mit den Regeln von de L'Hospital).

a) $\lim\limits_{x \to \infty} \frac{\ln(x)}{x}$ b) $\lim\limits_{x \to 0+} x \cdot \ln(x)$

c) $\lim\limits_{x \to 1} \frac{1}{x \cdot \ln(x)}$ d) $\lim\limits_{x \to 0+} \frac{1}{x \cdot \ln(x)}$

9.2 Ableitung

Zunächst wird die für $x > 0$ gültige Ableitung $(\ln(x))' = \frac{1}{x}$ etwas erweitert. Dazu wird die Definition des Betrags einer Zahl $x \in \mathbb{R}$ in Erinnerung gerufen:

$$|x| := \begin{cases} x & \text{für } x \geq 0 \\ -x & \text{für } x < 0 \end{cases}$$

Betrachtet man negative x, so kann man zwar nicht ln(x) bilden, jedoch ln(–x). Leitet man diesen Ausdruck mit der Kettenregel ab, so ergibt sich

$(\ln(-x))' = \frac{1}{-x} \cdot (-1) = \frac{1}{x}$, gültig für $x < 0$,

was formelmäßig das Gleiche wie oben ist. Beide Ableitungen kann man nun mit der Betragschreibweise zu einer Ableitungsformel zusammenfassen:

Regel

Verallgemeinerte Ableitung der ln-Funktion

Für $x \neq 0$ gilt: $(\ln|x|)' = \frac{1}{x}$ und $\int \frac{1}{x}\,dx = \ln|x| + C$

Wenn das Argument vom ln im Betrag steht, fällt dieser bei der Ableitung einfach weg. Man kann sich mit dieser Betragschreibweise oft lästige Fallunterscheidungen ersparen.

Wie bei allen anderen Funktionstypen auch müssen bei der Ableitung verallgemeinerter Logarithmusfunktionen die entsprechenden Ableitungsregeln angewandt werden.

Beispiele

1. Bestimmen Sie die Ableitungsfunktionen der angegebenen Funktionen:

   a) $f(x) = x \cdot \ln(x)$ b) $f(x) = \frac{\ln|x|}{x}$

   c) $f(x) = \ln\left(\frac{x}{x-2}\right)$

   Lösung:

   a) $f'(x) = 1 \cdot \ln(x) + x \cdot \frac{1}{x} = \ln(x) + 1$ Produktregel

   b) $f'(x) = \frac{\frac{1}{x} \cdot x - \ln|x| \cdot 1}{x^2} = \frac{1 - \ln|x|}{x^2}$ Quotientenregel

   c) $f'(x) = \frac{1}{\frac{x}{x-2}} \cdot \frac{1 \cdot (x-2) - x \cdot 1}{(x-2)^2} = \frac{x-2}{x} \cdot \frac{-2}{(x-2)^2} = \frac{-2}{x(x-2)}$ Kettenregel

   Nach der Kettenregel ist zunächst die äußere Funktion, hier der ln, abzuleiten, die innere bleibt stehen. Dadurch ergibt sich in der Rechnung der erste (Doppel-)Bruch. Die innere Funktion wird nachdifferenziert, in diesem Fall mit der Quotientenregel, das ergibt den zweiten Bruch. Zudem wurde der Doppelbruch durch die Bildung des Kehrwerts beseitigt. Außerdem haben Brüche Klammerwirkung, sodass sich der Faktor $x-2$ kürzen lässt.

2. a) Ermitteln Sie mit der Umkehrung der Kettenregel sämtliche Stammfunktionen der Funktionen $x \mapsto \frac{1}{ax+b}$; $a, b \in \mathbb{R}, a \neq 0$.

   b) Berechnen Sie den Inhalt der Fläche, die vom Graphen der Funktion $f(x) = \frac{1}{x}$, der x-Achse sowie den Geraden $x = 1$ und $x = 4$ eingeschlossen wird.

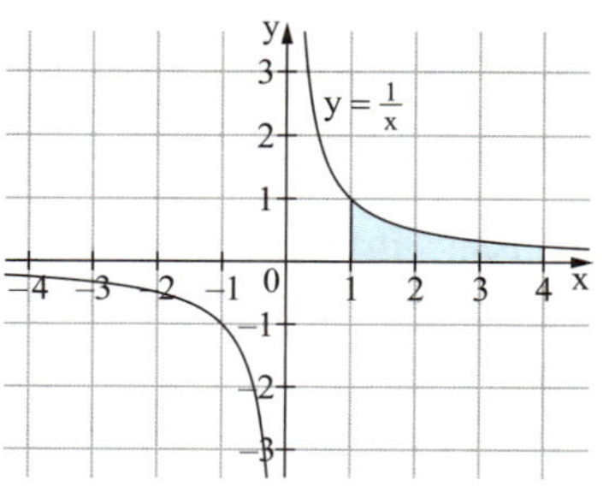

   Lösung:

   a) Es sind die Funktionen $x \mapsto \frac{1}{x}$ und $x \mapsto ax + b$ verkettet, sodass die Umkehrung der Kettenregel ergibt:

   $$\int \frac{1}{ax+b}\,dx = \frac{1}{a}\ln|ax+b| + C$$

   Es ist mit dem Kehrwert des bei x stehenden Faktors zu multiplizieren.

   b) $A = \int_1^4 \frac{1}{x}\,dx = [\ln(x)]_1^4 = \ln(4) - \ln(1) = \ln(4) \approx 1{,}39\,[FE]$

Aufgabe **156.** Leiten Sie nachfolgende Funktionen ab und schreiben Sie die Ableitungsfunktionen so einfach wie möglich.

a) $f(x) = \ln\left(\frac{1}{x}\right)$

b) $f(x) = x\ln(1 + x^2)$

c) $f(x) = (\ln(x))^2 - \ln(x)$

d) $f(x) = \ln((x^2 - 1)^2)$

e) $f(x) = \ln|-x^2 + 3x - 4|$

f) $f(x) = \frac{1}{\ln(x)}$

g) $f(x) = \ln\left(\frac{x+2}{1-x}\right)$

h) $f(x) = \frac{1}{x \cdot \ln(x)}$

i) $f(x) = \frac{4\ln(x)}{(\ln(x))^2 + 1}$

9.3 Integrale mithilfe der Logarithmusfunktion

Die ln-Funktion erweitert das Spektrum für das Auffinden von Stammfunktionen ganz erheblich. Wie im letzten Beispiel gezeigt, folgt aus $\int \frac{1}{x}\,dx = \ln|x| + C$ mit der Umkehrung der Kettenregel $\int \frac{1}{ax+b}\,dx = \frac{1}{a}\ln|ax+b| + C$ für $a \neq 0$.
Ist nun f eine beliebige Funktion mit $f(x) > 0$ für alle $x \in D_f$, so lässt sich $\ln(f(x))$ bilden. Mit der Anwendung der Kettenregel folgt dann:

$$(\ln(f(x)))' = \frac{1}{f(x)} \cdot f'(x) = \frac{f'(x)}{f(x)}$$

Entsprechend lässt sich $\ln(-f(x))$ bilden und ableiten, wenn $f(x)$ nur negative Funktionswerte hat. Für die Ableitung ergibt sich die gleiche Formel wie oben. Beide Fälle können wieder mit der Betragschreibweise zusammengefasst werden.

Regel

Integration von Brüchen

$$\int \frac{f'(x)}{f(x)}\,dx = \ln|f(x)| + C$$

Hat man also einen Quotienten (Bruch) zu integrieren, so ist zu prüfen, ob die Ableitung des Nenners im Zähler steht. Ist das der Fall, so ist das Problem gelöst: Der ln vom Betrag des Nenners ist dann eine Stammfunktion des Bruches.

Beispiele

1. Bestimmen Sie die Stammfunktionen der angegebenen Funktionen:

a) $f(x) = \frac{2x}{x^2+1}$

b) $f(x) = \frac{x}{x^2-4}$

c) $f(x) = \tan(x)$

Lösung:

a) $\int \frac{2x}{x^2+1}\,dx = \ln(x^2+1)+C$

Man prüft zunächst, ob die Ableitung des Nenners x^2+1 im Zähler steht. Da das zutrifft, ist das gesuchte Ergebnis der ln des Nenners. Betragstriche sind in diesem Fall nicht nötig, da das Argument x^2+1 ohnehin immer positiv ist.

b) $\int \frac{x}{x^2-4}\,dx = \int \frac{\frac{1}{2}\cdot 2x}{x^2-4}\,dx$
$= \frac{1}{2}\int \frac{2x}{x^2-4}\,dx$
$= \frac{1}{2}\ln|x^2-4|+C$

Die Ableitung des Nenners ergibt 2x. Im Zähler steht aber zunächst nur x. Deshalb wird der Faktor **2** ergänzt und sogleich wieder mit $\frac{1}{2}$ kompensiert. Den konstanten Faktor $\frac{1}{2}$ zieht man vor das Integral. Dann hat man die gewünschte Form. Konstante Faktoren lassen sich auf diese Weise immer ergänzen.

c) $\int \tan(x)\,dx = \int \frac{\sin(x)}{\cos(x)}\,dx$
$= -\int \frac{-\sin(x)}{\cos(x)}\,dx$
$= -\ln|\cos(x)|+C$

Zunächst wird auf die Definition des tan zurückgegriffen. Da die Ableitung des Nenners $-\sin(x)$ ist, müssen zwei Minuszeichen ergänzt werden.

2. Ermitteln Sie nach geeigneter Umformung jeweils eine Stammfunktion der folgenden Funktionen:

a) $f(x) = \frac{1}{x\cdot\ln(x)}$

b) $f(x) = \frac{-3x^2-x+7}{x^2+x-2}$

Lösung:

a) $f(x) = \frac{1}{x\cdot\ln(x)} = \frac{\frac{1}{x}}{\ln(x)} \quad\Rightarrow\quad$ Stammfunktion: $F(x) = \ln|\ln(x)|$

b) f(x) wird per Polynomdivision in einen ganzrationalen und einen echt gebrochen-rationalen Anteil zerlegt und anschließend integriert:

$f(x) = \frac{-3x^2-x+7}{x^2+x-2} = -3 + \frac{2x+1}{x^2+x-2}$

$\Rightarrow$ Stammfunktion: $F(x) = -3x + \ln|x^2+x-2|$

Aufgabe 157. Berechnen Sie:

a) $\int \frac{1}{3x-2}\,dx$

b) $\int \frac{x}{3x-2}\,dx$

c) $\int \frac{2x^3-x^2-3x+1}{x^2}\,dx$

d) $\int_3^5 \frac{x-1}{x}\,dx$

e) $\int_{-e}^{-1} \frac{1}{x}\,dx$

f) $\int_0^{\frac{\pi}{4}} \tan(x)\,dx$

10 Anwendungen

10.1 Gleichungen lösen

Bei der Untersuchung von e- und ln-Funktionen treten Gleichungen auf, in denen Exponential- und/oder Logarithmusterme enthalten sind. Wenn sich dabei die Potenz mit der Unbekannten x im Exponenten auf einer Seite isolieren lässt, dann löst man derartige Gleichungen in folgenden Schritten:

Regel

Lösen von einfachen Exponentialgleichungen

(1) Die Gleichung auf die Form $b^x = c$ bringen. Wenn $c \leq 0$ gilt, gibt es keine reelle Lösung. Andernfalls:

(2) Die Gleichung logarithmieren: $b^x = c \quad \Leftrightarrow \quad \ln(b^x) = \ln(c)$

(3) Logarithmusgesetz für Exponenten anwenden, $x \cdot \ln(b) = \ln(c)$, und nach x auflösen:

$$x = \frac{\ln(c)}{\ln(b)}$$

Beispiel

Bestimmen Sie die Lösungen der Gleichungen.

a) $4^x + 12 = 20$

b) $4e^x - 10 = 2e^x + 3$

c) $2K_0 = K_0 \cdot 1{,}07^t$

Lösung:

a) $4^x = 8$ — Wichtig ist es, im ersten Schritt die Potenz auf einer Seite zu isolieren.

$\ln(4^x) = \ln(8)$ — Erst danach erfolgt das Logarithmieren der Gleichung.

$x \cdot \ln(4) = \ln(8)$ — Der Exponent wird herausgezogen und zu einem Faktor des Logarithmus.

$$x = \frac{\ln(8)}{\ln(4)} = 1{,}5$$

b) $2e^x = 13$

$e^x = 6{,}5$ — Zur Erinnerung: ln und e neutralisieren sich.

$x = \ln(6{,}5) \approx 1{,}872$

c) Die Lösung dieser Gleichung beantwortet die Frage, wie lange man ein Startkapital K_0 anlegen muss, bis es sich bei einem Zinssatz von 7 % auf $2K_0$ verdoppelt (siehe Zinseszinsformel auf Seite 148):

$$2K_0 = K_0 \cdot 1{,}07^t \quad \Leftrightarrow \quad 2 = 1{,}07^t \quad \Leftrightarrow \quad \ln(2) = t \cdot \ln(1{,}07) \quad \Leftrightarrow \quad t = \frac{\ln(2)}{\ln(1{,}07)} \approx 10$$

Da K_0 selbst herausfällt, ist diese Verdopplungszeit von 10 Zeiteinheiten (Jahren) unabhängig von der Höhe des Startkapitals.

Wenn sich eine Gleichung auf Produktform bringen lässt, kann man ausnutzen, dass e^x niemals null wird.

Beispiel

Lösen Sie die Gleichung $xe^x = 2e^x$.

Lösung:

In Produktform lautet die Gleichung $(x-2) \cdot e^x = 0$. Die Lösung ist dort, wo der Faktor $(x-2)$ null wird, das ist für $x = 2$ der Fall. Der andere Faktor e^x selbst wird niemals null und liefert deshalb keine Lösung.

Durch eine Substitution kann man Gleichungen, die neben e^x auch e^{2x} enthalten, auf das Lösen einer quadratischen Gleichung zurückführen.

Beispiel

Lösen Sie die Gleichung $e^{2x} = e^x + 6$.

Lösung:

$e^{2x} - e^x - 6 = 0$

$z^2 - z - 6 = 0$ — Die Substitution $z = e^x$ führt auf eine quadratische Gleichung.

$z_1 = -2;\quad z_2 = 3$ — Lösen mit der Lösungsformel

$e^x = -2 \;\Rightarrow\;$ keine Lösung, da $e^x > 0$ — Rücksubstitution

$e^x = 3 \;\Rightarrow\; x = \ln(3) \approx 1{,}10$

Bereits relativ einfache Exponential- und Logarithmusgleichungen wie $e^x = -x$ oder auch $e^x + \ln(x) = 0$ lassen sich nicht nach x umstellen. Um festzustellen, ob sie überhaupt Lösungen haben, ist es oft hilfreich, solche Gleichungen als Schnittprobleme zweier Funktionen aufzufassen.

Die Gleichung $e^x = -x$ kann man sich entstanden denken aus den Funktionen $x \mapsto e^x$ und $x \mapsto -x$. Diese auf Schneiden angesetzt, führt auf die angegebene Gleichung.

Aus der grafischen Darstellung ist erkennbar, dass es eine Lösung gibt und welchen Wert sie ungefähr hat:

$x_S \approx -0{,}5$

Benötigt man eine genauere Lösung, so nimmt man das Newton-Verfahren zu Hilfe.

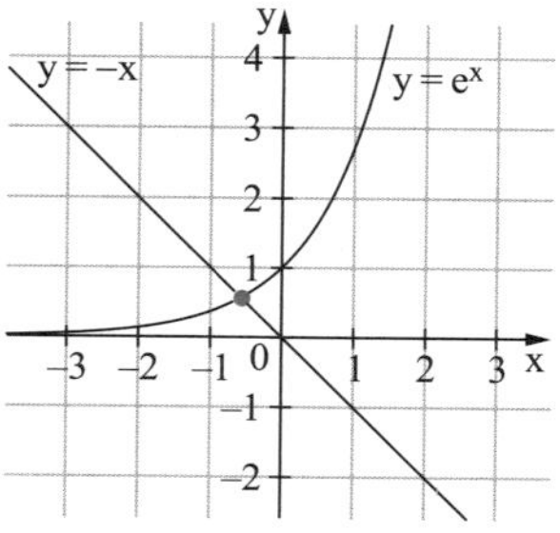

Beispiel

Ermitteln Sie die auf drei Nachkommastellen genauen Lösungen der Gleichungen.

a) $e^x = -x$

b) $e^x + \ln(x) = 0$

Lösung:

a) Da das Newton-Verfahren zur näherungsweisen Berechnung von Nullstellen dient, muss die Gleichung in die Form $e^x + x = 0$ gebracht werden. Die für das Newton-Verfahren zu verwendende Funktion ist damit $f(x) = e^x + x$, deren Ableitung ist $f'(x) = e^x + 1$.
Mit Startwert $x_0 = 0$ und der Iterationsformel $x_{n+1} = x_n - \frac{f(x_n)}{f'(x_n)}$ ergibt sich folgende Newton-Tabelle:

n	x_n	$f(x_n)$	$f'(x_n)$	x_{n+1}
0	0	1	2	−0,5
1	−0,5	0,1065	1,6065	−0,5663
2	−0,5663	0,0013	1,5676	−0,5671
3	−0,5671	0,000000196	1,5671	**−0,5671**

Damit ist $x_N = -0{,}567$ ein Näherungswert für die Lösung der Gleichung $e^x = -x$.

b) Die Funktion $f(x) = e^x + \ln(x)$ mit der Ableitung $f'(x) = e^x + \frac{1}{x}$ und dem Startwert $x_0 = 1$ wird für das Newton-Verfahren verwendet:

n	x_n	$f(x_n)$	$f'(x_n)$	x_{n+1}
0	1	2,7183	3,7183	0,2689
1	0,2689	−0,0047	5,0269	0,2699
2	0,2699	−0,000005418	5,0152	**0,2699**

$x_N = 0{,}270$ ist ein Näherungswert für die Lösung der Gleichung $e^x + \ln(x) = 0$.

Ist die Unbekannte x bei Logarithmusgleichungen im Argument des Logarithmus enthalten, wird zum Lösen zunächst der Logarithmusterm auf einer Seite isoliert:
$\ln(f(x)) = c$
Anschließend wird **delogarithmiert**, d. h., der Logarithmus wird beseitigt, indem man auf beiden Seiten der Gleichung die Umkehroperation „e hoch" anwendet.

Beispiele

1. Bestimmen Sie die Werte für x, für die gilt: $\ln(x^2 + 1) = 2$

Lösung:

$\ln(x^2 + 1) = 2 \quad | \; e^{\uparrow}$

$e^{\ln(x^2+1)} = e^2$

$x^2 + 1 = e^2$

$x^2 = e^2 - 1 \quad | \sqrt{}$

$x_{1/2} = \pm\sqrt{e^2 - 1} \approx \pm 2{,}53$

Da die Gleichung bereits in der Grundform vorliegt, werden beide Seiten „e hoch" genommen, symbolisiert mit $e^{\uparrow}$.
Dadurch wird der Logarithmus beseitigt. Der Rest ist Algebra.

2. Berechnen Sie die Nullstellen der Funktion $f(x) = (\ln(x))^2 + \ln(x)$.

Lösung:

$f(x) = 0 \Leftrightarrow (\ln(x))^2 + \ln(x) = 0$ $\ln(x) \cdot (\ln(x) + 1) = 0$	Durch Ausklammern von ln(x) lässt sich diese Gleichung in Produktform überführen.
$\ln(x) = 0 \lor \ln(x) + 1 = 0$ $x_1 = 1 \lor \quad \ln(x) = -1 \quad \vert e^{\uparrow}$ $\Leftrightarrow \quad x_2 = e^{-1} = \frac{1}{e}$	Sobald ein Faktor null wird, ist die Gleichung erfüllt.

Aufgabe **158.** Ermitteln Sie die Lösungen der folgenden Gleichungen (ggf. auch Näherungswerte):

a) $2e^{-x} = 6$

b) $2e^{2x} = 3e^x$

c) $(e^x + 2)^2 = 4$

d) $\ln(x) = -\frac{1}{2}$

e) $x \ln(x) = 0$

f) $\ln(e^{-x} + 1) = 3$

g) $\ln x = \frac{1}{x}$

10.2 Die Ableitung der allgemeinen Exponential- und Logarithmusfunktionen

Mit $(e^x)' = e^x$ und $(\ln(x))' = \frac{1}{x}$ sind die Ableitungen der natürlichen Exponential- und Logarithmusfunktion gegeben. Sie stellen die Grundlage für die allgemeinen Exponential- und Logarithmusfunktionen mit beliebiger Basis $b \in \mathbb{R}^+ \setminus \{1\}$ dar:

Allgemeine Exponentialfunktion	Allgemeine Logarithmusfunktion
Wegen $b^x = \left(e^{\ln(b)}\right)^x = e^{x \ln(b)} = \exp(\ln(b) \cdot x)$ lässt sich jede Exponentialfunktion b^x durch die e-Funktion ausdrücken. ln(b) ist dabei lediglich ein konstanter Faktor im Argument der e-Funktion.	Mit der Basisumrechnungsformel $\log_b(x) = \frac{\ln(x)}{\ln(b)}$ lässt sich jede Logarithmusfunktion $\log_b(x)$ durch die ln-Funktion ausdrücken. ln(b) ist dabei lediglich ein konstanter Faktor.
Das wird zur Bestimmung der Ableitung benutzt: $(b^x)' = (e^{x \ln(b)})' = e^{x \ln(b)} \cdot \ln(b) = b^x \cdot \ln(b)$	Für die Ableitung hat man damit: $(\log_b(x))' = \left(\frac{\ln(x)}{\ln(b)}\right)' = \frac{(\ln(x))'}{\ln(b)} = \frac{1}{x \cdot \ln(b)}$

Beispiel

Berechnen Sie die Ableitungen der Funktionen $f(x) = 2^x$ und $g(x) = \log_2(x)$.

Lösung:

$f'(x) = (2^x)' = 2^x \cdot \ln(2)$ — ln(2) ist dabei weiter nichts als ein konstanter Faktor.

$g'(x) = (\log_2(x))' = \frac{1}{x \cdot \ln(2)}$ — Auch $\frac{1}{\ln(2)}$ ist hier ein konstanter Faktor.

Aufgabe

159. Bestimmen Sie:

a) $(5^x)'$

b) $(\lg(x))'$

c) $(10^{2x})'$

d) $(\log_{\frac{1}{2}}(x))'$

e) $\int 2^x \, dx$

10.3 Wachstums- und Abnahmeprozesse

Mit der verallgemeinerten e-Funktion $f(x) = ae^{kx}$ lassen sich Wachstums- und Abnahmeprozesse beschreiben. Dabei stellt die unabhängige Variable x meist die Zeit dar und der Definitionsbereich wird auf $x \geq 0$ eingeschränkt. Zum Zeitpunkt $x = 0$ ist dann mit $f(0) = a$ der Anfangsbestand bezeichnet.

Definition

Wachstums- und Abnahmefunktion

Eine Funktion $f(x) = ae^{kx}$ mit $x \geq 0$ und den konstanten Parametern $a > 0$ (Anfangsbestand) sowie $k \neq 0$ heißt:

Wachstumsfunktion, wenn $k > 0$.
k heißt Wachstumskonstante; je größer k, um so stärker ist das Wachstum.

Abnahmefunktion, wenn $k < 0$. k heißt Abnahmekonstante; je größer $|k|$, um so schneller erfolgt die Abnahme.

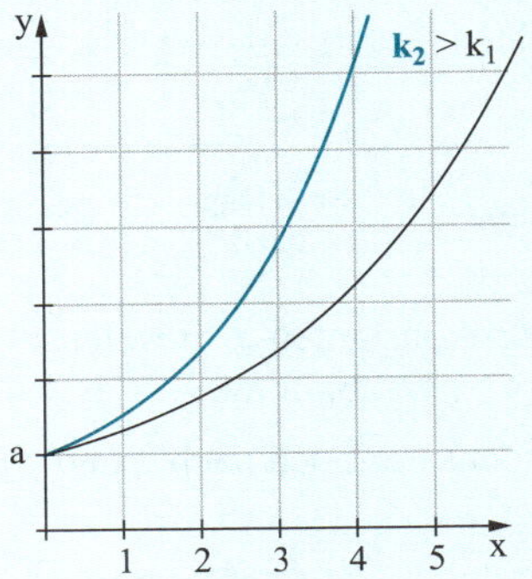

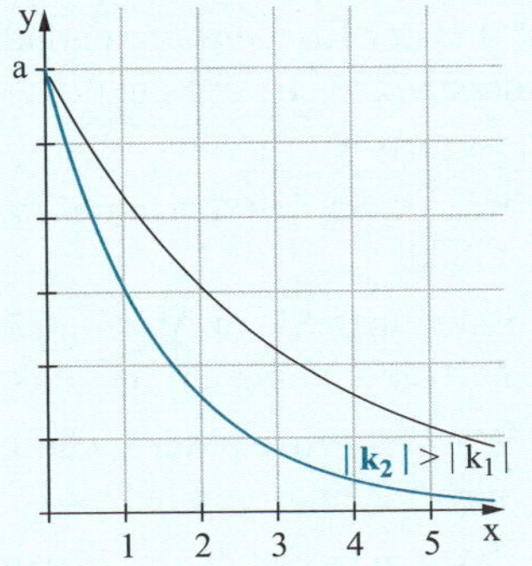

Bei Wachstumsfunktionen berechnet sich die **Verdopplungszeit** x_D gemäß:

$$f(x_D) = 2a \quad \Leftrightarrow \quad 2a = ae^{kx_D} \quad \Leftrightarrow \quad e^{kx_D} = 2 \quad \Leftrightarrow \quad kx_D = \ln(2) \quad \Leftrightarrow \quad x_D = \frac{\ln(2)}{k}$$

Bei Abnahmefunktionen berechnet sich die **Halbierungszeit** x_H gemäß:

$$f(x_H) = \frac{a}{2} \quad \Leftrightarrow \quad \frac{a}{2} = ae^{kx_H} \quad \Leftrightarrow \quad e^{kx_H} = \frac{1}{2} \quad \Leftrightarrow \quad kx_H = \ln(\tfrac{1}{2}) \quad \Leftrightarrow \quad x_H = -\frac{\ln(2)}{k}$$

Im letzten Schritt wurde $\ln(\frac{1}{2}) = \ln(2^{-1}) = -\ln(2)$ verwendet.

Beispiele

1. **Zellteilung**

Eine Zellkultur hat zum Zeitpunkt $t = 0$ genau 100 Zellen. Durch Zellteilung wächst ihre Anzahl nach der Wachstumsfunktion
$N(t) = 100e^{\frac{t}{2}}$, t in Tagen.

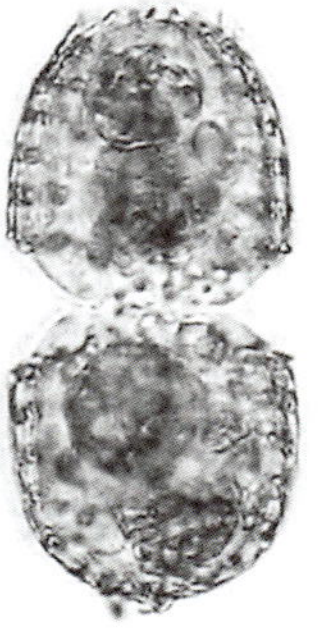

a) Wie viele Zellen sind es in 3 Tagen, in 14 Tagen, nach 1 Monat?

b) In wie vielen Tagen verdoppelt sich ihre Anzahl?

c) Nach wie viel Tagen sind es 1 000 Zellen?

Lösung:

a) $N(3) = 100e^{\frac{3}{2}} \approx 448$

$N(14) = 100e^{7} \approx 109\,663$

$N(30) = 100e^{15} \approx 326\,901\,737$

b) $t_D = \frac{\ln(2)}{\frac{1}{2}} = 2\ln(2) = \ln(4) \approx 1{,}39\,[\text{Tage}]$ — Setze in der Formel $k = \frac{1}{2}$

c) $100e^{\frac{t_T}{2}} = 1\,000 \quad \Leftrightarrow \quad e^{\frac{t_T}{2}} = 10 \quad \Leftrightarrow \quad \frac{t_T}{2} = \ln(10)$ — Ansatz $N(t_T) = 1\,000$

$\Rightarrow \quad t_T = 2\ln(10) \approx 4{,}6\,[\text{Tage}]$

2. **Kondensatorentladung**

Ein Kondensator wird auf die Ladung Q_0 aufgeladen. Zum Zeitpunkt $t = 0$ wird der Schalter umgelegt und der Kondensator entlädt sich über einen Widerstand nach der Funktion:

$Q(t) = Q_0 e^{-\frac{t}{\tau}}$

Darin ist τ die Zeitkonstante (in Sekunden) des RC-Glieds.

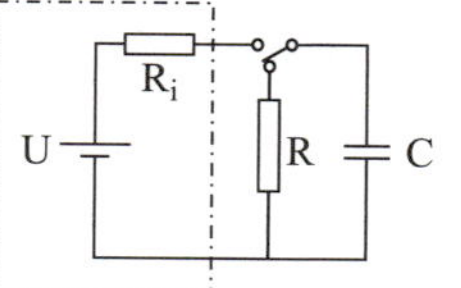

a) Berechnen Sie in Abhängigkeit von der Zeitkonstanten τ, in welcher Zeit die Ladung auf den Faktor $\frac{1}{e} \approx 0{,}37 = 37\,\%$ abnimmt.

b) Wie viel Prozent der Ladung hat der Kondensator noch nach 2 und nach 5 Zeitkonstanten?

c) Bestimmen Sie die Halbierungszeit der Ladung, wenn $\tau = 1$ s beträgt.

Lösung:

a) $Q(t) = Q_0 \cdot \frac{1}{e} \Rightarrow Q_0 e^{-\frac{t}{\tau}} = Q_0 e^{-1} \Rightarrow -\frac{t}{\tau} = -1 \Rightarrow t = \tau$

Nach einer Zeitkonstanten sinkt die Ladung also auf ca. 37 % ihres Anfangswerts ab.

b) $Q(2\tau) = Q_0 e^{-2} \approx 0{,}135\, Q_0$

Nach 2τ sind nur noch 13,5 % der ursprünglichen Ladung vorhanden.

$Q(5\tau) = Q_0 e^{-5} \approx 0{,}0067\, Q_0$

Nach 5τ sind nur noch 0,67 % der ursprünglichen Ladung vorhanden.

c) $t_H = -\frac{\ln(2)}{\frac{1}{-\tau}} = \tau \ln(2) \approx 0{,}69\ \text{s}$ Setze in der Formel $k = -\frac{1}{\tau}$

Die Geschwindigkeit eines Fallschirmspringers vor dem Öffnen des Fallschirms nimmt nicht unbegrenzt zu, wie das im luftleeren Raum der Fall wäre. Vielmehr nähert sich seine Geschwindigkeit asymptotisch einem Maximalwert.

Solche Kurvenverläufe werden durch Funktionen der Form

$f(x) = c \cdot \left(1 - e^{-\frac{x}{T}}\right)$

beschrieben, wobei die unabhängige Variable x meist die Zeit ist, die nur für $x \geq 0$ betrachtet wird. c ist der asymptotische Endwert und T eine Zeitkonstante.

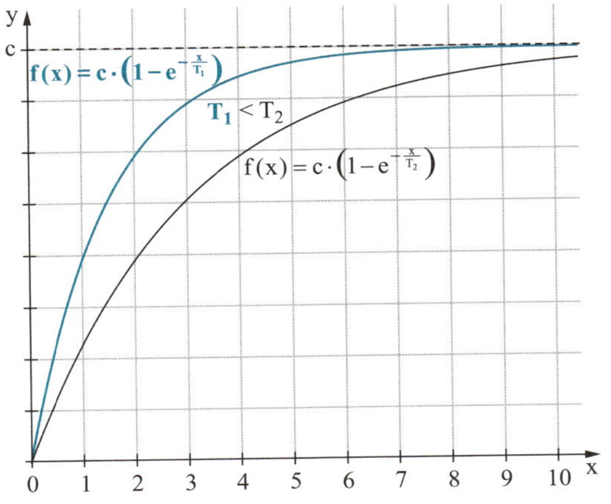

Beispiel

Ein Fallschirmspringer springt zum Zeitpunkt $t=0$ aus dem Flugzeug. Seine Geschwindigkeit vor dem Öffnen des Schirms nimmt nach der Funktion

$v(t)=v_e\cdot\left(1-e^{-\frac{t}{T}}\right)$

zu, wobei die Grenzgeschwindigkeit $v_e=50\,\frac{m}{s}$ und die Zeitkonstante $T=1{,}5$ s beträgt.

a) Skizzieren Sie den Verlauf von $v(t)$.

b) Berechnen Sie, nach welcher Fallzeit der Springer $100\,\frac{km}{h}$ erreicht hat.

c) Wie lange dauert es, bis er bei 90 % der Endgeschwindigkeit angelangt ist?

d) Mit den aus der Physik bekannten Bezeichnungen für zurückgelegte Strecke s und Beschleunigung a gilt: $v(t)=s'(t)$ und $a(t)=v'(t)$.
Zeichnen Sie in Ihr Diagramm von Teilaufgabe a ein, wo $s(2)$ und $a(2)$ zu finden sind. Lesen Sie die ungefähren Werte aus dem Diagramm ab und berechnen Sie anschließend diese Größen.

Lösung:

a)

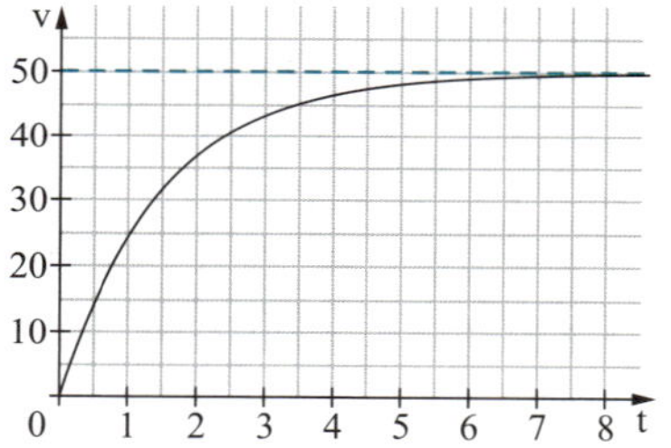

b) $v=100\,\frac{km}{h}=\frac{100}{3{,}6}\,\frac{m}{s}\approx 27{,}8\,\frac{m}{s}$

Ansatz: $v(t)=27{,}8$

$50\left(1-e^{-\frac{t}{1,5}}\right)=27{,}8 \iff e^{-\frac{t}{1,5}}=0{,}444 \implies t_1=-1{,}5\cdot\ln(0{,}444)\approx 1{,}22\,[\text{s}]$

c) $0{,}9\cdot 50=50\cdot\left(1-e^{-\frac{t}{1,5}}\right) \iff e^{-\frac{t}{1,5}}=0{,}1 \implies t_2=-1{,}5\cdot\ln(0{,}1)\approx 3{,}45\,[\text{s}]$

d) Aus dem Diagramm abgelesen:
$s(2)\approx 40$ (getönter Flächeninhalt)
$a(2)\approx 10$ (Steigung der Tangente)

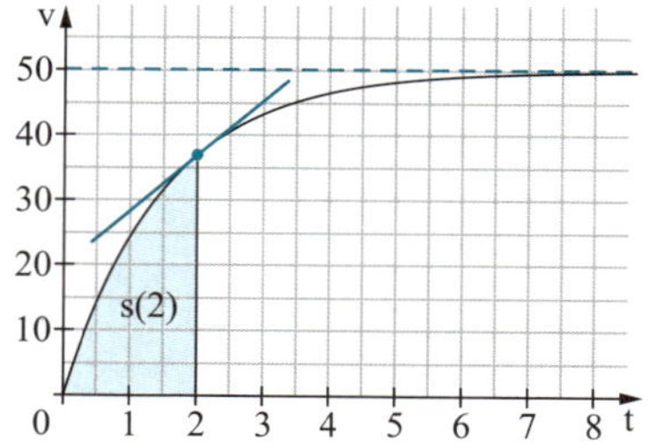

Berechnet:

$$s(2)=\int_0^2 v(t)\,dt=\int_0^2 50\left(1-e^{-\frac{t}{1,5}}\right)dt$$

$$=\left[50\left(t+1{,}5e^{-\frac{t}{1,5}}\right)\right]_0^2\approx 44{,}77\,[\text{m}]$$

$$a(t)=v'(t)=50\left(0-e^{-\frac{t}{1,5}}\left(-\frac{1}{1{,}5}\right)\right)=\frac{100}{3}e^{-\frac{t}{1,5}} \implies a(2)\approx 8{,}79\left[\frac{m}{s^2}\right]$$

ufgaben

160. a) Skizzieren Sie den Verlauf der Funktion $f(x) = ae^{kx} + c$ für $x \geq 0$ mit den positiven Parametern a und c sowie negativem k. Kennzeichnen Sie insbesondere, wo die Parameter a und c auftreten.

b) Der zeitliche Verlauf des Aufladens eines Akkus werde mit folgender Funktion beschrieben:
$Q(t) = 100(1 - e^{-t})$ mit t in Stunden
Welche Bedeutung hat die Zahl 100 in diesem Zusammenhang?
Zu wie viel Prozent ist der Akku nach einer Stunde aufgeladen, wenn er vorher leer war?
Wie lange dauert es, ihn auf 95 % aufzuladen?

c) Die sogenannte Differenzialgleichung
$f'(x) = k \cdot f(x)$
bringt zum Ausdruck, dass die Änderungsrate f'(x) proportional zur vorhandenen Menge f(x) ist. Dabei ist k die Proportionalitätskonstante. Zeigen Sie, dass diese Differenzialgleichung von Funktionen der Form $f(x) = ae^{kx}$ erfüllt wird.

161. Die Sinkgeschwindigkeit v einer Kugel zum Zeitpunkt t in einer Flüssigkeit kann für $t \geq 0$ durch die Beziehung
$$v(t) = -g\mu + g\mu e^{-\frac{1}{\mu}t}$$
beschrieben werden, wobei g die Erdbeschleunigung und $\mu > 0$ eine Materialkonstante ist, die von der Größe der Kugel und der Viskosität der Flüssigkeit abhängt.

a) Geben Sie die Beschleunigung a(t) in Abhängigkeit von der Zeit t an, wobei $a(t) = v'(t)$ gilt.

b) Bestimmen Sie
$$\lim_{t \to \infty} v(t)$$
und geben Sie an, was dieser Grenzwert in diesem Zusammenhang bedeutet.

c) Für die zugehörige Zeit-Weg-Funktion $t \mapsto s(t)$ gilt allgemein:
$$s(t) = \int v(t)\,dt$$
Geben Sie eine integralfreie Darstellung der Zeit-Weg-Funktion der Kugel an.

10.4 Kurvendiskussion

Bei den Funktionsuntersuchungen von e- und ln-Funktionen wird genauso vorgegangen wie bei den bisherigen Funktionstypen. Auch die Methoden bleiben die gleichen. Man muss lediglich den Verlauf und die Ableitungen der e- und ln-Grundfunktionen als neue Erkenntnisse hinzunehmen.

Beispiele

1. Gegeben ist die Funktion $f(x) = xe^{\frac{1}{x}}$.
   Führen Sie eine Kurvendiskussion im Hinblick auf folgende Sachverhalte durch:
   a) D_{max}
   b) Nullstellen
   c) Symmetrie
   d) Grenzwerte an den Rändern des Definitionsbereichs
   e) Monotonieverhalten und Extrempunkte
   f) Krümmung und Wendepunkte
   g) Weisen Sie außerdem nach, dass $g(x) = x + 1$ eine schräge Asymptote von f ist, indem Sie den Abstand zwischen f und g für $x \to \pm\infty$ bestimmen.
   h) Zeigen Sie, dass $\lim\limits_{x \to 0-} f'(x) = 0$ ist, und geben Sie die Bedeutung dieses Grenzwerts für den Graphen von f an.
   i) Zeichnen Sie den Graphen von f.

   Lösung:

   a) $D_{max} = \mathbb{R} \setminus \{0\}$, da der Bruch $\frac{1}{x}$ in der Funktionsgleichung vorkommt.

   b) $x \cdot e^{\frac{1}{x}} = 0 \quad \Rightarrow \quad x = 0$, aber $0 \notin D_{max} \quad \Rightarrow$ f hat keine Nullstellen.

   c) D_{max} ist zwar symmetrisch (notwendige Voraussetzung), aber:

   $$f(-x) = -xe^{\frac{1}{-x}} = -xe^{-\frac{1}{x}} \neq \begin{cases} f(x) \\ -f(x) \end{cases} \quad \Rightarrow \quad \text{keine Symmetrie}$$

   d) $\lim\limits_{x \to \infty} xe^{\frac{1}{x}} = \infty; \quad \lim\limits_{x \to -\infty} xe^{\frac{1}{x}} = -\infty$ Beachte: $\frac{1}{x} \to 0 \Rightarrow e^{\frac{1}{x}} \to 1$

   $$\lim_{x \to 0+} \overbrace{x}^{\to 0+} \cdot \underbrace{e^{\frac{1}{x}}}_{\to \infty} = \infty$$ Beachte: $\frac{1}{x} \to \infty \Rightarrow e^{\frac{1}{x}} \to \infty$
   „e gewinnt."

   $$\lim_{x \to 0-} \overbrace{x}^{\to 0} \cdot \underbrace{e^{\frac{1}{x}}}_{\to 0} = 0$$ Beachte: $\frac{1}{x} \to -\infty \Rightarrow e^{\frac{1}{x}} \to 0$

e) $f'(x) = 1 \cdot e^{\frac{1}{x}} + x \cdot e^{\frac{1}{x}} \cdot \left(\frac{1}{x}\right)' = e^{\frac{1}{x}} - xe^{\frac{1}{x}} \cdot \frac{1}{x^2} = \left(1 - \frac{1}{x}\right)e^{\frac{1}{x}}$

$f'(x) = 0 \quad \Leftrightarrow \quad \left(1 - \frac{1}{x}\right)\underbrace{e^{\frac{1}{x}}}_{\neq 0} = 0 \quad \Leftrightarrow \quad 1 - \frac{1}{x} = 0 \quad \Rightarrow \quad x_1 = 1$

Bei der Vorzeichentabelle für $f'(x)$ kommt es wegen $e^{\frac{1}{x}} > 0$ nur auf den Faktor $1 - \frac{1}{x}$ an:

x		0		1	
f'(x)	+	/	–	0	+
f(x)	↑	/	↓	T	↑

In
- $]-\infty; 0[$ ist f streng monoton zunehmend.
- $]0; 1]$ ist f streng monoton abnehmend.
- $[1; \infty[$ ist f streng monoton zunehmend.

Aus dem Monotonieverhalten ergibt sich der Tiefpunkt $T(1 \mid e)$.

f) $f''(x) = \frac{1}{x^2} \cdot e^{\frac{1}{x}} + \left(1 - \frac{1}{x}\right) \cdot e^{\frac{1}{x}} \cdot \left(-\frac{1}{x^2}\right) = \left(1 - \left(1 - \frac{1}{x}\right)\right)\frac{e^{\frac{1}{x}}}{x^2} = \frac{e^{\frac{1}{x}}}{x^3}$

$\Rightarrow \quad f''(x) < 0$ für $x < 0$ und $f''(x) > 0$ für $x > 0$

In $]-\infty; 0[$ ist f rechtsgekrümmt; in $]0; \infty[$ ist f linksgekrümmt.

Der Graph von f hat keinen Wendepunkt, da $0 \notin D_{max}$.

g) Um nachzuweisen, dass $g(x) = x + 1$ eine schräge Asymptote der Funktion f ist, wird gezeigt, dass $\lim\limits_{|x| \to \infty} |f(x) - g(x)| = 0$ ist, d. h., der Abstand zwischen Funktionsgraph und Gerade wird für $x \to \pm\infty$ null:

$\lim\limits_{|x| \to \infty} |f(x) - g(x)| = \lim\limits_{|x| \to \infty} \left| xe^{\frac{1}{x}} - (x+1) \right|$

$= \lim\limits_{|x| \to \infty} \left| x \cdot \left(e^{\frac{1}{x}} - 1 - \frac{1}{x}\right) \right|$ — x ausklammern und als Kehrwert in den Nenner bringen

$= \lim\limits_{|x| \to \infty} \left| \frac{e^{\frac{1}{x}} - 1 - \frac{1}{x}}{\frac{1}{x}} \right|$ — Üblicher Trick, um auf einen Bruch zu kommen, sodass die Regeln von de L'Hospital infrage kommen.

$\overset{\text{L'H.}}{=} \lim\limits_{|x| \to \infty} \left| \frac{-\frac{1}{x^2}e^{\frac{1}{x}} + \frac{1}{x^2}}{-\frac{1}{x^2}} \right|$ — Zähler und Nenner gehen beide gegen 0, also kann L'H. angewendet werden.

$= \lim\limits_{|x| \to \infty} \left| \frac{e^{\frac{1}{x}} - 1}{1} \right|$ — Erweitern mit $-x^2$

$= 0$ — $\frac{1}{x} \to 0 \Rightarrow e^{\frac{1}{x}} \to 1$

Daraus folgt die Behauptung.

h) $\lim\limits_{x \to 0-} f'(x) = \lim\limits_{x \to 0-} \underbrace{\left(1-\frac{1}{x}\right)}_{\to \infty} \underbrace{e^{\frac{1}{x}}}_{\to 0} = 0$ „e gewinnt."

Das bedeutet, dass der Graph von f mit waagrechter Tangente von links in den Ursprung hinein verläuft (siehe Abbildung).

i) Wertetabelle und Graph:

x	−4	−3	−2	−1	−0,5	0,5	**1**	2	3	4	5
f(x)	−3,12	−2,15	−1,21	−0,37	−0,07	3,69	**2,72**	3,30	4,19	5,14	6,11

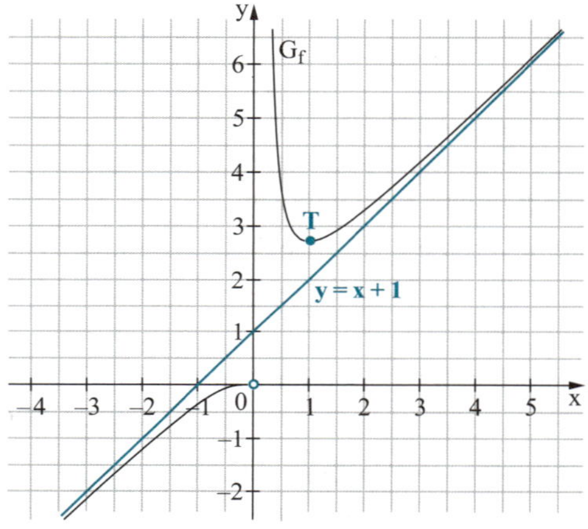

2. Gegeben ist die Funktion $f(x) = x \ln(x^2)$
   Führen Sie eine Funktionsuntersuchung im Hinblick auf folgende Sachverhalte durch:
   a) D_{max}
   b) Nullstellen
   c) Symmetrie
   d) Grenzwerte an den Rändern des Definitionsbereichs und Art der Definitionslücke; geben Sie ggf. die stetig ergänzte Funktion von f an.
   e) Monotonieverhalten und Extrempunkte; untersuchen Sie, ob die im Ursprung stetig ergänzte Funktion dort differenzierbar ist.
   f) Krümmung und Wendepunkte
   g) Zeichnung des Graphen

   Lösung:

   a) $D_{max} = \mathbb{R} \setminus \{0\}$, da $x^2 > 0$ für $x \neq 0$

   b) D_{max} ist symmetrisch und: $f(-x) = -x \ln\left((-x)^2\right) = -x \ln(x^2) = -f(x)$

   $\Rightarrow$ f ist punktsymmetrisch zum Ursprung.

c) $f(x)=0 \iff x\ln(x^2)=0 \iff x=0 \notin D_{max} \vee \underbrace{\ln(x^2)=0}_{\iff x^2=1}$

$\Rightarrow \quad x_{1/2}=\pm 1$

d) $\lim\limits_{x \to \infty} f(x) = \lim\limits_{x \to \infty} x\ln(x^2)=\infty$ — $x^2 \to \infty \Rightarrow \ln(x^2) \to \infty$

$\lim\limits_{x \to -\infty} f(x) = -\infty$ — wegen Punktsymmetrie

$\lim\limits_{x \to 0+} f(x) = \lim\limits_{x \to 0+} x\ln(x^2)=0$ — $x^2 \to 0 \Rightarrow \ln(x^2) \to -\infty$, aber „ln verliert"

$\lim\limits_{x \to 0-} f(x) = 0$ — wegen Punktsymmetrie

Aus den letzten beiden Grenzwerten folgt:

$\lim\limits_{x \to 0} f(x)=0$

Es handelt sich bei $x_0=0$ um eine stetig hebbare Definitionslücke; die stetig ergänzte Funktion lautet:

$$f^*(x)=\begin{cases} x\ln(x^2) & \text{für } x \neq 0 \\ 0 & \text{für } x=0 \end{cases}$$

e) $f'(x)=1\cdot\ln(x^2)+x\cdot\frac{1}{x^2}\cdot 2x=\ln(x^2)+2$

$f'(x)=0 \iff \ln(x^2)=-2 \iff x^2=e^{-2}$

$\Rightarrow \quad x_{1/2}=\pm\sqrt{e^{-2}}=\pm(e^{-2})^{\frac{1}{2}}=\pm e^{-1}=\pm\frac{1}{e}\approx\pm 0{,}37$

Die Vorzeichentabelle für $f'(x)$ ergibt sich durch Einsetzen von Testwerten, z. B. $f'(\pm 1)=2>0$ und $f'(\pm e^{-2})=-2<0$.

x		$-\frac{1}{e}$		0		$\frac{1}{e}$	
f'(x)	+	0	–	/	–	0	+
f(x)	↑	H	↓	/	↓	T	↑

In

- $\left]-\infty; -\frac{1}{e}\right]$ ist f streng monoton zunehmend.
- $\left[-\frac{1}{e}; 0\right[$ ist f streng monoton abnehmend.
- $\left]0; \frac{1}{e}\right]$ ist f streng monoton abnehmend.
- $\left[\frac{1}{e}; \infty\right[$ ist f streng monoton zunehmend.

Mit $f(e^{-1})=e^{-1}\ln\left((e^{-1})^2\right)=e^{-1}\ln(e^{-2})=e^{-1}\cdot(-2)=-\frac{2}{e}$ ergibt sich der Tiefpunkt $T\left(\frac{1}{e}\,\middle|\,-\frac{2}{e}\right)$, wegen Symmetrie der Hochpunkt $H\left(-\frac{1}{e}\,\middle|\,\frac{2}{e}\right)$.

Differenzierbarkeit von f^* bei $x_0 = 0$:

$$\lim_{x \to 0} f'(x) = \lim_{x \to 0} \left(\ln(x^2) + 2\right) = -\infty \qquad x^2 \to 0 \Rightarrow \ln(x^2) \to -\infty$$

Dieser Grenzwert von f' existiert nicht (ist keine reelle Zahl), f^* ist daher im Ursprung nicht differenzierbar. Der Graph von f läuft mit unendlicher Steigung (senkrecht) an den Ursprung heran.

f) $f''(x) = \frac{1}{x^2} \cdot 2x = \frac{2}{x} \begin{cases} > 0 \text{ für } x > 0 \\ < 0 \text{ für } x < 0 \end{cases}$

In $]-\infty; 0[$ ist f rechtsgekrümmt, in $]0; \infty[$ ist f linksgekrümmt.

Der Graph von f hat keinen Wendepunkt, da $0 \notin D_{max}$.

g) Da Punktsymmetrie vorliegt, genügt die „halbe" Wertetabelle.

x	0,1	**0,37**	0,5	1	1,5	2	2,5	3
f(x)	−0,46	**−0,74**	−0,69	0	1,22	2,77	4,58	6,59

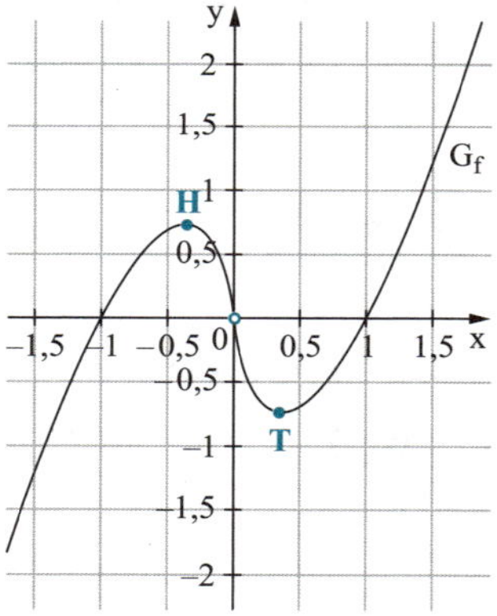

Aufgaben **162.** Gegeben ist die Funktion $f: x \mapsto \frac{2e^x - 1}{e^{2x}}$ mit $D_f = \mathbb{R}$. Ihr Graph wird mit G_f bezeichnet.

a) Ermitteln Sie die Schnittpunkte von G_f mit den Koordinatenachsen sowie das Verhalten von f(x) für $|x| \to \infty$.

b) Untersuchen Sie das Monotonieverhalten von f und bestimmen Sie daraus Art und Lage des Extrempunkts.
[Zwischenergebnis: $f'(x) = 2(1 - e^x)e^{-2x}$]

c) Berechnen Sie die Koordinaten des Wendepunkts und bestimmen Sie die Gleichung der Wendetangente. Auf den Nachweis mit der 3. Ableitung wird verzichtet.
[Teilergebnis: $x_{WP} = \ln(2)$]

d) Zeichnen Sie G_f und seine Wendetangente unter Verwendung der bisherigen Ergebnisse im Bereich [–ln(3); 3]. Berechnen Sie dazu auch $f\left(\frac{1}{2}\right)$.
Maßstab: 1 LE = 2 cm.

e) Zeigen Sie, dass $F(x) = \frac{1 - 4e^x}{2e^{2x}}$ mit $D_F = \mathbb{R}$ eine Stammfunktion von f ist.
Berechnen Sie:

$$A(k) := \int_k^0 f(x)\,dx, \quad \text{wobei } k \in \mathbb{R}$$

Bestimmen Sie speziell A(–ln(2)) und kennzeichnen Sie in Ihrem Diagramm eine Fläche, deren Inhalt genau diesem Wert entspricht.
Berechnen Sie schließlich noch A(–ln(3)) und interpretieren Sie das Ergebnis anhand Ihrer Zeichnung.

163. Gegeben ist die Funktion: $f\colon x \mapsto (2 - e^x)^2$ mit $x \in \mathbb{R}$.
Der Graph von f wird mit G_f bezeichnet.

a) Zeigen Sie, dass G_f die x-Achse genau einmal berührt.
Geben Sie die Art und Lage dieses Extremums an.

b) Geben Sie verbal begründet den Wertebereich der Funktion f an.

c) Ermitteln Sie das Krümmungsverhalten von G_f und daraus die Koordinaten des Wendepunkts W.
[Teilergebnis: $f''(x) = 4e^x(e^x - 1)$]

d) Bestimmen Sie die Gleichung der Wendetangente.

e) Untersuchen Sie f an den Rändern des Definitionsbereichs.
Hat G_f eine Asymptote? Falls ja, welche?

f) Zeichnen Sie G_f und seine horizontale Asymptote im Intervall [–5; 1,5].
Maßstab: 1 LE = 2 cm.

Im Folgenden wird das Flächenstück betrachtet, das von G_f sowie den Geraden g: $y = 4$ und $x = a$, wobei $a < \ln(4)$, eingeschlossen wird.

g) Kennzeichnen Sie dieses Flächenstück für $a = -2$ in Ihrem Diagramm.

h) Berechnen Sie die Schnittstelle von G_f und g.
[Ergebnis: $x = \ln(4)$]

i) Ermitteln Sie den Inhalt des Flächenstücks in Abhängigkeit von a.
[Ergebnis: $A(a) = 0{,}5e^{2a} - 4e^a + 8$]

j) Für welchen Wert von a beträgt der Flächeninhalt 4 FE?

k) Welchen Inhalt nimmt die Fläche für $a \to -\infty$ an?

l) Berechnen Sie schließlich noch den Inhalt desjenigen Flächenstücks, das von G_f, der Geraden g und dem Graphen der Wendetangente eingeschlossen wird.
Hinweis: Sie benötigen dazu keine erneute Integration.

164. Gegeben ist die Funktion $f: x \mapsto (\ln(x))^2 - \ln(x)$ in ihrem größtmöglichen Definitionsbereich $D_{max} = \mathbb{R}^+$.

a) Bestimmen Sie die Grenzwerte an den Rändern des Definitionsbereichs. Was können Sie in Bezug auf Asymptoten aus Ihren Ergebnissen folgern?

b) Berechnen Sie die Nullstellen von f.

c) Bestimmen Sie Art und Koordinaten des auftretenden Extrempunkts und den Wendepunkt. Auf den Nachweis mit der 3. Ableitung wird verzichtet.

d) Zeichnen Sie mithilfe der bisher gewonnenen Ergebnisse den Graphen von f im Intervall $]0; 6]$. Berechnen Sie zusätzlich f(0,5) und f(e). Maßstab auf der x-Achse: 1 LE = 2 cm

e) Bestimmen Sie nun die reellen Koeffizienten a und b so, dass die Funktion $F(x) = x(\ln(x))^2 + ax\ln(x) + bx$ eine Stammfunktion von f ist. [Ergebnis: $a = -3$, $b = 3$]

f) Berechnen Sie den Inhalt des Flächenstücks, das vom Graphen der Funktion f und der Abszisse eingeschlossen wird.

g) Im I. Quadranten des in Teilaufgabe d angelegten Diagramms wird ein auf beiden Achsen liegendes Rechteck eingezeichnet, dessen 4. Eckpunkt auf dem Graphen der Funktion f liegt, wobei die eine Seite a des Rechtecks auf der x-Achse liegt und $0 < a < 1$ gilt.
Berechnen Sie a so, dass der Flächeninhalt A dieses Rechtecks maximal wird.

165. Gegeben sind die Funktionen f_a mit $a > 0$ und $f_a(x) = \frac{1}{x\ln(ax)}$ in D_{max}.

a) Ermitteln Sie den Definitionsbereich D_{max} in Abhängigkeit von a.

b) Zeigen Sie durch Grenzwertuntersuchungen, dass die Graphen von f_a die x-Achse sowie die senkrechten Geraden $x = 0$ und $x = \frac{1}{a}$ als Asymptoten haben.

Betrachtet wird jetzt die Funktion f, die man für $a = \frac{1}{e}$ aus f_a erhält.

c) Zeigen Sie, dass der Funktionsterm

$$f(x) = \frac{1}{x(\ln(x) - 1)}$$

ist, und geben Sie den maximalen Definitionsbereich $D_{max}(f)$ von f an.
Zeigen Sie ferner, dass für die Ableitung f' von f gilt:

$$f'(x) = \frac{-\ln(x)}{(x(\ln(x) - 1))^2}$$

d) Untersuchen Sie das Monotonieverhalten von f und ermitteln Sie ohne Benutzung von f'' Art und Lage des Extrempunkts des Graphen von f.

e) Erstellen Sie für $x \in \{0{,}1;\ 0{,}4;\ 1;\ 2;\ 2{,}5;\ e;\ 3;\ 4;\ 5;\ e^2\}$ eine Wertetabelle und zeichnen Sie den Graphen und alle Asymptoten im x-Bereich der Tabelle.

f) Zeigen Sie, dass f(x) in der Form $\frac{g'(x)}{g(x)}$ geschrieben werden kann, wobei Sie g(x) angeben müssen.
Bestimmen Sie hiermit alle Stammfunktionen von f.

g) Der Graph von f(x) schließt zusammen mit der x-Achse sowie den senkrechten Geraden bei $x = u$ mit $u \in \,]e;\ e^2]$ und $x = e^2$ eine Fläche mit dem Inhalt A(u) ein.
Zeigen Sie: $A(u) = -\ln(\ln(u) - 1)$

h) Untersuchen Sie, ob für A(u) der Grenzwert existiert, wenn $u \in \,]e;\ e^2]$ gegen e strebt.
Geben Sie A(u) für $u = e^2$ an.
Bestimmen Sie schließlich u so, dass der Flächeninhalt 1 FE beträgt, und zeichnen Sie die zugehörige Fläche in das Diagramm von Teilaufgabe e ein.

166. Zunächst werden die Funktionen $f_a: x \mapsto \frac{x+a}{x-a}$ mit $a \in \mathbb{R} \wedge a > 0$ betrachtet.

a) Geben Sie den maximalen Definitionsbereich und die Nullstelle(n) von f_a in Abhängigkeit von a an.

b) Geben Sie die Gleichungen sämtlicher Asymptoten an.

c) Weisen Sie nach, dass alle Graphen der Funktionen f_a durch ein und denselben Ordinatenpunkt gehen, und bestimmen Sie dessen Koordinaten.

d) Skizzieren Sie einen Graphen von f_a, wobei Sie die Abszisse in Einheiten von a skalieren.

e) Zerlegen Sie den Funktionsterm von f_a in einen ganzrationalen und einen echt gebrochen-rationalen Anteil.
Hinweis: Machen Sie z. B. eine Polynomdivision.

f) Ermitteln Sie sämtliche Stammfunktionen von f_a.
[Teilergebnis: $F_a(x) = x + 2a\ln|x - a|$]

g) Berechnen Sie den Inhalt des von den Graphen von f_a und den Koordinatenachsen im 3. Quadranten eingeschlossenen Flächenstücks in Abhängigkeit von a.
Vereinfachen Sie dabei den entstandenen Term so weit wie möglich.

In der Funktionenschar f_a wird nun der Parameter a auf e (Euler'sche Zahl) gesetzt, sodass man f_e erhält. Hiermit wird nun die Funktion g definiert, wobei der folgende Zusammenhang besteht:
$g(x) = \ln(f_e(x))$

h) Ermitteln Sie den größtmöglichen Definitionsbereich von g.

i) Weisen Sie nach, dass der Graph von g symmetrisch zum Ursprung ist.

j) Bestimmen Sie im positiven Bereich sämtliche Grenzwerte von g an den Rändern des Definitionsbereichs und schließen Sie daraus auf die entsprechenden Grenzwerte im negativen Bereich.

k) Geben Sie mithilfe Ihrer bisherigen Ergebnisse die Asymptoten und Nullstellen von g an.

l) Berechnen Sie die 1. und 2. Ableitungsfunktion von g.
[Teilergebnis: $g'(x) = \frac{-2e}{x^2 - e^2}$]

m) Geben Sie das Steigungsverhalten des Graphen von g an.

n) Weisen Sie nach, dass der Graph von g keine Wendepunkte besitzt.

o) Fertigen Sie eine Zeichnung des Graphen von g.

Lösungen

Auf den folgenden Seiten finden Sie vollständige Lösungen zu allen im Buch enthaltenen Übungsaufgaben.

1. a) $f(x)=\frac{x^3}{x^2+x+1}$

$$
\begin{array}{l}
x^3:(x^2+x+1)=x-1+\frac{\mathbf{1}}{x^2+x+1}\\
\underline{-(x^3+x^2+x)}\\
\quad / \; -x^2-x\\
\quad \underline{-(-x^2-x-1)}\\
\qquad / \quad / \quad \mathbf{1}
\end{array}
$$

Demnach gilt:

$$f(x)=\frac{x^3}{x^2+x+1}=\underbrace{x-1}_{\text{ganz-rational}}+\underbrace{\frac{1}{x^2+x+1}}_{\text{echt gebrochen-rational}}$$

b) $f(x)=\frac{x^2-1}{x+1}=\frac{(x+1)(x-1)}{(x+1)}=x-1$

Mit Polynomdivision:

$$
\begin{array}{l}
(x^2-1):(x+1)=x-1\\
\underline{-(x^2+x)}\\
\quad / \; -x-1\\
\quad \underline{-(-x-1)}\\
\qquad / \quad /
\end{array}
$$

Bei der Division entsteht kein Rest, deshalb gibt es keinen echt gebrochen-rationalen Anteil.

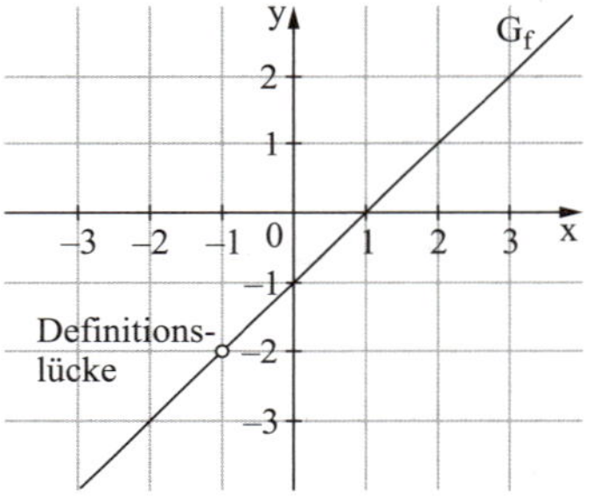

c) $f(x)=\underbrace{x^2}_{\text{ganz-rational}}+\underbrace{\frac{1}{x}}_{\text{echt gebrochen-rational}}$

ist bereits zerlegt.

Umgekehrt kann f(x) auf den Hauptnenner gebracht werden:

$$f(x)=x^2+\frac{1}{x}=\frac{x^2\cdot\mathbf{x}}{\mathbf{x}}+\frac{1}{x}$$
$$=\frac{x^3+1}{x}$$

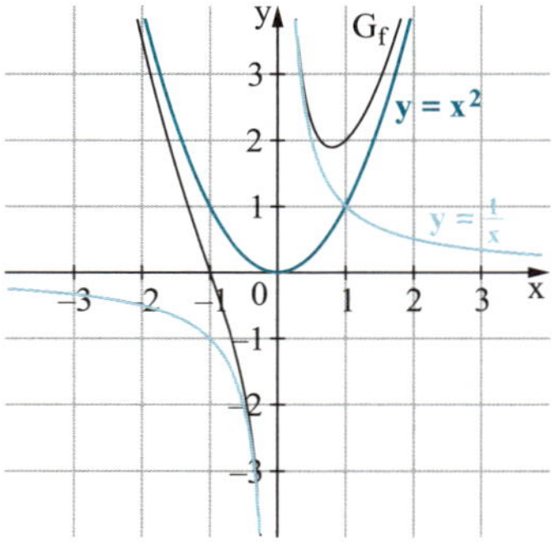

d) $f_k(x)=\frac{kx^3}{x^2+k}=kx-\frac{k^2x}{x^2+k}$

$$
\begin{array}{l}
kx^3:(x^2+k)=kx+\frac{\mathbf{-k^2x}}{x^2+k}\\
\underline{-(kx^3+k^2x)}\\
\quad / \; \mathbf{-k^2x} \leftarrow \text{Rest}
\end{array}
$$

2. a) $f(x)=\frac{x-1}{x+1};\ D_{max}=\mathbb{R}\setminus\{-1\}$ — einfach im Nenner ablesen

b) $f(x)=\frac{x}{6x^2-x-2}$

$6x^2-x-2=0$ — Ansatz

$x_{1/2}=\frac{1\pm\sqrt{1+4\cdot 6\cdot 2}}{2\cdot 6}=\frac{1\pm 7}{12}=\begin{cases}\frac{2}{3}\\-\frac{1}{2}\end{cases}$ — mit der Lösungsformel

$D_{max}=\mathbb{R}\setminus\left\{-\frac{1}{2};\frac{2}{3}\right\}$

c) $2x^2-x-2=0$ — Ansatz

$x_{1/2}=\frac{1}{4}\left(1\pm\sqrt{17}\right)\approx\begin{cases}1,28\\-0,78\end{cases}$ — mit der Lösungsformel

$D_{max}=\mathbb{R}\setminus\left\{\frac{1-\sqrt{17}}{4};\frac{1+\sqrt{17}}{4}\right\}$

$=\mathbb{R}\setminus\left\{\frac{1\pm\sqrt{17}}{4}\right\}=\mathbb{R}\setminus\{-0,78;1,28\}$

d) $x^3+2=0$

$x^3=-2 \quad |\sqrt[3]{\ }$ — Aus negativen Zahlen kann die $\sqrt[3]{\ }$ gezogen werden.

$x_1=\sqrt[3]{-2}=-\sqrt[3]{2}\approx-1,26$

$D_{max}=\mathbb{R}\setminus\{-1,26\}$

e) $x^3-5x^2-x=0$

$x(x^2-5x-1)=0$ — Ein Produkt ist null, wenn einer der Faktoren null ist.

$x_1=0$

$x^2-5x-1=0 \Rightarrow x_2\approx-0,19;\ x_3\approx 5,19$ — Lösen der quadratischen Gleichung mit der Lösungsformel

$D_{max}=\mathbb{R}\setminus\{-0,19;\ 0;\ 5,19\}$

f) $4x^3-2x^2-26x-12=0$ — Hier muss mit Raten und Polynomdivision nach Lösungen gesucht werden.

$x_1=3$ — durch Probieren

$(4x^3-2x^2-26x-12):(x-3)=4x^2+10x+4$ — Polynomdivision

$4x^2+10x+4=0$

$x_{2/3}=\frac{-10\pm\sqrt{100-4\cdot 4\cdot 4}}{2\cdot 4}=\frac{-10\pm 6}{8}=\begin{cases}-2\\-\frac{1}{2}\end{cases}$ — mit der Lösungsformel

$D_{max}=\mathbb{R}\setminus\left\{-2;-\frac{1}{2};3\right\}$

3. a) $x + k = 0$

$x = -k \Rightarrow D_{max} = \mathbb{R} \setminus \{-k\}$

b) $x^2 - tx = 0$

$x(x - t) = 0$

Ein Produkt ist null, wenn einer der Faktoren null ist.

$x_1 = 0;\ x_2 = t \Rightarrow D_{max} = \mathbb{R} \setminus \{0; t\}$

c) $x^2 - t = 0$

$x^2 = t$

Fall 1: $t \geq 0$

$x^2 = t \quad |\sqrt{\ }$

$x_{1/2} = \pm\sqrt{t} \Rightarrow D_{max} = \mathbb{R} \setminus \{\pm\sqrt{t}\}$

Fall 2: $t < 0$

$x^2 = t$ hat keine reelle Lösung.

$\Rightarrow D_{max} = \mathbb{R}$

Es gibt nichts auszuschließen, da sich nie 0 ergibt.

Insgesamt gilt:

$$D_{max} = \begin{cases} \mathbb{R} & \text{falls } t < 0 \\ \mathbb{R} \setminus \{\pm\sqrt{t}\} & \text{falls } t \geq 0 \end{cases}$$

Es sei noch angemerkt, dass f_t für $t = 0$ nur eine Definitionslücke hat.

d) $x^2 - t^2 = 0$ mit $t > 0$

$(x - t) \cdot (x + t) = 0$

Faktorisieren mit der 3. binomischen Formel

$x_1 = t;\ x_2 = -t$

$\Rightarrow D_{max} = \mathbb{R} \setminus \{-t; t\} = \mathbb{R} \setminus \{\pm t\}$

Hier sei auf ein häufig anzutreffendes Missverständnis hingewiesen: Die Lösung bzw. Definitionslücke $x_2 = -t$ ist zulässig, obwohl $t > 0$ vorausgesetzt ist. Durch das negative Vorzeichen wird nicht das t negativ, sondern das x_2, d. h., die Definitionslücke ist im linken Bereich des Koordinatensystems.

e) $x^2 - x + a = 0$

Hier handelt es sich um eine quadratische Gleichung mit dem Parameter a.

$D = (-1)^2 - 4 \cdot 1 \cdot a = 1 - 4a$

Es ist eine Diskriminantenuntersuchung notwendig.

$D > 0;\quad D = 0;\quad D < 0$

Es ergeben sich 3 zu unterscheidende Fälle.

Es ist zu bestimmen, für welche a die genannten Fälle eintreten. Dazu bestimmt man zunächst den Fall $D = 0 \Leftrightarrow 1 - 4a = 0 \Leftrightarrow a = \frac{1}{4}$.

Die Diskriminante $D = 1 - 4a$ hängt linear (in Form einer linearen Funktion) von a ab, und zwar mit negativer Steigung -4. Der Verlauf der Diskriminante ist wie nebenstehend abgebildet. Damit hat man:

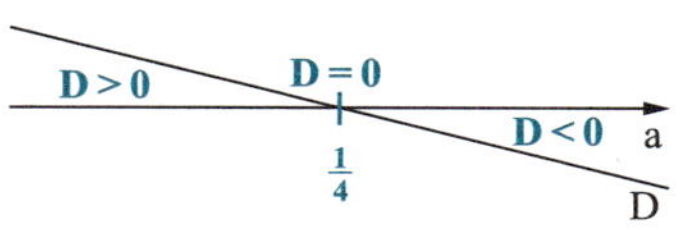

Fall 1: $D > 0 \iff a < \frac{1}{4}$ (siehe Abbildung)

In diesem Fall gibt es zwei Nennernullstellen, d. h. zwei Definitionslücken, die von a abhängen. Sie werden mit der Lösungsformel berechnet:

$$x_{1/2} = \frac{1 \pm \sqrt{D}}{2 \cdot 1} = \frac{1 \pm \sqrt{1-4a}}{2}$$

Eine weitere Vereinfachung ist nicht möglich.

$$\Rightarrow \quad D_{max} = \mathbb{R} \setminus \left\{\tfrac{1}{2}(1 \pm \sqrt{1-4a})\right\}$$

Fall 2: $D = 0 \iff a = \frac{1}{4}$

$$x_{1/2} = \frac{1 \pm \sqrt{0}}{2} = \frac{1}{2}$$

Es gibt eine (doppelte) Lösung.

$$\Rightarrow \quad D_{max} = \mathbb{R} \setminus \left\{\tfrac{1}{2}\right\}$$

Fall 3: $D < 0 \iff a > \frac{1}{4}$

$$D_{max} = \mathbb{R}$$

Es gibt keine Lösung.

Insgesamt gilt:

$$D_{max} = \begin{cases} \mathbb{R} \setminus \left\{\tfrac{1}{2}(1 \pm \sqrt{1-4a})\right\} & \text{falls } a < \tfrac{1}{4} \\ \mathbb{R} \setminus \left\{\tfrac{1}{2}\right\} & \text{falls } a = \tfrac{1}{4} \\ \mathbb{R} & \text{falls } a > \tfrac{1}{4} \end{cases}$$

f) $x^3 - 2mx^2 + m^2x = 0$

$x(x^2 - 2mx + m^2) = 0$

$x_1 = 0$ — unabhängig von m

$x^2 - 2mx + m^2 = 0$ — Für diese quadratische Gleichung mit dem Parameter m ist eine Diskriminantenuntersuchung erforderlich.

$$D = (-2m)^2 - 4 \cdot 1 \cdot m^2 = 4m^2 - 4m^2 = 0$$

Die Diskriminante ergibt für jedes m den Wert null; es gibt also immer eine doppelte Lösung. Man hätte das auch an der quadratischen Gleichung erkennen können, die sich mit der 2. binomischen Formel lösen lässt.

$$x_{2/3} = \frac{2m \pm \sqrt{D}}{2} = \frac{2m \pm 0}{2} = m$$

$D_{max} = \mathbb{R} \setminus \{0; m\}$ — Es ist keine Fallunterscheidung nötig.

4. a) $D_{max} = \mathbb{R} \setminus \{-1\}$

$f(x) = 0$

$x - 1 = 0 \Rightarrow x_1 = 1$ — einfache Nullstelle

b) $D_{max} = \mathbb{R} \setminus \{0\}$

$f(x) = 0$

$6x^2 - x = 0$

$x(6x - 1) = 0$

$x_1 = 0; \ x_2 = \frac{1}{6}$

Da $0 \notin D_{max}$, gibt es nur eine Nullstelle bei $\frac{1}{6}$.

c) $D_{max} = \mathbb{R}$

$f(x) = 0 \ \Rightarrow \ x_{1/2} = \pm\sqrt{2}$

d) $x^3 + 2x = 0 \ \Leftrightarrow \ x(x^2 + 2) = 0$ — Bestimmung von D_{max}

$x_1 = 0$ — $(x^2 + 2)$ wird nicht 0.

$\Rightarrow \ D_{max} = \mathbb{R} \setminus \{0\}$

$f(x) = 0$ — Achtung: Hier muss der gesamte Funktionsterm (nicht nur der Zähler) null gesetzt werden.

$$\frac{1}{2}x + 1 - \frac{x^2 + 2}{x^3 + 2x} = 0$$

$$\frac{1}{2}x + 1 - \frac{x^2 + 2}{x(x^2 + 2)} = 0$$

$$\frac{1}{2}x + 1 - \frac{1}{x} = 0 \quad \Big| \cdot x \cdot 2$$

Die Gleichung lässt sich vereinfachen.

$$x^2 + 2x - 2 = 0$$

$x_1 = -1 - \sqrt{3} \approx -2{,}73$

$x_2 = -1 + \sqrt{3} \approx 0{,}73$

Mit der Lösungsformel ergeben sich die beiden Lösungen. Beides sind Nullstellen, da in D_{max} enthalten.

5. a) $x^2 - tx = 0 \ \Leftrightarrow \ x(x - t) = 0$ — Bestimmung von D_{max}

$x_1 = 0; \ x_2 = t$

$\Rightarrow \ D_{max} = \mathbb{R} \setminus \{0; t\}$

$f_t(x) = 0 \ \Rightarrow \ x_{1/2} = 0$

Da $0 \notin D_{max}$, hat f_t keine Nullstelle.

b) $D_{max} = \mathbb{R} \setminus \{-k\}$

$f_k(x) = 0$

$x^2 - k^2 = 0$

$(x - k)(x + k) = 0$

$x_1 = k; \ x_2 = -k \notin D_{max}$

Es gibt eine (einfache) Nullstelle $x_1 = k$.

c) $D_{max} = \mathbb{R} \setminus \{-1\}$

$f_b(x) = 0$

$$-x + b - \frac{b}{x+1} = 0 \qquad |\cdot(x+1)$$

$$(-x+b)(x+1) - b = 0$$

$$-x^2 - x + bx + b - b = 0$$

$$-x^2 - x + bx = 0$$ Niemals durch x dividieren!

$$x(-x - 1 + b) = 0$$

$x_1 = 0; \quad -x - 1 + b = 0 \Rightarrow x_2 = b - 1$

Es gibt mehrere Fälle:

Fall 1: $b = 0 \Rightarrow$ eine einfache Nullstelle $x_1 = 0$, da $x_2 = -1 \notin D_{max}$

Fall 2: $b = 1 \Rightarrow$ eine doppelte Nullstelle $x_{1/2} = 0$

Fall 3: $b \in \mathbb{R} \setminus \{0; 1\} \Rightarrow$ zwei einfache Nullstellen $x_1 = 0; \; x_2 = b - 1$

d) $D_{max} = \mathbb{R} \setminus \{0\}$

$g_t(x) = 0$

$$\frac{t}{x^2} - \frac{4}{x} - 2 = 0 \qquad |\cdot x^2$$

$$t - 4x - 2x^2 = 0$$

Diskriminantenuntersuchung:

$D = (-4)^2 - 4 \cdot (-2) \cdot t = 16 + 8t = 8(t+2)$

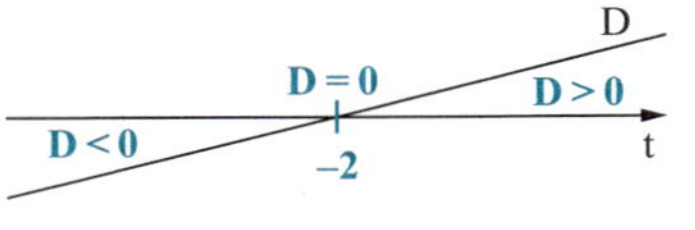

Fall 1: $D = 0 \Leftrightarrow t = -2$

$$x_{1/2} = \frac{-b \pm \sqrt{D}}{2a} = \frac{4 \pm 0}{2 \cdot (-2)} = -1$$

Eine doppelte Nullstelle: $x_{1/2} = -1$

Fall 2: $D < 0 \Leftrightarrow t < -2$

keine Nullstellen

Fall 3: $D > 0 \Leftrightarrow t > -2$

$$x_{1/2} = \frac{-b \pm \sqrt{D}}{2a} = \frac{4 \pm \sqrt{8(t+2)}}{2 \cdot (-2)} = \frac{4 \pm 2\sqrt{2(t+2)}}{-4} = \frac{2 \pm \sqrt{2t+4}}{-2} = -1 \pm \frac{1}{2}\sqrt{2t+4}$$

Für $t \neq 0$ sind das zwei einfache Nullstellen.

Für $t = 0$ liegt nur die Nullstelle $x_1 = -2$ vor, da $x_2 = 0 \notin D_{max}$.

e) $D_{max} = \mathbb{R} \setminus \{0; 5\}$

$f_a(x) = 0 \Rightarrow 2x + a = 0 \Rightarrow x = -\frac{a}{2}$

Diese Lösung ist dann keine Nullstelle, wenn sie 0 oder 5 ergibt. Das ist für $a = 0$ und für $a = -10$ der Fall, sodass gilt:

Fall 1: $a = 0 \vee a = -10 \Rightarrow$ keine Nullstellen

Fall 2: $a \in \mathbb{R} \setminus \{0; 10\} \Rightarrow$ eine einfache Nullstelle $x_1 = -\frac{a}{2}$

f) Nach Teilaufgabe 3 f gilt:
$D_{max} = \mathbb{R} \setminus \{0; m\}$
$g_m(x) = 0 \;\Rightarrow\; x^2 - x + m = 0$
Diskriminantenuntersuchung:
$D = (-1)^2 - 4 \cdot 1 \cdot m = 1 - 4m$

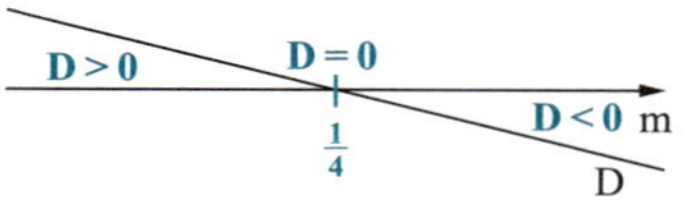

Fall 1: $D < 0 \;\Leftrightarrow\; m > \frac{1}{4}$
keine Nullstellen

Fall 2: $D = 0 \;\Leftrightarrow\; m = \frac{1}{4}$
$x_{1/2} = \frac{1 \pm 0}{2} = \frac{1}{2}$, also eine doppelte Nullstelle

Fall 3: $D > 0 \;\Leftrightarrow\; m < \frac{1}{4}$
$x_{1/2} = \frac{1 \pm \sqrt{1-4m}}{2} = \frac{1}{2}(1 \pm \sqrt{1-4m})$

$m = 0$ ist hier ein Sonderfall, da eine der beiden Lösungen dann null wird:
$x_1 = \frac{1}{2}(1 - \sqrt{1}) = 0$ und $0 \notin D_{max}$
In diesem Fall gibt es nur eine einfache Nullstelle: $x_2 = \frac{1}{2}(1 + \sqrt{1}) = 1$
Für alle anderen $m < \frac{1}{4}$ gibt es jeweils zwei einfache Nullstellen:
$x_{1/2} = \frac{1}{2}(1 \pm \sqrt{1-4m})$

6. a) $f(x) = \frac{x^2 - 1}{x+1} = \frac{(x-1)\cancel{(x+1)}}{\cancel{x+1}} = x - 1$

$D_{max} = \mathbb{R} \setminus \{-1\}$
-1 ist eine stetig hebbare Definitionslücke.

b) $f(x) = \frac{x-3}{x^2 - 6x + 9} = \frac{x-3}{(x-3)^2} = \frac{1}{x-3}$

$D_{max} = \mathbb{R} \setminus \{3\}$
Es handelt sich um eine Polstelle mit VZW.

c) $f(x) = \frac{1}{2x^2 - x} = \frac{1}{x(2x-1)}$

$D_{max} = \mathbb{R} \setminus \left\{0; \frac{1}{2}\right\}$
Da sich keine der beiden Nennernullstellen gegen entsprechende Faktoren im Zähler kürzen lässt, sind beide Definitionslücken Polstellen mit VZW.

d) $f(x) = \frac{x^2-4}{x^3+8} = \frac{(x+2)(x-2)}{x^3+2^3}$

Der Nennerterm kann faktorisiert werden.

$x^3+8=(x+2)(x^2-2x+4)$

Entweder mit der Merkhilfe, auf der man eine Faktorisierung des Trinoms $a^3+b^3=a^3-(-b)^3$ finden kann, oder mittels Polynomdivision.

$f(x) = \frac{\cancel{(x+2)}(x-2)}{\cancel{(x+2)}(x^2-2x+4)} = \frac{x-2}{x^2-2x+4}$

Der 2. Faktor des Nenners x^2-2x+4 lässt keine Faktorisierung zu, da die Gleichung $x^2-2x+4=0$ keine reelle Lösung besitzt.

$D_{max} = \mathbb{R} \setminus \{-2\}$

–2 ist eine stetig hebbare Definitionslücke.

e) $f(x) = \frac{x^2+x-2}{x^3+2x^2-x-2}$

$= \frac{\cancel{(x+2)}\,\cancel{(x-1)}}{\cancel{(x+2)}\,\cancel{(x-1)}\,(x+1)} = \frac{1}{x+1}$

Im Zähler findet man die Faktorisierung mit dem Satz von Vieta oder mit der Lösungsformel, im Nenner durch Polynomdivision.

$D_{max} = \mathbb{R} \setminus \{-2; -1; 1\}$

–2 und 1 sind stetig hebbare Definitionslücken, –1 ist Polstelle mit VZW.

f) $f(x) = \frac{x^3-2x}{4x^3-2x^2-26x-12}$

$= \frac{x(x^2-2)}{4(x+2)\left(x+\frac{1}{2}\right)(x-3)}$

siehe Teilaufgabe 2 f

$D_{max} = \mathbb{R} \setminus \left\{-2; -\frac{1}{2}; 3\right\}$

Alle drei Definitionslücken sind Polstellen mit VZW.

7. a) $g(x) = \begin{cases} f(x) & \text{für } x \in \mathbb{R} \setminus \{1\} \\ 2 & \text{für } x = 1 \end{cases}$

f(x) muss an der Stelle 1 eine Definitionslücke (Nennernullstelle) besitzen, die sich wegkürzen lässt und den Grenzwert 2 liefert.
Am einfachsten ist:

$f(x) = \frac{2(x-1)}{x-1} = \frac{2x-2}{x-1}$

b) Polstelle bei $x=-1$
stetig hebbare Definitionslücke bei $x=1$

$h^*(x) = \begin{cases} h(x) & \text{für } x \in \mathbb{R} \setminus \{-1; 1\} \\ \frac{1}{2} & \text{für } x = 1 \end{cases}$

8. a) $f(x) = \frac{x}{x^2 - 2x + 4}$

Der Nenner $x^2 - 2x + 4 = 0$ hat die Diskriminante $D = (-2)^2 - 4 \cdot 1 \cdot 4 = 4 - 16 = -12 < 0$.

$D_{max} = \mathbb{R}$

f hat keine Definitionslücken und also auch keine vertikalen Asymptoten.

b) $f(x) = \frac{x^2 + 2x}{x^3 + 6x^2 + 12x + 8}$

lässt sich vollständig faktorisieren (Ausklammern im Zähler; Polynomdivision im Nenner)

$f(x) = \frac{x(x+2)}{(x+2)^3} = \frac{x}{(x+2)^2}$

$D_{max} = \mathbb{R} \setminus \{-2\}$

–2 ist eine doppelte Polstelle, also ohne VZW. Bei $x = -2$ liegt eine vertikale Asymptote vor.

c) $f(x) = \frac{x+1}{x^2 - 1} = \frac{x+1}{(x+1)(x-1)} = \frac{1}{x-1}$

$D_{max} = \mathbb{R} \setminus \{-1; 1\}$

–1 ist eine stetig hebbare Definitionslücke, 1 ist Polstelle mit VZW.

v. A. $x = 1$

d) $f_k(x) = \frac{x^2 - kx + k}{x^2}$

$D_{max} = \mathbb{R} \setminus \{0\}$

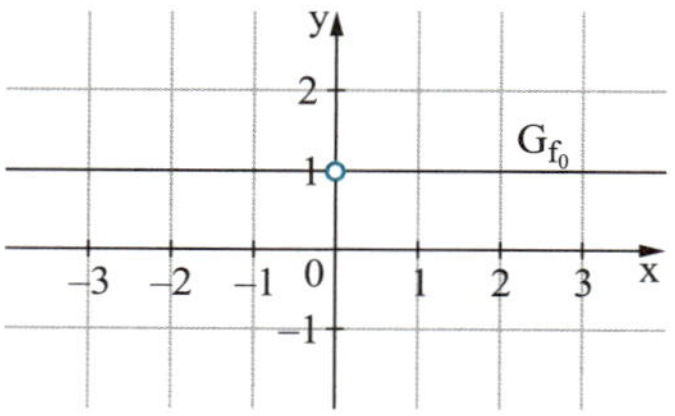

Fall 1: $k = 0$

$f_0(x) = \frac{x^2}{x^2} = 1$ hat eine stetig hebbare Definitionslücke.

Fall 2: $k \neq 0$

In diesem Fall ist im Zähler kein x ausklammerbar, das x^2 im Nenner also nicht kürzbar. Bei $x = 0$ liegt eine doppelte Polstelle vor, also ohne VZW.

v. A. $x = 0$

9. $D_{max} = \mathbb{R} \setminus \{-3; 0; 2\}$

v. A. $x = -3$; $x = 2$

$f(x) = \frac{?}{x(x+3)(x-2)^2}$

Ansatz: –3 ist Polstelle 1. Ordnung, 0 stetig hebbare Definitionslücke, 2 Polstelle 2. Ordnung

$f(x) = \frac{x(x+1{,}5)}{x(x+3)(x-2)^2}$

Da sich x wegkürzen lassen muss, muss auch im Zähler ein x stehen. Ferner liegt eine einfache Nullstelle bei –1,5 vor.

Diese Funktion kann noch mit einem konstanten Faktor $a \neq 0$ multipliziert werden, ohne dass sie ihre bisherigen Eigenschaften verändert.

Um a zu bestimmen, müsste man die Koordinaten eines Punktes des Graphen oder die y-Koordinate des Loches bei $x = 0$ kennen.

10. a) $g(x) = \frac{1}{x}$; $n = 0$, $m = 1$

$h(x) = \frac{1}{x^2}$; $n = 0$, $m = 2$

In beiden Fällen ist der Nennergrad m höher als der Zählergrad n, also ist die x-Achse horizontale Asymptote: $n < m \Rightarrow$ h. A. $y = 0$

b) $f(x) = \frac{x^2 + 2x}{x^3 + 6x^2 + 12x + 8}$; $n = 2$, $m = 3$, also: $n < m \Rightarrow$ h. A. $y = 0$

c) $f(x) = \frac{\mathbf{3}x^2 + 1}{\mathbf{4}x^2 - 2}$; $n = 2$, $m = 2$, also: $n = m \Rightarrow$ horizontale Asymptote

h. A. $y = \frac{\mathbf{3}}{\mathbf{4}}$ (Koeffizienten der höchsten Potenzen)

d) $f_k(x) = \frac{x^2 - kx + 1}{kx^2}$; $n = 2$, $m = 2$, also: $n = m \Rightarrow$ h. A. $y = \frac{1}{k}$

e) $f(x) = \frac{x^3}{x^2 - 1}$; $n = 3$, $m = 2$

n ist um 1 höher als m ($n = m + 1$), d. h., es gibt eine schräge Asymptote, die durch Polynomdivision zu ermitteln ist:

$x^3 : (x^2 - 1) = \mathbf{x} + \frac{x}{x^2 - 1}$; s. A. $y = x$

Wie aus der Zeichnung hervorgeht, kann die schräge Asymptote vom Graphen der Funktion geschnitten werden. Das ist für jene x der Fall, für welche der echt gebrochen-rationale Anteil null wird, hier also für $x = 0$.

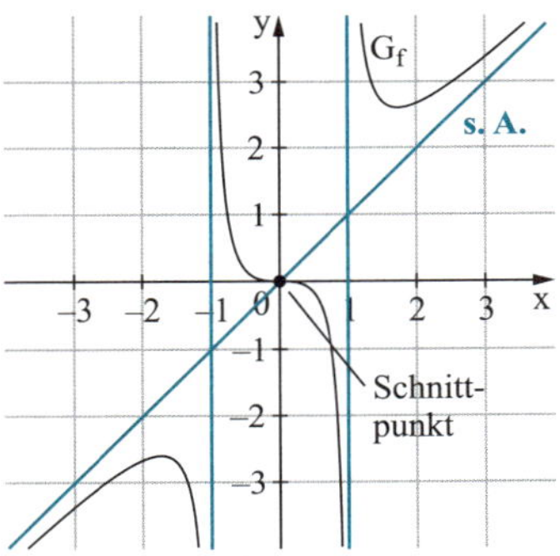

f) $f(x) = \frac{x^3}{x + 1}$; $n = 3$, $m = 1$

In diesem Fall ist n um 2 größer als m. Es gibt deshalb keine schräge Asymptote (Gerade), an die sich G_f für $x \to \pm\infty$ annähert, sondern eine Parabel (Funktion 2. Grades).

$$x^3 : (x + 1) = \underbrace{x^2 - x + 1}_{\mathbf{g(x)}} - \frac{\mathbf{1}}{\mathbf{x + 1}}$$

$$\begin{array}{l} -(x^3 + x^2) \\ \hline / \; -x^2 \\ \quad -(-x^2 - x) \\ \hline \qquad / \; x \\ \qquad -(x + 1) \\ \hline \qquad \mathbf{-1} \end{array}$$

$\mathbf{-1}$ ⟵ **Rest**

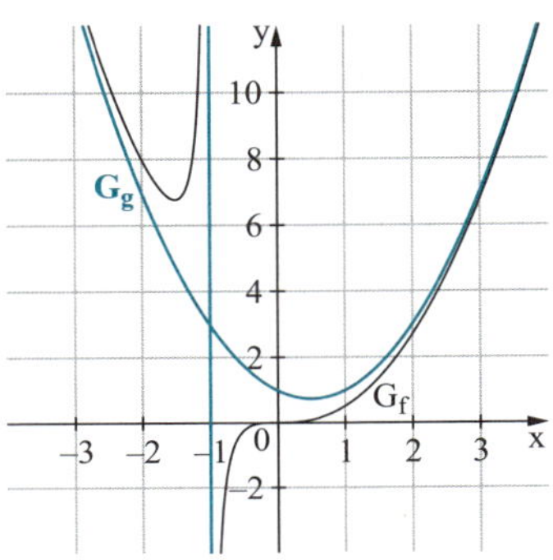

11. $f(x)=\frac{-5x(x+1{,}5)}{x(x+3)(x-2)^2}=\frac{-5(x+1{,}5)}{(x+3)(x-2)^2}$

$D_{max}=\mathbb{R}\setminus\{-3;\,0;\,2\}$

0 ist eine stetig hebbare Definitionslücke, 2 eine Polstelle 2. Ordnung, –3 eine Polstelle 1. Ordnung.

An den Polstellen gibt es immer vertikale Asymptoten: v. A. $x=-3$; $x=2$
In der gekürzten Version gilt:
$n=1$, $m=3$, also: $n<m \Rightarrow$ h. A. $y=0$

12. $f(x)=\frac{x^3-1}{x^2+1}$; $D_{max}=\mathbb{R}$

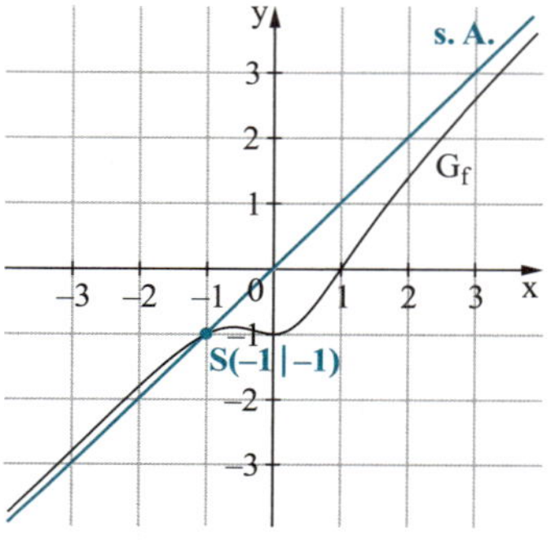

Polynomdivision:

$(x^3-1):(x^2+1)=x-\frac{x+1}{x^2+1} \Rightarrow$ s. A. $y=x$

Um den Schnittpunkt zu berechnen, wird wie üblich auf Schneiden angesetzt, d. h., beide Funktionsterme werden gleichgesetzt:
$f(x)=x$ (s. A.)
Es empfiehlt sich, den zerlegten Funktionsterm von f(x) zu nehmen:

$$x-\frac{x+1}{x^2+1}=x \quad |-x$$

$$-\frac{x+1}{x^2+1}=0 \quad |\cdot(-1)\cdot(x^2+1)$$

$$x+1=0 \Rightarrow x_S=-1;\text{ wegen } y=x \text{ folgt: } S(-1\,|\,-1)$$

13. $f_a(x)=\frac{3x-9}{x^2-6x+a}$; $a\in\mathbb{R}$

a) Nennernullstellen: $x^2-6x+a=0$

$D=(-6)^2-4\cdot1\cdot a=36-4a=4(9-a)$

$D=0 \Leftrightarrow a=9$

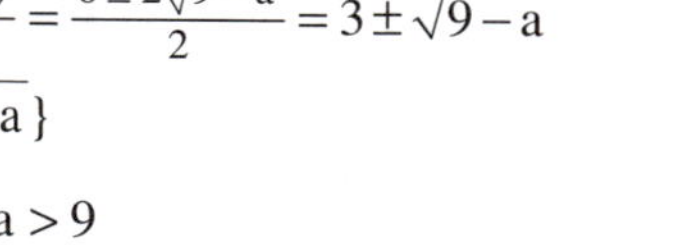

Fall 1: $D<0 \Leftrightarrow a>9 \Rightarrow D_{max}=\mathbb{R}$

Fall 2: $D=0 \Leftrightarrow a=9$; $x_{1/2}=\frac{6\pm0}{2}=3 \Rightarrow D_{max}=\mathbb{R}\setminus\{3\}$

Fall 3: $D>0 \Leftrightarrow a<9$; $x_{1/2}=\frac{6\pm\sqrt{4(9-a)}}{2}=\frac{6\pm2\sqrt{9-a}}{2}=3\pm\sqrt{9-a}$

$\Rightarrow D_{max}=\mathbb{R}\setminus\{3-\sqrt{9-a};\,3+\sqrt{9-a}\}$

$$\text{Insgesamt: } D_{max}=\begin{cases}\mathbb{R} & \text{falls } a>9\\ \mathbb{R}\setminus\{3\} & \text{falls } a=9\\ \mathbb{R}\setminus\{3\pm\sqrt{9-a}\} & \text{falls } a<9\end{cases}$$

b) $f_9(x) = \frac{3x-9}{x^2-6x+9} = \frac{3(x-3)}{(x-3)^2} = \frac{3}{x-3}$

$D_{max} = \mathbb{R} \setminus \{3\}$

Bei $x=3$ liegt eine Polstelle 1. Ordnung vor, also:

v. A. $x=3$

Da der Nennergrad überwiegt, gilt: h. A. $y=0$

Man beachte, dass sich der Graph von f nur für $x \to \pm\infty$ an die horizontale Asymptote annähert.

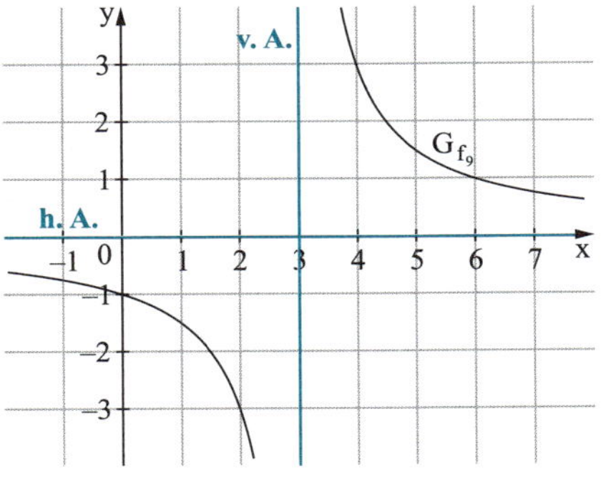

c) $f_5(x) = \frac{3x-9}{x^2-6x+5} = \frac{3(x-3)}{(x-5)(x-1)}$

$D_{max} = \mathbb{R} \setminus \{1; 5\}$

Bei $x=1$ und $x=5$ liegt jeweils eine Polstelle 1. Ordnung vor, also:

v. A. $x=1$; $x=5$

Der Nennergrad überwiegt:

h. A. $y=0$

Nullstelle: $x_1=3$

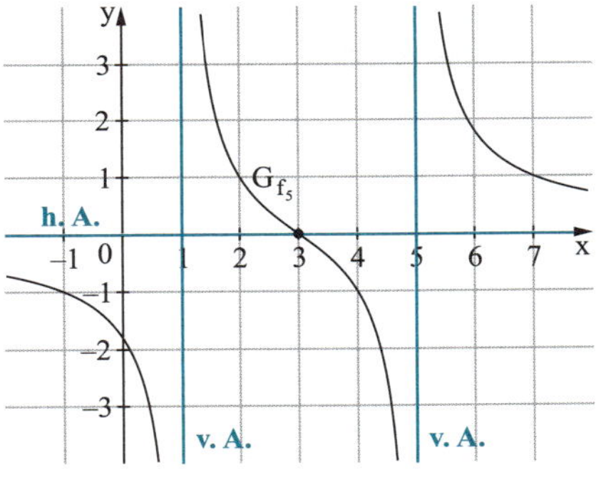

d) $f_{10}(x) = \frac{3x-9}{x^2-6x+10}$

$D_{max} = \mathbb{R}$

Es ist im Nenner keine Faktorisierung möglich.

v. A. keine

h. A. $y=0$

Nullstelle: $x_1=3$

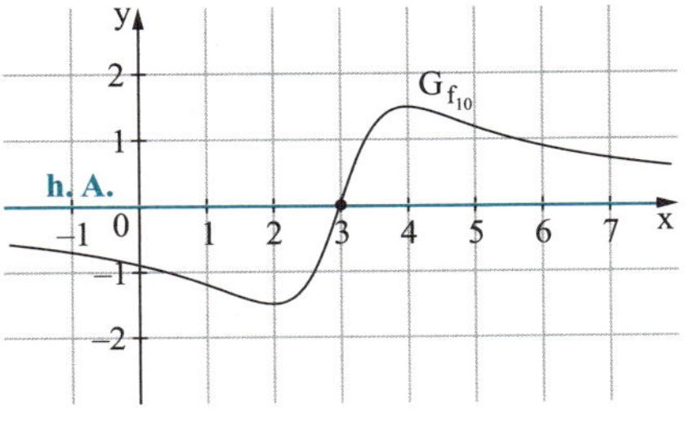

14. a)

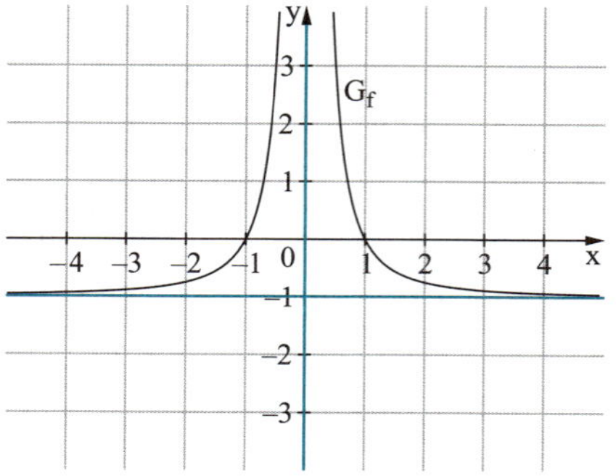

$f(x) = \frac{-x^2+1}{x^2}$

b)

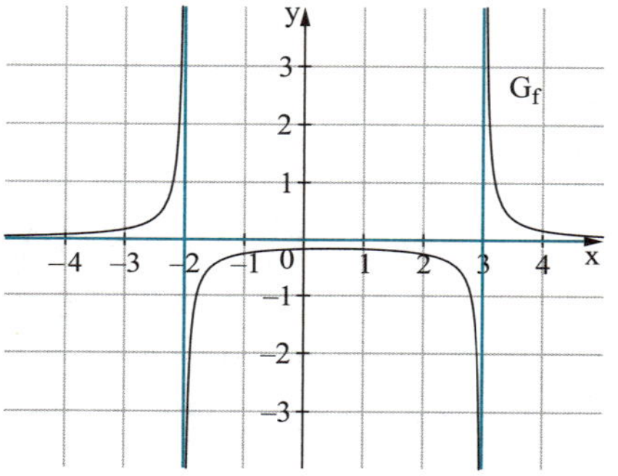

$f(x) = \frac{1}{(x+2)(x-3)}$

c)

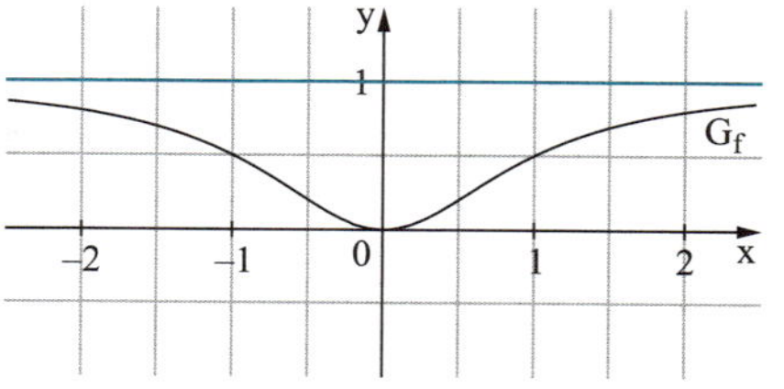

$f(x) = \frac{x^2}{\underbrace{x^2+1}_{\text{keine Nenner-nullstelle}}}$

d)

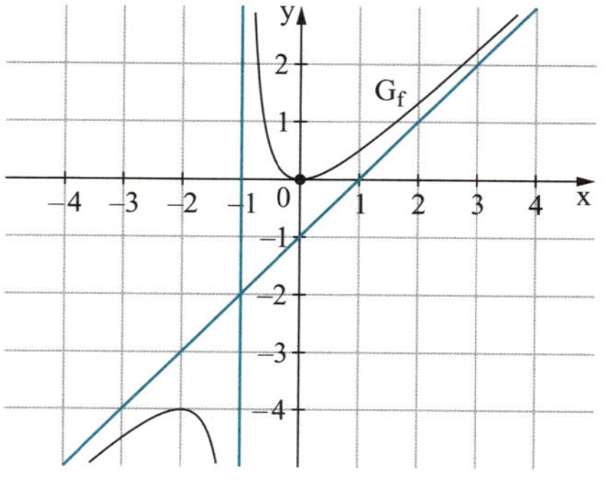

$f(x) = x - 1 + \frac{1}{x+1} = \frac{x^2}{x+1}$

15. $f_1(x)$ gehört zu c, $f_2(x)$ zu a, $f_3(x)$ zu d und $f_4(x)$ zu b.

Zunächst schaut man sich die vertikalen Asymptoten an und vergleicht diese mit den Nennertermen. Aus den Graden von Zähler- und Nennerterm ergeben sich außerdem die horizontalen bzw. schrägen Asymptoten.

16. $f_a(x) = \frac{x^3+8}{-2x^2-4x+a}$; $a \in \mathbb{R}$

a) Nennernullstellen:

$-2x^2 - 4x + a = 0 \quad |\cdot(-1)$

$2x^2 + 4x - a = 0$

Diskriminantenuntersuchung:

$D = 4^2 - 4 \cdot 2 \cdot (-a) = 16 + 8a = 8(2+a)$

$D = 0 \iff a = -2$

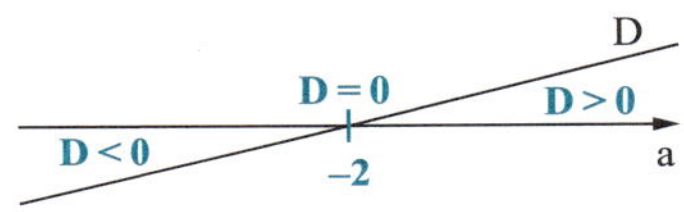

Fall 1: $D<0 \iff a<-2 \Rightarrow D_{max} = \mathbb{R}$

Fall 2: $D=0 \iff a=-2;\ x_{1/2} = \frac{-4 \pm 0}{2 \cdot 2} = -1 \Rightarrow D_{max} = \mathbb{R} \setminus \{-1\}$

Fall 3: $D>0 \iff a>-2;\ x_{1/2} = \frac{-4 \pm \sqrt{8(a+2)}}{4} = \frac{-2 \pm \sqrt{2(a+2)}}{2}$

$\Rightarrow D_{max} = \mathbb{R} \setminus \left\{-1 - \frac{1}{2}\sqrt{2a+4},\ -1 + \frac{1}{2}\sqrt{2a+4}\right\}$

Insgesamt gilt damit: $D_{max} = \begin{cases} \mathbb{R} & \text{falls } a < -2 \\ \mathbb{R} \setminus \{-1\} & \text{falls } a = -2 \\ \mathbb{R} \setminus \left\{-1 \pm \frac{1}{2}\sqrt{2a+4}\right\} & \text{falls } a > -2 \end{cases}$

b) $a=0 \Rightarrow f_0(x) = f(x) = \frac{x^3+8}{-2x^2-4x}$

Setzt man im Ergebnis von Teilaufgabe a für $a=0>-2$ ein, so ergibt sich:

$x_{1/2} = -1 \pm \frac{1}{2}\sqrt{2 \cdot 0 + 4} = -1 \pm 1 = \begin{cases} 0 \\ -2 \end{cases}$

Das hätte man natürlich auch direkt berechnen können:

$-2x^2 - 4x = 0 \iff -2x(x+2) = 0 \Rightarrow x_1 = 0;\ x_2 = -2$

$D_f = \mathbb{R} \setminus \{-2; 0\}$

Art: stetig hebbare Definitionslücke bei $x=-2$; Polstelle bei $x=0$

c) $f(x)=0 \Rightarrow x^3 + 8 = 0$

$x^3 = -8 \quad |\sqrt[3]{\ }$

$\Rightarrow x_1 = -2$

Da $-2 \notin D_{max}$, hat f keine Nullstelle.

d) Der Zählerterm wird bei –2 null, also lässt sich der Linearfaktor $(x+2)$ abspalten, z. B. mittels Polynomdivision:
$(x^3+8):(x+2)=x^2-2x+4$
Eine weitere Faktorisierung ist nicht möglich, da x^2-2x+4 keine weiteren Nullstellen enthält.
$$f(x)=\frac{x^3+8}{-2x^2-4x}=\frac{(x+2)(x^2-2x+4)}{-2x\cdot(x+2)}=\frac{x^2-2x+4}{-2x}=-\frac{x^2-2x+4}{2x}$$

e) Die „weggekürzte" Definitionslücke bei –2 ist die stetig hebbare.
$$\lim_{x\to -2} f(x)=\lim_{x\to -2}\frac{x^2-2x+4}{-2x}=\frac{(-2)^2-2\cdot(-2)+4}{-2\cdot(-2)}=3$$

f) Das geht in diesem Fall auch ohne Polynomdivision:
$$f(x)=\frac{x^2-2x+4}{-2x}=\frac{x^2}{-2x}+\frac{-2x}{-2x}+\frac{4}{-2x}=\underbrace{-\frac{1}{2}x+1}_{g(x)}\underbrace{-\frac{2}{x}}_{e(x)}$$

g) v. A. $x=0$ (Polstelle)
s. A. $y=-\frac{1}{2}x+1$ (siehe Aufgabenteil f)

h) Wertetabelle:

x	–5	–4	–3	–2
y	3,9	3,5	3,17	/

x	–1	0	1	2
y	3,5	/	–1,5	–1,0

x	3	4	5
y	–1,17	–1,5	–1,9

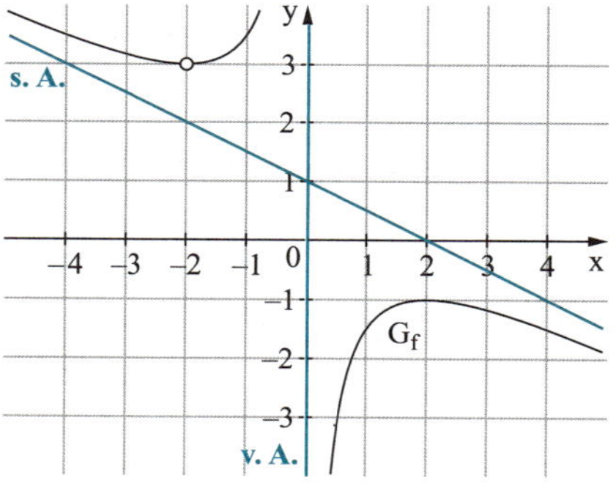

i) Da $e(x)=-\frac{2}{x}$ keine Nullstelle hat, schneidet G_f seine schräge Asymptote nicht.

17. $f_k(x)=\frac{k}{x^2}+\frac{1}{x}+1=\frac{k+x+x^2}{x^2}$

a) $D_{max}=\mathbb{R}\setminus\{0\}$
$f_k(x)=0 \;\Rightarrow\; x^2+x+k=0$
$D=1^2-4\cdot k=-4k+1$

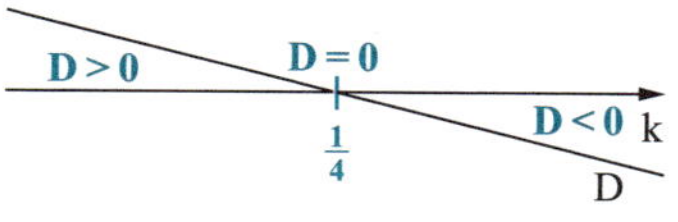

Fall 1: $D<0 \;\Leftrightarrow\; k>\frac{1}{4} \;\Rightarrow$ keine Nullstellen

Fall 2: $D=0 \;\Leftrightarrow\; k=\frac{1}{4};\; x_{1/2}=\frac{-1\pm 0}{2}=-\frac{1}{2}$ eine doppelte Nullstelle

Fall 3: $D > 0 \iff k < \frac{1}{4};\ x_{1/2} = \frac{-1 \pm \sqrt{-4k+1}}{2}$

Es ist noch die Frage zu klären, ob eine dieser „Nullstellen" mit der Definitionslücke bei 0 zusammenfallen kann. Das ist für $k = 0$ der Fall: $x_2 = \frac{-1+\sqrt{1}}{2} = 0$, wenn $k = 0$.

Deshalb: zwei einfache Nullstellen für $k < \frac{1}{4} \wedge k \neq 0$
eine einfache Nullstelle für $k = 0$

b) Bei $x = 0$ liegt immer eine Polstelle vor (auch wenn $k = 0$ ist), also:
v. A. $x = 0$

Wegen Zählergrad = Nennergrad gilt:
h. A. $y = 1$

c)

$$f_k\left(-\tfrac{1}{4}\right) = 1$$

Ansatz: h. A. $y = 1$ soll bei $x = -\frac{1}{4}$ geschnitten werden.

$$\frac{k}{\left(-\frac{1}{4}\right)^2} + \frac{1}{-\frac{1}{4}} + 1 = 1$$

$$\frac{k}{\frac{1}{16}} - \frac{1}{\frac{1}{4}} = 0$$

$$16k - 4 = 0 \quad |:4$$

$$4k = 1 \Rightarrow k = \frac{1}{4}$$

d) $f(x) = \frac{4x^2+4x+1}{4x^2}$; $D_f = \mathbb{R}\setminus\{0\}$; Polstelle 2. Ordnung; Nullstelle $-\frac{1}{2}$

$g(x) = \frac{1}{x^2}$; $D_g = \mathbb{R}\setminus\{0\}$; Polstelle 2. Ordnung; keine Nullstelle

e)

$$f(x) = g(x)$$

Ansatz

$$\frac{4x^2+4x+1}{4x^2} = \frac{1}{x^2} \quad |\cdot 4x^2$$

$$4x^2+4x+1 = 4$$

$$4x^2+4x-3 = 0$$

$$x_{1/2} = \frac{-4 \pm \sqrt{4^2-4\cdot 4\cdot(-3)}}{2\cdot 4} = \frac{-4\pm 8}{8} = \begin{cases} \frac{1}{2} \\ -\frac{3}{2} \end{cases}$$

Lösen der quadratischen Gleichung mit der Lösungsformel

$$g\left(\tfrac{1}{2}\right) = 4 \Rightarrow S_1\left(\tfrac{1}{2} \,\middle|\, 4\right)$$

$$g\left(-\tfrac{3}{2}\right) = \tfrac{4}{9} \Rightarrow S_2\left(-\tfrac{3}{2} \,\middle|\, \tfrac{4}{9}\right)$$

Berechnung der y-Koordinaten

f)

x	−4	−3	−2	−1	0	1	2	3	4
g(x)	0,062	0,11	0,25	1,0	/	1,0	0,25	0,11	0,062
f(x)	0,77	0,69	0,56	0,25	/	2,2	1,6	1,4	1,3

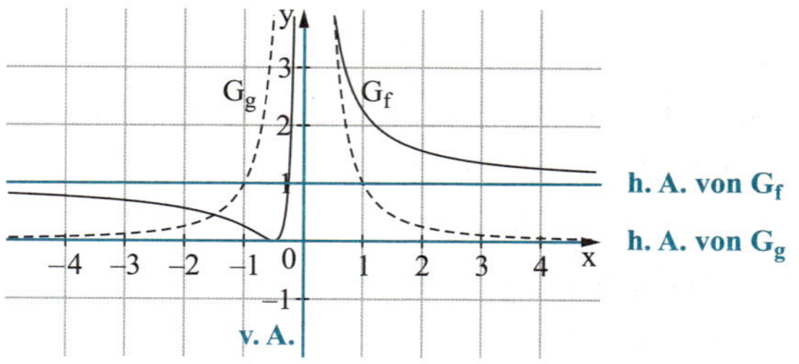

18. a)

φ	45°	**30°**	**240°**	150°	**270°**	15°	20°
x	$\mathbf{\frac{\pi}{4}}$	$\frac{\pi}{6}$	$\frac{4\pi}{3}$	$\mathbf{\frac{5\pi}{6}}$	$\frac{3\pi}{2}$	$\mathbf{\frac{\pi}{12}}$	$\mathbf{\frac{\pi}{9}}$

Beispielsweise erhält man $\frac{\pi}{9}$ als Bogenmaß von 20° durch folgende Überlegung: $\pi \mathrel{\hat{=}} 180°$, folglich entspricht $\frac{1}{18}$ davon 10°; verdoppelt man dies, hat man die gewünschten 20°:

$2 \cdot \frac{\pi}{18} = \frac{\pi}{9}$

b)

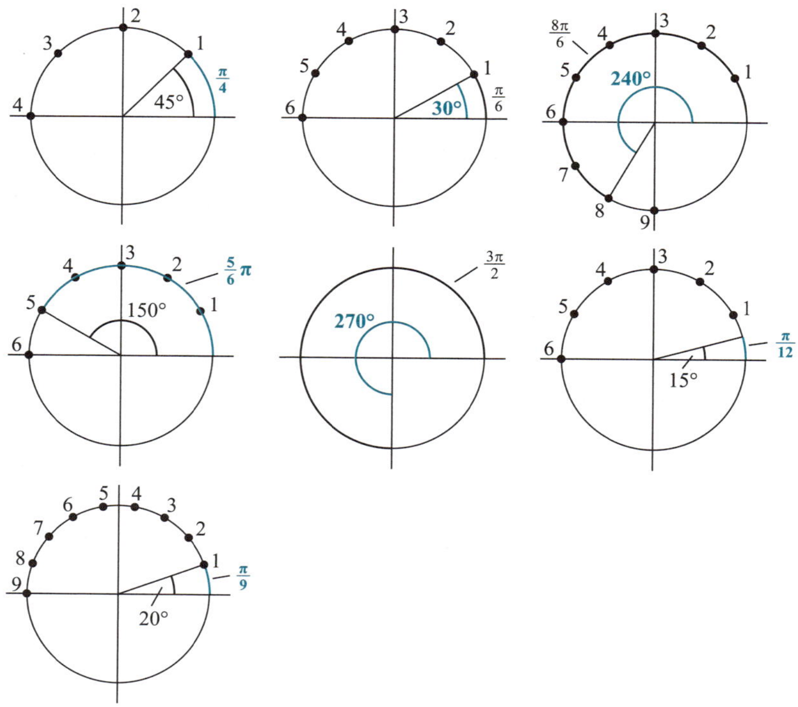

19. a) $\sin(x) = 0{,}35$

Mit Taschenrechner: RAD einstellen und dann [INV] + [SIN]

$x^* \approx 0{,}358$

$\Rightarrow \quad x_1 = x^* \approx 0{,}358$

$\quad\quad x_2 = \pi - x^* \approx 2{,}784$

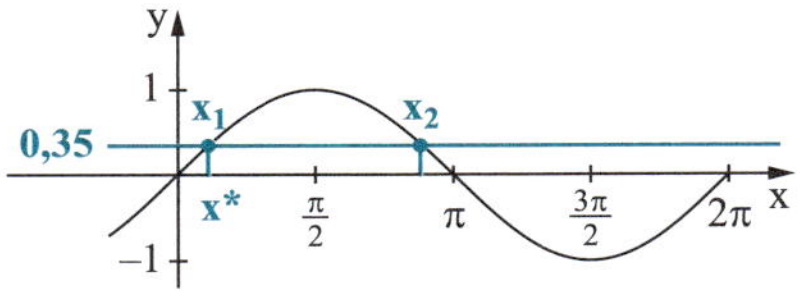

b) $\sin(x) = -0{,}90$

$x^* \approx -1{,}120$

$x_1 = \pi + |x^*| = \pi - x^* \approx 4{,}261$

$x_2 = 2\pi + x^* \approx 5{,}163$

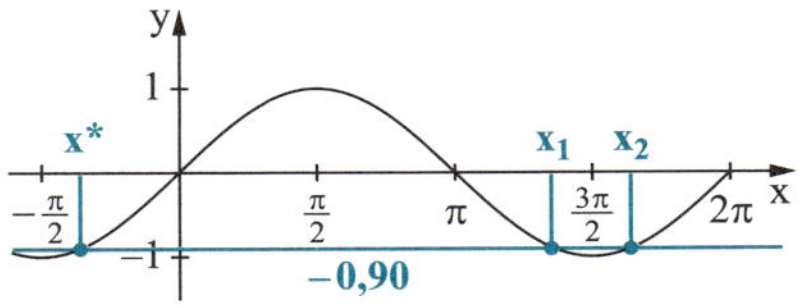

c) $2 \cdot \sin(x) = 1 \quad \Leftrightarrow \quad \sin(x) = 0{,}5$

$x^* \approx 0{,}524$

$x_1 = x^* \approx 0{,}524$

$x_2 = \pi - x^* \approx 2{,}618$

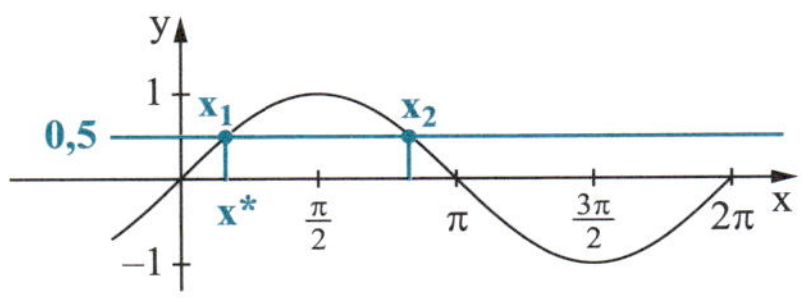

d) $\sin\left(\frac{x}{2}\right) = 0{,}5$

Wenn im Sinus ein mathematischer Term steht, kann man diesen substituieren: $z = \frac{x}{2}$

$\sin(z) = 0{,}5$

Dies wird wie in Aufgabenteil c gelöst.

$z_1 \approx 0{,}524; \quad z_2 \approx 2{,}618$

$\frac{x}{2} = 0{,}524 \quad \Rightarrow \quad x_1 = 1{,}048$

Nun wird z wieder durch $\frac{x}{2}$ ersetzt.

$\frac{x}{2} = 2{,}618 \quad \Rightarrow \quad x_2 = 5{,}236$

20. a) $\cos(x) = 0{,}65$

Taschenrechner auf RAD stellen:

$x^* \approx 0{,}863$

$x_1 = x^* \approx 0{,}863$

$x_2 = 2\pi - x^* \approx 5{,}420$

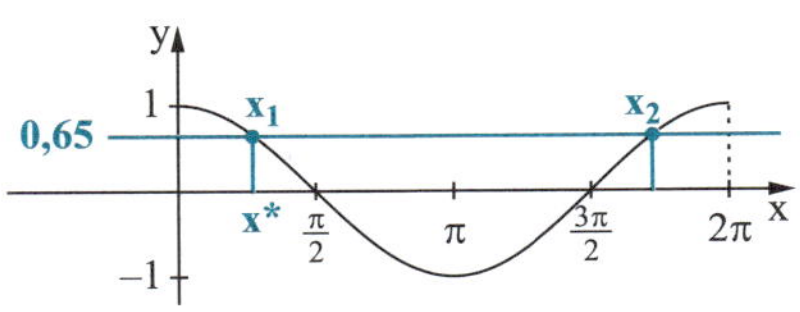

b) $\cos(x) = -0{,}5$

$x^* \approx 2{,}094$

$x_1 = x^* \approx 2{,}094$

$x_2 = 2\pi - x^* \approx 4{,}189$

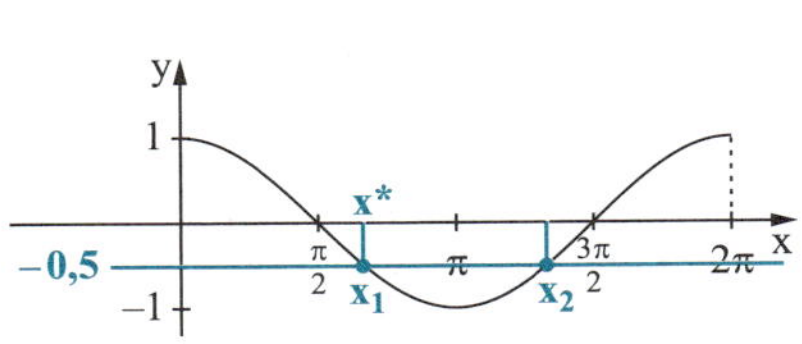

c) $3 \cdot \cos(x) + 1 = 0 \quad \Leftrightarrow \quad \cos(x) = -\frac{1}{3}$

$x^* \approx 1{,}911$

$x_1 = x^* \approx 1{,}911$

$x_2 = 2\pi - x^* \approx 4{,}373$

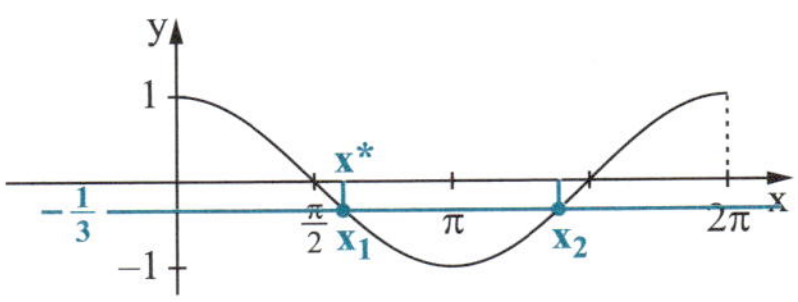

d) $\cos(2x) = 0,75$ — Substitution $z = 2x$

$\cos(z) = 0,75$

$\Rightarrow\ z^* \approx 0,732$

$z_1 = z^* = 2x_1$ — Rücksubstitution

$\Rightarrow\ x_1 = \frac{z^*}{2} \approx 0,361$

$z_2 = 2\pi - z^* = 2x_2$

$\Rightarrow\ x_2 = \pi - \frac{z^*}{2} \approx 2,780$

Damit sind zwar zwei Lösungen im Intervall $[0;\ 2\pi]$ gefunden. In diesem Fall gibt es jedoch weitere. Da die Kosinusfunktion 2π-periodisch ist, addiert man zu den bisherigen z-Lösungen jeweils 2π und erhält so weitere Lösungen in $[0;\ 2\pi]$.

$z_3 = z_1 + 2\pi \approx 7,006 \quad \Rightarrow \quad x_3 = \frac{z_3}{2} \approx 3,503$

$z_4 = z_2 + 2\pi = 2x_2 + 2\pi \approx 11,844 \quad \Rightarrow \quad x_4 = \frac{z_4}{2} \approx 5,922$

21.

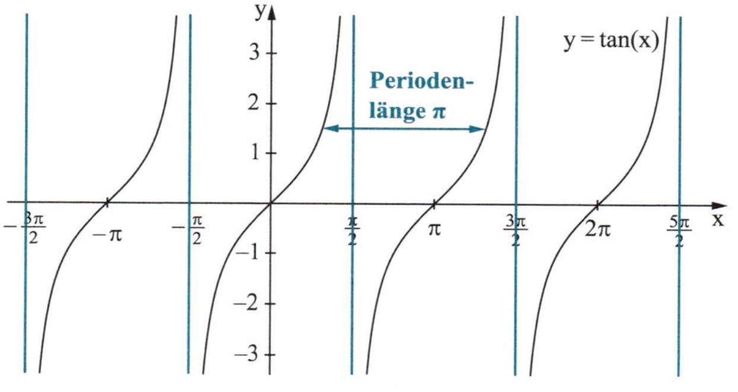

Polstellen

$x_k = (2k+1) \cdot \frac{\pi}{2}$ mit $k \in \mathbb{Z}$; alle ungeradzahligen Vielfachen von $\frac{\pi}{2}$

Der Vorfaktor $(2k+1)$ für die ungeraden ganzen Zahlen ergibt sich durch folgende Überlegung:

Wenn k eine beliebige ganze Zahl ist, dann ist 2k eine gerade ganze Zahl und demnach $2k+1$ eine ungerade ganze Zahl, also genau das, was man als Vorfaktor von $\frac{\pi}{2}$ braucht.

Nullstellen

$x_k = k\pi$ mit $k \in \mathbb{Z}$; alle ganzzahligen Vielfachen von π

Symmetrie

Der Graph der Tangensfunktion ist punktsymmetrisch zum Ursprung.

Periodizität

Die Tangensfunktion ist π-periodisch.

22. a) **Entstehung aus der Grundfunktion**

$$f(x) = \frac{3}{4}\sin(3x+5) = \frac{3}{4}\cdot\sin\left(3\cdot\left(x+\frac{5}{3}\right)\right)$$

- $\frac{3}{4}$: staucht auf 0,75 in y-Richtung
- 3: verdreifacht die Frequenz
- $+\frac{5}{3}$: verschiebt um $\frac{5}{3}$ nach links

Lösen der Gleichung

$$f(x) = 0{,}5$$
$$\frac{3}{4}\sin(3x+5) = \frac{1}{2}$$
$$\sin(3x+5) = \frac{2}{3}$$

Mit Taschenrechner: RAD einstellen und dann [INV] + [SIN]

$3x + 5 \approx 0{,}730$

Nach x auflösen: $x_1 \approx -1{,}423$

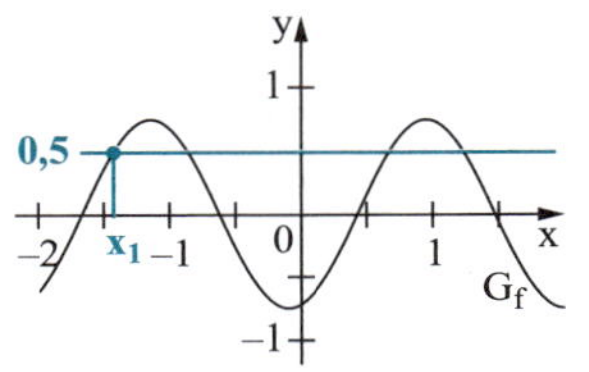

b) **Entstehung aus der Grundfunktion**

$$g(x) = \frac{3}{2}\sin\left(\pi x - \frac{\pi}{3}\right) = \frac{3}{2}\cdot\sin\left(\pi\cdot\left(x-\frac{1}{3}\right)\right)$$

- $\frac{3}{2}$: streckt um Faktor 1,5 in y-Richtung
- π: erhöht Frequenz um Faktor π
- $-\frac{1}{3}$: verschiebt um $\frac{1}{3}$ nach rechts

Lösen der Gleichung

$$g(x) = 1$$
$$\frac{3}{2}\sin\left(\pi x - \frac{\pi}{3}\right) = 1$$
$$\sin\left(\pi x - \frac{\pi}{3}\right) = \frac{2}{3}$$

Mit Taschenrechner: RAD einstellen und dann [INV] + [SIN]

$\pi x - \frac{\pi}{3} \approx 0{,}730$

Nach x auflösen: $x_1 \approx 0{,}566$

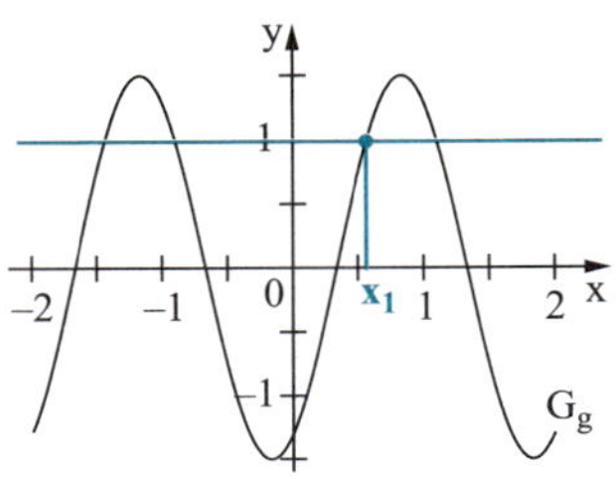

23. a) $m_{PQ} = \frac{\Delta y}{\Delta x} = \frac{f(2)-f(0)}{2-0} = \frac{4-0}{2-0} = 2$

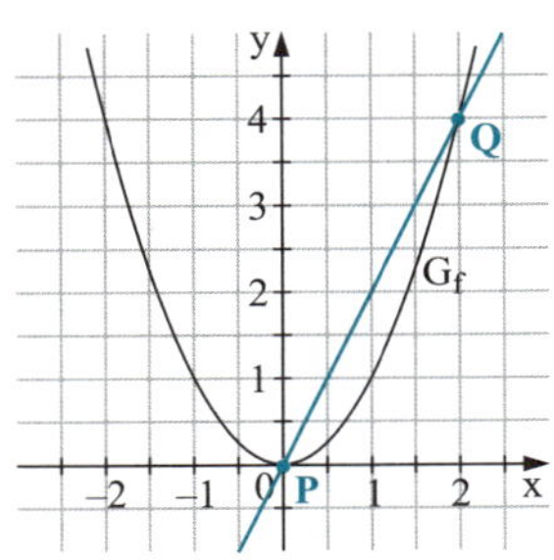

b) $m_{PQ} = \frac{\Delta y}{\Delta x} = \frac{f(1) - f\left(\frac{1}{2}\right)}{1 - \frac{1}{2}} = \frac{1-2}{\frac{1}{2}} = -2$

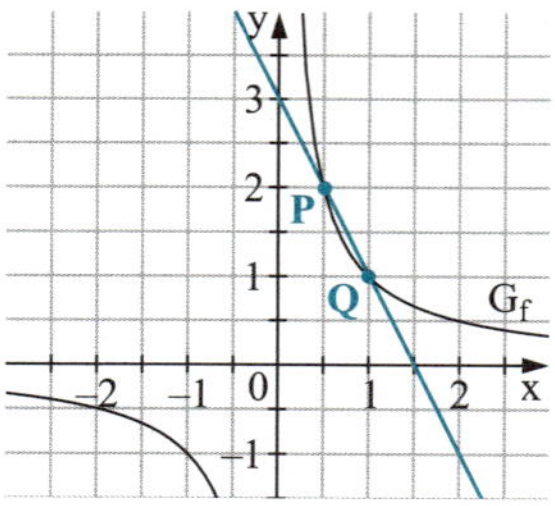

24. Für jeden Punkt Q wird in der nachfolgenden Tabelle die Steigung berechnet:

$$m_{PQ} = \frac{\Delta y}{\Delta x} = \frac{p(x_Q) - p(1)}{x_Q - 1} = \frac{-x_Q^2 + 5x_Q - 3 - 1}{x_Q - 1} = \frac{-x_Q^2 + 5x_Q - 4}{x_Q - 1}$$

x_Q	4	3	2	1,5	1,2	1,1	1,01
m_{PQ}	0	1	2	2,5	2,8	2,9	2,99

Es ist zu vermuten, dass sich die Steigungen m_{PQ} dem Wert 3 annähern, wenn sich x_Q dem Wert 1 nähert.

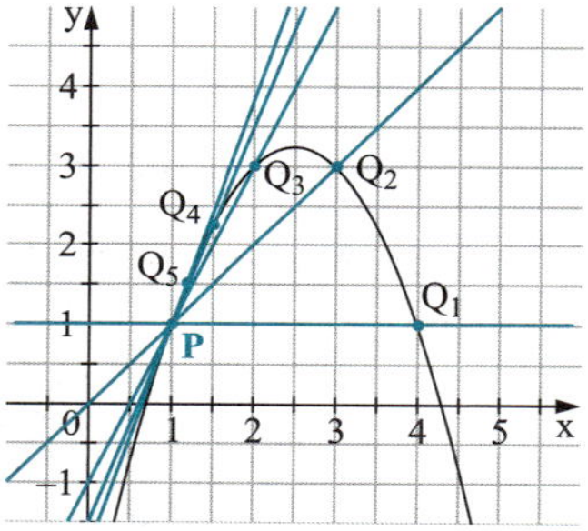

25. $f'(-1) = \lim\limits_{h \to 0} \frac{f(-1+h) - f(-1)}{h} = \lim\limits_{h \to 0} \frac{(-1+h)^2 - 2(-1+h) - 3 - 0}{h}$

$= \lim\limits_{h \to 0} \frac{1 - 2h + h^2 + 2 - 2h - 3}{h} = \lim\limits_{h \to 0} \frac{h^2 - 4h}{h} = \lim\limits_{h \to 0} \frac{\not{h}(h-4)}{\not{h}}$

$= \lim\limits_{h \to 0} (h-4) = -4$

$f'(1) = \lim\limits_{h \to 0} \frac{f(1+h) - f(1)}{h} = \lim\limits_{h \to 0} \frac{(1+h)^2 - 2(1+h) - 3 - (-4)}{h}$

$= \lim\limits_{h \to 0} \frac{1 + 2h + h^2 - 2 - 2h + 1}{h} = \lim\limits_{h \to 0} \frac{h^{\not{2}}}{\not{h}} = \lim\limits_{h \to 0} h = 0$

$f'(4) = \lim\limits_{h \to 0} \frac{f(4+h) - f(4)}{h} = \lim\limits_{h \to 0} \frac{(4+h)^2 - 2(4+h) - 3 - 5}{h}$

$= \lim\limits_{h \to 0} \frac{16 + 8h + h^2 - 8 - 2h - 3 - 5}{h} = \lim\limits_{h \to 0} \frac{h^2 + 6h}{h}$

$= \lim\limits_{h \to 0} \frac{\not{h}(h+6)}{\not{h}} = \lim\limits_{h \to 0} (h+6) = 6$

26. $f'(1) = \lim\limits_{h \to 0} \frac{f(1+h) - f(1)}{h} = \lim\limits_{h \to 0} \frac{(1+h)^3 - 1}{h} = \lim\limits_{h \to 0} \frac{1 + 3h + 3h^2 + h^3 - 1}{h}$

$= \lim\limits_{h \to 0} \frac{h^3 + 3h^2 + 3h}{h} = \lim\limits_{h \to 0} \frac{\cancel{h}(h^2 + 3h + 3)}{\cancel{h}} = \lim\limits_{h \to 0} (h^2 + 3h + 3) = 3$

$g'(1) = \lim\limits_{h \to 0} \frac{g(1+h) - g(1)}{h} = \lim\limits_{h \to 0} \frac{(1+h)^3 - 2 - (1^3 - 2)}{h} = \lim\limits_{h \to 0} \frac{1 + 3h + 3h^2 + h^3 - 2 + 1}{h}$

$= \lim\limits_{h \to 0} \frac{h^3 + 3h^2 + 3h}{h} = \lim\limits_{h \to 0} \frac{\cancel{h}(h^2 + 3h + 3)}{\cancel{h}} = \lim\limits_{h \to 0} (h^2 + 3h + 3) = 3$

Die beiden Steigungen sind gleich, weil die Graphen nur längs der y-Achse gegeneinander verschoben sind. Deshalb sind die Tangenten in diesen Punkten parallel und damit ihre Steigungen gleich.

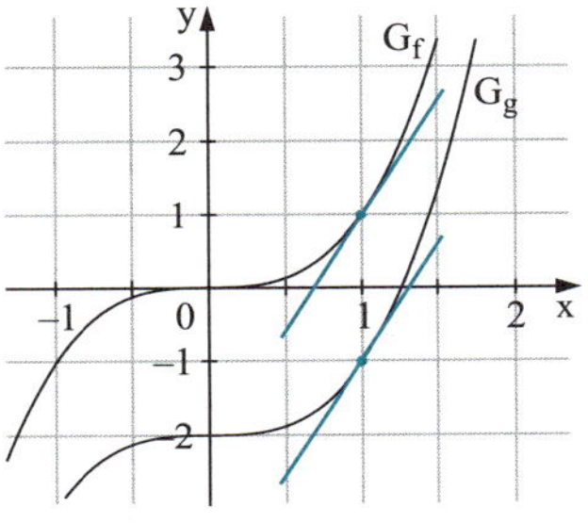

27. $g'(x_0) = \lim\limits_{h \to 0} \frac{g(x_0 + h) - g(x_0)}{h} = \lim\limits_{h \to 0} \frac{m(x_0 + h) + t - (mx_0 + t)}{h} = \lim\limits_{h \to 0} \frac{m\cancel{h}}{\cancel{h}}$

$= \lim\limits_{h \to 0} m = m$

Der Graph der Funktion g hat an jeder Stelle x_0 dieselbe Steigung, nämlich m. Das war aber von vornherein zu erwarten, da es sich bei dem Graphen von g um eine Gerade mit der Steigung m handelt.

28. $p(x) = x^2$

$p'(x_0) = \lim\limits_{h \to 0} \frac{p(x_0 + h) - p(x_0)}{h} = \lim\limits_{h \to 0} \frac{(x_0 + h)^2 - x_0^2}{h} = \lim\limits_{h \to 0} \frac{x_0^2 + 2hx_0 + h^2 - x_0^2}{h}$

$= \lim\limits_{h \to 0} \frac{h^2 + 2hx_0}{h} = \lim\limits_{h \to 0} \frac{\cancel{h}(h + 2x_0)}{\cancel{h}} = \lim\limits_{h \to 0} (h + 2x_0) = 2x_0$

Ergebnis: $p'(x_0) = 2x_0$

Braucht man jetzt die Steigung der Normalparabel z. B. an der Stelle 3, so setzt man ein: $p'(3) = 2 \cdot 3 = 6$ und hat sofort die Steigung an dieser Stelle. Das gilt auch für jede andere Stelle!

29. a) $s(4) = 5 \cdot 4^2 = 80$

$\overline{v} = \frac{\Delta s}{\Delta t} = \frac{s(4) - s(0)}{4} = \frac{80}{4} = 20$

Durchschnittsgeschwindigkeit $\overline{v}$

$$v(4) = \lim_{\Delta t \to 0} \frac{s(4+\Delta t) - s(4)}{\Delta t}$$
$$= \lim_{\Delta t \to 0} \frac{5(4+\Delta t)^2 - 80}{\Delta t}$$
$$= \lim_{\Delta t \to 0} \frac{80 + 40\Delta t + 5(\Delta t)^2 - 80}{\Delta t}$$
$$= \lim_{\Delta t \to 0} \frac{\Delta t(40 + 5\Delta t)}{\Delta t}$$
$$= \lim_{\Delta t \to 0} (40 + 5\Delta t) = 40$$

Die Aufschlaggeschwindigkeit ist die Momentangeschwindigkeit zum Zeitpunkt $t_0 = 4$, also $v(4) = \dot{s}(4)$.

Demnach gilt: $v(4) = 2\overline{v}$

Im Zeit-Weg-Diagramm ist die Durchschnittsgeschwindigkeit die **Steigung der Sekante** durch die Punkte $P_1(0|0)$ und $P_2(4|80)$.
Die Aufschlaggeschwindigkeit ist die **Steigung der Tangente** im Moment des Aufschlagens, also im Punkt $P_2(4|80)$.

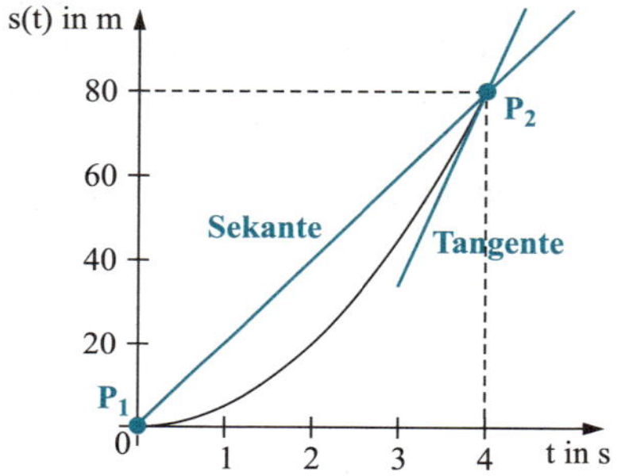

b) $s(t) = 5t^2$ mit $s(t) = 100$
$5t^2 = 100$
$t^2 = 20$
$t = \sqrt{20} \approx 4,47$

Zunächst wird mit dem Zeit-Weg-Gesetz des freien Falles die Zeit berechnet, die der Springer im freien Fall verbringt. Nach 4,47 s ist das Seil gespannt und bremst den Springer ab (die negative Lösung hat hier keine Bedeutung).

$$v(4,47) = \lim_{\Delta t \to 0} \frac{s(4,47+\Delta t) - s(4,47)}{\Delta t} = \lim_{\Delta t \to 0} \frac{5(4,47+\Delta t)^2 - 100}{\Delta t}$$
$$= \lim_{\Delta t \to 0} \frac{100 + 44,7\Delta t + 5(\Delta t)^2 - 100}{\Delta t} = \lim_{\Delta t \to 0} \frac{\Delta t(44,7 + 5\Delta t)}{\Delta t}$$
$$= \lim_{\Delta t \to 0} (44,7 + 5\Delta t) = 44,7$$

Der Springer erreicht eine Geschwindigkeit von $44,7\,\frac{m}{s} \approx 161\,\frac{km}{h}$.

30. a) $f(x) = x|x| = \begin{cases} x^2 & \text{für } x \geq 0 \\ -x^2 & \text{für } x < 0 \end{cases}$

$$f'(0+) = \lim_{h \to 0+} \frac{f(0+h) - f(0)}{h}$$
$$= \lim_{h \to 0+} \frac{h^2 - 0}{h}$$
$$= \lim_{h \to 0+} h = 0$$

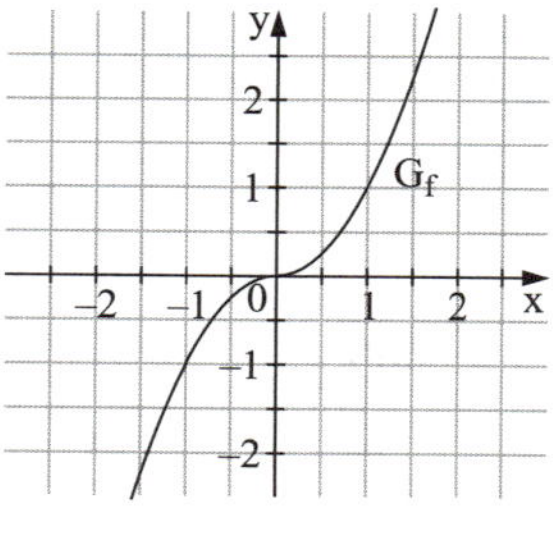

$$f'(0-) = \lim_{h \to 0-} \frac{f(0+h) - f(0)}{h} = \lim_{h \to 0-} \frac{-h^2 - 0}{h} = \lim_{h \to 0-} (-h) = 0$$

Daraus folgt: f ist differenzierbar an der Stelle $x_0 = 0$.

b) $$f'(1+) = \lim_{h \to 0+} \frac{f(1+h) - f(1)}{h} = \lim_{h \to 0+} \frac{1+h-1}{h}$$

$$= \lim_{h \to 0} 1 = 1$$

$$f'(1-) = \lim_{h \to 0-} \frac{f(1+h) - f(1)}{h} = \lim_{h \to 0-} \frac{(1+h)^2 - 1^2}{h}$$

$$= \lim_{h \to 0-} \frac{1 + 2h + h^2 - 1}{h} = \lim_{h \to 0-} \frac{h(h+2)}{h}$$

$$= \lim_{h \to 0-} (h+2) = 2$$

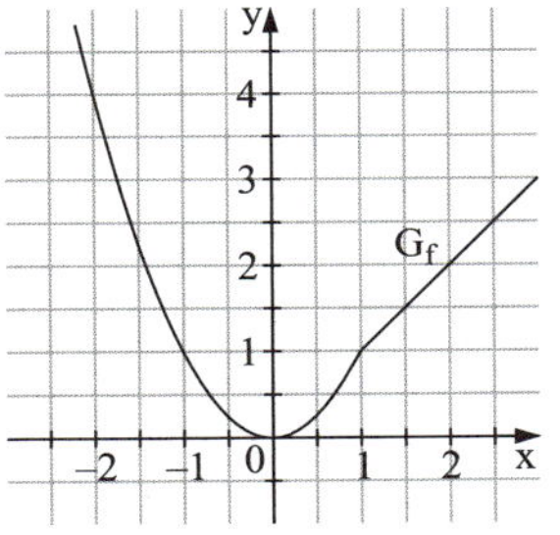

Daraus folgt: f ist **nicht** differenzierbar an der Stelle $x_0 = 1$.

c) $$f'(1+) = \lim_{h \to 0+} \frac{f(1+h) - f(1)}{h}$$

$$= \lim_{h \to 0+} \frac{2(1+h) - 1 - 1}{h} = \lim_{h \to 0+} \frac{2h}{h} = 2$$

$$f'(1-) = \lim_{h \to 0-} \frac{f(1+h) - f(1)}{h} = \lim_{h \to 0-} \frac{(1+h)^2 - 1^2}{h}$$

$$= \lim_{h \to 0-} \frac{1 + 2h + h^2 - 1}{h} = \lim_{h \to 0-} \frac{h(h+2)}{h}$$

$$= \lim_{h \to 0-} (h+2) = 2$$

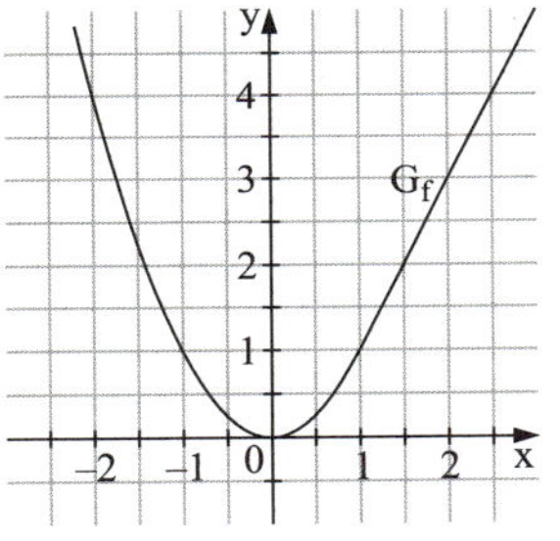

Daraus folgt: f ist differenzierbar an der Stelle $x_0 = 1$.

31. Aus Aufgabe 28 ist bekannt: $p(x) = x^2 \Rightarrow p'(x_0) = 2x_0$

$P_1(0|0)$:

$x_0 = 0;\ p(0) = 0;\ p'(0) = 0$

t_1: $y = 0(x - 0) + 0$ — Aufstellen der Tangentengleichung

also: $y = 0$

Da die Tangente waagrecht ist, existiert die Normale als Funktionsgleichung nicht, weil es sich um eine senkrechte Gerade handelt.

$P_2(-1,5|2,25)$:

$x_0 = -1,5;\ p(-1,5) = 2,25;\ p'(-1,5) = -3$

t_2: $y = -3(x + 1,5) + 2,25$ — Aufstellen der Tangentengleichung

$= -3x - 2,25$

n_2: $y = \frac{1}{3}(x + 1,5) + 2,25$ — Aufstellen der Normalengleichung

$= \frac{1}{3}x + \frac{11}{4}$

32. $x_0 = 1;\ f(1) = 1;\ f'(1) = -1$

$$t\colon\ y = -1(x-1)+1 = -x+2$$
Aufstellen der Tangentengleichung

$$n\colon\ y = 1(x-1)+1 = x$$
Aufstellen der Normalengleichung

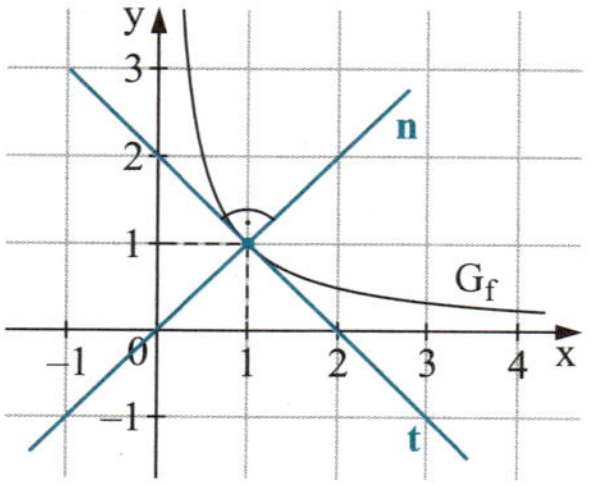

33. Die gesuchte Funktionsgleichung ist natürlich die Tangentengleichung an den Graphen von f im Punkt $P(2\,|\,f(2))$. Mit $x_0 = 2;\ f(2) = \frac{1}{4}\cdot 2^2 = 1$ erhält man:

$$f'(2) = \lim_{h\to 0}\frac{f(2+h)-f(2)}{h}$$
Steigung im Punkt P

$$= \lim_{h\to 0}\frac{\frac{1}{4}(2+h)^2-\frac{1}{4}2^2}{h}$$
$$= \lim_{h\to 0}\frac{1+h+\frac{1}{4}h^2-1}{h}$$
$$= \lim_{h\to 0}\frac{\frac{1}{4}h^2+h}{h}$$
$$= \lim_{h\to 0}\frac{\cancel{h}\left(\frac{1}{4}h+1\right)}{\cancel{h}}$$
$$= \lim_{h\to 0}\left(\frac{1}{4}h+1\right) = 1$$

$$t\colon\ y = 1(x-2)+1 = x-1$$
Aufstellen der Tangentengleichung

34. $p(x) = x^2$

$x_0 = b;\ p(b) = b^2;\ p'(b) = 2b$ — siehe Ergebnis aus Aufgabe 28

$t\colon\ y = 2b(x-b)+b^2$ — Aufstellen der Tangentengleichung

$t(x) = 0$ — Schnittpunkte von t mit der x-Achse bestimmen

$$2b(x-b)+b^2 = 0$$
$$2bx-2b^2+b^2 = 0$$
$$2bx-b^2 = 0$$
$$2bx = b^2 \Rightarrow x = \frac{b^2}{2b} = \frac{b}{2}$$

35. a) $p(h_0 + \Delta h) - p(h_0)$ ist die absolute Luftdruckänderung zwischen der Höhe h_0 und der Höhe $h_0 + \Delta h$. Sie entspricht der Differenz der eingezeichneten Funktionswerte.

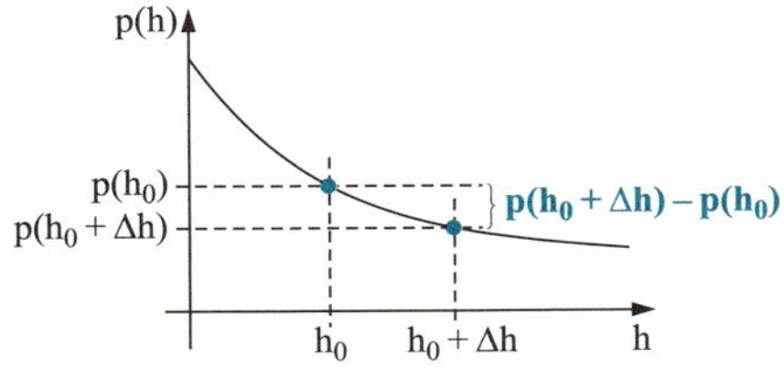

b) $\frac{p(h_0 + \Delta h) - p(h_0)}{\Delta h}$ ist die mittlere Luftdruckänderung im Bereich von h_0 zu $h_0 + \Delta h$, bezogen auf die Einheit von h (also z. B. pro Meter Höhe). Sie entspricht der Steigung der eingezeichneten Sekante.

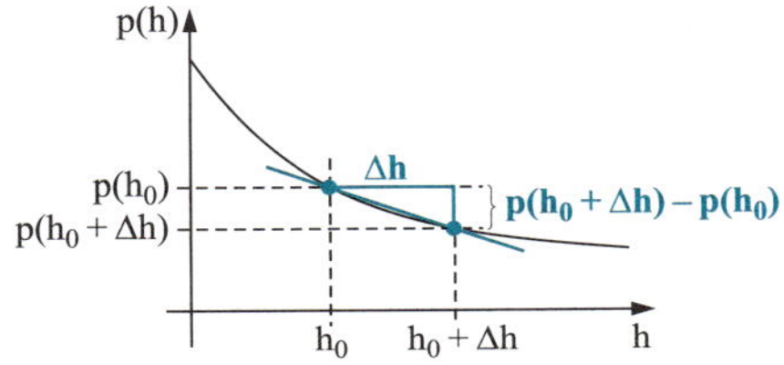

$p'(h_0)$ ist die Luftdruckänderung in der Höhe h_0, bezogen auf die Einheit von h (also z. B. pro Meter Höhe). Sie entspricht der Steigung der eingezeichneten Tangente.

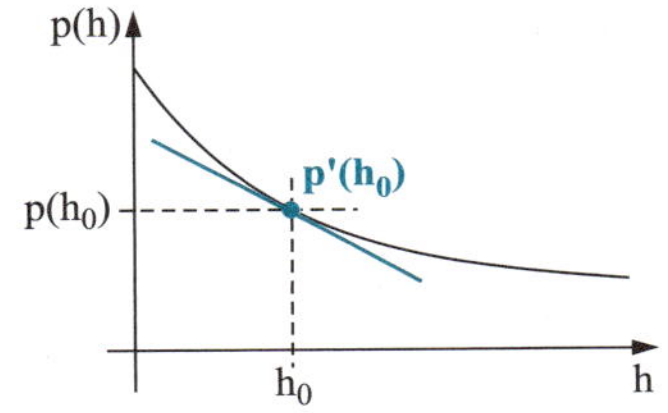

c) Das Vorzeichen von $p'(h_0)$ ist negativ. Das bedeutet, dass der Luftdruck mit zunehmender Höhe sinkt.

36. Achten Sie darauf, ob dort, wo beim Graphen waagrechte Tangenten vorhanden sind, bei der Ableitungsfunktion Nullstellen vorliegen.

1

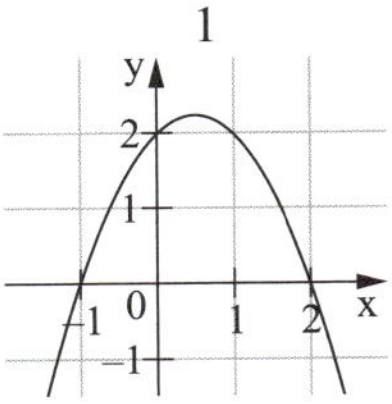

2

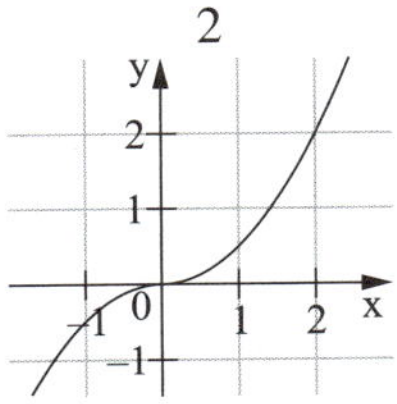

3

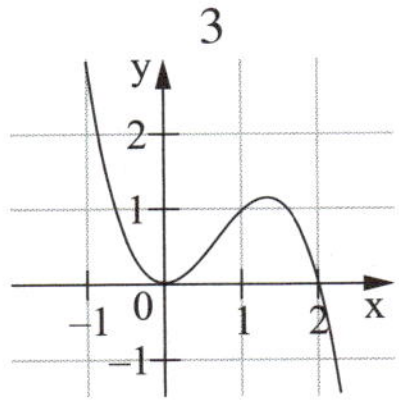

4

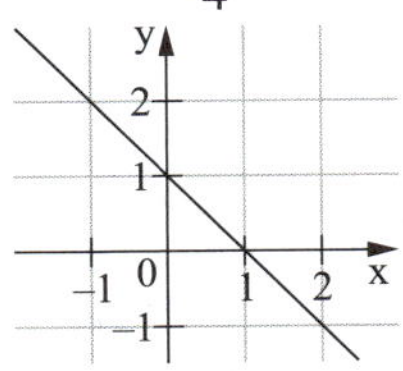

3'

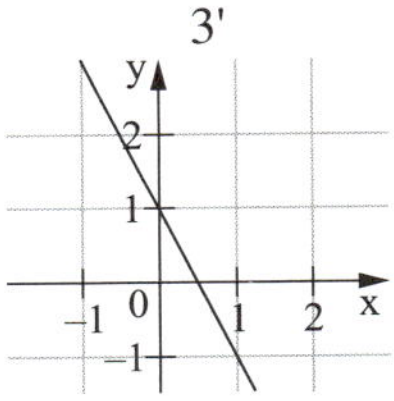

4'

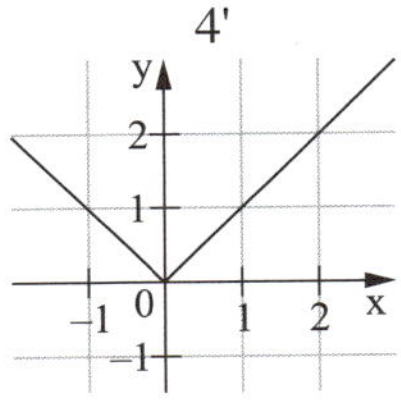

2'

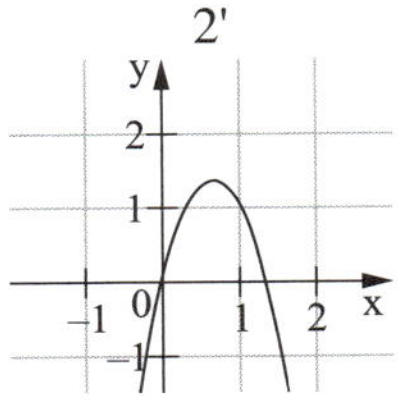

1'

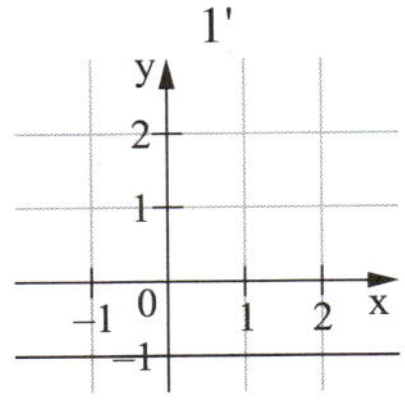

37. a) $f'(x)=0$

b) $f'(x)=0$ — Da k eine Konstante ist, ist auch k – 2 eine.

c) $p'(x)=7x^6$

d) $p'(x)=(2a+1)x^{2a}$

e) $g'(t)=2t$ — Hier ist t die Funktionsvariable, keine Konstante.

f) $h'(x)=0$ — h(x) ist eine Funktion von x, a ist ein konstanter Parameter, deshalb ist auch a^2 konstant und wird beim Ableiten nach x null.

g) $f'(x)=-3x^{-4}$

h) $f'(x)=\frac{2}{3}x^{-\frac{1}{3}}$ — Da im Exponenten $\frac{2}{3}-1=-\frac{1}{3}$ ist.

i) $f'(x)=\left[\left(x^2\right)^{\frac{1}{3}}\right]'=\left(x^{\frac{2}{3}}\right)'$
$=\frac{2}{3}x^{-\frac{1}{3}}=\frac{2}{3\sqrt[3]{x}}$

j) $f'(x)=\left[\left(\sqrt{x}\right)^5\right]'=\left[\left(x^{\frac{1}{2}}\right)^5\right]'$
$=\left(x^{\frac{5}{2}}\right)'=\frac{5}{2}x^{\frac{3}{2}}$

k) $f'(x)=\left(x^{-\frac{3}{2}}\right)'=-\frac{3}{2}x^{-\frac{5}{2}}=-\frac{3}{2\sqrt{x^5}}$

l) $f'(x)=\left(\frac{1}{(x^2)^{\frac{1}{3}}}\right)'=\left(\frac{1}{x^{\frac{2}{3}}}\right)'=\left(x^{-\frac{2}{3}}\right)'$
$=-\frac{2}{3}x^{-\frac{5}{3}}=\frac{-2}{3\sqrt[3]{x^5}}$

38. a) $f(x)=x^2;\ f'(x)=2x$

$x_0=-\frac{1}{2};\ f\left(-\frac{1}{2}\right)=\frac{1}{4};\ f'\left(-\frac{1}{2}\right)=2\cdot\left(-\frac{1}{2}\right)=-1$

t: $y=-1\left(x+\frac{1}{2}\right)+\frac{1}{4}$
$=-x-\frac{1}{4}$

Aufstellen der Tangentengleichung laut Formel
t: $y=f'(x_0)\cdot(x-x_0)+f(x_0)$

b) $g(x)=x^3;\ g'(x)=3x^2$
$x_0=2;\ g(2)=8;\ g'(2)=12$

t: $y=12(x-2)+8$
$=12x-16$

Aufstellen der Tangentengleichung

c) $h(x) = \frac{1}{x}$; $h'(x) = (x^{-1})' = -x^{-2} = -\frac{1}{x^2}$

$x_0 = -1$; $h(-1) = -1$; $h'(-1) = -1$

t: $y = -1(x+1) - 1$
$= -x - 2$

Aufstellen der Tangentengleichung

d) $w(x) = \sqrt{x}$; $w'(x) = \left(x^{\frac{1}{2}}\right)' = \frac{1}{2}x^{-\frac{1}{2}} = \frac{1}{2\sqrt{x}}$

$x_0 = 1$; $w(1) = 1$; $w'(1) = \frac{1}{2}$

t: $y = \frac{1}{2}(x-1) + 1$
$= \frac{1}{2}x + \frac{1}{2}$

Aufstellen der Tangentengleichung

39. a) $(x^2)' = 1{,}5$
$2x = 1{,}5$
$x = 0{,}75$

Die Steigung wird durch die Funktionswerte der Ableitungsfunktion angegeben. Es muss also gefragt werden, wo f'(x) den Wert 1,5 hat.

b) $f'(x) = \cos(x)$
$\cos(x) = 0{,}5$
$x^* \approx 1{,}05$
$x_1 \approx 1{,}05$; $x_2 = 2\pi - x^* \approx 5{,}24$

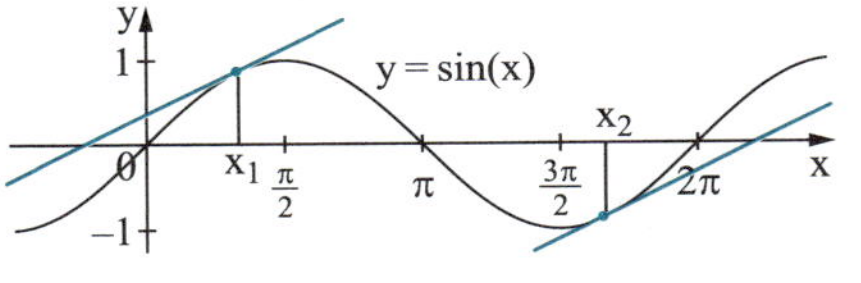

40. a)

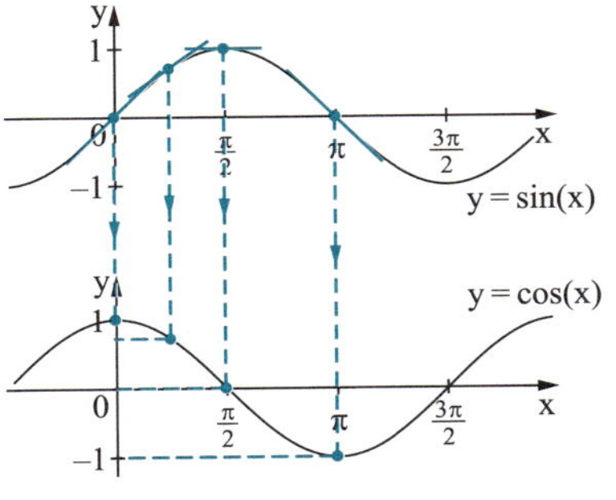

b) $f(x) = \sin(x)$; $f'(x) = \cos(x)$
$x_0 = 0$; $f(0) = 0$; $f'(0) = 1$
t: $y = 1 \cdot (x - 0) + 0 = x$

In der Nähe des Ursprungs ist $\sin(x) \approx x$, weil $y = x$ die Tangente an $\sin(x)$ im Ursprung ist.

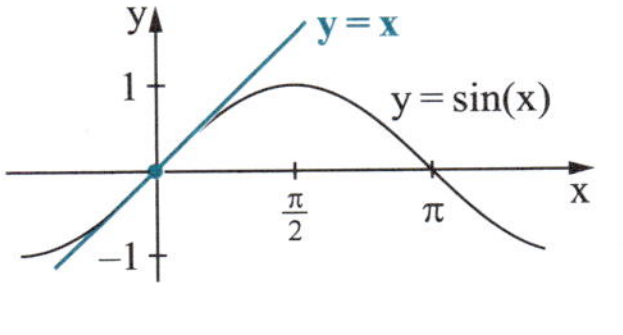

41. a) $f'(x) = 3x^2 + 1$

b) $f_a'(x) = (x^2 + a^2)' = (x^2)' + (a^2)'$ $\quad a^2$ ist eine additive Konstante.

$= 2x + 0 = 2x$

c) $f_m'(x) = \left(x^{-1} + \frac{1}{m^2} + x^{\frac{1}{2}}\right)'$

$= (x^{-1})' + \left(\frac{1}{m^2}\right)' + \left(x^{\frac{1}{2}}\right)'$ $\quad \frac{1}{m^2}$ ist eine additive Konstante und fällt beim Ableiten weg!

$= -x^{-2} + 0 + \frac{1}{2}x^{-\frac{1}{2}}$

$= -\frac{1}{x^2} + \frac{1}{2\sqrt{x}}$

d) $f_k'(x) = \left(x^{-2} + x^{-1} + \frac{1}{k}\right)'$

$= -2x^{-3} - x^{-2} + 0 = -\frac{2}{x^3} - \frac{1}{x^2}$

42. a) $f'(x) = \left(\frac{1}{3}x^2\right)' = \frac{1}{3}(x^2)'$

$= \frac{1}{3} \cdot 2x = \frac{2}{3}x$

b) $f'(x) = 4\sqrt{3}x^3$ $\quad \sqrt{3}$ ist ein konstanter Faktor.

c) $f'(x) = 2\frac{x}{4} = \frac{1}{2}x$ $\quad \frac{1}{4}$ ist ein konstanter Faktor.

d) $f_t'(x) = (tx)' = t \cdot x' = t \cdot 1 = t$ $\quad$ t ist ein konstanter Faktor.

e) $f'(x) = (3x^{-2})' = 3(x^{-2})'$

$= 3 \cdot (-2)x^{-3} = -6x^{-3} = -\frac{6}{x^3}$

f) $f_k'(x) = \left[(k^2 + 1) \cdot x^{\frac{1}{3}}\right]'$ $\quad (k^2 + 1)$ ist ein konstanter Faktor.

$= (k^2 + 1) \cdot \left(x^{\frac{1}{3}}\right)'$

$= (k^2 + 1)\frac{1}{3}x^{-\frac{2}{3}} = \frac{k^2 + 1}{3\sqrt[3]{x^2}}$

43. a) $f'(x) = 4 \cdot \frac{1}{4}x^3 - 3 \cdot 5x^2 - \sqrt{3} + 0 = x^3 - 15x^2 - \sqrt{3}$

b) $f_k'(x) = \frac{1}{2}(3x^2 + 2k^2x)$ $\quad \frac{1}{2}$ ist ein konstanter Faktor, k^2 eine multiplikative und k^3 eine additive Konstante.

c) $f(x) = x^2(x - 2) = x^3 - 2x^2$ $\quad$ Hier muss f(x) zuerst ausmultipliziert werden, erst dann kann abgeleitet werden!

$f'(x) = 3x^2 - 4x$

d) $A_z(u) = zu^2 - zu + u - z^2$ — Achtung: Hier ist u die Funktionsvariable und z eine Konstante. Es wird nach u abgeleitet.

$A'_z(u) = 2zu - z + 1$

e) $B_u(z) = zu^2 - zu + u - z^2$ — Jetzt ist z die Variable und u eine Konstante.

$B'_u(z) = u^2 - u - 2z$

f) $h(x) = x\sqrt{x} = x \cdot x^{\frac{1}{2}} = x^{\frac{3}{2}}$ — Die beiden Faktoren müssen erst mithilfe der Potenzgesetze zusammengefasst werden.

$h'(x) = \left(x^{\frac{3}{2}}\right)' = \frac{3}{2}x^{\frac{1}{2}} = \frac{3}{2}\sqrt{x}$

44. a) $f(x) = 2x - x^3$

$f'(x) = 2 - 3x^2$

$x_0 = -1;\ f(-1) = -1;\ f'(-1) = -1$

$t\colon y = -1(x+1) - 1 = -x - 2$ — Tangentengleichung

b) $f(x) = \frac{1}{8}(x^4 - 2x^2)$

$f'(x) = \frac{1}{8}(4x^3 - 2 \cdot 2x) = \frac{1}{2}(x^3 - x)$

$x_0 = 1;\ f(1) = -\frac{1}{8};\ f'(1) = 0$ — waagrechte Tangente

$t\colon y = 0 \cdot (x-1) - \frac{1}{8} = -\frac{1}{8}$ — Tangentengleichung

c) $f(x) = (x+1)(x-2) = x^2 - x - 2$

$f'(x) = 2x - 1$

$x_0 = 2;\ f(2) = 0;\ f'(2) = 3$

$t\colon y = 3(x-2) + 0 = 3x - 6$ — Tangentengleichung

d) $f(x) = 2\cos(x)$

$f'(x) = -2\sin(x)$

$x_0 = \frac{\pi}{2};\ f\left(\frac{\pi}{2}\right) = 0;\ f'\left(\frac{\pi}{2}\right) = -2$

$t\colon y = -2 \cdot \left(x - \frac{\pi}{2}\right) + 0 = -2x + \pi$ — Tangentengleichung

45. a) $f(x) = \frac{1}{3}x^3 + \frac{1}{2}x^2 - 2x + 3$

$f'(x) = x^2 + x - 2$

$x^2 + x - 2 = 0$ — Ansatz für waagrechte Tangenten

$(x+2)(x-1) = 0$ — Anwenden des Satzes von Vieta

$x_1 = -2;\ x_2 = 1$ — An diesen Stellen hat der Graph von f waagrechte Tangenten.

b) $f(x) = 2(x-1)^2 = 2(x^2 - 2x + 1)$

$f'(x) = 2(2x-2) = 4x - 4$

$4x - 4 = 1$ — Ansatz für Steigung 1

$4x = 5$

$x_0 = \frac{5}{4}$ — An dieser Stelle hat der Graph von f die Steigung 1.

c) $f(x) = \frac{1}{3}x(x^2 - 2x + 3)$

$= \frac{1}{3}(x^3 - 2x^2 + 3x)$

$f'(x) = \frac{1}{3}(3x^2 - 4x + 3)$

$\frac{1}{3}(3x^2 - 4x + 3) = -\frac{1}{2} \quad | \cdot 3$ — Damit die Tangente parallel zu der Geraden g ist, muss sie die gleiche Steigung wie g haben.

$3x^2 - 4x + 3 = -\frac{3}{2}$

$3x^2 - 4x + \frac{9}{2} = 0$

$x_{1/2} = \frac{4 \pm \sqrt{4^2 - 4 \cdot 3 \cdot \frac{9}{2}}}{2 \cdot 3}$ — Mit der Lösungsformel sieht man, dass diese Gleichung keine reelle Lösung hat. Der Graph von f hat keine zu g parallele Tangente.

$= \frac{4 \pm \sqrt{16 - 54}}{6}$

$= \frac{4 \pm \sqrt{-38}}{6} \notin \mathbb{R}$

d) $f(x) = \sqrt{x}$

$f'(x) = \frac{1}{2\sqrt{x}}$

Es soll $m_n = -1$ sein.

Daher gilt für die Steigung:

$f'(x) = -\frac{1}{m_n} = 1$

Also ist zu lösen:

$\frac{1}{2\sqrt{x}} = 1 \quad \Leftrightarrow \quad \sqrt{x} = \frac{1}{2}$

$\Rightarrow \quad x_0 = \frac{1}{4}$

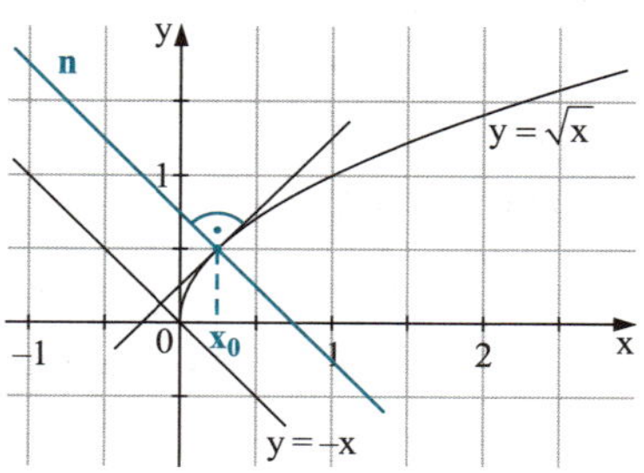

46. $f(x) = ax^2 + bx + c$; $f'(x) = 2ax + b$

$f'(x) = 0$

$2ax + b = 0$

$2ax = -b \Rightarrow x_0 = -\frac{b}{2a}$ — Nur im Scheitelpunkt liegt eine waagrechte Tangente vor, also ist dort und nur dort die Ableitung null. Diese Einsicht nutzt man, um die x-Koordinate des Scheitels zu berechnen.

$y_0 = f(x_0)$ — Die y-Koordinate ergibt sich durch Einsetzen der x-Koordinate in den Funktionsterm.

47. $f(x) = x^3;\ f'(x) = 3x^2$

$t:\ y = f'(x_0)(x - x_0) + f(x_0)$ — Allgemeine Form der Tangente mit unbekanntem x_0

$t:\ y = 3x_0^2(x - x_0) + x_0^3$ — Einsetzen der Funktion $f(x) = x^3$

$-2 = 3x_0^2(0 - x_0) + x_0^3$

$-2 = -2x_0^3$ — Da t den Punkt P(0 | –2) enthält, müssen diese Koordinaten die Tangentengleichung erfüllen.

$x_0^3 = 1 \quad \Leftrightarrow \quad x_0 = 1$ — Somit ergibt sich für die Berührstelle: $x_0 = 1$

$y_0 = f(1) = 1 \quad \Rightarrow \quad B(1\,|\,1)$ — Der Berührpunkt hat die Koordinaten B(1 | 1).

$t:\ y = 3(x - 1) + 1$
$\quad = 3x - 2$ — Die Tangentengleichung ergibt sich nach Einsetzen der gefundenen Berührstelle.

48. a) $f(x) = g(x)$ — Ansatz auf Schneiden

$x^2 + x - 0{,}5 = -x^2$

$2x^2 + x - 0{,}5 = 0$

$x_{1/2} = \frac{1}{4}(-1 \pm \sqrt{5})$ — Mit der Lösungsformel erhält man die Lösungen.

$f'(x_1) = 2 \cdot \frac{1}{4}(-1 - \sqrt{5}) + 1$
$\quad = \frac{1}{2}(1 - \sqrt{5})$ — Es werden die Steigungen der Tangenten im Schnittpunkt an der Stelle $x_1 = \frac{1}{4}(-1 - \sqrt{5})$ berechnet.

$g'(x_1) = -2 \cdot \frac{1}{4}(-1 - \sqrt{5})$
$\quad = \frac{1}{2}(1 + \sqrt{5})$

$f'(x_1) \cdot g'(x_1)$
$= \frac{1}{2}(1 - \sqrt{5}) \cdot \frac{1}{2}(1 + \sqrt{5})$
$= \frac{1}{4}(1 - 5) = -1$

Die Graphen von f und von g schneiden sich an der Stelle x_1 senkrecht. Der Nachweis für die Stelle x_2 erfolgt genauso.

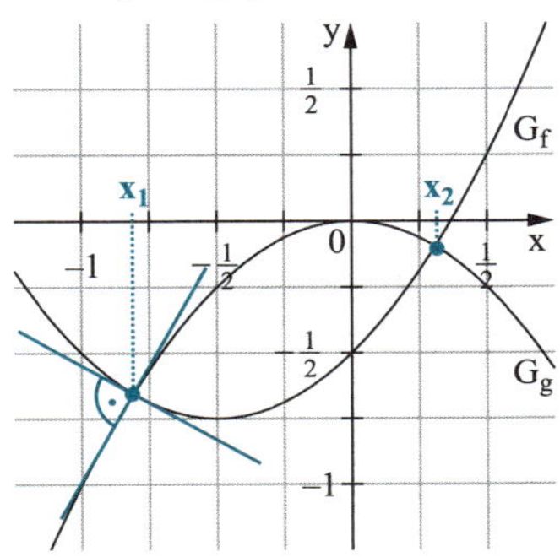

b) $f(x) = g(x)$ — Ansatz auf Schneiden

$x^2 + x - 1 = x^3$

$x^3 - x^2 - x + 1 = 0$ — Um diese Gleichung dritten Grades zu lösen, muss eine Lösung geraten werden: $x_1 = 1$

$$\begin{aligned}
&(x^3 - x^2 - x + 1) : (x - 1) = x^2 - 1\\
&\underline{-(x^3 - x^2)}\\
&\quad / \quad / \quad -x + 1\\
&\qquad\qquad \underline{-(-x + 1)}\\
&\qquad\qquad\quad / \quad /
\end{aligned}$$

Dann wird eine Polynomdivision durchgeführt.

$x^2 - 1 = 0$

$x^2 = 1$

$x_{2/3} = \pm 1$

Der abgespaltene Term wird null gesetzt.

Es ergibt sich also eine doppelte und eine einfache Lösung: $x_{1/2} = 1$; $x_3 = -1$

$f'(x) = 2x + 1$,
also $f'(-1) = -1$ und $f'(1) = 3$
$g'(x) = 3x^2$,
also $g'(-1) = 3$ und $g'(1) = 3$.

Die Steigungen an den Schnittstellen werden berechnet.

An der Stelle –1 schneiden sich die beiden Graphen, ihre Steigungen sind dort unterschiedlich. An der Stelle 1 berühren sich die beiden Graphen, ihre Steigungen sind dort gleich.

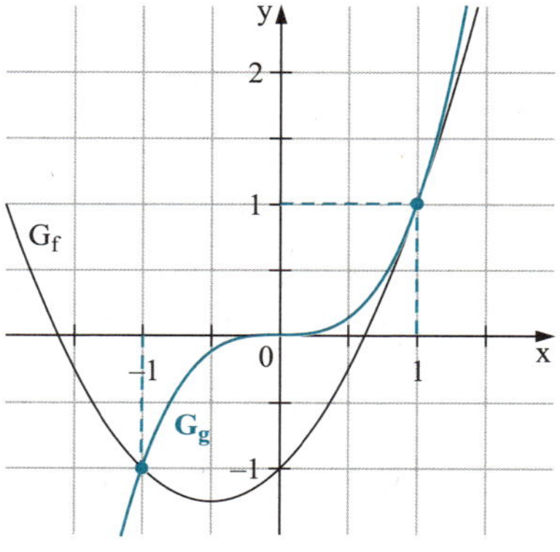

49. a)

$\frac{1}{4}x^4 - t^2x^2 = x^2$

Ansatz auf Schneiden

$\frac{1}{4}x^4 - t^2x^2 - x^2 = 0 \quad |\cdot 4$

$x^4 - 4(t^2 + 1)x^2 = 0$

$x^2[x^2 - 4(t^2 + 1)] = 0$

$\Rightarrow x_{1/2} = 0$

$x^2 - 4(t^2 + 1) = 0$

$x^2 = 4(t^2 + 1)$

$\Rightarrow x_{3/4} = \pm 2\sqrt{t^2 + 1}$

$y_{1/2} = g(0) = 0$

$y_{3/4} = g(\pm 2\sqrt{t^2 + 1}) = 4(t^2 + 1)$

Die y-Koordinaten der Schnittpunkte werden berechnet.

Es gibt drei Schnittpunkte:
$P(-2\sqrt{t^2 + 1} \mid 4(t^2 + 1))$, $R(0 \mid 0)$,
$Q(2\sqrt{t^2 + 1} \mid 4(t^2 + 1))$

b) Nach Aufgabe a gilt bereits $f_t(0) = g(0)$. Ferner gilt

$f_t'(x) = x^3 - 2t^2x = x(x^2 - 2t^2)$ und $g'(x) = 2x$ und damit:

$f_t'(0) = 0$ und $g'(0) = 0$

Daher sind auch die Ableitungen gleich, folglich berühren sich die beiden Graphen im Ursprung.

c) $f_t'(1) = 0$ — Ansatz für waagrechte Tangente

$1^3 - 2t^2 \cdot 1 = 0$

$t^2 = \frac{1}{2}$

$\Rightarrow \; t = \pm\frac{1}{\sqrt{2}} = \pm\frac{1}{2}\sqrt{2}$

d)

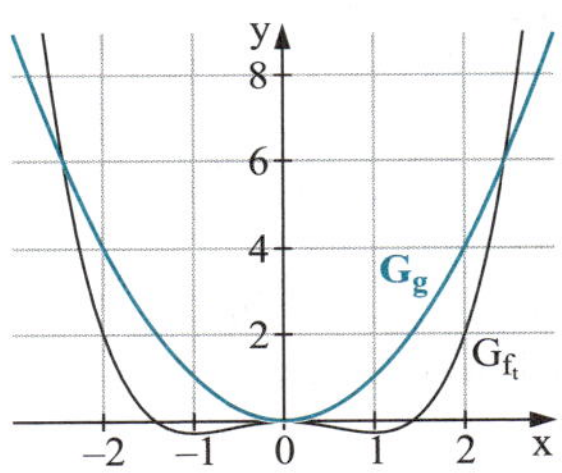

50. $p(x) = \frac{1}{4}x^2; \; p'(x) = \frac{1}{2}x; \; x_0 = ?$

$t: \; y = \frac{1}{2}x_0(x - x_0) + \frac{1}{4}x_0^2$ — Aufstellen der Tangentengleichung

$-2 = \frac{1}{2}x_0(0 - x_0) + \frac{1}{4}x_0^2$ — Die Tangente muss den Punkt $P(0\,|\,-2)$ enthalten.

$\Leftrightarrow \; -2 = -\frac{1}{4}x_0^2 \; \Leftrightarrow \; x_0^2 = 8$

$\Rightarrow \; x_0 = \pm\sqrt{8} = \pm 2\sqrt{2}$ — x-Koordinaten der Berührpunkte

$p(\pm\sqrt{8}) = 2$ — y-Koordinaten der Berührpunkte

$B_{1/2}(\pm 2\sqrt{2}\,|\,2)$ — Koordinaten der Berührpunkte

$x_0 = 2\sqrt{2}; \; p(x_0) = 2; \; p'(x_0) = \sqrt{2}$ — Es genügt, die Normale in einem Berührpunkt zu errichten, da die gesuchten Punkte symmetrisch zur y-Achse liegen.

$n: \; y = -\frac{1}{\sqrt{2}}(x - 2\sqrt{2}) + 2$ — Aufstellen der Normalengleichung in $B_1(2\sqrt{2}\,|\,2)$

$= -\frac{1}{\sqrt{2}}x + 4$

$-\frac{1}{\sqrt{2}}x + 4 = 0$ — Nullstelle der Normale

$\Rightarrow \; x = 4\sqrt{2} \approx 5{,}66$

$S_{1/2}(\pm 4\sqrt{2}\,|\,0)$ — Koordinaten der Schnittpunkte mit der x-Achse

51. a) $f'(x) = 2x \cdot \sin(x) + x^2 \cdot \cos(x)$

b) $f'(x) = \cos(x) \cdot \cos(x) + \sin(x) \cdot (-\sin(x)) = \cos^2(x) - \sin^2(x)$

c) $f_t'(x) = 2x\sin(x) + (x^2 + t^2)\cos(x)$

d) $f'(x) = [x \cdot (\sin(x) \cdot \cos(x))]' = 1 \cdot (\sin(x) \cdot \cos(x)) + x \cdot (\sin(x) \cdot \cos(x))'$
$= \sin(x) \cdot \cos(x) + x \cdot (\cos^2(x) - \sin^2(x))$
$= \sin(x) \cdot \cos(x) + x\cos^2(x) - x\sin^2(x)$

52. a) $f'(x) = \frac{1 \cdot (x-3) - x \cdot 1}{(x-3)^2} = \frac{-3}{(x-3)^2}$

b) $f'(x) = \frac{(2x-1) \cdot (2x-5) - (x^2 - x) \cdot 2}{(2x-5)^2} = \frac{4x^2 - 10x - 2x + 5 - 2x^2 + 2x}{(2x-5)^2} = \frac{2x^2 - 10x + 5}{(2x-5)^2}$

c) $f'(x) = \frac{2x \cdot (x+2) - (x^2 - 4) \cdot 1}{(x+2)^2} = \frac{x^2 + 4x + 4}{(x+2)^2} = \frac{(x+2)^2}{(x+2)^2} = 1$

Kann es sein, dass die Ableitungsfunktion an jeder Stelle 1 ist? Ja, da die ursprüngliche Funktion eine lineare Funktion mit Definitionslücke ist:
$f(x) = \frac{x^2 - 4}{x+2} = \frac{(x-2)(x+2)}{x+2} = x - 2 \quad \Rightarrow \quad f'(x) = (x-2)' = 1$
Man sollte also vor dem Ableiten schauen, ob sich die Funktion vereinfachen lässt.

d) $f_a'(x) = \frac{2ax \cdot (x^2 - a) - (ax^2 - 1) \cdot 2x}{(x^2 - a)^2} = \frac{2x(1 - a^2)}{(x^2 - a)^2}$

e) $g_a'(x) = \frac{0 - (a^2 - 1) \cdot 2x}{(x^2 - a^2)^2} = \frac{2x(1 - a^2)}{(x^2 - a^2)^2}$ — Achtung: Der Zähler ist konstant.

f) $h_t'(x) = \frac{0 - \sqrt{t^2 + 1} \cdot (\sin(x) \cdot \cos(x))'}{(\sin(x) \cdot \cos(x))^2}$ — Zum Ableiten des Nennerterms ist die Produktregel erforderlich.
$= \frac{-\sqrt{t^2 + 1} \cdot (\cos^2(x) - \sin^2(x))}{(\sin(x) \cdot \cos(x))^2}$
$= \frac{\sqrt{t^2 + 1} \cdot (\sin^2(x) - \cos^2(x))}{(\sin(x) \cdot \cos(x))^2}$

53. a) $f_a(x) = a\frac{x^3 - 2^3}{x^2 - 2x} = a\frac{(x-2)(x^2 + 2x + 4)}{x(x-2)}$ — Zähler und Nenner lassen sich faktorisieren.
$= a\frac{x^2 + 2x + 4}{x} = a\left(x + 2 + \frac{4}{x}\right)$

$D_{max} = \mathbb{R} \setminus \{0; 2\}$ — Siehe ungekürzten, faktorisierten Nenner.

b) $f_a'(x) = a\cdot(1+0-4x^{-2}) = a\left(1-\frac{4}{x^2}\right) = a\,\frac{x^2-4}{x^2}$

c) Steigung der Geraden $m_g = -1$

$\Rightarrow$ Ansatz: $f_a'(1) = -1 \quad\Leftrightarrow\quad a\cdot\left(1-\frac{4}{1^2}\right) = -1 \quad\Rightarrow\quad a = \frac{1}{3}$

54. a) $f'(x) = 3(3x^2-7x+5)^2\cdot(6x-7)$

b) $f'(x) = \left[(x^2+4)^{\frac{1}{2}}\right]' = \frac{1}{2}(x^2+4)^{-\frac{1}{2}}\cdot 2x = \frac{x}{\sqrt{x^2+4}}$

c) $f'(x) = 4\cdot(6-x^2)^3\cdot(-2x) - 5(4x+5)^4\cdot 4 = -8x(6-x^2)^3 - 20(4x+5)^4$

d) $f'(x) = 4\cdot(3x-5x^2)^3\cdot(3-10x) - \frac{3}{2}\cdot(3x+4)^{\frac{1}{2}}\cdot 3$
$\quad = 4\cdot(3x-5x^2)^3\cdot(3-10x) - \frac{9}{2}\sqrt{3x+4}$

e) $f'(x) = 3\cdot\cos\left(\frac{1}{2}x-3\right)\cdot\frac{1}{2} = \frac{3}{2}\cos\left(\frac{1}{2}x-3\right)$

f) $f'(x) = \cos(2x)\cdot 2\cdot\cos(3x) + \sin(2x)\cdot(-\sin(3x)\cdot 3)$
$\quad = 2\cos(2x)\cdot\cos(3x) - 3\sin(2x)\cdot\sin(3x)$

g) $f_a'(x) = \frac{a\cos(ax)\cdot(x+a) - \sin(ax)\cdot 1}{(x+a)^2} = \frac{a(x+a)\cos(ax) - \sin(ax)}{(x+a)^2}$

h) $g_b'(x) = b\cdot\cos\left(\frac{b}{x}\right) + bx\cdot\left(-\sin\left(\frac{b}{x}\right)\cdot(-bx^{-2})\right) = b\cdot\cos\left(\frac{b}{x}\right) + \frac{b^2}{x}\sin\left(\frac{b}{x}\right)$

55. a) $f'(x) = \sqrt{5}\left(x^2+4x-\frac{1}{2}\right)$
$f''(x) = \sqrt{5}\,(2x+4)$
$f'''(x) = 2\sqrt{5}$

$\sqrt{5}$ ist eine multiplikative Konstante, ± 2 sind additive Konstanten.

Bei ganzrationalen Funktionen werden die höheren Ableitungen immer einfacher.

b) $f'(x) = \frac{1\cdot(x^2+1) - x\cdot 2x}{(x^2+1)^2} = \frac{-x^2+1}{(x^2+1)^2}$

Bei gebrochen-rationalen Funktionen meist immer komplizierter.

$f''(x) = \frac{-2x\cdot(x^2+1)^2 - (-x^2+1)\cdot 2(x^2+1)2x}{(x^2+1)^4} = \frac{2x^3-6x}{(x^2+1)^3}$

$f'''(x) = \frac{(6x^2-6)\cdot(x^2+1)^3 - (2x^3-6x)\cdot 3(x^2+1)^2 2x}{(x^2+1)^6} = \frac{-6x^4+36x^2-6}{(x^2+1)^4}$

c) $f_k'(x) = \left[k^2 \cdot (x+1)^{-\frac{1}{2}}\right]' = -\frac{1}{2}k^2(x+1)^{-\frac{3}{2}}$

$f_k''(x) = \frac{3}{4}k^2(x+1)^{-\frac{5}{2}}$

$f_k'''(x) = -\frac{15}{8}k^2(x+1)^{-\frac{7}{2}}$

d) $y'(t) = \omega A\cos(\omega t + \varphi)$

$y''(t) = -\omega^2 A\sin(\omega t + \varphi)$

$y'''(t) = -\omega^3 A\cos(\omega t + \varphi)$

56. a) Zeit-Weg-Gesetz:

b) $h(t) = v_0 t - \frac{1}{2}gt^2$

$h(t) = 20 \cdot t - 5 \cdot t^2$

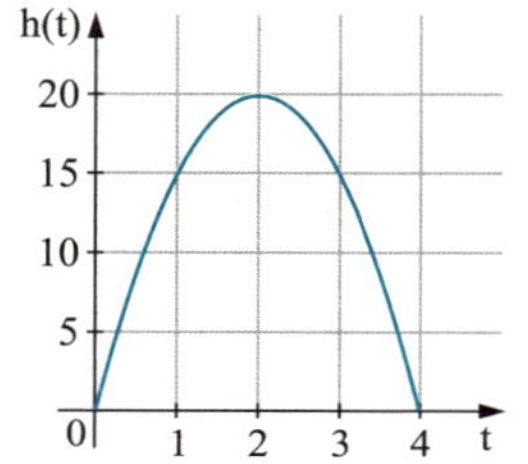

Zeit-Geschwindigkeits-Gesetz:

$v(t) = h'(t) = v_0 - gt$

$v(t) = 20 - 10 \cdot t$

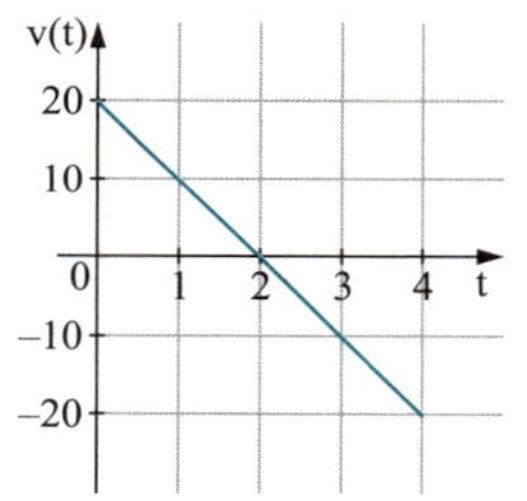

Zeit-Beschleunigungs-Gesetz:

$a(t) = v'(t) = -g$

$a(t) = -10$

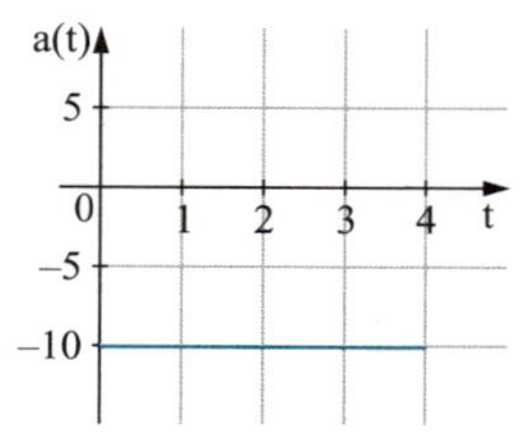

c) Die Geschwindigkeit des Körpers ist im höchsten Punkt, dem Umkehrpunkt, gleich null. Die Beschleunigung hat ein negatives Vorzeichen, weil sie entgegen der als positiv nach oben orientierten y-Achse wirkt.

57. a) $f_a(x) = 0 \Rightarrow \quad ax^2 - 5ax + 4a = 0 \quad |:a \quad (\neq 0)$

$x^2 - 5x + 4 = 0$

$(x-1)\cdot(x-4) = 0$ Satz von Vieta

$x_1 = 1;\ x_2 = 4$ jeweils einfache Nullstelle

b) Wegen Zählergrad = Nennergrad gibt es eine **horizontale Asymptote** (der Quotient aus den Koeffizienten vor den höchsten Potenzen von x): $y = a$
An der Stelle $x = 2$ ist eine Polstelle $\Rightarrow$ **vertikale Asymptote** $x = 2$

c) Ein Schnittpunkt ist, wenn überhaupt, nur mit der horizontalen Asymptote möglich:

$$f_a(x) = a$$

$$\frac{ax^2 - 5ax + 4a}{(2-x)^2} = a \qquad |:a;\ |\cdot(2-x)^2$$

$$x^2 - 5x + 4 = (2-x)^2$$

$$\Rightarrow \quad x_S = 0 \quad \Rightarrow \quad S(0\,|\,a)$$

d) $$f_a'(x) = \frac{(2ax-5a)\cdot(2-x)^{\cancel{2}} - (ax^2-5ax+4a)\cdot 2\cancel{(2-x)}\cdot(-1)}{(2-x)^{\cancel{4}\,3}}$$

$$= \frac{4ax - 2ax^2 - 10a + 5ax + 2ax^2 - 10ax + 8a}{(2-x)^3} = \frac{-ax-2a}{(2-x)^3} = \frac{ax+2a}{(x-2)^3}$$

$$f_a''(x) = \frac{a(x-2)^{\cancel{3}} - (ax+2a)3\cancel{(x-2)^2}\cdot 1}{(x-2)^{\cancel{6}\,4}} = \frac{a(x-2) - 3(ax+2a)}{(x-2)^4} = \frac{-2ax-8a}{(x-2)^4}$$

58. Die Geschwindigkeiten sind in den Nulldurchgängen am größten.

In den Umkehrpunkten des Pendels ist die Geschwindigkeit null.

Bei der Beschleunigung ist es gerade umgekehrt: Es ist $a = 0$ im Nulldurchgang des Pendels und maximal im Umkehrpunkt.

Negative Geschwindigkeiten bedeuten, dass sich das Pendel entgegen der nach oben zeigenden y-Achse bewegt.

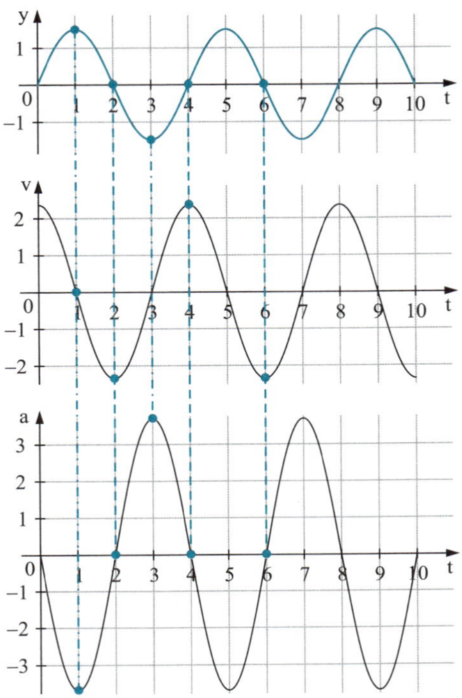

59. a) $f(x)=\begin{cases}-x^2-x+2 & \text{für } x\le 2\\ \frac{3}{4}x(x-2) & \text{für } x>2\end{cases}$

$=\begin{cases}-x^2-x+2 & \text{für } x\le 2\\ \frac{3}{4}(x^2-2x) & \text{für } x>2\end{cases}$

$f'(x)=\begin{cases}-2x-1 & \text{für } x<2\\ \frac{3}{4}(2x-2) & \text{für } x>2\end{cases}$

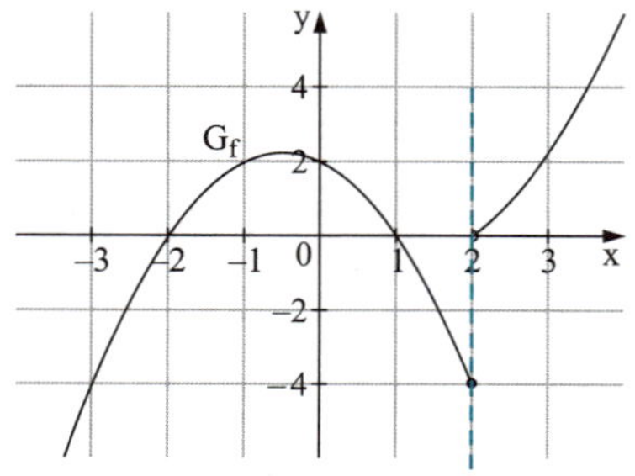

f wird auf Stetigkeit untersucht:
$f(2)=-4-2+2=-4$

$\lim\limits_{x\to 2+} f(x)=\lim\limits_{x\to 2+}\frac{3}{4}x(x-2)$

$=\frac{3}{4}2(2-2)=0$

$\lim\limits_{x\to 2-} f(x)=\lim\limits_{x\to 2-}(-x^2-x+2)$

$=-4-2+2=-4$

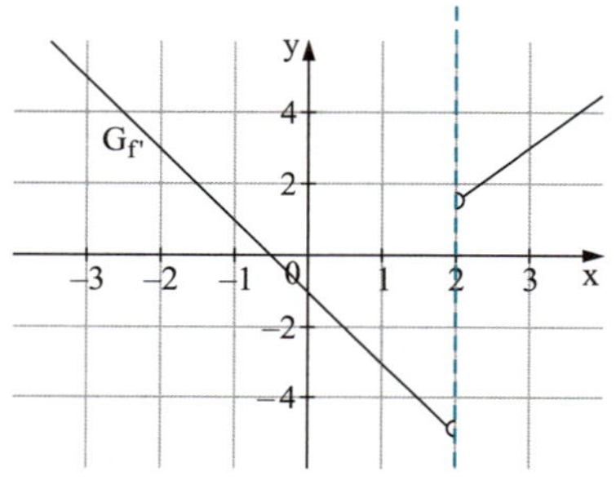

f ist an der Stelle $x_0=2$ nicht stetig, also auch nicht differenzierbar.
$D_{f'}=D_f\setminus\{2\}$

f' hat an der Stelle 2 eine Definitionslücke.

b) $f(x)=\begin{cases}x^2 & \text{für } x<0\\ x^3 & \text{für } x\ge 0\end{cases}$

$f'(x)=\begin{cases}2x & \text{für } x<0\\ 3x^2 & \text{für } x>0\end{cases}$

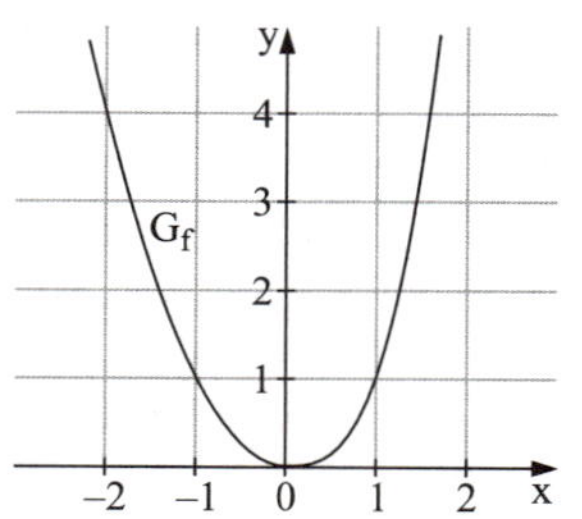

Stetigkeit: $f(0)=0^3=0$

$\lim\limits_{x\to 0+} f(x)=\lim\limits_{x\to 0+} x^3=0$

$\lim\limits_{x\to 0-} f(x)=\lim\limits_{x\to 0-} x^2=0$

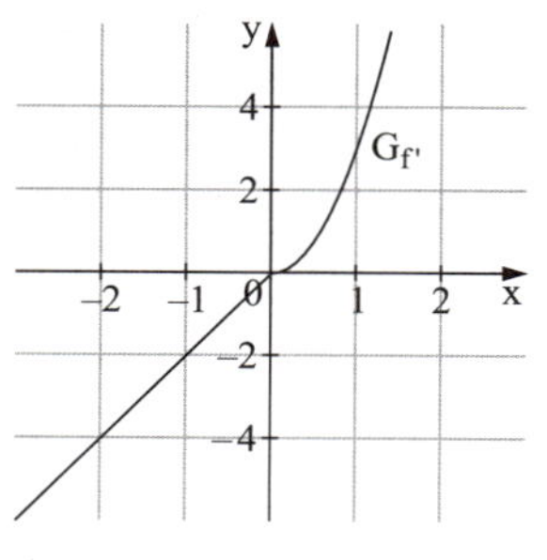

Da der Grenzwert existiert und mit dem Funktionswert übereinstimmt, ist f stetig an der Stelle $x_0=0$.

Differenzierbarkeit:

$\lim\limits_{x\to 0+} f'(x)=\lim\limits_{x\to 0+} 3x^2=0$

$\lim\limits_{x\to 0-} f'(x)=\lim\limits_{x\to 0-} 2x=0$

Da die einseitigen Grenzwerte der Ableitungsfunktion an der Nahtstelle übereinstimmen, ist f an der Stelle $x_0=0$ differenzierbar und es gilt $f'(0)=0$. Die vollständige Ableitungsfunktion schließt daher die Nahtstelle stetig:

$$f'(x)=\begin{cases} 2x & \text{für } x<0 \\ 3x^2 & \text{für } x\geq 0 \end{cases}$$

c) $f(x)=x\,|x|=\begin{cases} x^2 & \text{für } x\geq 0 \\ -x^2 & \text{für } x<0 \end{cases}$

$$f'(x)=\begin{cases} 2x & \text{für } x>0 \\ -2x & \text{für } x<0 \end{cases}$$

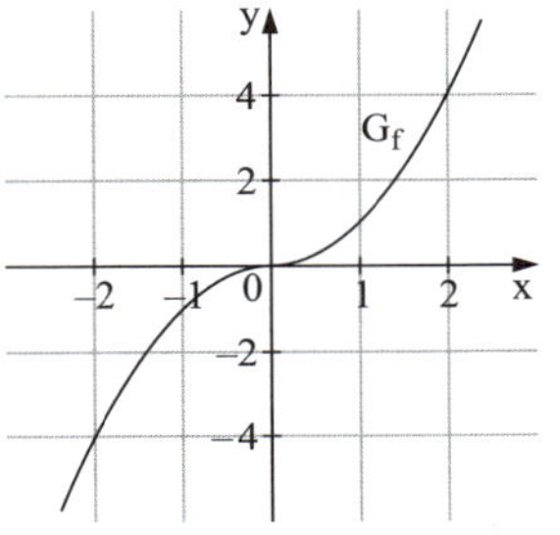

Stetigkeit liegt vor, da Funktionswert und die einseitigen Grenzwerte an der Nahtstelle existieren und gleich, nämlich null, sind.

Differenzierbarkeit liegt ebenfalls vor, da auch die einseitigen Grenzwerte der Ableitungsfunktion an der Nahtstelle existieren und übereinstimmen (auch sie sind null). Deshalb lautet die vollständige Ableitungsfunktion:

$$f'(x)=\begin{cases} 2x & \text{für } x\geq 0 \\ -2x & \text{für } x<0 \end{cases}=2|x|$$

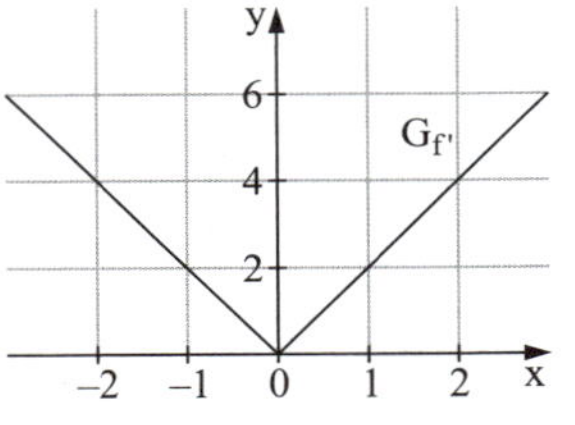

d) $f(x)=\frac{1}{2}(x+|x|)=\begin{cases} x & \text{für } x\geq 0 \\ 0 & \text{für } x<0 \end{cases}$

$$f'(x)=\begin{cases} 1 & \text{für } x>0 \\ 0 & \text{für } x<0 \end{cases}$$

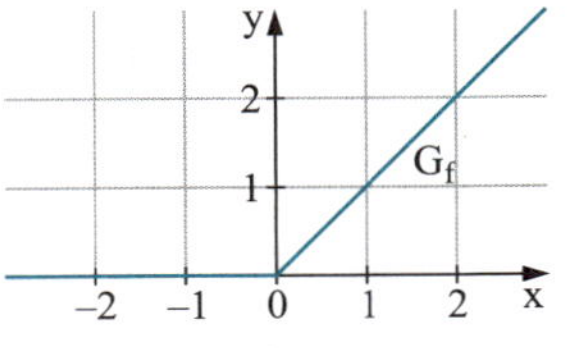

f ist an der Nahtstelle stetig, aber nicht differenzierbar. Man sieht das unmittelbar: Bei f sind Funktionswert, links- und rechtsseitiger Grenzwert allesamt null. Bei f' ist der rechtsseitige Grenzwert 1, der linksseitige 0, d. h., f'(0) existiert nicht ($0\notin D_{f'}$).

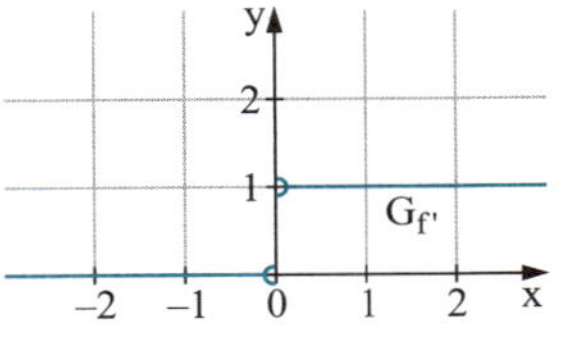

60. a) Stetigkeit:

$$g_b(-2) = (-2)^2 + (1+b)\cdot(-2) = -2b+2$$

$$\lim_{x\to(-2)+} g_b(x) = \lim_{x\to(-2)+} (x^2 + (1+b)x) = -2b+2$$

$$\lim_{x\to(-2)-} g_b(x) = \lim_{x\to(-2)-} \left(-\tfrac{1}{4}x^3 + x\right) = -\tfrac{1}{4}(-2)^3 + (-2) = 0$$

$\Rightarrow$ g_b ist stetig an der Stelle –2, wenn $-2b+2=0$ gilt, also für $b=1$.

Differenzierbarkeit:

$$g_1'(x) = \begin{cases} -\tfrac{3}{4}x^2+1 & \text{für } x \in \mathbb{R}\setminus[-2;0] \\ 2x+2 & \text{für } -2 < x < 0 \end{cases}$$

$$\lim_{x\to(-2)+} g_1'(x) = \lim_{x\to(-2)+} (2x+2) = -2$$

$$\lim_{x\to(-2)-} g_1'(x) = \lim_{x\to(-2)-} \left(-\tfrac{3}{4}x^2+1\right) = -2$$

$\Rightarrow$ g_1 ist differenzierbar an der Stelle –2.

b) Rechte Nahtstelle für $b=1$:

$$g_1(x) = \begin{cases} -\tfrac{1}{4}x^3+x & \text{für } x \in \mathbb{R}\setminus[-2;0] \\ x^2+2x & \text{für } -2 \le x \le 0 \end{cases}$$

$$g_1'(x) = \begin{cases} -\tfrac{3}{4}x^2+1 & \text{für } x \in \mathbb{R}\setminus[-2;0] \\ 2x+2 & \text{für } -2 < x < 0 \end{cases}$$

Stetigkeit:

$$g_1(0) = 0^2 + 2\cdot 0 = 0$$

$$\lim_{x\to 0+} g_1(x) = \lim_{x\to 0+} \left(-\tfrac{1}{4}x^3 + x\right) = -\tfrac{1}{4}0^3 + 0 = 0$$

$$\lim_{x\to 0-} g_1(x) = \lim_{x\to 0-} (x^2+2x) = 0^2 + 0 = 0$$

$\Rightarrow$ g_1 ist stetig an der Stelle 0.

Differenzierbarkeit:

$$\lim_{x\to 0+} g_1'(x) = \lim_{x\to 0+} \left(-\tfrac{3}{4}x^2+1\right) = 1$$

$$\lim_{x\to 0-} g_1'(x) = \lim_{x\to 0-} (2x+2) = 2$$

$\Rightarrow$ g_1 ist nicht differenzierbar an der Stelle 0.

c) $g_1'(x) = \begin{cases} -\tfrac{3}{4}x^2+1 & \text{für } x \in \mathbb{R}\setminus[-2;0] \\ 2x+2 & \text{für } -2 \le x < 0 \end{cases}$; $D_{g_1'} = \mathbb{R}\setminus\{0\}$

An der Nahtstelle –2 ist die Funktion differenzierbar, deshalb ist diese Nahtstelle keine Definitionslücke der Ableitungsfunktion.

d) $x_0 = -2$; $g_1(-2) = 0$; $g_1'(-2) = -2$

$\Rightarrow$ n: $y = \frac{1}{2}(x+2) = \frac{1}{2}x + 1$

e) An der Stelle $x_0 = 0$ ist die Funktion g_1 nicht differenzierbar und hat dort deshalb keine Tangente.

f) Wertetabelle:

x	–3	–2	–1	0	1	2	3
y	3,75	0	–1	0	0,75	0	–3,75

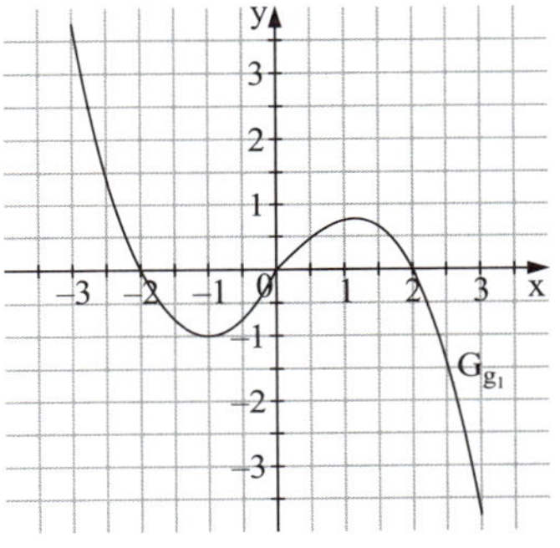

61. $f(x) = \begin{cases} a(x+5)^2 & \text{für } -5 \le x < -3 \\ bx^2 + 5 & \text{für } -3 \le x \le 3 \\ a(x-5)^2 & \text{für } 3 < x \le 5 \end{cases}$

$f'(x) = \begin{cases} a(2x+10) & \text{für } -5 \le x < -3 \\ 2bx & \text{für } -3 < x < 3 \\ a(2x-10) & \text{für } 3 < x \le 5 \end{cases}$

Da die „Glocke“ symmetrisch ist, genügt es, die Bedingungsgleichungen an einer Nahtstelle aufzustellen, z. B. bei $x_1 = 3$:

(1) $b \cdot 3^2 + 5 = a(3-5)^2$ — Stetigkeit an der Stelle 3

$\Leftrightarrow 4a - 9b = 5$

(2) $2b \cdot 3 = a(2 \cdot 3 - 10)$ — Differenzierbarkeit an der Stelle 3

$\Leftrightarrow 4a + 6b = 0$

$a = -\frac{3}{2}b$ — (2) wird nach a aufgelöst.

$4 \cdot \left(-\frac{3}{2}b\right) - 9b = 5 \Rightarrow b = -\frac{1}{3}$ — Einsetzen von a in (1)

$\Rightarrow a = \frac{1}{2}$

Demzufolge ist die „Glocken“-Funktion:

$$f(x)=\begin{cases}\frac{1}{2}(x+5)^2 & \text{für } -5\le x<-3\\ -\frac{1}{3}x^2+5 & \text{für } -3\le x\le 3\\ \frac{1}{2}(x-5)^2 & \text{für } 3<x\le 5\end{cases}$$

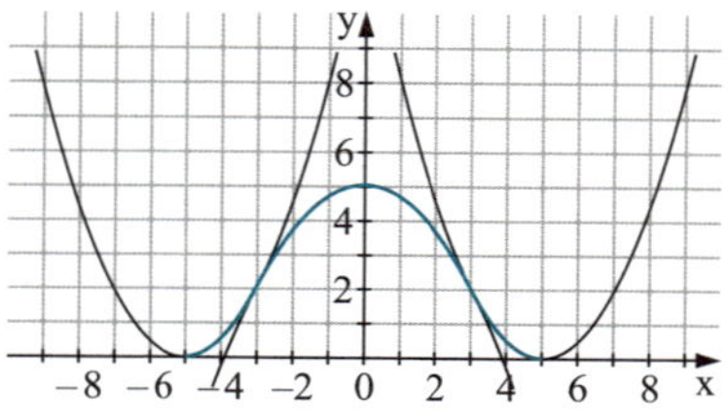

Vollständige Zeichnung der Parabeln

62. $g(x)=mx+5$ — Ansatz für das Geradenstück

$p(x)=a(x-5)^2$ — Ansatz für das Parabelstück

$\Rightarrow\ g'(x)=m$

$\Rightarrow\ p'(x)=a(2x-10)$

(1) $3m+5=a(3-5)^2$ — Stetigkeit an der Stelle 3

$\Leftrightarrow\ 4a-3m=5$

(2) $m=a(2\cdot 3-10)$ — Differenzierbarkeit an der Stelle 3

$\Leftrightarrow\ 4a+m=0$

$\Rightarrow\ m=-4a$ — (2) wird nach m aufgelöst

$4a-3(-4a)=5$ — Einsetzen von m in (1)

$\Rightarrow\ a=\frac{5}{16};\ m=-\frac{5}{4}$

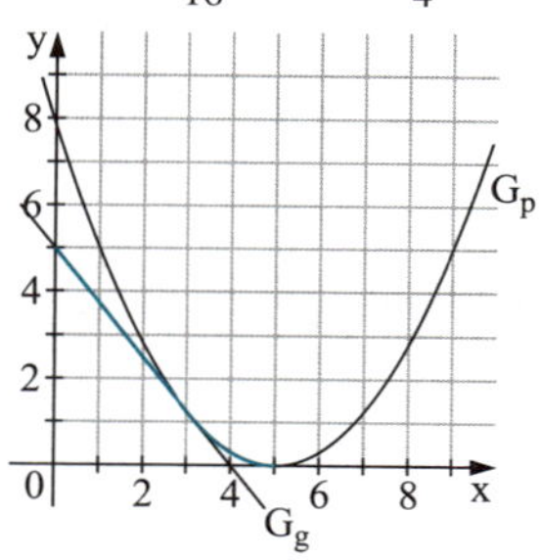

Vollständige Zeichnung

63. a)

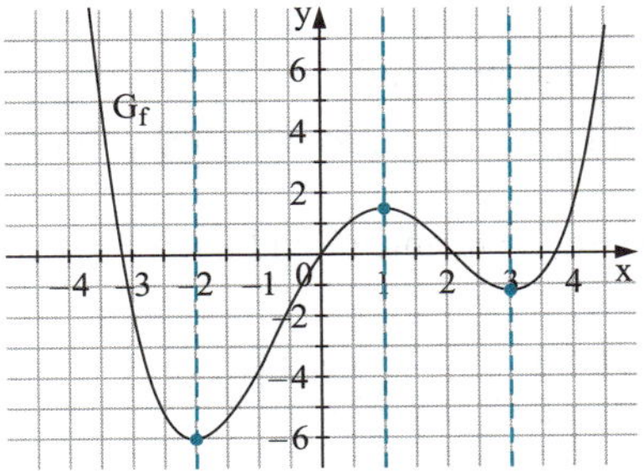

b) Beim linken oberen Graphen gilt: In

- $]-\infty; -2]$ ist f streng monoton zunehmend.
- $[-2; 0]$ ist f streng monoton abnehmend.
- $[0; 3]$ ist f streng monoton zunehmend.
- $[3; \infty[$ ist f streng monoton abnehmend.

Beim rechten oberen Graphen gilt: In

- $]-\infty; -1]$ ist g streng monoton abnehmend.
- $[-1; 1]$ ist g streng monoton zunehmend.
- $[1; \infty[$ ist g streng monoton abnehmend.

Beim linken unteren Graphen gilt: In

- $]-\infty; -1[$ ist h streng monoton zunehmend.
- $]-1; \infty[$ ist h streng monoton zunehmend.

h ist aber **nicht** in $\mathbb{R} \setminus \{-1\}$ streng monoton zunehmend, da es Monotonie immer nur in Intervallen gibt.

Beim rechten unteren Graphen gilt: In

- $]-\infty; 0[$ ist p streng monoton abnehmend.
- $]0; \infty[$ ist p streng monoton zunehmend.

c) Das Monotonieverhalten der Funktionen hängt mit den Vorzeichen der Ableitungsfunktionen zusammen. An den Stellen, wo die Ableitungsfunktionen ihr Vorzeichen wechseln, also den Nullstellen von f' oder an Definitionslücken von f' mit Vorzeichenwechsel, ändert sich das Monotonieverhalten von f.

Aus der Ableitungsfunktion zum Graphen links folgt für die Funktion f: In

- $]-\infty; -2]$ ist f streng monoton abnehmend, da $f'(x) \leq 0$.
- $[-2; 1]$ ist f streng monoton zunehmend, da $f'(x) \geq 0$.
- $[1; \infty[$ ist f streng monoton abnehmend, da $f'(x) \leq 0$.

Aus der Ableitungsfunktion zum Graphen rechts folgt für f: In

- $]-\infty; -2]$ ist f streng monoton zunehmend.
- $[-2; 0]$ ist f streng monoton abnehmend.
- $[0; 3]$ ist f streng monoton zunehmend.
- $[3; \infty[$ ist f streng monoton abnehmend.

d) $f_1'(x) = 2 > 0$ in ganz $\mathbb{R}$

$\Rightarrow$ f_1 ist streng monoton zunehmend in ganz $\mathbb{R}$.

$f_2'(x) = -x$. Das Vorzeichen von $f_2'(x)$ ist positiv für $x < 0$ und negativ für $x > 0$.

$\Rightarrow$ f_2 ist in $]-\infty; 0]$ streng monoton zunehmend und in $[0; -\infty[$ streng monoton abnehmend.

$g'(x) = (x-1)^2 > 0$ für alle $x \neq 1$ und $g'(x) = 0$ für $x = 1$

$\Rightarrow$ g ist streng monoton zunehmend in ganz $\mathbb{R}$.

$h'(x) = x^2 + 1 > 0$ in ganz $\mathbb{R}$

$\Rightarrow$ h ist streng monoton zunehmend in ganz $\mathbb{R}$.

64. a) $f(x) = -(x-1)^2 = -x^2 + 2x - 1$

$f'(x) = -2x + 2$

$f'(x) = 0 \;\Leftrightarrow\; -2x + 2 = 0 \;\Rightarrow\; x_1 = 1$

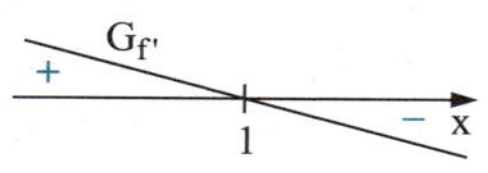

x		1	
f'(x)	+	0	–
f(x)	↑		↓

Monotonieverhalten: In

- $]-\infty; 1]$ ist f streng monoton zunehmend.
- $[1; \infty[$ ist f streng monoton abnehmend.

b) $f(x) = \dfrac{x^3 + x^2}{x^2 - 1} = \dfrac{x^2(x+1)}{(x-1)(x+1)} = \dfrac{x^2}{x-1}$ f(x) lässt sich vereinfachen.

$D_f = \mathbb{R} \setminus \{\pm 1\}$

$f'(x) = \dfrac{2x \cdot (x-1) - x^2 \cdot 1}{(x-1)^2} = \dfrac{x^2 - 2x}{(x-1)^2}$ Der Nenner ist > 0 in ganz D_f.

$f'(x) = 0 \;\Leftrightarrow\; x^2 - 2x = 0 \;\Rightarrow\; x_1 = 0;\; x_2 = 2$

Es gibt vier Intervallunterbrecher, die beiden Definitionslücken und die beiden Nullstellen von f':

$-1;\; 0;\; 1;\; 2$

Um das Vorzeichen von f' in den fünf Monotonieintervallen bestimmen zu können, muss nur der Zähler von f' beachtet werden, da der Nenner immer > 0 ist.

Der Graph des Zählers von f' ist eine nach oben geöffnete Parabel mit den beiden angegebenen Nullstellen, daraus ergeben sich die Vorzeichen.

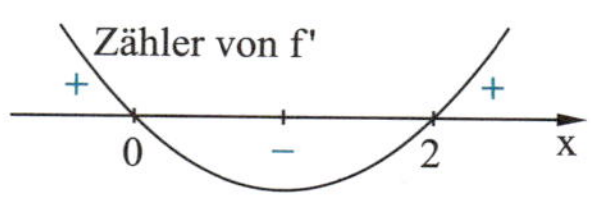

x		–1		0		1		2	
f'(x)	+	/	+	0	–	/	–	0	+
f(x)	↑		↑		↓		↓		↑

Monotonieverhalten: In
- $]-\infty; -1[$ ist f streng monoton zunehmend.
- $]-1; 0]$ ist f streng monoton zunehmend.
- $[0; 1[$ ist f streng monoton abnehmend.
- $]1; 2]$ ist f streng monoton abnehmend.
- $[2; \infty[$ ist f streng monoton zunehmend.

c) $x^2 - 4x + 4 = 0$ — Bestimmung von D_{max}

$(x-2)^2 = 0 \Rightarrow x_{1,2} = 2$

$D_{max} = \mathbb{R} \setminus \{2\}$

$f(x) = \frac{4x^2}{(x-2)^2}$ — Der Nenner von f(x) lässt sich faktorisieren.

$f'(x) = \frac{8x(x-2)^{\cancel{2}} - 4x^2 \cdot 2 \cdot \cancel{(x-2)}}{(x-2)^{\cancel{4}3}} = \frac{-16x}{(x-2)^3}$ — Der Zähler wechselt bei 0, der Nenner bei 2 das Vorzeichen.

Es gibt zwei Intervallunterbrecher: 0; 2

x		0		2	
f'(x)	–	0	+	/	–
f(x)	↓		↑	/	↓

Vorzeichen von f':

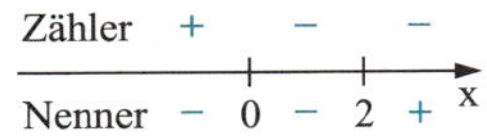

Monotonieverhalten: In
- $]-\infty; 0]$ ist f streng monoton abnehmend.
- $[0; 2[$ ist f streng monoton zunehmend.
- $]-2; \infty[$ ist f streng monoton abnehmend.

d) $f(x) = \frac{-x^4 - 1}{x^2} = -\frac{x^4}{x^2} - \frac{1}{x^2} = -x^2 - x^{-2}$; $D_{max} = \mathbb{R} \setminus \{0\}$

$f'(x) = -2x + 2x^{-3} = -2x + \frac{2}{x^3} = \frac{-2x^4 + 2}{x^3} = \frac{-2(x^4 - 1)}{x^3}$

$f'(x) = 0 \Rightarrow -2x^4 + 2 = 0 \Leftrightarrow x^4 = 1 \Leftrightarrow x_{1,2} = \pm 1$

Es gibt drei Intervallunterbrecher: –1; 0; 1

x		–1		0		1	
f'(x)	+	0	–	/	+	0	–
f(x)	↑		↓	/	↑		↓

Vorzeichen von f':

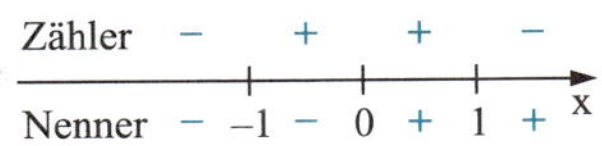

Monotonieverhalten: In
- $]-\infty; -1]$ ist f streng monoton zunehmend.
- $[-1; 0[$ ist f streng monoton abnehmend.
- $]0; 1[$ ist f streng monoton zunehmend.
- $[0; \infty[$ ist f streng monoton abnehmend.

e) $f(x) = x|x| = \begin{cases} x^2 & \text{für } x \geq 0 \\ -x^2 & \text{für } x < 0 \end{cases}$

$f'(x) = \begin{cases} 2x & \text{für } x \geq 0 \\ -2x & \text{für } x < 0 \end{cases}$

f ist an der Nahtstelle $x_0 = 0$ differenzierbar mit $f'(0) = 0$.
$f'(x) = 0 \Rightarrow x_1 = 0$
Ferner erkennt man hier das Vorzeichen von $f'(x)$ sofort: $f'(x) > 0$ für alle x bis auf $x_1 = 0$. Daraus folgt, dass f in ganz $\mathbb{R}$ streng monoton zunimmt.

f) $f(x) = \begin{cases} -x^2 - x + 2 & \text{für } x \leq 2 \\ \frac{3}{4}x(x-2) & \text{für } x > 2 \end{cases}$

$f'(x) = \begin{cases} -2x - 1 & \text{für } x < 2 \\ \frac{3}{2}x - \frac{3}{2} & \text{für } x > 2 \end{cases}$

f ist an der Nahtstelle $x_0 = 2$ **nicht** differenzierbar, daher ist f' an der Stelle 2 nicht definiert. f' hat eine Nullstelle:

- Der Term $-2x - 1$ wird null für $x = -\frac{1}{2}$, das liegt im Bereich $x < 2$.
- Der Term $\frac{3}{2}x - \frac{3}{2}$ wird null für $x = 1$, das liegt **nicht** im Bereich $x > 2$.

Man hat zwei Intervallunterbrecher: $x_1 = -\frac{1}{2}$ (Nullstelle von f') und $x_2 = 2$ (Definitionslücke von f').

x		$-\frac{1}{2}$		2	
f'(x)	+	0	–	/	+
f(x)	↑		↓		↑

In
- $]-\infty; -\frac{1}{2}]$ ist f streng monoton zunehmend.
- $[-\frac{1}{2}; 2]$ ist f streng monoton abnehmend.
- $[2; \infty[$ ist f streng monoton zunehmend.

65. a) $p_a(x) = a(x^2 + 1);\ a \in \mathbb{R} \setminus \{0\}$
$p_a'(x) = a(2x + 0) = 2ax$
$p_a'(x) = 0 \Rightarrow x = 0$
Es gibt in Bezug auf das Vorzeichen von $p_a'(x)$ zwei Fälle, nämlich $a > 0$ und $a < 0$.

Fall 1: $a>0$

x		0	
$p'_a(x)$	$-$	0	$+$
$p_a(x)$	$\downarrow$		$\uparrow$

Fall 2: $a<0$

x		0	
$p'_a(x)$	$+$	0	$-$
$p_a(x)$	$\uparrow$		$\downarrow$

Für $a>0$ (bzw. $a<0$) ist p_a in

- $]-\infty; 0]$ streng monoton abnehmend (bzw. zunehmend).
- $[0; \infty[$ streng monoton zunehmend (bzw. abnehmend).

b) $f_a(x) = \frac{4x^2+a}{2x} = 2x + \frac{a}{2x}$; $a \in \mathbb{R}, D = \mathbb{R} \setminus \{0\}$

$f'_a(x) = 2 - \frac{a}{2x^2} = \frac{4x^2-a}{2x^2}$

$f'_a(x) = 0 \Rightarrow 2 = \frac{a}{2x^2} \Rightarrow x^2 = \frac{a}{4}$

Es ist eine Fallunterscheidung bezüglich a notwendig:

Fall 1: $a<0$

Dann hat die Gleichung $x^2 = \frac{a}{4}$ keine reellen Lösungen. Es gibt nur den Intervallunterbrecher $x_1 = 0$.

$f'_a(x) = \frac{4x^2-a}{2x^2} > 0$ für alle $x \neq 0$

Der Graph der Funktion im Zähler ist eine nach oben geöffnete Parabel ohne Nullstellen.

In

- $]-\infty; 0[$ ist f streng monoton zunehmend.
- $]0; \infty[$ ist f streng monoton zunehmend.

Fall 2: $a=0$

Zwar hat die Gleichung $x^2 = \frac{a}{4}$ für $a=0$ eine (doppelte) Lösung, nämlich $x=0$. Da f'_a an der Stelle 0 aber nicht definiert ist, hat f'_a keine Nullstelle.

$f'_0(x) = \frac{4x^2}{2x^2} = 2 > 0$ für alle $x \neq 0$

Damit gilt wie bei Fall 1:

In

- $]-\infty; 0[$ ist f streng monoton zunehmend.
- $]0; \infty[$ ist f streng monoton zunehmend.

Fall 3: $a>0$

$x^2 = \frac{a}{4} \Rightarrow x_{1,2} = \pm\sqrt{\frac{a}{4}} = \pm\frac{1}{2}\sqrt{a}$

Es gibt drei Intervallunterbrecher:

$-\frac{1}{2}\sqrt{a}$; 0; $\frac{1}{2}\sqrt{a}$

Der Graph des Zählers von f'_a ist eine nach oben geöffnete Parabel.

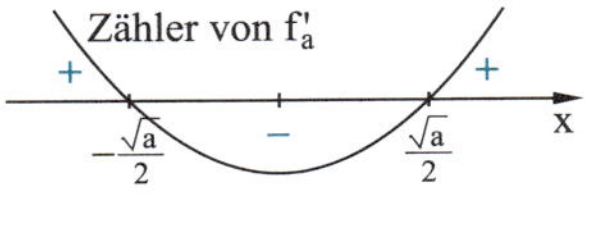

x		$-\frac{1}{2}\sqrt{a}$		0		$-\frac{1}{2}\sqrt{a}$	
$f_a'(x)$	+	0	−	/	−	0	+
$f_a(x)$	↑		↓	/	↓		↑

In

- $\left]-\infty; -\frac{1}{2}\sqrt{a}\right]$ ist f streng monoton zunehmend.
- $\left[-\frac{1}{2}\sqrt{a}; 0\right[$ ist f streng monoton abnehmend.
- $\left]0; \frac{1}{2}\sqrt{a}\right]$ ist f streng monoton abnehmend.
- $\left[\frac{1}{2}\sqrt{a}; \infty\right[$ ist f streng monoton zunehmend.

66. a) Die Steigung des Graphen G_{f_1} ist streng monoton zunehmend, deshalb ist der Graph linksgekrümmt.
Die Steigung von G_g ist konstant; der Graph hat keine Krümmung.
Die Steigung des Graphen G_{f_2} ist streng monoton abnehmend, deshalb ist der Graph rechtsgekrümmt.

b) Bei dem links abgebildeten Graphen erkennt man den Vorzeichenwechsel von f_1'' bei $x_0 = -1$; links davon ist f_1'' negativ, rechts davon positiv. Daraus folgt: In

- $]-\infty; -1]$ ist der Graph der zugehörigen Funktion rechtsgekrümmt.
- $[-1; \infty[$ ist der Graph der zugehörigen Funktion linksgekrümmt.

Die Vorzeichen des rechts abgebildeten Graphen von f_2'' ergeben folgendes Krümmungsverhalten des Graphen von f_2: In

- $]-\infty; -2]$ ist der Graph der zugehörigen Funktion rechtsgekrümmt.
- $[-2; 1]$ ist der Graph der zugehörigen Funktion linksgekrümmt.
- $[1; \infty[$ ist der Graph der zugehörigen Funktion rechtsgekrümmt.

c) $f_1''(x) = -1 < 0 \Rightarrow$ Der Graph von f_1 ist überall rechtsgekrümmt.

$f_2''(x) = -x + 1$; $f_2''(x) = 0$ für $x_0 = 1$, links davon positiv, rechts davon negativ („fallende" Gerade). Damit gilt: Der Graph von f_2 ist für $x \leq 1$ linksgekrümmt und für $x \geq 1$ rechtsgekrümmt.

$g''(x) = (x-1)^2 \geq 0 \Rightarrow$ Der Graph von g ist überall linksgekrümmt.

$h''(x) = -x^2 + 1 = 0$ für $x_{1/2} = \pm 1$. Aus den Vorzeichen der nach unten geöffneten Parabel von h'' ergibt sich das Krümmungsverhalten des Graphen von h:
In

- $]-\infty; -1]$ ist der Graph der zugehörigen Funktion rechtsgekrümmt.
- $[-1; 1]$ ist der Graph der zugehörigen Funktion linksgekrümmt.
- $[1; \infty[$ ist der Graph der zugehörigen Funktion rechtsgekrümmt.

67. a) $f(x) = x(x+2)^2 = x^3 + 4x^2 + 4x$

$f'(x) = 3x^2 + 8x + 4$

$f''(x) = 6x + 8$

$f''(x) = 0 \;\Rightarrow\; x_1 = -\frac{4}{3}$

Nach dem Vorzeichen von f'' (steigende Gerade) gilt: In

- $\left]-\infty; -\frac{4}{3}\right]$ ist der Graph von f rechtsgekrümmt.
- $\left[-\frac{4}{3}; \infty\right[$ ist der Graph von f linksgekrümmt.

b) $D_{max} = \mathbb{R} \setminus \{-2\}$

$$f'(x) = \frac{(2x-4)(x+2)^{\cancel{2}} - (x^2-4x)\cdot 2 \cdot \cancel{(x+2)}}{(x+2)^{\cancel{4}3}} = \frac{8x-8}{(x+2)^3}$$

$$f''(x) = \frac{8(x+2)^{\cancel{3}} - (8x-8)\cdot 3 \cdot \cancel{(x+2)^2}}{(x+2)^{\cancel{6}4}} = \frac{-16x+40}{(x+2)^4}$$

$f''(x) = 0 \;\Leftrightarrow\; -16x + 40 = 0 \;\Leftrightarrow\; x = \frac{5}{2}$

x		-2		$\frac{5}{2}$	
f''(x)	+	/	+	0	−
f(x)	∪	/	∪		∩

Vorzeichen von f'':

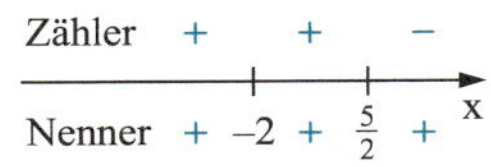

In

- $]-\infty; -2[$ ist der Graph von f linksgekrümmt.
- $\left]-2; \frac{5}{2}\right]$ ist der Graph von f linksgekrümmt.
- $\left[\frac{5}{2}; \infty\right[$ ist der Graph von f rechtsgekrümmt.

c) $f(x) = \frac{x^2 - 2x + 4}{2x} = \frac{1}{2}x - 1 + \frac{2}{x}$; $D_f = \mathbb{R} \setminus \{0\}$

$f'(x) = \frac{1}{2} - \frac{2}{x^2}$

$$f''(x) = \frac{4}{x^3} \begin{cases} > 0 & \text{für } x > 0 \\ < 0 & \text{für } x < 0 \end{cases}$$

In

- $]-\infty; 0[$ ist der Graph von f rechtsgekrümmt.
- $]0; \infty[$ ist der Graph von f linksgekrümmt.

d) $D_f = \mathbb{R}$

$f'(x) = \frac{-8(x^2-6x+8)}{(x^2-6x+10)^2}$

$f''(x) = \frac{16(x^3-9x^2+24x-18)}{\underbrace{(x^2-6x+10)^3}_{>0,\text{ immer}}}$

$f''(x) = 0 \quad \Rightarrow \quad x^3-9x^2+24x-18=0$

Eine Nullstelle geraten: $x_1 = 3$

Polynomdivision:

$(x^3-9x^2+24x-18):(x-3) = x^2-6x+6$

$x^2-6x+6=0 \quad \Rightarrow \quad x_{2;3} = 3 \pm \sqrt{3}$

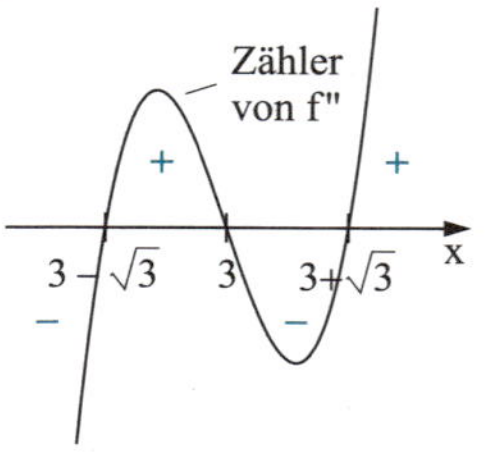

In

- $]-\infty; 3-\sqrt{3}]$ ist G_f rechtsgekrümmt.
- $[3-\sqrt{3}; 3]$ ist G_f linksgekrümmt.
- $[3; 3+\sqrt{3}]$ ist G_f rechtsgekrümmt.
- $[3+\sqrt{3}; \infty[$ ist G_f linksgekrümmt.

68. a) $f_a(x) = a(x+a)(x-2)^2 = a(x^3+ax^2-4x^2-4ax+4x+4a)$

$f_a'(x) = a(3x^2+2ax-8x-4a+4)$

$f_a''(x) = a(6x+2a-8)$

$f_a''(x) = 0 \;\Leftrightarrow\; 6x+2a-8=0 \;\Rightarrow\; x_1 = -\frac{1}{3}a+\frac{4}{3}$

$f_a''(x)$ hat als Graphen eine Gerade mit der o. g. Nullstelle. Für $a>0$ steigt die Gerade, dann ist $f_a''(x)<0$ links von x_1 und $f_a''(x)>0$ rechts von x_1. Ist $a<0$, so ist es genau umgekehrt. Daraus ergibt sich folgendes Krümmungsverhalten: In

- $\left]-\infty; -\frac{1}{3}a+\frac{4}{3}\right]$ ist der Graph von f_a rechtsgekrümmt, falls $a>0$.
- $\left[-\frac{1}{3}a+\frac{4}{3}; \infty\right[$ ist der Graph von f_a linksgekrümmt, falls $a>0$.

Für $a<0$ kehrt sich das Krümmungsverhalten um.

b) $D_{f_a} = \mathbb{R}\setminus\{a\}$

$f_a'(x) = \frac{-2a}{(x-a)^2}$

$f_a''(x) = \frac{4a}{(x-a)^3}\begin{cases} <0 & \text{für } x<a \\ >0 & \text{für } x>a \end{cases}$ (da $a>0$ vorausgesetzt ist)

$f_a''(x)$ hat keine Nullstellen.

In $]-\infty; a[$ ist G_{f_a} rechtsgekrümmt. In $]a; \infty[$ ist G_{f_a} linksgekrümmt.

69. a) **Schritt 1:**

$f(x) = x(x-2)^2 = x^3 - 4x^2 + 4x$
$f'(x) = 3x^2 - 8x + 4$
$f''(x) = 6x - 8$

Schritt 2:

$f'(x) = 0 \Leftrightarrow 3x^2 - 8x + 4 = 0 \Rightarrow x_1 = \frac{2}{3};\ x_2 = 2$

Schritt 3:

$f''\left(\frac{2}{3}\right) = -4 < 0 \quad \Rightarrow$ lokales Maximum
$f''(2) = 4 > 0 \quad \Rightarrow$ lokales Minimum

Schritt 4:

$f\left(\frac{2}{3}\right) = \frac{32}{27} \quad \Rightarrow H\left(\frac{2}{3} \,\middle|\, \frac{32}{27}\right)$
$f(2) = 0 \quad \Rightarrow T(2\,|\,0)$

b) **Schritt 1:**

$f'(x) = x^3 - x^2 - 2x$
$f''(x) = 3x^2 - 2x - 2$

Schritt 2:

$f'(x) = 0 \Leftrightarrow x^3 - x^2 - 2x = 0 \Leftrightarrow x(x^2 - x - 2) = 0$
$\Rightarrow x_1 = 0;\ x_2 = -1;\ x_3 = 2$

Schritt 3:

$f''(0) = -2 < 0 \quad \Rightarrow$ lokales Maximum
$f''(-1) = 3 > 0 \quad \Rightarrow$ lokales Minimum
$f''(2) = 6 > 0 \quad \Rightarrow$ lokales Minimum

Schritt 4:

$f(0) = 0 \quad \Rightarrow H(0\,|\,0)$
$f(-1) = -\frac{5}{12} \quad \Rightarrow T\left(-1 \,\middle|\, -\frac{5}{12}\right)$
$f(2) = -\frac{8}{3} \quad \Rightarrow T\left(2 \,\middle|\, -\frac{8}{3}\right)$

c) **Schritt 1:**

$$f'(x) = \frac{1 \cdot (x^2+1) - x \cdot 2x}{(x^2+1)^2} = \frac{-x^2+1}{(x^2+1)^2}$$
$$f''(x) = \frac{-2x \cdot (x^2+1)^2 - (-x^2+1) \cdot 2(x^2+1)2x}{(x^2+1)^4} = \frac{2x^3 - 6x}{(x^2+1)^3}$$

Schritt 2:

$f'(x) = 0 \Rightarrow -x^2 + 1 = 0 \Rightarrow x^2 = 1 \Rightarrow x_1 = -1;\ x_2 = 1$

Schritt 3:

$f''(-1) = \frac{1}{2} > 0 \quad \Rightarrow \quad$ lokales Minimum

$f''(1) = -\frac{1}{2} < 0 \quad \Rightarrow \quad$ lokales Maximum

Schritt 4:

$f(-1) = -\frac{1}{2} \quad \Rightarrow \quad T\left(-1 \,\middle|\, -\frac{1}{2}\right)$

$f(1) = \frac{1}{2} \quad \Rightarrow \quad H\left(1 \,\middle|\, \frac{1}{2}\right)$

d) **Schritt 1:**

$$f'(x) = \frac{(2x-2)\cdot(x+1)^2 - (x^2-2x)\cdot 2(x+1)}{(x+1)^4} = \frac{4x-2}{(x+1)^3}$$

$$f''(x) = \frac{4\cdot(x+1)^3 - (4x-2)\cdot 3(x+1)^2}{(x+1)^6} = \frac{-8x+10}{(x+1)^4}$$

Schritt 2:

$f'(x) = 0 \;\Rightarrow\; 4x - 2 = 0 \;\Rightarrow\; x_1 = \frac{1}{2}$

Schritt 3:

$f''\left(\frac{1}{2}\right) = \frac{32}{27} > 0 \;\Rightarrow\;$ lokales Minimum

Schritt 4:

$f\left(\frac{1}{2}\right) = -\frac{1}{3} \;\Rightarrow\; T\left(\frac{1}{2} \,\middle|\, -\frac{1}{3}\right)$

e) **Schritt 1:**

$f'(x) = 2\pi\cos(\pi x)$

$f''(x) = -2\pi^2\sin(\pi x)$

Schritt 2:

$f'(x) = 0 \quad \Leftrightarrow \quad \cos(\pi x) = 0$

Die Kosinusfunktion wird an allen ungeradzahligen Vielfachen von $\frac{\pi}{2}$ null.

$\Rightarrow \quad \pi x = (2k+1)\frac{\pi}{2} \quad$ mit $k \in \mathbb{Z}$

$\Rightarrow \quad x_k = (2k+1)\frac{1}{2}$

$x_k = \pm\frac{1}{2}; \pm\frac{3}{2}; \pm\frac{5}{2}; \ldots$

Das sind alle ungeradzahligen Vielfachen von $\frac{1}{2}$.

Schritt 3:

$f''\left((2k+1)\frac{1}{2}\right) = -2\pi\sin\left((2k+1)\frac{\pi}{2}\right)$

Verlauf der Sinuslinie: $\sin\left((2k+1)\frac{\pi}{2}\right) = \pm 1$

$f''\left(\frac{1}{2}\right) = -2\pi\cdot 1 = -2\pi < 0 \quad \Rightarrow \quad$ lokales Maximum

$f''\left(\frac{3}{2}\right) = -2\pi\cdot(-1) = 2\pi > 0 \quad \Rightarrow \quad$ lokales Minimum

Schritt 4:

$f\left(\frac{1}{2}\right) = 2 \Rightarrow H\left(\frac{1}{2} \,\middle|\, 2\right)$

$f\left(\frac{3}{2}\right) = -2 \Rightarrow T\left(\frac{3}{2} \,\middle|\, -2\right)$

Hoch- und Tiefpunkte wechseln sich ständig ab.

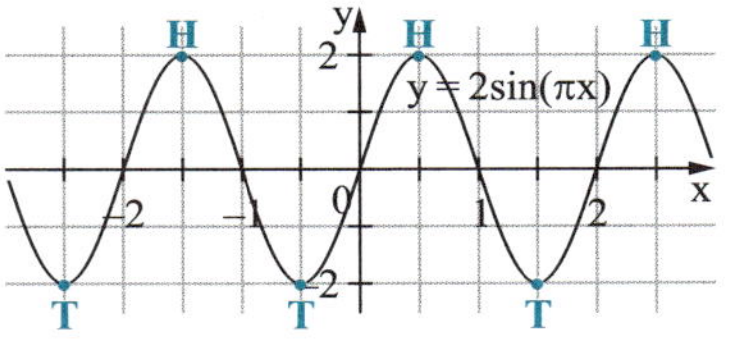

f) **Schritt 1:**

$f'(x) = 1 + \cos(x)$

$f''(x) = -\sin(x)$

Schritt 2:

$f'(x) = 0 \Leftrightarrow \cos(x) = -1$

$x_k = (2k+1)\pi; \quad k \in \mathbb{Z}$

Die Kosinusfunktion hat an allen ungeradzahligen Vielfachen von π den Wert −1.

Schritt 3:

$f''((2k+1)\pi) = -\sin((2k+1)\pi) = 0$

Demnach ist an den Nullstellen von f' auch f" null. Das Extremwertkriterium (siehe Seite 81) ist nicht anwendbar. Es wird daher das Monotonieverhalten untersucht:

$f'(x) = 1 + \cos(x) \geq 0$ für alle $x \in \mathbb{R}$

$\Rightarrow$ f ist streng monoton zunehmend in $\mathbb{R}$ und hat keine Extrempunkte.

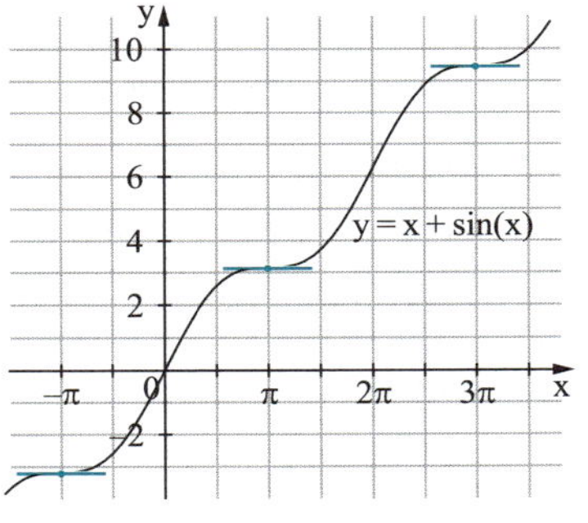

70. a) **Schritt 1:**

$f_a'(x) = 2x - 2a^2$

$f_a''(x) = 2$

Schritt 2:

$f_a'(x) = 0 \Leftrightarrow 2x - 2a^2 = 0 \Rightarrow x_1 = a^2$

Schritt 3:

$f_a''(a^2) = 2 > 0 \Rightarrow$ lokales Minimum

Schritt 4:

$f_a(a^2) = -a^4 \Rightarrow T(a^2 \,|\, -a^4)$

b) **Schritt 1:**

$f_t(x) = x^2(x-3t) = x^3 - 3tx^2$

$f_t'(x) = 3x^2 - 6tx$

$f_t''(x) = 6x - 6t = 6(x-t)$

Schritt 2:

$f_t'(x) = 0 \;\Leftrightarrow\; 3x^2 - 6tx = 0 \;\Leftrightarrow\; 3x(x-2t) = 0 \;\Rightarrow\; x_1 = 0;\; x_2 = 2t$

Schritt 3/4:

$f_t''(0) = -6t$

$f_t''(2t) = 6t$

Fall 1: $t=0$

Die beiden Nullstellen der 1. Ableitung fallen zu einer doppelten Nullstelle ohne Vorzeichenwechsel zusammen. Daher gibt es keine Extrempunkte.

Fall 2: $t>0$

$f_t''(0) = -6t < 0;\; f_t(0) = 0 \quad\Rightarrow\; H(0\,|\,0)$

$f_t''(2t) = 6t > 0;\; f_t(2t) = -4t^3 \;\Rightarrow\; T(2t\,|\,-4t^3)$

Fall 3: $t<0$

$f_t''(0) = -6t > 0;\; f_t(0) = 0 \quad\Rightarrow\; T(0\,|\,0)$

$f_t''(2t) = 6t < 0;\; f_t(2t) = -4t^3 \;\Rightarrow\; H(2t\,|\,-4t^3)$

c) **Schritt 1:**

$f_k'(x) = -\frac{3}{k^2}x^2 + \frac{4}{k}x$

$f_k''(x) = -\frac{6}{k^2}x + \frac{4}{k}$

Schritt 2:

$f_k'(x) = 0 \;\Leftrightarrow\; -\frac{3}{k^2}x^2 + \frac{4}{k}x = 0 \;\Leftrightarrow\; 3x^2 - 4kx = 0 \;\Leftrightarrow\; x(3x-4k) = 0$

$\Rightarrow\; x_1 = 0;\; x_2 = \frac{4}{3}k$

Schritt 3/4:

$f_k''(0) = \frac{4}{k}$

$f_k''\left(\frac{4}{3}k\right) = -\frac{4}{k}$

Fall 1: $k>0$

$f_k''(0) = \frac{4}{k} > 0;\; f_k(0) = 0 \;\Rightarrow\; T(0\,|\,0)$

$f_k''\left(\frac{4}{3}k\right) = -\frac{4}{k} < 0;\; f_k\left(\frac{4}{3}k\right) = \frac{32}{27}k \;\Rightarrow\; H\left(\frac{4}{3}k \,\middle|\, \frac{32}{27}k\right)$

Fall 2: $k<0$: Dieser Fall ist genau umgekehrt, was T und H anbelangt.

$\Rightarrow\; H(0\,|\,0);\; T\left(\frac{4}{3}k \,\middle|\, \frac{32}{27}k\right)$

d) **Schritt 1:**

$$g_t'(x) = \frac{0 - 1 \cdot (-2x + t)}{(-x^2 + tx)^2} = \frac{2x - t}{(-x^2 + tx)^2}$$

$$g_t''(x) = \frac{2(-x^2 + tx)^{\cancel{2}} - (2x - t) \cdot 2\,\cancel{(-x^2 + tx)} \cdot (-2x + t)}{(-x^2 + tx)^{\cancel{4}\,3}} = \frac{6x^2 - 6tx + 2t^2}{(-x^2 + tx)^3}$$

Schritt 2:

$$g_t'(x) = 0 \;\Rightarrow\; 2x - t = 0 \;\Rightarrow\; x_1 = \tfrac{t}{2}$$

Schritt 3:

$$g_t''\left(\tfrac{t}{2}\right) = \frac{32}{t^4} > 0 \text{ für alle } t \;\Rightarrow\; \text{lokales Minimum}$$

Schritt 4:

$$g_t\left(\tfrac{t}{2}\right) = \frac{1}{-\left(\frac{t}{2}\right)^2 + t \cdot \frac{t}{2}} = \frac{1}{\frac{t^2}{4}} = \frac{4}{t^2} \;\Rightarrow\; T\left(\tfrac{t}{2} \,\middle|\, \tfrac{4}{t^2}\right)$$

71. a) $T(2\,|\,0{,}5)$; $H(4\,|\,2{,}5)$ Randmaximum

b) $T(1\,|\,0{,}5)$ Randminimum; $H(4\,|\,2{,}5)$ Randmaximum

c) $T(1\,|\,-1{,}5)$; $H(3\,|\,1{,}5)$

d) keine globalen Extrema

72. a) $p_1'(x) = x - 2$

$p_1'(x) = 0 \;\Rightarrow\; x_1 = 2 \in D_1$

$\Rightarrow\; T\left(2 \,\middle|\, \tfrac{1}{2}\right)$

An dieser Stelle muss das globale Minimum liegen, weil es sich beim Graphen um eine nach oben geöffnete Parabel handelt.

$p_1(1) = 1$; $p_1(4) = \tfrac{5}{2}$

Das globale Maximum muss am Rand liegen.

$\Rightarrow\; H\left(4 \,\middle|\, \tfrac{5}{2}\right)$

b) **Schritt 1:**

$f'(x) = 3x^2 - 3$

$f''(x) = 6x$

$f'(x) = 0 \;\Rightarrow\; x_{1/2} = \pm 1$

$x_1 = -1 \notin D_f$ — x_1 wird nicht weiter beachtet.

$x_2 = 1 \in D_f$ — x_2 ist Kandidat für ein globales Extremum.

$f''(1) = 6 > 0$; $f(1) = -2$

$\Rightarrow$ lokales Minimum

Schritt 2:

$f(-0{,}5) = 1{,}375$; $f(3) = 18$ — Randuntersuchung

Schritt 3:

An der Stelle 3 liegt das globale Maximum H(3 | 18), es ist ein Randmaximum. Da an der Stelle 1 der Funktionswert kleiner als am Rand bei –0,5 ist, liegt an der Stelle 1 das globale Minimum T(1 | –2).

c) $g'(x) = (x^{-2})' = -2x^{-3} = -\frac{2}{x^3}$ g' hat keine Nullstellen.

Da g' in $D_1 = [-3; -1]$ positiv ist, ist g dort streng monoton zunehmend. Folglich ist im linken Randpunkt von D_1 das globale Minimum $T\left(-3 \,\middle|\, \frac{1}{9}\right)$ und im rechten Randpunkt das globale Maximum H(–1 | 1).

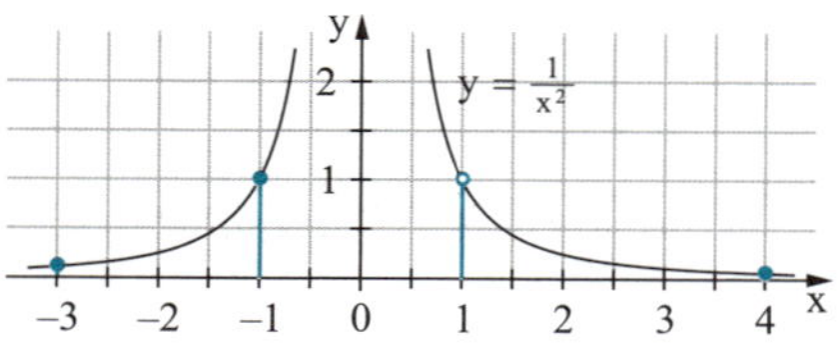

In $D_2 =]1; 4]$ ist $g'(x) = -\frac{2}{x^3} < 0$; damit ist g in D_2 streng monoton abnehmend. Am linken Rand ist D_2 offen: $1 \notin D_2$. Deshalb ist dort kein Maximum. Der rechte Randpunkt gehört zu D_2: globales Minimum $T\left(4 \,\middle|\, \frac{1}{16}\right)$.

d) $h'(x) = 1 + \cos(x) \geq 0$ Die Kosinusfunktion ist minimal –1.

h ist streng monoton zunehmend in $D_h = [0; 2\pi]$.
Demnach liegt im linken Randpunkt das globale Minimum T(0 | 0) und im rechten Randpunkt das globale Maximum H(2π | 2π).

73. a) $f(0) = 8 \;\Rightarrow\; C(0 | 8)$

An der Stelle B ist mathematisch gesehen eine Nullstelle: $f(x) = 0$

$\frac{1}{1875}x^2 - \frac{11}{75}x + 8 = 0 \quad |\cdot 1875$

$x^2 - 275x + 15\,000 = 0 \;\Rightarrow\; x_1 = 75;\ x_2 = 200 \;\Rightarrow\; B(200 | 0)$

b) $D = [0; 200]$

c) Höchster Punkt: C(0 | 8)
Tiefster Punkt: $f'(x) = 0 \;\Rightarrow\; x_0 = 137{,}5$
$f(137{,}5) \approx -2{,}08 \;\Rightarrow\; T(137{,}5 | -2{,}08)$

d) $h = 8 - (-2{,}08) = 10{,}08$ [m]

74. R_V hat hier die Rolle der Funktionsvariablen x. U und R_i sind Konstante.

$$P'(R_V) = U^2 \frac{(R_V + R_i)^{\cancel{2}} - R_V \cdot 2\,(\cancel{R_V + R_i})}{(R_V + R_i)^{\cancel{4}\,3}} = U^2 \frac{-R_V + R_i}{(R_V + R_i)^3}$$

$$P''(R_V) = U^2 \frac{-(R_V + R_i)^{\cancel{3}} - (-R_V + R_i) \cdot 3\,\cancel{(R_V + R_i)^2} \cdot 1}{(R_V + R_i)^{\cancel{6}\,4}} = U^2 \frac{2R_V - 4R_i}{(R_V + R_i)^4}$$

$P'(R_V) = 0 \quad \Rightarrow \quad -R_V + R_i = 0 \quad \Rightarrow \quad R_V = R_i$

Überprüfung auf Maximum:

$P''(R_i) = U^2 \frac{2R_i - 4R_i}{(2R_i)^4} = U^2 \frac{-2R_i}{(2R_i)^4} < 0 \quad \Rightarrow \quad$ lokales Maximum

Randuntersuchung:

- $R_V = 0$, das bedeutet elektrisch Kurzschluss.
  $P(0) = 0$
- $R_V \to +\infty$, das bedeutet elektrisch Leerlauf.
  $\lim\limits_{R_V \to \infty} P(R_V) = \lim\limits_{R_V \to \infty} U^2 \frac{R_V}{(R_V + R_i)^2} = 0$ Nennergrad überwiegt.

Bei $R_V = R_i$ liegt ein globales Maximum vor:

$P_{max} = P(R_i) = U^2 \frac{R_i}{(2R_i)^2} = \frac{1}{4} \cdot \frac{U^2}{R_i}$

75. a) (1) $x_W = 2$
(2) $x_{W_1} = -1$; $x_{W_2} = 2$
Es gibt keine Sattelpunkte.

b) (1) Der Graph der zugehörigen Funktion hat an den Stellen $x_{W_1} = -1$ und $x_{W_2} = 2$ Wendepunkte, da die zweite Ableitung an diesen Stellen Nullstellen mit Vorzeichenwechsel besitzt.
(2) Da die zweite Ableitung ihr Vorzeichen nicht wechselt, hat der zugehörige Graph keinen Wendepunkt.

76. a)

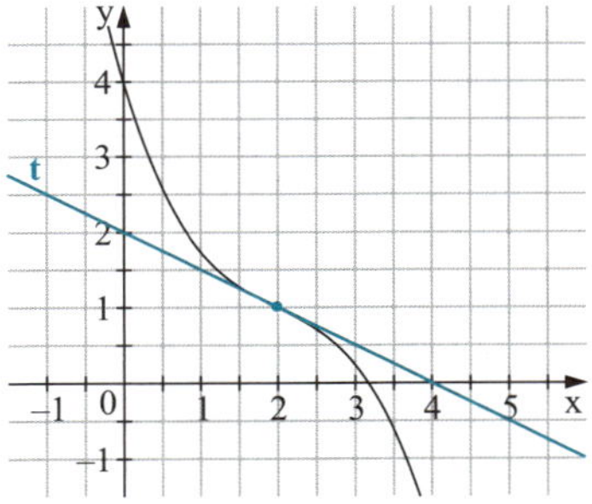

b)

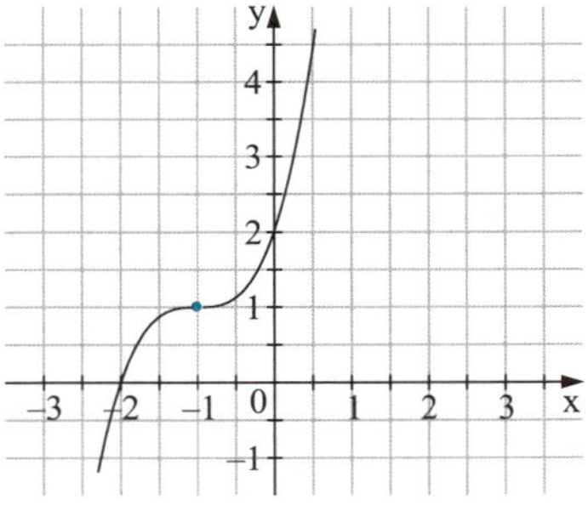

77. a) $f'(x) = \frac{1}{2}x^2 - 2x$ Die ersten drei Ableitungen werden berechnet.
$f''(x) = x - 2$
$f'''(x) = 1$
$f''(x) = 0 \Rightarrow x_1 = 2$ Die Nullstellen von f'' werden berechnet.

$f'''(2)=1\neq 0 \Rightarrow W\left(2 \,\middle|\, -\frac{5}{3}\right)$ — Die Nullstelle von f" wird in f"' eingesetzt.

$t\colon y=f'(x_0)(x-x_0)+f(x_0)$ — Allgemeiner Ansatz für die Wendetangente

$x_0=2;\; f(2)=-\frac{5}{3};\; f'(2)=-2$

$t\colon y=-2(x-2)-\frac{5}{3}$
$\quad=-2x+\frac{7}{3}$

Einsetzen und Zusammenfassen ergibt die Gleichung der Wendetangente.

b) $f'(x)=\frac{1}{5}(4x^3-12x^2)$

$f''(x)=\frac{1}{5}(12x^2-24x)=\frac{12}{5}(x^2-2x)$

$f'''(x)=\frac{24}{5}(x-1)$

$f''(x)=0 \Leftrightarrow \frac{12}{5}x(x-2)=0 \Rightarrow x_1=0;\; x_2=2$

$f'''(0)\neq 0 \Rightarrow W_1(0\,|\,0)$

$f'''(2)\neq 0 \Rightarrow W_2\left(2 \,\middle|\, -\frac{16}{5}\right)$

c) $f_t'(x)=\frac{3}{2}x^3-2t^2x$

$f_t''(x)=\frac{9}{2}x^2-2t^2$

$f_t'''(x)=9x$

$f_t''(x)=0 \Leftrightarrow \frac{9}{2}x^2-2t^2=0$

$\Leftrightarrow x^2=\frac{4}{9}t^2 \Rightarrow x_{1/2}=\pm\frac{2}{3}t$

$f_t'''\left(\pm\frac{2}{3}t\right)\neq 0 \Rightarrow W_{1/2}\left(\pm\frac{2}{3}t \,\middle|\, -\frac{10}{27}t^4\right)$

d) $f'(x)=\frac{1\cdot(x+1)^2-x\cdot 2(x+1)}{(x+1)^4}=\frac{-x+1}{(x+1)^3}$

$f''(x)=\frac{-1\cdot(x+1)^3-(-x+1)\cdot 3(x+1)^2}{(x+1)^6}=\frac{2x-4}{(x+1)^4}$

$f'''(x)=\frac{2\cdot(x+1)^4-(2x-4)\cdot 4(x+1)^3}{(x+1)^8}=\frac{-6x+18}{(x+1)^5}$

$f''(x)=0 \Rightarrow 2x-4=0 \Rightarrow x_1=2$

$f'''(2)\neq 0 \Rightarrow W\left(2 \,\middle|\, \frac{2}{9}\right)$

78. $f_a'(x)=\frac{1}{12}(4x^3-6ax^2+60x)$

$f_a''(x)=\frac{1}{12}(12x^2-12ax+60)=\frac{12}{12}(x^2-ax+5)=x^2-ax+5$

$f_a'''(x)=2x-a$

a) $f_a''(x) = 0 \Leftrightarrow x^2 - ax + 5 = 0$

$D = (-a)^2 - 4 \cdot 5 = a^2 - 20$

Es wird die Diskriminante berechnet.

Keine Wendepunkte, wenn $D < 0$:

$a^2 - 20 < 0 \Leftrightarrow |a| < \sqrt{20}$

Zwei Wendepunkte, wenn $D > 0$:

$|a| > \sqrt{20} \Leftrightarrow |a| > 2\sqrt{5}$

Dass in diesem Fall auch tatsächlich zwei Wendepunkte vorliegen, geht daraus hervor, dass für diese a die zweite Ableitung zwei einfache Nullstellen, also Nullstellen mit Vorzeichenwechsel besitzt.

b) Es gibt zwar a, für welche die zweite Ableitung nur je eine (doppelte) Nullstelle hat, nämlich für $a = \pm\sqrt{20}$. Obwohl in diesen beiden Fällen Nullstellen der zweiten Ableitung vorhanden sind, gibt es trotzdem keinen Wendepunkt, weil es Nullstellen ohne Vorzeichenwechsel sind. Die Antwort lautet also: Es gibt kein a, sodass nur ein Wendepunkt vorliegt.

c) Wenn $|a| > 2\sqrt{5} \approx 4{,}47$, dann hat f_a'' die beiden einfachen Nullstellen:

$$x_{1/2} = \frac{a \pm \sqrt{a^2 - 20}}{2}$$

Das sind die Wendestellen.

d) Für $a = 5$ gilt dann:

$$x_{1/2} = \frac{5 \pm \sqrt{5^2 - 20}}{2} = \frac{1}{2}(5 \pm \sqrt{5}) \approx \begin{cases} 1{,}38 \\ 3{,}62 \end{cases}$$

$f_5(1{,}38) \approx 2{,}88$; $f_5(3{,}62) \approx 7{,}54$

Damit ergeben sich die Wendepunkte wie folgt:

$W_1(1{,}38\,|\,2{,}88)$; $W_2(3{,}62\,|\,7{,}54)$

e)

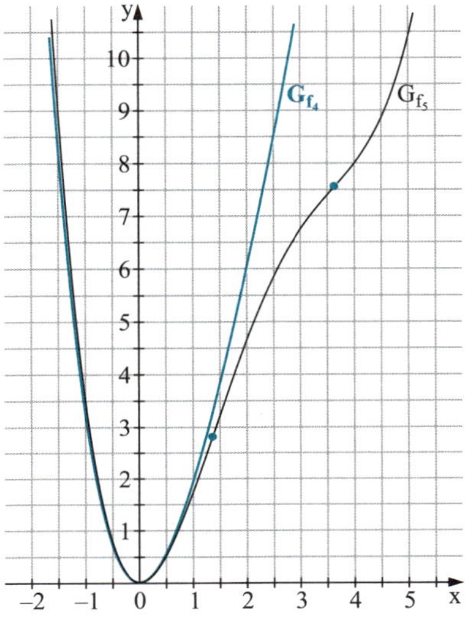

79. a) Der Hang ist dort am steilsten, wo die 1. Ableitungsfunktion (= Steigung) einen Extremwert hat. f' muss also auf Extremwerte untersucht werden, dazu wird die Ableitung von f', also f'' benötigt.

$f'(x) = \frac{9}{625\,000}x^2 - \frac{9}{1\,250}x$

$f''(x) = \frac{9}{312\,500}x - \frac{9}{1\,250}$

$f'''(x) = \frac{9}{312\,500}$

$f''(x) = 0 \;\Leftrightarrow\; x_0 = 250$

Wegen $f'''(250) > 0$ liegt also tatsächlich ein Extremwert von f' vor. An der Stelle $x_0 = 250$ m ist der Hang am steilsten.

b) $f'(250) = -\frac{9}{10} = -0{,}9;\; \tan\varphi = -0{,}9 \;\Rightarrow\; \varphi \approx -42°$

c) An dieser Stelle x_0 hat der Graph einen Wendepunkt. Es gilt nämlich: $f''(x_0) = 0$ und $f'''(x_0) \neq 0$

80. a) **Schritt 1:**

$f'(x) = -\frac{1}{2}(3x^2 - 6x) = -\frac{3}{2}(x^2 - 2x) = -\frac{3}{2}x(x-2)$

$f''(x) = -\frac{3}{2}(2x - 2) = -3(x-1)$

$f'''(x) = -3$

Schritt 2:

$f'(x) = 0 \;\Leftrightarrow\; x(x-2) = 0 \;\Rightarrow\; x_1 = 0;\; x_2 = 2$

Schritt 3:

$f''(0) = 3 > 0 \;\Rightarrow\; T(0\,|\,0)$

$f''(2) = -3 < 0 \;\Rightarrow\; H(2\,|\,2)$

Schritt 4:

$f''(x) = 0 \;\Leftrightarrow\; x - 1 = 0$

$\Rightarrow\; x_1 = 1$

Schritt 5:

$f'''(1) \neq 0 \;\Rightarrow\; W(1\,|\,1)$

Wendetangente:

$x_0 = 1;\; f(1) = 1;\; f'(1) = \frac{3}{2}$

t: $y = \frac{3}{2}(x-1) + 1$

$= \frac{3}{2}x - \frac{1}{2}$

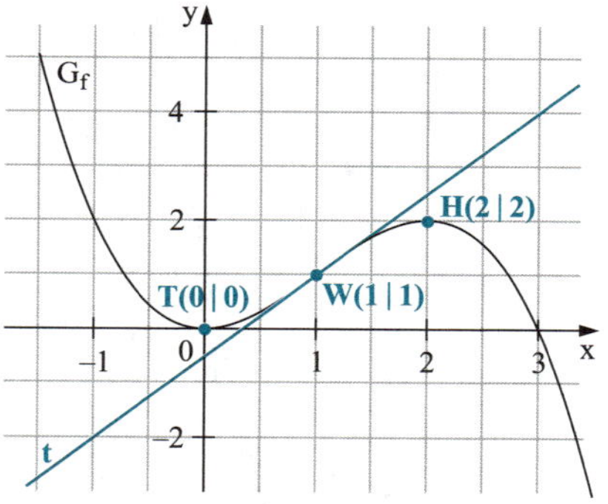

b) **Schritt 1:**
$g'(x) = 4x^3 - 8$
$g''(x) = 12x^2$
$g'''(x) = 24x$

Schritt 2:
$g'(x) = 0 \quad \Leftrightarrow \quad x^3 = 2$
$x_1 = \sqrt[3]{2} \approx 1{,}26$

Schritt 3:
$g''(1{,}26) \approx 19{,}05 > 0 \Rightarrow T(\sqrt[3]{2} \mid -7{,}56)$

Schritt 4:
$g''(x) = 0 \quad \Leftrightarrow \quad x^2 = 0 \Rightarrow x_{1/2} = 0$

Schritt 5:
$g'''(0) = 0$

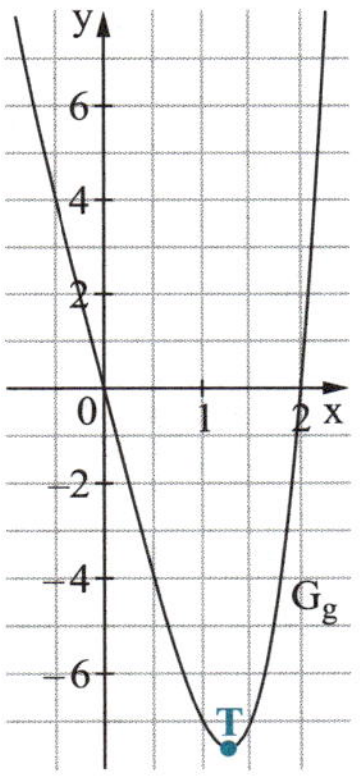

Es kann mit dem Wendepunktkriterium keine Aussage gemacht werden, ob ein Wendepunkt vorliegt. Andere Argumentation: Da g'' bei 0 eine doppelte Nullstelle aufweist (also eine ohne Vorzeichenwechsel), ändert der Graph von g an dieser Stelle sein Krümmungsverhalten nicht.
$\Rightarrow$ Es gibt keinen Wendepunkt.

81. a) $g'(x) = \cos(x)$; $g''(x) = -\sin(x)$; $g'''(x) = -\cos(x)$
$g''(x) = 0 \quad \Rightarrow \quad \sin(x) = 0 \quad \Rightarrow \quad x_k = k\pi$ mit $k \in \mathbb{Z}$
Wegen $g'''(k\pi) \neq 0$ hat die Sinusfunktion an ihren Nullstellen Wendepunkte.

b) $g'(x) = -\sin(x)$; $g''(x) = -\cos(x)$; $g'''(x) = \sin(x)$
$g''(x) = 0 \quad \Rightarrow \quad \cos(x) = 0 \quad \Rightarrow \quad x_k = (2k-1) \cdot \frac{\pi}{2}$ mit $k \in \mathbb{Z}$
Wegen $g'''\left((2k-1) \cdot \frac{\pi}{2}\right) \neq 0$ hat auch die Kosinusfunktion an ihren Nullstellen jeweils Wendepunkte.

82. Im Intervall [–1; 1[ist der Graph von g streng monoton zunehmend und rechtsgekrümmt; in]1; 3] ist er immer noch zunehmend und linksgekrümmt.

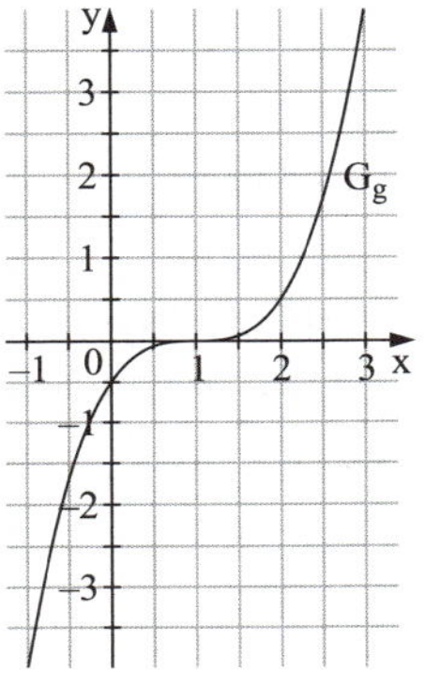

83. a) $D_{max} = \mathbb{R} \setminus \{-1;\ 1\}$

$f_a(x) = a\frac{x^3 + x^2}{x^2 - 1} = a\frac{x^2(x+1)}{(x-1)(x+1)} = a\frac{x^2}{x-1}$

$x_1 = -1$ ist eine stetig hebbare Definitionslücke (weil kürzbar), $x_2 = 1$ ist eine Polstelle 1. Ordnung (weil nicht kürzbar).

b) $\lim\limits_{x \to -1} f_a(x) = \lim\limits_{x \to -1} \frac{ax^2}{x-1} = \frac{a(-1)^2}{-1-1} = -\frac{a}{2}$

c) $f_a(x) = 0 \;\Rightarrow\; ax^2 = 0 \;\Rightarrow\; x_{1/2} = 0$

Da dies eine doppelte Nullstelle ist, liegt an dieser Stelle ein Extrempunkt.

d) $f_a'(x) = \frac{ax(x-2)}{(x-1)^2}$; $f_a''(x) = \frac{2a}{(x-1)^3}$

$f_a'(x) = 0 \;\Rightarrow\; x_1 = 0;\ x_2 = 2$ Nenner: $(x-1)^2 > 0$

$f_a''(0) = -2a \begin{cases} < 0 & \text{falls } a > 0 \;\Rightarrow\; \text{Maximum} \\ > 0 & \text{falls } a < 0 \;\Rightarrow\; \text{Minimum} \end{cases}$

$f_a''(2) = 2a \begin{cases} > 0 & \text{falls } a > 0 \;\Rightarrow\; \text{Minimum} \\ < 0 & \text{falls } a < 0 \;\Rightarrow\; \text{Maximum} \end{cases}$

$\Rightarrow$ Extrempunkte $E_1(0|0)$; $E_2(2|4a)$

e) **Fall 1:** $a > 0$

Definitionslücken: $x_1 = -1$, $x_2 = 1$; Nullstellen: keine

x		-1		1	
$f_a''(x)$	$-$	/	$-$	/	$+$
$f_a(x)$	⌢	/	⌢	/	⌣

In
- $]-\infty; -1[$ ist der Graph von f rechtsgekrümmt.
- $]-1; 1[$ ist der Graph von f rechtsgekrümmt.
- $]1; \infty]$ ist der Graph von f linksgekrümmt.

Es gibt keinen Wendepunkt, da $1 \notin D_{max}$.

Fall 2: $a < 0$

Das Krümmungsverhalten ist gerade umgekehrt. Es gibt keinen Wendepunkt.

f) Vertikale Asymptote: $x = 1$ Polstelle $x = 1$

Schräge Asymptote: $y = ax + a$ Polynomdivision: $ax^2 : (x-1) = ax + a + \frac{a}{x-1}$

g) Steigung von g: $m_g = \frac{4}{3}$ Beachte: $g: 3y - 4x + 1 = 0 \;\Leftrightarrow\; y = \frac{4}{3}x - \frac{1}{3}$

$f_a'(3) = -\frac{3}{4}$ Ansatz

$\frac{3a \cdot 1}{(3-1)^2} = -\frac{3}{4} \;\Rightarrow\; a = -1$

h) $f_{-1}(x) = \frac{x^2}{1-x}$ (gekürzt)

x	–2	–1	0	1
$f_{-1}(x)$	1,33	/	0	/

x	2	3	4	5
$f_{-1}(x)$	–4	–4,5	–5,33	–6,25

i) Der Graph von $f'_{-1}(x)$ ist in einem helleren Farbton eingezeichnet.

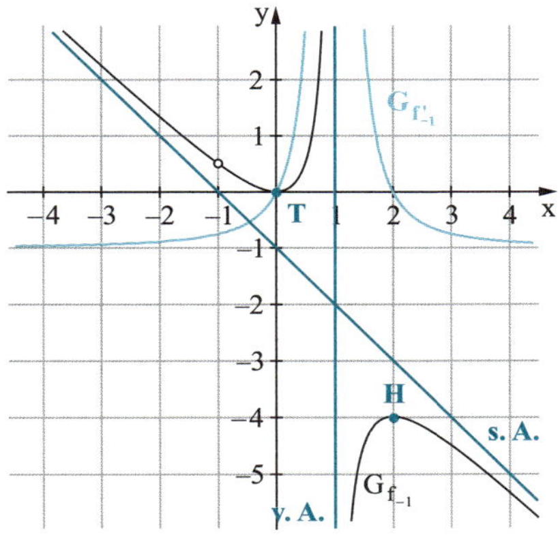

84. $f_k(x) = -x^2 + kx;\quad g_k(x) = \frac{1}{f_k(x)} = \frac{1}{-x^2+kx};\quad k \in \mathbb{R}^+$

a) $f_k(x) = 0 \iff -x^2 + kx = 0 \iff -x(x-k) = 0 \Rightarrow x_1 = 0;\ x_2 = k$

b) $D_{g_k} = \mathbb{R} \setminus \{0; k\}$ Die Definitionslücken sind die Nullstellen von f_k.
h. A.: $y = 0$ Der Nenner überwiegt.
v. A.: $x = 0;\ x = k$ Beide Definitionslücken sind Polstellen.

c) $g'_k(x) = \frac{2x-k}{(-x^2+kx)^2}$

$g'_k(x) = 0 \Rightarrow x_1 = \frac{k}{2}$ Der Nenner ist immer > 0.

Definitionslücken: 0; k

x		0		$\frac{k}{2}$		k	
$g'_k(x)$	–	/	–	0	+	/	+
$g_k(x)$	↓		↓	T	↑		↑

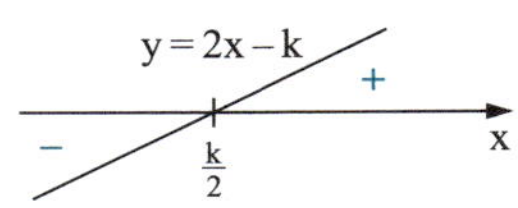

In
- $]-\infty; 0[$ ist g_k streng monoton abnehmend.
- $\left]0; \frac{k}{2}\right]$ ist g_k streng monoton abnehmend.
- $\left[\frac{k}{2}; k\right[$ ist g_k streng monoton zunehmend.
- $]k; \infty[$ ist g_k streng monoton zunehmend.

d) Aufgrund des Monotonieverhaltens liegt ein Tiefpunkt vor:

$$g_k\left(\frac{k}{2}\right) = \frac{1}{-\left(\frac{k}{2}\right)^2 + k \cdot \frac{k}{2}} = \frac{1}{-\frac{k^2}{4} + \frac{k^2}{2}} = \frac{1}{\frac{k^2}{4}} = \frac{4}{k^2} \Rightarrow T\left(\frac{k}{2} \,\middle|\, \frac{4}{k^2}\right)$$

e) $f'_k(x) = -2x + k$
$f''_k(x) = -2 \neq 0 \quad \Rightarrow \quad$ keine Wendepunkte

f) $f'_k(x) = 0 \quad \Rightarrow \quad -2x + k = 0 \quad \Rightarrow \quad x_S = \frac{k}{2}$
$y_S = f_k\left(\frac{k}{2}\right) = \frac{k^2}{4} \quad \Rightarrow \quad S\left(\frac{k}{2} \,\middle|\, \frac{k^2}{4}\right)$

g) Extrempunktkoordinaten: $T\left(\frac{k}{2} \,\middle|\, \frac{4}{k^2}\right)$ (von g_k) bzw. $S\left(\frac{k}{2} \,\middle|\, \frac{k^2}{4}\right)$ (von f_k)
Da die x-Koordinaten übereinstimmen, müssen nur noch die y-Koordinaten gleich sein:
$\frac{4}{k^2} = \frac{k^2}{4} \quad \Leftrightarrow \quad k^4 = 16 \quad \Rightarrow \quad k = \pm\sqrt[4]{16} = \pm 2$
Wegen $k > 0$ entfällt die negative Lösung: $k = 2$
Da sowohl im Tiefpunkt von g_2 als auch im Scheitelpunkt von f_2 die Steigung null ist, stimmen auch die Steigungen überein. Das bedeutet „Berühren".

h)

x	−2	−1	0	1
$f_2(x)$	−8	−3	0	1
$g_2(x)$	−0,1	−0,3	/	1

x	2	3	4
$f_2(x)$	0	−3	−8
$g_2(x)$	/	−0,3	−0,1

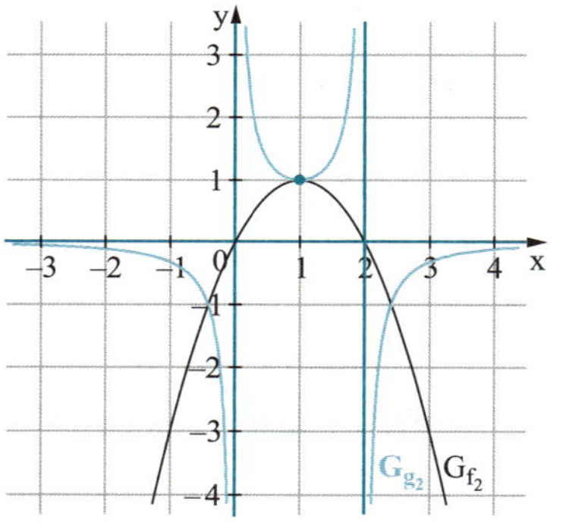

85. a) $x^2 + t^2 = 0 \quad \Leftrightarrow \quad x^2 = -t^2$
Diese Gleichung hat keine reellen Lösungen: $D_{max} = \mathbb{R}$

b) D_{max} ist symmetrisch zum Ursprung und es gilt:
$f_t(-x) = \frac{t \cdot (-x)}{(-x)^2 + t^2} = -\frac{tx}{x^2 + t^2} = -f_t(x)$
$\Rightarrow \quad G_{f_t}$ ist punktsymmetrisch zum Ursprung.

c) Nullstelle $x_1 = 0$
horizontale Asymptote: $y = 0$ Nenner überwiegt

d) $f'_t(x) = \frac{t \cdot (t^2 - x^2)}{(x^2 + t^2)^2}; \quad f''_t(x) = \frac{2tx \cdot (x^2 - 3t^2)}{(x^2 + t^2)^3}$

e) $f_t'(x) = 0 \;\Rightarrow\; t^2 - x^2 = 0 \;\Rightarrow\; x_{1/2} = \pm t$

$$f_t''(t) = \frac{2t^2 \cdot (-2t^2)}{(t^2+t^2)^3} = \frac{-4t^4}{8t^6} = -\frac{1}{2t^2} < 0$$

$\Rightarrow$ Hochpunkt $H\left(t \,\middle|\, \frac{1}{2}\right)$

Tiefpunkt $T\left(-t \,\middle|\, -\frac{1}{2}\right)$ — wegen Symmetrie

Da die y-Koordinaten der Extrempunkte unabhängig von t den Wert $\frac{1}{2}$ bzw. $-\frac{1}{2}$ haben, wandern sie auf Parallelen zur y-Achse.

f)

$$f_{t_1}(x) = f_{t_2}(x) \qquad \text{Ansatz, wobei } t_1 \neq t_2$$

$$\frac{t_1 x}{x^2+t_1^2} = \frac{t_2 x}{x^2+t_2^2} \qquad \text{ausmultiplizieren}$$

$$t_1 x(x^2+t_2^2) = t_2 x(x^2+t_1^2) \qquad \text{zusammenfassen}$$

$$t_1 x^3 + t_1 t_2^2 x = t_2 x^3 + t_1^2 t_2 x$$

$$(t_1 - t_2)x^3 + (t_1 t_2^2 - t_1^2 t_2)x = 0$$

$$x \cdot [(t_1 - t_2)x^2 + t_1 t_2 (t_2 - t_1)] = 0 \qquad \text{x ausklammern}$$

$x_1 = 0$ $\qquad$ $(t_1 - t_2)x^2 + t_1 t_2 (t_2 - t_1) = 0$

$$(t_1 - t_2)x^2 = -t_1 t_2 (t_2 - t_1)$$

$$(t_1 - t_2)x^2 = t_1 t_2 (t_1 - t_2) \qquad | : (t_1 - t_2)$$

$$x^2 = \underbrace{t_1 t_2}_{>0}$$

$$x_{2/3} = \pm\sqrt{t_1 t_2}$$

Es gibt also drei Schnittpunkte.

g) Ansatz: $f_t'(0) = \frac{1}{2} \;\Leftrightarrow\; \frac{t \cdot t^2}{(t^2)^2} = \frac{1}{2} \;\Leftrightarrow\; \frac{1}{t} = \frac{1}{2} \;\Rightarrow\; t = 2$

h) $f_2(x) = \frac{2x}{x^2+4}$; $\quad f_2''(x) = \frac{4x(x^2-12)}{(x^2+4)^3}$

$f_2''(x) = 0 \;\Rightarrow\; 4x(x^2-12) = 0$ — Der Nenner ist > 0.

$x_1 = -\sqrt{12} = -2\sqrt{3}$; $\; x_2 = 0$; $\; x_3 = \sqrt{12} = 2\sqrt{3}$

x		$-2\sqrt{3}$		0		$2\sqrt{3}$	
$f_2''(x)$	−	0	+	0	−	0	+
$f_2(x)$	$\frown$	W_1	$\smile$	W_2	$\frown$	W_3	$\smile$

Vorzeichen des Zählers von f_2'':

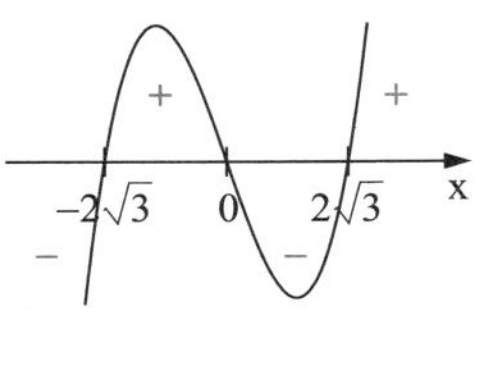

$\Rightarrow W_1\left(-2\sqrt{3} \,\middle|\, -\frac{\sqrt{3}}{4}\right)$, $W_2(0\,|\,0)$, $W_3\left(2\sqrt{3} \,\middle|\, \frac{\sqrt{3}}{4}\right)$

i) Wegen der Symmetrie genügt es, die Wertetabelle für $x \geq 0$ zu berechnen.
$H(2|0{,}5)$; $T(-2|-0{,}5)$; $W_2(0|0)$; $W_{1,3}(\pm 3{,}46|\pm 0{,}43)$

x	0	0,5	1	1,5	2
$f_2(x)$	0	0,24	0,4	0,48	0,5

x	2,5	3	3,5	4
$f_2(x)$	0,49	0,46	0,43	0,4

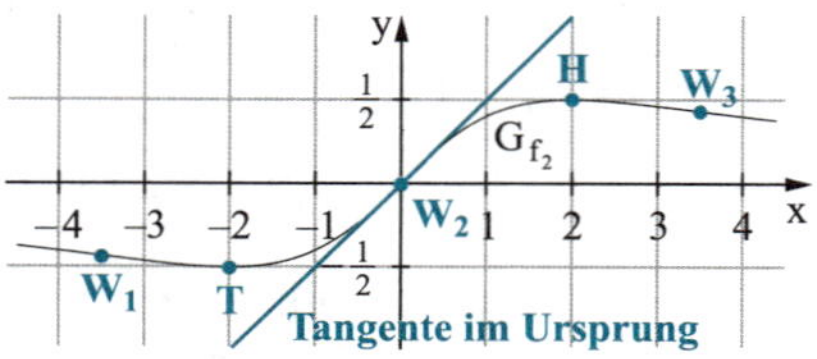

86. $f_k(x) = \frac{kx+1}{x^3} = \frac{k}{x^2} + \frac{1}{x^3}$; $k \neq 0$

a) $D_{max} = \mathbb{R} \setminus \{0\}$

$f_k(x) = 0 \;\Rightarrow\; kx + 1 = 0 \;\Rightarrow\;$ Nullstelle $x_1 = -\frac{1}{k}$

horizontale Asymptote: $y = 0$; vertikale Asymptote: $x = 0$

b) $f_k'(x) = (kx^{-2} + x^{-3})' = -\frac{2k}{x^3} - \frac{3}{x^4}$

$f_k'(x) = 0 \;\Leftrightarrow\; -\frac{2k}{x^3} - \frac{3}{x^4} = 0 \quad |\cdot(-x^4)$

$2kx + 3 = 0$

$\Rightarrow$ waagrechte Tangente an der Stelle $x_1 = -\frac{3}{2k}$

c) Steigung der Geraden g: $m_g = \frac{1}{9}$

Eine zu g senkrechte Gerade hat die Steigung $m = -9$.
Ansatz: $f_k'(1) = -9 \;\Rightarrow\; -2k - 3 = -9 \;\Rightarrow\; k = 3$

d) $f_3'(x) = \frac{-6x-3}{x^4}$

$f_3'(x) = 0 \;\Rightarrow\; -6x - 3 = 0 \;\Rightarrow\; x_1 = -\frac{1}{2}$ Der Nenner ist > 0.

x		$-\frac{1}{2}$		0	
$f_3'(x)$	+	0	–	/	–
$f_3(x)$	↑	H	↓	/	↓

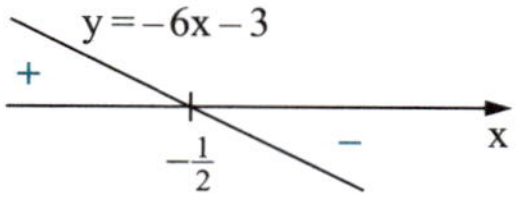

In
- $\left]-\infty; -\frac{1}{2}\right]$ ist f_3 streng monoton zunehmend.
- $\left[-\frac{1}{2}; 0\right[$ ist f_3 streng monoton abnehmend.
- $]0; \infty[$ ist f_3 streng monoton abnehmend.

$f_3\left(-\frac{1}{2}\right) = \frac{3\cdot\left(-\frac{1}{2}\right)+1}{\left(-\frac{1}{2}\right)^3} = \frac{-\frac{1}{2}}{-\frac{1}{8}} = \frac{1}{2}\cdot\frac{8}{1} = 4 \;\Rightarrow\;$ Hochpunkt $H\left(-\frac{1}{2} \,\middle|\, 4\right)$

e) $f_3''(x) = \frac{18x+12}{x^5}$

$f_3''(x) = 0 \Rightarrow 18x + 12 = 0 \Rightarrow x_1 = -\frac{2}{3}$

Es handelt sich bei $-\frac{2}{3}$ um eine einfache Nullstelle von f_3'', also um eine mit Vorzeichenwechsel. Deshalb hat der Graph von f_3 an dieser Stelle einen Wendepunkt.

$f_3\left(-\frac{2}{3}\right) = \frac{27}{8} = 3{,}375 \Rightarrow$ Wendepunkt $W\left(-\frac{2}{3} \,\middle|\, \frac{27}{8}\right)$

f) Nullstelle: $x_1 = -\frac{1}{3}$

Extrema: $H\left(-\frac{1}{2} \,\middle|\, 4\right)$

x	−4	−3	−2
$f_3(x)$	0,17	0,3	0,63

x	−1	0	1
$f_3(x)$	2	/	4

x	2	3	4
$f_3(x)$	0,88	0,37	0,2

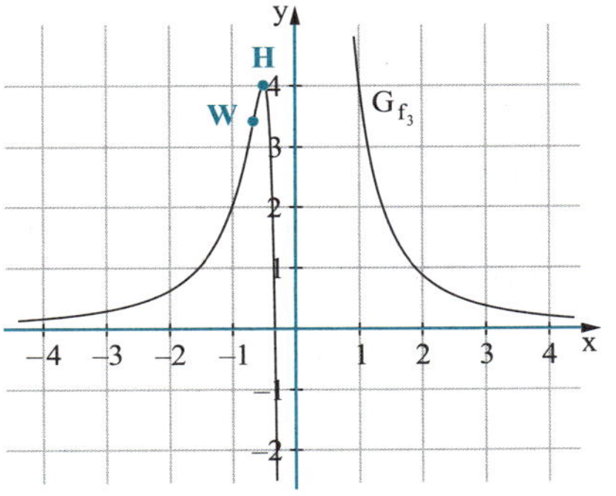

87. Schritt 1:

$f(x) = ax^3 + bx^2 + cx + d$ — Ansatz

$\Rightarrow f'(x) = 3ax^2 + 2bx + c$ — 1. Ableitung

Schritt 2:

Man benötigt vier Gleichungen für die vier Koeffizienten a, b, c, d:

(1) $f(0) = 0 \Rightarrow d = 0$ — Der Graph geht durch den Ursprung.

(2) $f'(0) = 2 \Rightarrow c = 2$ — Die Steigung im Ursprung ist gleich der Tangentensteigung.

(3) $f(3) = 0$ — Nullstelle bei 3

$\Rightarrow a \cdot 3^3 + b \cdot 3^2 + c \cdot 3 + d = 0$

(4) $f'(3) = 0 \Rightarrow 3a \cdot 3^2 + 2b \cdot 3 + c = 0$ — waagrechte Tangente wegen doppelter Nullstelle

Schritt 3:

(3*) $27a + 9b = -6$

(4*) $27a + 6b = -2$

d = 0 und c = 2 werden in (3) und (4) eingesetzt und daraus b und a bestimmt.

$3b = -4 \Rightarrow b = -\frac{4}{3}$ — (3*) – (4*)

$27a - 6 \cdot \frac{4}{3} = -2 \Rightarrow a = \frac{2}{9}$ — in (4*)

Schritt 4:

$f(x) = \frac{2}{9}x^3 - \frac{4}{3}x^2 + 2x$ — Einsetzen der Parameter liefert die Funktionsgleichung.

88. Schritt 1:

$f(x) = ax^3 + bx^2 + cx + d$ — Ansatz

$\Rightarrow f'(x) = 3ax^2 + 2bx + c$ — 1. Ableitung

Schritt 2:

Aufstellen der 4 Bestimmungsgleichungen anhand der Angaben

(1) $f(-2) = 1$

$\Rightarrow a \cdot (-2)^3 + b \cdot (-2)^2 + c \cdot (-2) + d = 1$

(2) $f'(-2) = 0$

$\Rightarrow 3a \cdot (-2)^2 + 2b \cdot (-2) + c = 0$

(3) $f(3) = 0$

$\Rightarrow a \cdot 3^3 + b \cdot 3^2 + c \cdot 3 + d = 0$

(4) $f'(3) = 1$ — $\tan 45° = 1$

$\Rightarrow 3a \cdot 3^2 + 2b \cdot 3 + c = 1$

resultierendes Gleichungssystem:

$$
\begin{array}{lrcrcrcrcl}
(1) & -8a & + & 4b & - & 2c & + & d & = & 1 \\
(2) & 12a & - & 4b & + & c & & & = & 0 \\
(3) & 27a & + & 9b & + & 3c & + & d & = & 0 \\
(4) & 27a & + & 6b & + & c & & & = & 1
\end{array}
$$

Schritt 3:

$$
\begin{array}{lrcrcrcl}
(1^*) & 35a & + & 5b & + & 5c & = & -1 \\
(2) & 12a & - & 4b & + & c & = & 0 \\
(4) & 27a & + & 6b & + & c & = & 1
\end{array}
$$

(1*): (3) – (1)

Lösen des Gleichungssystems:

$c = -12a + 4b \quad (2^*)$ — aus (2)

$35a + 5b + 5(-12a + 4b) = -1$ — (2*) in (1*)

$\Leftrightarrow -25a + 25b = -1 \quad (1^{**})$

$27a + 6b - 12a + 4b = 1$ — (2*) in (4)

$\Leftrightarrow 15a + 10b = 1 \quad (2^{**})$

$\Leftrightarrow b = 0{,}1 - 1{,}5a$

$-25a + 25(0{,}1 - 1{,}5a) = -1$ — in (1**)

$\Leftrightarrow -62{,}5a = -3{,}5$

$\Leftrightarrow a = \frac{7}{125}$

$b = \frac{2}{125}$; $c = -\frac{76}{125}$ und $d = \frac{21}{125}$ — Von unten nach oben einsetzen ergibt die restlichen Parameter.

Schritt 4:

$f(x) = \frac{1}{125}(7x^3 + 2x^2 - 76x + 21)$ — Einsetzen liefert die Funktionsgleichung.

89. a)

$f(x) = ax^4 + bx^3 + cx^2 + dx + e$	Ansatz
$f'(x) = 4ax^3 + 3bx^2 + 2cx + d$	1. Ableitung
$f''(x) = 12ax^2 + 6bx + 2c$	2. Ableitung
(1) $f(0) = 0 \Rightarrow e = 0$ (2) $f'(0) = 0 \Rightarrow d = 0$ (3) $f''(0) = 0 \Rightarrow c = 0$ (4) $f(-3) = -\frac{9}{8}$ $\Rightarrow a(-3)^4 + b(-3)^3 = -\frac{9}{8}$ (5) $f'(-3) = 0$ $\Rightarrow 4a(-3)^3 + 3b(-3)^2 = 0$	Bestimmungsgleichungen für die 5 Parameter anhand der Angaben
(4) $81a - 27b = -\frac{9}{8}$ (5) $-108a + 27b = 0$	Auswerten von (4) und (5)
$-27a = -\frac{9}{8} \Rightarrow a = \frac{1}{24}$ $27b = \frac{108}{24} \Rightarrow b = \frac{1}{6}$	(4) + (5)
$f(x) = \frac{1}{24}x^4 + \frac{1}{6}x^3$	Einsetzen liefert die Funktionsgleichung.

b)

$p(x) = ax^2 + bx + c$	Ansatz
$p'(x) = 2ax + b$	1. Ableitung
(1) $p(-3) = f(-3)$ $\Rightarrow 9a - 3b + c = -\frac{9}{8}$ (2) $p'(-3) = f'(-3)$ $\Rightarrow -6a + b = 0$ (3) $p(0) = f(0) \Rightarrow c = 0$	Bestimmungsgleichungen für a, b, c
$-9a = -\frac{9}{8} \Rightarrow a = \frac{1}{8} \Rightarrow b = \frac{6}{8}$	(1) + 3 · (2); Einsetzen in (2)
$p(x) = \frac{1}{8}x^2 + \frac{3}{4}x$	Einsetzen liefert die Funktionsgleichung.

c)

$f(x) = p(x)$	Ansatz zur Schnittpunktbestimmung
$\frac{1}{24}x^4 + \frac{1}{6}x^3 = \frac{1}{8}x^2 + \frac{3}{4}x \quad \vert \cdot 24$ $\Leftrightarrow x^4 + 4x^3 - 3x^2 - 18x = 0$ $\Leftrightarrow x(x^3 + 4x^2 - 3x - 18) = 0$ $\Rightarrow x_1 = 0$	Lösen der Gleichung
$(x^3 + 4x^2 - 3x - 18) : (x + 3)$ $= x^2 + x - 6$ $x^2 + x - 6 = (x+3)(x-2) = 0$	Eine (doppelte) Lösung muss bei –3 liegen.
$\Rightarrow x_{2/3} = -3;\ x_4 = 2$ $f(2) = 2 \Rightarrow S(2 \vert 2)$	weitere Schnittstelle

d) Wertetabelle:

x	f(x)	p(x)
−6	18	0
−5	5,21	−0,6
−4	0	−1
−3	−1,1	−1,1
−2	−0,7	−1
−1	−0,1	−0,6
0	0	0
1	0,21	0,88
2	2	2
3	7,88	3,38

Grafische Darstellung:

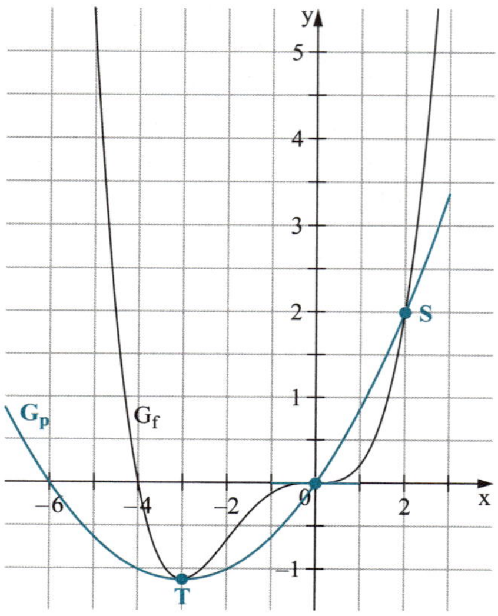

90. horizontale Asymptote: $y=a$ — wegen Zählergrad = Nennergrad

(1) $a=-1$ — Die Asymptote wird in der Höhe −1 (y-Koordinate von S) geschnitten.

(2) $f\left(\frac{1}{2}\right)=-1$ — weitere Bestimmungsgleichungen

$$\Rightarrow \quad \frac{-1\cdot\left(\frac{1}{2}\right)^2+b\cdot\frac{1}{2}+c}{\left(\frac{1}{2}\right)^2}=-1$$

(3) $f\left(-\frac{3}{2}\right)=-\frac{1}{9}$

$$\Rightarrow \quad \frac{-1\cdot\left(-\frac{3}{2}\right)^2+b\left(-\frac{3}{2}\right)+c}{\left(-\frac{3}{2}\right)^2}=-\frac{1}{9}$$

(2*) $2b+4c=0$ — resultierendes Gleichungssystem

(3*) $-6b+4c=8$

$8b=-8 \quad \Rightarrow \quad b=-1$ — (2*) − (3*)

$-2+4c=0 \quad \Rightarrow \quad c=\frac{1}{2}$ — in (2*)

$f(x)=\dfrac{-x^2-x+\frac{1}{2}}{x^2}$ — Einsetzen liefert die Funktionsgleichung.

91. $f_k(x) = ax^3 + bx^2 + cx + d$

$f_k'(x) = 3ax^2 + 2bx + c$

$$
\begin{array}{llll}
(1) & f_k(3) = 0 & \Rightarrow & 27a + 9b + 3c + d = 0 \\
(2) & f_k'(3) = 0 & \Rightarrow & 27a + 6b + c = 0 \\
(3) & f_k(0) = 0 & \Rightarrow & d = 0 \\
(4) & f_k'(0) = k & \Rightarrow & c = k
\end{array}
$$

(1) – (2): $3b + 2k = 0 \Rightarrow b = -\frac{2}{3}k$

In (2): $27a - 4k + k = 0 \Rightarrow a = \frac{1}{9}k$

Ergebnis: $f_k(x) = \frac{1}{9}kx^3 - \frac{2}{3}kx^2 + kx = \frac{1}{9}kx(x^2 - 6x + 9) = \frac{1}{9}kx(x-3)^2$

92. a) Ansatz: $\ell(x) = mx$ (mit Steigung m), wobei $m = \frac{\Delta y}{\Delta x} = \frac{5}{20} = \frac{1}{4} \Rightarrow \ell(x) = \frac{1}{4}x$

$\tan\alpha_1 = \frac{1}{4} \Rightarrow \alpha_1 \approx 14°$

Für den Teil jenseits der 20 m gilt:

$\tan\alpha_2 = \frac{8-5}{24-20} = \frac{3}{4} \Rightarrow \alpha_2 \approx 37°$

b) Es wird mit einer ganzrationalen Funktion dritten Grades modelliert und ein stetiger sowie differenzierbarer Übergang an den Randpunkten verlangt.

$f(x) = ax^3 + bx^2 + cx + d$

$f'(x) = 3ax^2 + 2bx + c$

$$
\begin{array}{llll}
(1) & f(0) = 0 & \Rightarrow & d = 0 \\
(2) & f'(0) = 0 & \Rightarrow & c = 0 \\
(3) & f(20) = 5 & \Rightarrow & a \cdot 20^3 + b \cdot 20^2 = 5 \\
(4) & f'(20) = \frac{3}{4} & \Rightarrow & 3a \cdot 20^2 + 2b \cdot 20 = \frac{3}{4}
\end{array}
$$

(3*) $1\,600a + 80b = 1$

(4*) $4\,800a + 160b = 3$

$\Rightarrow a = \frac{1}{1\,600}$; $b = 0$; also: $f(x) = \frac{1}{1\,600}x^3$

c) $d(x) = \ell(x) - f(x) = \frac{1}{4}x - \frac{1}{1\,600}x^3$ — Höhenunterschied zwischen beiden Varianten

$d'(x) = \frac{1}{4} - \frac{3}{1\,600}x^2$ — Gesucht ist das Maximum von d(x) im Bereich $0 \le x < 20$.

$d'(x) = 0 \Rightarrow x_1 \approx 11{,}5$ — Die negative Lösung hat in diesem Zusammenhang keine Bedeutung.

$d(11{,}5) \approx 1{,}9$

Der maximale Höhenunterschied beträgt 1,9 m und tritt bei $x = 11{,}5$ m auf.

93. a) Schwingungsdauer: $T=2$ — Der Schwingungswert bei $t=0$ wiederholt sich bei $t=2$.

Frequenz $\frac{1}{2}$ — Kehrwert der Schwingungsdauer

$a=1{,}5$ — maximale Auslenkung (Amplitude) zum Zeitpunkt $t=0$

$b=\frac{2\pi}{2}=\pi$ — wegen $b=\omega=\frac{2\pi}{T}$

$y(t)=1{,}5\cdot\sin(\pi x+c)$
$=1{,}5\cdot\sin\left(\pi\left(x+\frac{c}{\pi}\right)\right)$ — Einsetzen in die Funktionsgleichung liefert ein Zwischenergebnis.

$\frac{c}{\pi}=-\frac{1}{2} \quad\Rightarrow\quad c=-\frac{\pi}{2}$ — Die Schwingung ist gegenüber der Sinusgrundfunktion um 0,5 nach rechts verschoben (vergleiche den 1. Nulldurchgang von – nach +).

$y(t)=\frac{3}{2}\sin\left(\pi x-\frac{\pi}{2}\right)$ — Einsetzen in das Zwischenergebnis

b) (1) $a=1{,}5$ — wegen $E(1\,|\,\mathbf{1{,}5})$

(2) $g(2)=0$ — weitere Bestimmungsgleichungen
$\Rightarrow\quad 1{,}5\cdot\cos(b\cdot 2+c)=0$

(3) $g(1)=1{,}5$
$\Rightarrow\quad 1{,}5\cdot\cos(b\cdot 1+c)=1{,}5$

(2) $\cos(2b+c)=0$ — vereinfachen

(3) $\cos(b+c)=1$

(2*) $2b+c=\frac{\pi}{2}$ — wegen $\cos\left(\frac{\pi}{2}\right)=0$

(3*) $b+c=0 \quad\Rightarrow\quad c=-b$ — wegen $\cos(0)=1$

$2b+(-b)=\frac{\pi}{2} \quad\Leftrightarrow\quad b=\frac{\pi}{2}$ — (3*) in (2*)

$c=-\frac{\pi}{2}$ — in (3*)

$g(x)=1{,}5\cdot\cos\left(\frac{\pi}{2}x-\frac{\pi}{2}\right)$ — Einsetzen liefert die Funktionsgleichung.

94. $V(x)=(300-2x)(200-2x)x$ und $x\in[0;\,100]$ — Ansatz für das Behältervolumen

$V(x)=4x^3-1\,000x^2+60\,000x$ — Berechnung der Maximalstelle
$V'(x)=12x^2-2\,000x+60\,000=0$
$V''(x)=24x-2\,000$
$V'(x)=0 \quad\Leftrightarrow\quad 12x^2-2\,000x+60\,000=0$
$\Rightarrow\quad x_1\approx 39{,}2;\ x_2\approx 127\notin[0;\,100]$
$V''(39{,}2)\approx -1\,059<0 \quad\Rightarrow\quad$ Maximum

An den Rändern ergibt sich jeweils null als Behältervolumen.

Ergebnis: Das Behältervolumen besitzt ein absolutes Maximum für $x=39{,}2$ cm mit $V_{max}=V(39{,}2)\approx 1\,056\,305\ \text{cm}^3\approx 1{,}056\ \text{m}^3$.

95. a) $f(x) = g(x) \quad \Leftrightarrow \quad \frac{1}{4}x^2 = -\frac{1}{2}x^2 + \frac{3}{2}x + \frac{23}{8} \quad \Rightarrow \quad x_1 \approx -1{,}20;\ x_2 \approx 3{,}20$

b) $d(u) = g(u) - f(u) = -\frac{3}{4}u^2 + \frac{3}{2}u + \frac{23}{8}$ und $u \in [-1{,}20;\ 3{,}20]$

c) $d'(u) = -\frac{3}{2}u + \frac{3}{2} = -\frac{3}{2}(u-1);\ d'(u) = 0$ für $u = 1$
Hier liegt auch das absolute Maximum, da es sich bei d(u) um eine nach unten geöffnete Parabel handelt. Also gilt: $d_{max} = d(1) \approx 3{,}625$ LE

96.

$$p(x) = g(x)$$
$$x(x-4) = c$$
$$x^2 - 4x - c = 0$$

Es werden die x-Koordinaten der Schnittpunkte von p und g benötigt.

$$D = (-4)^2 - 4 \cdot 1 \cdot (-c) = 16 + 4c = 4(c+4)$$

Diskriminante

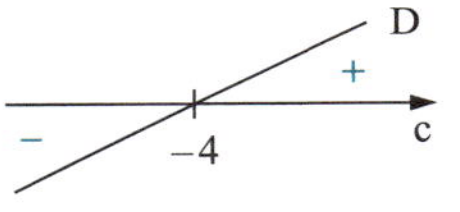

Im Bereich $-4 < c < 0$ ist $D > 0$ und es gibt 2 Lösungen:

$$x_{1/2} = \frac{4 \pm \sqrt{4(c+4)}}{2} = 2 \pm \sqrt{c+4}$$

$$A = b \cdot h$$

Flächeninhalt des Rechtecks: Breite mal Höhe

$$h = -c$$

c ist negativ, deshalb $-c$ für die Höhe h.

$$b = x_2 - x_1 = 2 + \sqrt{c+4} - (2 - \sqrt{c+4}) = 2\sqrt{c+4}$$

Die Breite b ist die Differenz der Schnittstellen.

$$A(c) = -c \cdot 2\sqrt{c+4} = -2c\sqrt{c+4}$$

mit $-4 < c < 0$.

$$A'(c) = -2\sqrt{c+4} - 2c \cdot \frac{1}{2}(c+4)^{-\frac{1}{2}} = -2\sqrt{c+4} - \frac{c}{\sqrt{c+4}} = \frac{-2(c+4) - c}{\sqrt{c+4}} = \frac{-3c-8}{\sqrt{c+4}}$$

Auf A'' wird verzichtet.

$$A'(c) = 0 \quad \Rightarrow \quad c = -\frac{8}{3} \approx -2{,}67$$

Der Nenner ist > 0.

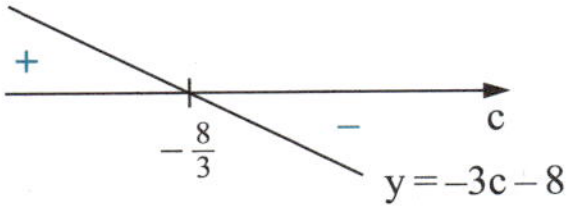

Wegen des Vorzeichenwechsels von A' von + nach – bei $c = -\frac{8}{3}$ handelt es sich um ein Maximum. Anschaulich erkennt man, dass an den Rändern von $-4 < c < 0$ der Flächeninhalt 0 wird. Deshalb liegt für $c = -\frac{8}{3}$ der absolut größte Flächeninhalt vor. Dieser beträgt:

$$A_{max} = A\left(-\frac{8}{3}\right) \approx 6{,}16 \text{ FE}$$

97. a) $V = u^2h$ — Ansatz für das Volumen

$4u + 2h + 2u = 1$ — Nebenbedingung für die Länge des Paketbandes

$\Rightarrow\ h = \frac{1}{2} - 3u$

$V(u) = u^2\left(\frac{1}{2} - 3u\right) = -3u^3 + \frac{1}{2}u^2$ — Einsetzen der Nebenbedingung in die Formel für V

$D_V = \left]0; \frac{1}{6}\right[$ — Der Definitionsbereich ergibt sich aus den Grenzen für u: Wenn $h \to 0$, so geht $u \to \frac{1}{6}$, weil für die Länge des Paketbandes in diesem Grenzfall gilt: $6u = 1$. Auf der anderen Seite geht $u \to 0$.

b) $V'(u) = -9u^2 + u$

$V''(u) = -18u + 1$

$V'(u) = 0 \;\Leftrightarrow\; -9u\left(u - \frac{1}{9}\right) = 0$

Durch Nullsetzen der 1. Ableitung werden die Extremstellen bestimmt, überprüft, ob sie in D_V enthalten sind, und die Art der Extremstelle mithilfe der 2. Ableitung festgestellt.

$\Rightarrow\ u_1 = 0 \notin D_V;\ u_2 = \frac{1}{9} \in D_V$

$V''\left(\frac{1}{9}\right) = -1 < 0 \;\Rightarrow\;$ Maximum

Die Ränder gehören nicht zum Definitionsbereich. Lässt man u gegen die Ränder gehen, so ergibt sich für V(u) jeweils null, sodass an der Stelle $\frac{1}{9}$ das absolute Maximum liegt.

Für h gilt in diesem Fall:

$h = \frac{1}{2} - 3u_2 = \frac{1}{2} - 3 \cdot \frac{1}{9} = \frac{1}{6}$

Die Abmessungen sind:

$u = \frac{1}{9}\text{ m} \approx 0{,}111\text{ m} = 11{,}1\text{ cm}$

$h = \frac{1}{6}\text{ m} \approx 0{,}167\text{ m} = 16{,}7\text{ cm}$

Das maximale Volumen beträgt:

$V_{max} = V\left(\frac{1}{9}\text{ m}\right) = \left(\frac{1}{9}\text{ m}\right)^2 \cdot \frac{1}{6}\text{ m} \approx 0{,}00206\text{ m}^3 = 2{,}06\text{ dm}^3$

98. a) Der Kegelquerschnitt ist ein gleichschenkliges Dreieck. Die eingezeichneten Größen h (Kegelhöhe), r (Radius der Grundfläche) und s (Mantellinie) bilden ein rechtwinkliges Dreieck.

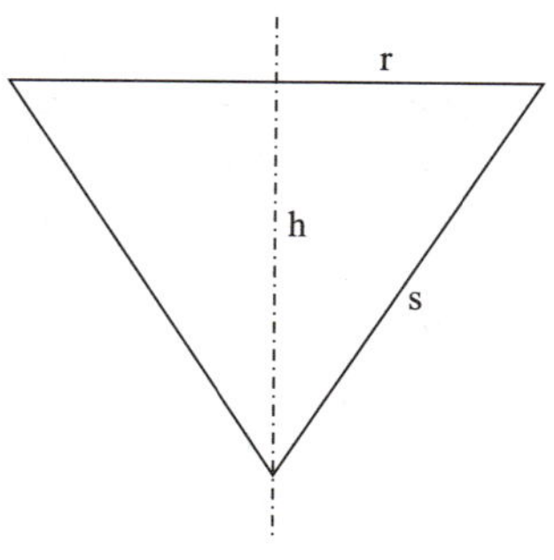

b) **Schritt 1:**

Die zu optimierende Größe ist das Kegelvolumen. Dieses ist laut Merkhilfe:

$V = \frac{1}{3}r^2\pi h$

Schritt 2:

$s^2 = r^2 + h^2 \quad \Leftrightarrow \quad r^2 = s^2 - h^2$

Der Zusammenhang von h mit s lässt sich mithilfe des Satzes von Pythagoras herstellen.

$V(h) = \frac{1}{3}\pi(s^2 - h^2)h = \frac{1}{3}\pi(9h - h^3)$ mit $h \in [0; 3]$

In der Volumenformel wird r^2 ersetzt und s in Meter eingesetzt.

Schritt 3:

$V'(h) = \frac{1}{3}\pi(9 - 3h^2) = \pi(3 - h^2)$

$V''(h) = -2\pi h$

$V'(h) = 0 \Rightarrow h_{1/2} = \pm\sqrt{3}$

$V_{max} = V(\sqrt{3}) = 2\pi\sqrt{3} \approx 10{,}9\ m^3$

Die negative Lösung liegt außerhalb des Definitionsbereiches und wird deshalb nicht angeschrieben. An den Rändern ergibt sich das Volumen null, sodass bei $h_1 = \sqrt{3}$ das absolute Maximum des Trichtervolumens liegt.

Schritt 4:

Abmessungen:

$h_1 = \sqrt{3} \approx 1{,}73\ m; \quad r_1 = \sqrt{s^2 - h_1^2} = \sqrt{6} \approx 2{,}45\ m$

99. a) Das Dreieck wird in einem Koordinatensystem dargestellt, wobei die untere linke Ecke im Ursprung liegt. Dann hat die rechte Ecke die Koordinaten $(5|0)$, die linke obere Ecke $(0|3)$, und die Hypotenuse des Dreiecks wird als lineare Funktion beschrieben:

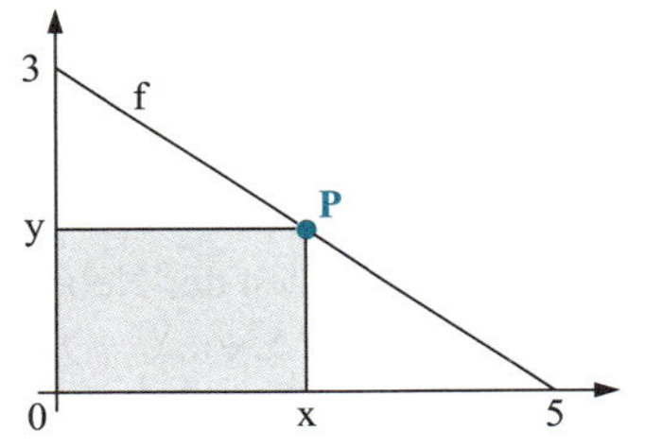

f: $y = mx + t$ mit $t = 3$ und $m = -\frac{3}{5}$

Der rechte obere Eckpunkt des gesuchten Rechtecks $P(x|y)$ bewegt sich dann auf dem Graphen von f, wobei gilt:

$y = -\frac{3}{5}x + 3$ für $x \in [0; 5]$

Für die Rechteckfläche gilt:

$A = x \cdot y = x\left(-\frac{3}{5}x + 3\right)$ und $D_A = [0; 5]$

$A'(x) = 0 \Leftrightarrow -\frac{6}{5}x + 3 = 0 \Rightarrow x = \frac{5}{2}$

Wenn die x-Koordinate des rechten Eckpunktes $\frac{5}{2}$ beträgt, ist das Rechteck maximal. Eine Randuntersuchung ist hier nicht erforderlich. Die y-Koordinate ist dann:

$y = -\frac{3}{5} \cdot \frac{5}{2} + 3 = \frac{3}{2}$

Ergebnis: Das größtmögliche einbeschriebene Rechteck hat die Breite 2,5 cm und die Höhe 1,5 cm.

b) $A_{max} = 2{,}5 \cdot 1{,}5 = 3{,}75$ maximale Rechteckfläche

$A_{\Delta} = \frac{1}{2} \cdot 5 \cdot 3 = 7{,}5$ Dreiecksfläche

$\frac{3{,}75}{7{,}5} \cdot 100\,\% = 50\,\%$ Verhältnis der Flächen

Ergebnis: Das Rechteck umfasst 50 % der Dreiecksfläche.

c) Beim eingepassten Quadrat muss gelten:

$y = x \quad \Leftrightarrow \quad -\frac{3}{5}x + 3 = x \quad \Rightarrow \quad x = 1{,}875$

Die Quadratfläche beträgt daher $A_Q = 1{,}875^2 \approx 3{,}52$, woraus für das Verhältnis zur Fläche A_{max} folgt:

$\frac{3{,}52}{3{,}75} \cdot 100\,\% \approx 93{,}9\,\%$

Der Flächeninhalt des eingepassten Quadrats liegt 6,1 % unterhalb des optimalen Rechtecks.

100. a) Zielfunktion ist die Oberfläche:

$$O(r; h) = \underbrace{2r\pi h}_{\text{Mantel}} + \underbrace{2r^2\pi}_{\text{Boden + Deckel}}$$

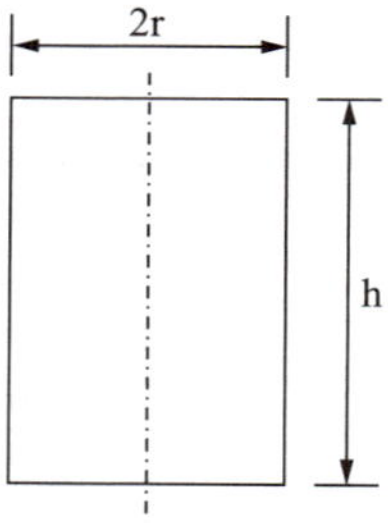

Nebenbedingung:

$$V = r^2\pi h \quad \Rightarrow \quad h = \frac{V}{r^2\pi}$$

b) Einsetzen der Nebenbedingung in die Zielfunktion:

$$O(r) = 2r\pi \cdot \frac{V}{r^2\pi} + 2r^2\pi = 2V \cdot \frac{1}{r} + 2\pi r^2 \quad \text{mit } 0 < r < \infty$$

$$O'(r) = -2V \cdot \frac{1}{r^2} + 4\pi r$$

$$O'(r) = 0 \quad \Rightarrow \quad -\frac{2V}{r^2} + 4\pi r = 0 \qquad | \cdot r^2$$

$$4\pi r^3 = 2V$$

$$r^3 = \frac{V}{2\pi} \quad \Rightarrow \quad r_0 = \sqrt[3]{\frac{V}{2\pi}}$$

Da O(r) an den Rändern gegen unendlich geht, muss es sich an der Stelle r_0 um ein globales Minimum handeln.

Zusammenhang zwischen Höhe und Durchmesser:

Ersetzt man in $r_0^3 = \frac{V}{2\pi}$ das Volumen durch $V = r_0^2\pi h$, so erhält man:

$$r_0^3 = \frac{r_0^2\pi h_0}{2\pi} \quad \Leftrightarrow \quad r_0 = \frac{h_0}{2} \quad \Leftrightarrow \quad 2r_0 = h_0$$

Die Abmessungen r_0 und h_0 einer Konservendose mit minimaler Oberfläche erfüllen also die Bedingung $2r_0 = h_0$. Da $2r_0$ der Durchmesser d_0 ist, gilt für die optimierten Dosen $d_0 = h_0$: Der Durchmesser ist gleich der Höhe.

c) Bei Getränkedosen wird diese Bedingung nicht eingehalten; sie sind höher, dafür schlanker. Dies hat wohl Marketinggründe (schaut besser aus). Wurstdosen oder Ähnliches halten diese Minimalbedingung in der Regel ein.

101. a) Mit dem eingezeichneten Winkel $0° \leq \varphi \leq 90°$ ergeben sich die Koordinaten der Punkte am Einheitskreis zu: $a = \cos(\varphi)$; $b = -\sin(\varphi)$

Für die Dreiecksfläche folgt dann:

$$A = \frac{1}{2} g \cdot h = \frac{1}{2} \cdot 2a \cdot (1 + |b|) = \cos\varphi \cdot (1 + \sin\varphi)$$

$$\begin{aligned} A'(\varphi) &= -\sin(\varphi)\big(1 + \sin(\varphi)\big) + \cos(\varphi) \cdot \cos(\varphi) \\ &= -\sin(\varphi) - \sin^2(\varphi) + \underbrace{\cos^2(\varphi)}_{1-\sin^2(\varphi)} \\ &= -\sin(\varphi) - \sin^2(\varphi) + 1 - \sin^2(\varphi) \\ &= -2\sin^2(\varphi) - \sin(\varphi) + 1 \end{aligned}$$

$$A'(\varphi) = 0 \quad \Rightarrow \quad -2\sin^2(\varphi) - \sin(\varphi) + 1 = 0$$

Substitution: $z = \sin(\varphi)$

$$-2z^2 - z + 1 = 0 \quad \Rightarrow \quad z_{1/2} = \frac{1 \pm \sqrt{1+8}}{-4} = \frac{1 \pm 3}{-4} \quad \Rightarrow \quad z_1 = -1; \; z_2 = \frac{1}{2}$$

Wegen $0° \leq \varphi \leq 90°$ gilt $\sin(\varphi) \geq 0$.
Die negative Lösung scheidet daher aus.

$$\sin(\varphi_0) = \frac{1}{2} \quad \Rightarrow \quad \varphi_0 = 30°$$

$a = \cos(\varphi_0) \approx 0{,}866$
$b = -\sin(\varphi_0) = -0{,}5$
$A_{max} = A(\varphi_0) = \cos(\varphi_0) \cdot (1 + \sin(\varphi_0)) \approx 1{,}299$

Randuntersuchung:
$A(0°) = \cos(0°) \cdot (1 + \sin(0°)) = 1$
$A(90°) = 0$

Das absolute Maximum liegt bei $\varphi_0 = 30°$ vor mit $A_{max} \approx 1{,}299$.

$$A_{Kreis} = \pi r^2 = \pi \cdot 1^2 \approx 3{,}14 \quad \Rightarrow \quad \frac{A_{max}}{A_{Kreis}} \cdot 100\,\% \approx 41\,\%$$

b) Im Einheitskreis gilt mit dem eingezeichneten Winkel $0° < \varphi < 90°$:
$a = \cos(\varphi)$; $b = \sin(\varphi)$

Um die Zielfunktion, den Flächeninhalt des Trapezes, aufzustellen, wird die Symmetrie der Fläche beachtet. Die rechte Halbfläche wird in ein Rechteck mit dem Flächeninhalt $A_R = a \cdot b$ und ein Dreieck mit dem Flächeninhalt $A_\Delta = \frac{1}{2} gh = \frac{1}{2}(1-a) \cdot b$ zerlegt.

Dann gilt für den Gesamtflächeninhalt des Trapezes:

$$A = 2(A_R + A_\Delta) = 2\left(ab + \frac{1}{2}(1-a)b\right) = 2ab + (1-a)b = ab + b = b(a+1)$$

Mithilfe des Winkels φ gilt dann:

$$A(\varphi) = \sin(\varphi) \cdot (\cos(\varphi) + 1)$$

$$\begin{aligned} A'(\varphi) &= \cos(\varphi) \cdot (\cos(\varphi) + 1) + \sin(\varphi) \cdot (-\sin(\varphi)) \\ &= \cos^2(\varphi) + \cos(\varphi) - \underbrace{\sin^2(\varphi)}_{1-\cos^2(\varphi)} \\ &= 2\cos^2(\varphi) + \cos(\varphi) - 1 \end{aligned}$$

$$A'(\varphi) = 0 \quad \Leftrightarrow \quad 2\cos^2(\varphi) + \cos(\varphi) - 1 = 0$$

Substitution: $z = \cos(\varphi)$

$$2z^2 + z - 1 = 0 \quad \Rightarrow \quad z_{1/2} = \frac{-1 \pm \sqrt{1+8}}{4} = \frac{-1 \pm 3}{4} \quad \Rightarrow \quad z_1 = \tfrac{1}{2};\ z_2 = -1$$

Wegen $\varphi \in \,]0°; 90°[$ und damit $\cos(\varphi) > 0$ kommt nur die positive Lösung infrage:

$$\cos(\varphi_0) = \tfrac{1}{2} \quad \Rightarrow \quad \varphi_0 = 60°$$

Randuntersuchung:

$$\lim_{\varphi \to 0°} A(\varphi) = 0; \quad \lim_{\varphi \to 90°} A(\varphi) = 1 \quad \text{(Dreiecksfläche)}$$

$$A(\varphi_0) = \sin(\varphi_0) \cdot (\cos(\varphi_0) + 1) \approx 1{,}3$$

Für φ_0 ist die Fläche maximal.

102. a) Für die eingezeichneten Hilfsvariablen h und b gilt:

$$h = \ell \cdot \sin(\alpha)$$

$$b = 2 \cdot \ell \cdot \cos(\alpha)$$

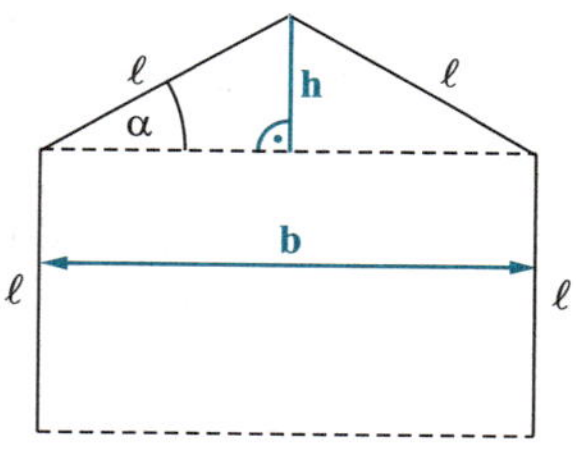

Der gesuchte Flächeninhalt setzt sich aus zwei Teilflächen zusammen:

$$\begin{aligned} A &= b \cdot \ell + \tfrac{1}{2} b \cdot h \\ &= 2\ell^2 \cos(\alpha) + \tfrac{1}{2} \cdot 2\ell \cos(\alpha) \cdot \ell \sin(\alpha) \\ &= \ell^2 \left(2\cos(\alpha) + \cos(\alpha) \cdot \sin(\alpha)\right) \end{aligned}$$

$$\begin{aligned} A'(\alpha) &= \ell^2 \left(-2\sin(\alpha) - \sin^2(\alpha) + \cos^2(\alpha)\right) \\ &= \ell^2 \left(-2\sin^2(\alpha) - 2\sin(\alpha) + 1\right) \end{aligned}$$

$\cos^2(\alpha) = 1 - \sin^2(\alpha)$

b) $A'(\alpha) = 0 \quad \Rightarrow \quad -2\sin^2(\alpha) - 2\sin(\alpha) + 1 = 0$ Substitution $u = \sin(\alpha)$

$$-2u^2 - 2u + 1 = 0$$

$$u_{1/2} = \frac{2 \pm \sqrt{4+8}}{2 \cdot (-2)} = \frac{2 \pm 2\sqrt{3}}{-4} = -\tfrac{1}{2}(1 \pm \sqrt{3})$$

Wegen $\alpha \in [0°; 90°[$ gilt $\sin(\alpha) \geq 0$.

$$\Rightarrow \quad \sin\alpha = -\tfrac{1}{2}(1 - \sqrt{3}) \approx 0{,}366 \quad \Rightarrow \quad \alpha_0 \approx 21{,}5°$$

Randuntersuchung:

$A(0°) = \ell^2 \cdot (2 \cdot 1 + 0) = 2\ell^2; \qquad \lim\limits_{\alpha \to 90°} A(\alpha) = 0$

$A(\alpha_0) = \ell^2 \cos(\alpha_0) \cdot (2 + \sin\alpha_0) \approx 2{,}2 \cdot \ell^2$

Die Fläche ist maximal für $\alpha_0 = 21{,}5°$.

103. a) $x_0 = 1; \ f(x) = x^2 - 4; \ f'(x) = 2x$

n	x_n	$f(x_n)$	$f'(x_n)$	x_{n+1}
0	1	–3	2	2,5
1	2,5	2,25	5	2,05
2	2,05	0,2025	4,1	2,00060976
3	2,00060976	0,0024394	4,0012195	2,0000001

b) Wenn man beispielsweise mit $x_0^* = -1$ beginnt, dann konvergiert das Verfahren gegen –2.

c) Für $x_0 = 0$ ist $f'(x_0) = 0$. Der Graph G_f hat an dieser Stelle eine waagrechte Tangente, die keinen Schnittpunkt mit der x-Achse aufweist.

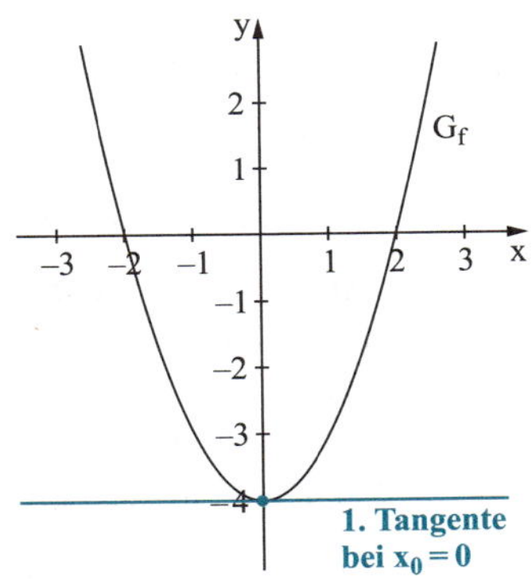

104. a)

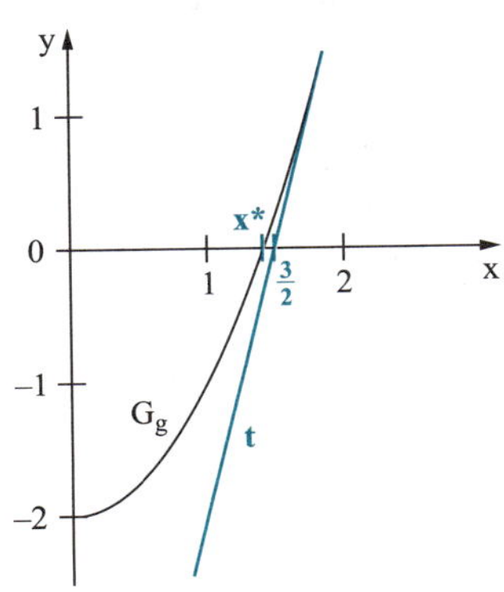

b) $x_0=2;\ g(2)=2;\ g'(2)=4$

$t:\ y=f'(x_0)\cdot(x-x_0)+f(x_0)$ allgemeine Tangentengleichung

$t:\ y=4\cdot(x-2)+2$

$\quad =4x-6$

$4x-6=0 \Rightarrow x_1=\frac{6}{4}=\frac{3}{2}$

c) $\frac{|x_1-x^*|}{x^*}\cdot 100^* = \frac{\left|\frac{3}{2}-\sqrt{2}\right|}{\sqrt{2}}\cdot 100\ \% \approx 6{,}066\ \%$

d)

n	x_n	$g(x_n)$	$g'(x_n)$	x_{n+1}
0	2	2	4	1,5
1	1,5	0,25	3	1,41666667
2	1,41666667	0,0069444	2,8333333	1,4142157

$\frac{|x_2-x^*|}{x^*}\cdot 100\ \% = \frac{|1{,}4142157-\sqrt{2}|}{\sqrt{2}}\cdot 100\ \% \approx 0{,}00015\ \%$

105. a) $\left.\begin{array}{l} f\left(-\frac{\pi}{2}\right)=-\frac{\pi}{2}+\cos\left(-\frac{\pi}{2}\right)=-\frac{\pi}{2} \\ f(0)=0+\cos(0)=1 \end{array}\right\}$ Vorzeichenwechsel

Da f stetig ist, muss es also mindestens eine Nullstelle in $\left]-\frac{\pi}{2};0\right[$ geben.

Außerdem ist wegen $f'(x)=1-\sin(x)\geq 0$ die Funktion f auch noch streng monoton zunehmend.

Zusammen folgt, dass die Funktion genau eine Nullstelle in besagtem Intervall haben muss. Da die strenge Monotonie in ganz $\mathbb{R}$ gilt, ist das auch die einzige Nullstelle, die f in $\mathbb{R}$ besitzt.

b) $f'(x)=0;\ 1-\sin(x)=0 \Leftrightarrow \sin(x)=1$

Die Stellen $x=-\frac{7}{2}\pi; -\frac{3}{2}\pi; \frac{\pi}{2}; \frac{5}{2}\pi; \frac{9}{2}\pi; \ldots$ sind nicht als Startwert geeignet.

c) $x_0=0$

n	x_n	$f(x_n)$	$f'(x_n)$	x_{n+1}
0	0	1	1	–1
1	–1	–0,4597	1,8415	–0,7504
2	–0,7504	–0,0190	1,6819	–0,7391
3	–0,7391	$-2{,}488\cdot 10^{-5}$	1,6736	–0,7391

106. $f(x) = \tan(x);\ g(x) = \frac{1}{x}$

$$\tan(x) = \frac{1}{x} \qquad | \cdot x$$
$$x \cdot \tan(x) = 1$$
$$x \cdot \tan(x) - 1 = 0$$

Funktion für das Newton-Verfahren:

$d(x) = x \cdot \tan(x) - 1$

$d'(x) = \tan(x) + x \cdot \frac{1}{\cos^2(x)}$

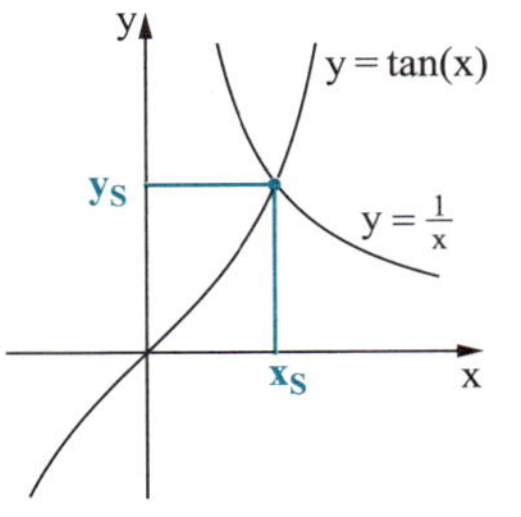

$x_0 = 1$

n	x_n	$d(x_n)$	$d'(x_n)$	x_{n+1}
0	1	0,5574	4,9829	0,8881
1	0,8881	0,0923	3,4615	0,8615
2	0,8615	0,0036	3,1957	0,8603
3	0,8603	$-1{,}070 \cdot 10^{-4}$	3,1850	0,8603

$x_3 \approx 0{,}860 \approx x_S$

$y_S = g(x_S) \approx \frac{1}{0{,}860} \approx 1{,}163 \quad \Rightarrow \quad S(0{,}860 \,|\, 1{,}163)$

107. a) $V_{Rest} = \frac{\pi}{3} h^2 \cdot (3r - h)$

$0{,}5\ m^3 = \frac{\pi}{3} h^2 \cdot (3 \cdot 1\ m - h)$ $\qquad$ $500\ \ell = 0{,}5\ m^3$

$0 = -\frac{\pi}{3} h^3 + \pi h^2 \cdot 1\ m - 0{,}5\ m^3$

Alle Längeneinheiten werden in Meter verwendet. Auf ihre Angabe wird im Folgenden verzichtet. Außerdem wird auf drei Nachkommastellen gerundet und die Gleichung mit –1 multipliziert:

$1{,}047 \cdot h^3 - 3{,}142 \cdot h^2 + 0{,}5 = 0$

b) $f(h) = 1{,}047 \cdot h^3 - 3{,}142 \cdot h^2 + 0{,}5;\ f'(h) = 3{,}142 \cdot h^2 - 6{,}283 \cdot h;\ h_0 = 1$

n	h_n	$f(h_n)$	$f'(h_n)$	h_{n+1}
0	1	–1,5950	–3,1410	0,4922
1	0,4922	–0,1363	–2,3313	0,4337
2	0,4337	–0,0056	–2,1346	0,4311
3	0,4311	$-4{,}762 \cdot 10^{-5}$	–2,1253	0,4311

Der Signalgeber muss in einer Höhe von 43 cm angebracht werden.

108. a) $\lim\limits_{x \to -2} \frac{x^3+8}{x+2} \overset{\text{L'H.}}{=} \lim\limits_{x \to -2} \frac{3x^2}{1} = \frac{3 \cdot (-2)^2}{1} = 12$ Fall „$\frac{0}{0}$"

b) $\lim\limits_{x \to 0} \frac{\sin(2x)}{x} \overset{\text{L'H.}}{=} \lim\limits_{x \to 0} \frac{2\cos(2x)}{1} = \frac{2\cos(0)}{1} = 2$ Fall „$\frac{0}{0}$"

c) $\lim\limits_{x \to 0} \frac{\sin(ax)}{bx} \overset{\text{L'H.}}{=} \lim\limits_{x \to 0} \frac{a\cos(ax)}{b} = \frac{a\cos(0)}{b} = \frac{a}{b}$ Fall „$\frac{0}{0}$"

d) $\lim\limits_{x \to 0} \frac{1-\cos(x)}{x} \overset{\text{L'H.}}{=} \lim\limits_{x \to 0} \frac{\sin(x)}{1} = \frac{\sin(0)}{1} = 0$ Fall „$\frac{0}{0}$"

109. a) $\frac{q}{b} = \frac{p}{x} \Rightarrow q = \frac{b}{x} \cdot p$ Strahlensatz

$p = \sqrt{a^2 + x^2}$ Satz des Pythagoras

$L(x) = p + \frac{b}{x} \cdot p = \left(1 + \frac{b}{x}\right) \cdot p = \left(1 + \frac{b}{x}\right) \cdot \sqrt{a^2 + x^2}$ Einsetzen in $L = p + q$

b) $L'(x) = \left[(1 + bx^{-1})(x^2 + a^2)^{\frac{1}{2}}\right]'$

$= -bx^{-2}(x^2 + a^2)^{\frac{1}{2}} + (1 + bx^{-1}) \cdot \frac{1}{2}(x^2 + a^2)^{-\frac{1}{2}} \cdot 2x$

$= \frac{-b\sqrt{x^2 + a^2}}{x^2} + \left(1 + \frac{b}{x}\right) \cdot \frac{x}{\sqrt{x^2 + a^2}} = \frac{x^3 - a^2 b}{x^2\sqrt{x^2 + a^2}}$

$L'(x) = 0 \Rightarrow x^3 - a^2 b = 0 \Leftrightarrow x^3 = a^2 b \Rightarrow x_0 = \sqrt[3]{a^2 b}$

Betrachtet man L(x) für $x > 0$ als Funktion, so liegt bei x_0 ein absolutes Minimum vor, da L(x) an den Rändern des Definitionsbereichs gegen $+\infty$ geht. Deshalb wird auf die Bestimmung von L" verzichtet.

$L_{min} = L(x_0)$ mit $x_0 = \sqrt[3]{a^2 b}$

Ist $a = 1$ und $b = 2$, so ist:

$x_0 = \sqrt[3]{2} \approx 1{,}26$ und $L_{min} = L(\sqrt[3]{2}) \approx L(1{,}26) \approx 4{,}16$

Das ist der längste Baumstamm, der bei einem Kanalsystem mit $a = 1$ und $b = 2$ noch „um die Ecke" geht (der Baumstammdurchmesser wurde allerdings vernachlässigt).

c) $L(x) = \left(1+\frac{2}{x}\right)\cdot\sqrt{x^2+1}$ mit $a=1$ und $b=2$

$$\lim_{x\to\infty}(L(x)-g(x)) = \lim_{x\to\infty}\left(\left(1+\frac{2}{x}\right)\cdot\sqrt{x^2+1}-(x+2)\right)$$

$$= \lim_{x\to\infty}\left(\frac{x+2}{x}\sqrt{x^2+1}-(x+2)\right)$$ x + 2 ausklammern

$$= \lim_{x\to\infty}\left((x+2)\cdot\left(\frac{1}{x}\sqrt{x^2+1}-1\right)\right)$$ $\frac{1}{x}$ als $\frac{1}{x^2}$ unter die Wurzel ziehen

$$= \lim_{x\to\infty}\left((x+2)\cdot\left(\sqrt{1+\frac{1}{x^2}}-1\right)\right)$$ Als Bruch schreiben, damit L'H. angewandt werden kann.

$$= \lim_{x\to\infty}\frac{\sqrt{1+\frac{1}{x^2}}-1}{\frac{1}{x+2}}$$ Zähler und Nenner gehen gegen 0.

$$= \lim_{x\to\infty}\frac{\frac{1}{2}\left(1+\frac{1}{x^2}\right)^{-\frac{1}{2}}\cdot\frac{-2}{x^3}}{-(x+2)^{-2}}$$ nach den Regeln von de l'Hospital

$$= \lim_{x\to\infty}\frac{(x+2)^2}{x^3\sqrt{1+\frac{1}{x^2}}} = 0$$ Der Nenner überwiegt.

Dieser Grenzwert besagt, dass g(x) schräge Asymptote von L(x) ist.

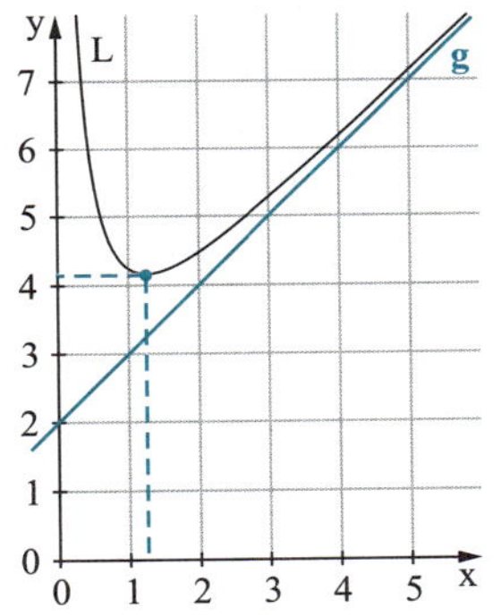

110. Die Streifen haben alle die gleiche Breite, nämlich $\Delta x = \frac{5-2}{6} = \frac{1}{2}$.

Bei der Untersumme müssen jeweils die Funktionswerte an der linken Flanke der Streifen herangezogen werden:

$$A_u = \sum f(x_i)\Delta x$$
$$= f(2)\cdot\frac{1}{2}+f(2{,}5)\cdot\frac{1}{2}+\ldots+f(4{,}5)\cdot\frac{1}{2}$$
$$= \frac{1}{2}\cdot(1+1{,}5625+2{,}25+3{,}0625+4+5{,}0625)$$
$$= \frac{1}{2}\cdot 16{,}9375 \approx 8{,}47$$

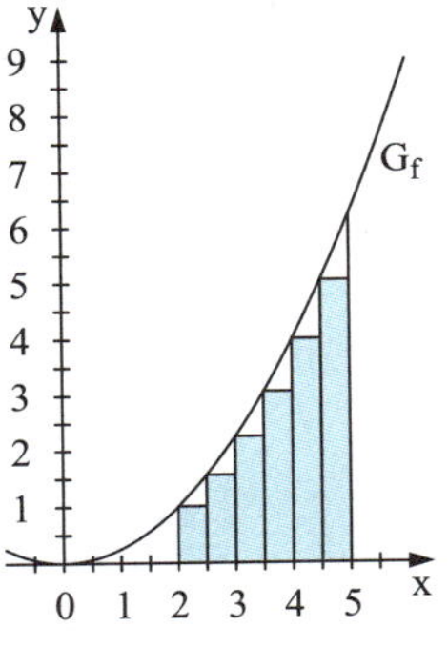

Bei der Obersumme müssen jeweils die Funktionswerte an der rechten Flanke der Streifen genommen werden:

$A_o = \sum f(x_i)\Delta x$

$= f(2{,}5)\cdot\frac{1}{2} + f(3)\cdot\frac{1}{2} + \ldots + f(5)\cdot\frac{1}{2}$

$= \frac{1}{2}\cdot(1{,}5625 + 2{,}25 + 3{,}0625 + 4 + 5{,}0625 + 6{,}25)$

$= \frac{1}{2}\cdot 22{,}1875 \approx 11{,}09$

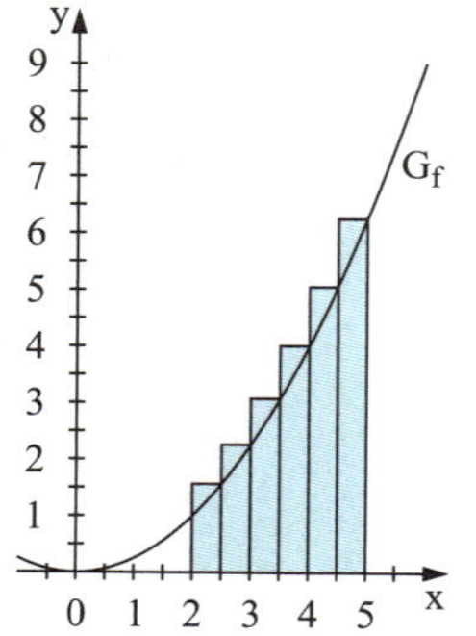

Für den tatsächlichen Flächeninhalt A gilt:
$8{,}47 \le A \le 11{,}09$

111. Die Funktion hat die Gleichung $f(x) = x$. Die Flächenberechnung erfolgt über zwei Dreiecksflächen:

$A_1 = \frac{1}{2}gh = \frac{1}{2}\cdot 5\cdot 5 = 12{,}5$ großes Dreieck ab Ursprung

$A_2 = \frac{1}{2}gh = \frac{1}{2}\cdot 2\cdot 2 = 2$ kleines weißes Dreieck

$A = A_1 - A_2 = 12{,}5 - 2 = \mathbf{10{,}5}$ Inhalt der gefärbten Fläche

Die Berechnung von Unter- und Obersumme berücksichtigt die Streifenbreite von 0,5 und die Tatsache, dass bei dieser Funktion die Funktionswerte identisch mit den x-Werten sind:

$A_u = \sum f(x_i)\Delta x = f(2)\cdot\frac{1}{2} + f(2{,}5)\cdot\frac{1}{2} + \ldots + f(4{,}5)\cdot\frac{1}{2}$

$= \frac{1}{2}\cdot(2 + 2{,}5 + 3 + 3{,}5 + 4 + 4{,}5) = 9{,}75$

$A_o = \sum f(x_i)\Delta x = f(2{,}5)\cdot\frac{1}{2} + f(3)\cdot\frac{1}{2} + \ldots + f(5)\cdot\frac{1}{2}$

$= \frac{1}{2}\cdot(2{,}5 + 3 + 3{,}5 + 4 + 4{,}5 + 5) = 11{,}25$

Es gilt also $A_u \le A \le A_o$.
Der absolute Fehler für die Untersumme beträgt $|\mathbf{10{,}5} - 9{,}75| = 0{,}75$, das entspricht einem prozentualen Fehler von $\frac{0{,}75}{\mathbf{10{,}5}} \approx 7{,}1\,\%$. Bei der Obersumme ergeben sich dieselben Werte.

112. a) $\int x^2\,dx = \frac{1}{3}x^3 + C$

b) $\int (-2)\,dx = -2x + C$

c) $\int \frac{1}{3}x^2\,dx = \frac{1}{9}x^3 + C$

d) $\int dx = \int 1\,dx = 1\cdot x + C = x + C$

e) $\int \sqrt{x}\,dx = \int x^{\frac{1}{2}}\,dx = \frac{1}{\frac{1}{2}+1}x^{\frac{1}{2}+1} + C = \frac{2}{3}\sqrt{x^3} + C$

f) $\int \sin(x)\,dx = -\cos(x) + C$

113. a) $\int (2x - x^3)\,dx = x^2 - \frac{1}{4}x^4 + C$

b) $\int (x+1)(x-2)\,dx = \int (x^2 - x - 2)\,dx = \frac{1}{3}x^3 - \frac{1}{2}x^2 - 2x + C$

c) $\int \left(\frac{1}{3}x^3 + \frac{1}{2}x^2 - 2x + 3\right)dx = \frac{1}{12}x^4 + \frac{1}{6}x^3 - x^2 + 3x + C$

d) $\int \frac{x(x^2 - 2x + 3)}{3}\,dx = \frac{1}{3}\int (x^3 - 2x^2 + 3x)\,dx = \frac{1}{3}\left(\frac{1}{4}x^4 - \frac{2}{3}x^3 + \frac{3}{2}x^2\right) + C$

e) $\int \left(\frac{2}{x^2} - \frac{1}{x^3}\right)dx = \int (2x^{-2} - x^{-3})\,dx = \frac{2}{-1}x^{-1} - \frac{1}{-2}x^{-2} + C = -\frac{2}{x} + \frac{1}{2x^2} + C$

f) $\int \frac{1}{8}\left(\frac{x^4 - 2x^2}{x^2}\right)dx = \frac{1}{8}\int \left(\frac{x^4}{x^2} - \frac{2x^2}{x^2}\right)dx = \frac{1}{8}\int (x^2 - 2)\,dx = \frac{1}{8}\left(\frac{1}{3}x^3 - 2x\right) + C$

114. a) $F(x) = \frac{1}{20}x^5 - \frac{5}{4}x^4 - \frac{\sqrt{3}}{2}x^2 + 2x + C$

b) $F_k(x) = \frac{1}{2}\left(\frac{1}{4}x^4 + \frac{1}{3}k^2x^3 + k^3x\right) + C$

c) $F_t(x) = \frac{3}{10}t\int (x^3 - 2tx^2 + t^2x)\,dx = \frac{3}{10}t \cdot \left(\frac{1}{4}x^4 - \frac{2}{3}tx^3 + \frac{1}{2}t^2x^2\right) + C$

d) $\int (zu^2 - zu + u - z^2)\,du = \frac{1}{3}zu^3 - \frac{1}{2}zu^2 + \frac{1}{2}u^2 - z^2u + C$

e) $\int (zu^2 - zu + u - z^2)\,dz = \frac{1}{2}z^2u^2 - \frac{1}{2}z^2u + zu - \frac{1}{3}z^3 + C$

f) $F_a(x) = \int \frac{x^2 - a^2}{a^2x^2}\,dx = \int \left(\frac{x^2}{a^2x^2} - \frac{a^2}{a^2x^2}\right)dx = \int \left(\frac{1}{a^2} - \frac{1}{x^2}\right)dx = \frac{1}{a^2}x + \frac{1}{x} + C$

115. Alle Stammfunktionen von f(x) lauten:

$F_C(x) = \frac{1}{4}x^4 - x^2 + x + C$

Ferner muss gelten:

$F_C(2) = 0 \quad \Leftrightarrow \quad \frac{1}{4} \cdot 2^4 - 2^2 + 2 + C = 0 \quad \Leftrightarrow \quad C = -2$

Die gesuchte Stammfunktion lautet:

$F(x) = \frac{1}{4}x^4 - x^2 + x - 2$

116. Zunächst alle Stammfunktionen:

$G_C(x) = \frac{1}{3}x^3 - \frac{1}{2}x^2 + C$

a) $G_C(x)$ geht durch den Ursprung, wenn $C = 0$ gilt. Damit folgt:

$G(x) = \frac{1}{3}x^3 - \frac{1}{2}x^2$

b) Es müssen zwei Bedingungen gelten:

(1) $G_C(x) = t(x)$ — Graph und Tangente schneiden sich.

$\Rightarrow \frac{1}{3}x^3 - \frac{1}{2}x^2 + C = 2x - \frac{1}{3}$

(2) $G'_C(x) = t'(x)$ — Graph und Tangente berühren sich.

$\Rightarrow x^2 - x = 2$

$x_1 = -1;\ x_2 = 2$ — aus (2)

$C_1 = -\frac{3}{2};\ C_2 = 3$ — in (1)

c) Die x-Koordinate des Wendepunkts liegt dort, wo:

$G''_C(x) = 0 \quad \Leftrightarrow \quad g'(x) = 0$

$\Leftrightarrow \quad 2x - 1 = 0 \quad \Rightarrow \quad x = \frac{1}{2}$

Da die dritte Ableitung ungleich null ist, liegt tatsächlich an dieser Stelle ein Wendepunkt. Seine y-Koordinate muss 4 sein:

$G_C\left(\frac{1}{2}\right) = 4 \quad \Leftrightarrow \quad C = 4 - \frac{1}{24} + \frac{1}{8} = \frac{49}{12}$

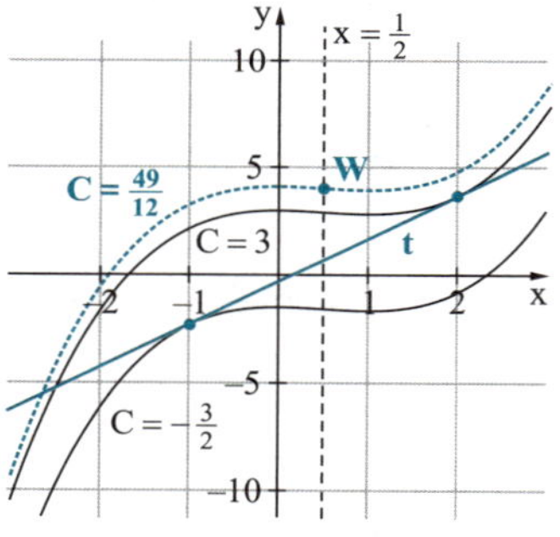

117. a) $\int \frac{3}{2}\sin\left(\frac{1}{2}\pi x\right)dx = -\frac{3}{2}\cos\left(\frac{1}{2}\pi x\right)\cdot\frac{2}{\pi} + C = -\frac{3}{\pi}\cos\left(\frac{1}{2}\pi x\right) + C$

b) $\int \frac{1}{2}\sin\left(2\pi - \frac{x}{2}\right)dx = -\frac{1}{2}\cos\left(2\pi - \frac{x}{2}\right)\cdot(-2) + C = \cos\left(2\pi - \frac{x}{2}\right) + C$

c) $\int 4a^2(ax + a^2)^3\,dx = 4a^2\cdot\frac{1}{4}(ax + a^2)^4\cdot\frac{1}{a} + C = a(ax + a^2)^4 + C$

d) $f(x) = (\sin(2\sqrt{x}) + C)' = \cos(2\sqrt{x})\cdot 2\cdot\frac{1}{2}x^{-\frac{1}{2}} + 0 = \frac{\cos(2\sqrt{x})}{\sqrt{x}}$

e) Hier kann nicht mit der Umkehrung der Kettenregel integriert werden, da kein linearer Term eingesetzt ist. Es bleibt nur das Ausmultiplizieren:

$\int (3x^2 - 4)^2\,dx = \int (9x^4 - 24x^2 + 16)\,dx = \frac{9}{5}x^5 - \frac{24}{3}x^3 + 16x + C$

f) Da hier ein linearer Term eingesetzt ist, kann mit der Umkehrung der Kettenregel integriert werden:

$$\int (3x-4)^2\,dx = \tfrac{1}{3}(3x-4)^3 \cdot \tfrac{1}{3} + C = \tfrac{1}{9}(3x-4)^3 + C$$

118. $f'(x) = \int (x^2 - 2x + 1)\,dx = \frac{1}{3}x^3 - x^2 + x + C_1$ und

$f(x) = \int \left(\frac{1}{3}x^3 - x^2 + x + C_1\right)dx = \frac{1}{12}x^4 - \frac{1}{3}x^3 + \frac{1}{2}x^2 + C_1x + C_2$

Man hat insgesamt 3 Bedingungen:

$f(1)=2;\quad f'(1)=0;\quad f''(1)=0$

Die letzte Bedingung ist immer erfüllt.

$f'(1)=0 \quad\Rightarrow\quad \frac{1}{3}\cdot 1^3 - 1^2 + 1 + C_1 = 0 \quad\Rightarrow\quad C_1 = -\frac{1}{3}$

$f(1)=2 \quad\Rightarrow\quad \frac{1}{12}\cdot 1^4 - \frac{1}{3}\cdot 1^3 + \frac{1}{2}\cdot 1^2 - \frac{1}{3}\cdot 1 + C_2 = 2 \quad\Rightarrow\quad C_2 = \frac{25}{12}$

Die gesuchte Funktion lautet damit:

$f(x) = \frac{1}{12}x^4 - \frac{1}{3}x^3 + \frac{1}{2}x^2 - \frac{1}{3}x + \frac{25}{12}$

119. a) $g_a(x) = \int \left(-\frac{1}{4}x^2 - \frac{3}{4}ax\right)dx = -\frac{1}{12}x^3 - \frac{3}{8}ax^2 + C$

$g_a(-3a) = -\frac{9}{8}a^3 \quad\Leftrightarrow\quad -\frac{1}{12}(-3a)^3 - \frac{3}{8}a(-3a)^2 + C = -\frac{9}{8}a^3 \quad\Leftrightarrow\quad C = 0$

$\Rightarrow\quad g_a(x) = -\frac{1}{12}x^3 - \frac{3}{8}ax^2$

b) $g_a(x) = -\frac{1}{12}\left(x^3 + \frac{9}{2}ax^2\right)$ — Faktorisieren des Funktionsterms

$= -\frac{1}{12}x^2\left(x + \frac{9}{2}a\right)$

$x_{1/2} = 0;\ x_3 = -\frac{9}{2}a$ — Aus der faktorisierten Darstellung liest man die Nullstellen ab.

c) $g_a''(x) = 0$ — Zunächst wird die Wendestelle bestimmt.

$\Leftrightarrow\quad -\frac{1}{2}x - \frac{3}{4}a = 0$

$\Rightarrow\quad x_4 = -\frac{3}{2}a$ — Da diese eine Nullstelle mit Vorzeichenwechsel ist, liegt auch garantiert ein Wendepunkt an dieser Stelle.

$g_a'\left(-\frac{3}{2}a\right) = 1$ — Die Steigung im Wendepunkt muss 1 sein.

$\Leftrightarrow\quad -\frac{1}{4}\left(-\frac{3}{2}a\right)^2 - \frac{3}{4}a\left(-\frac{3}{2}a\right) = 1$

$\Leftrightarrow\quad \frac{9}{16}a^2 = 1 \quad\Rightarrow\quad a_{1/2} = \pm\frac{4}{3}$

120. a) Zunächst wird zu h_k hochintegriert:

$$h_k'(x) = \int\left(-\frac{6}{k^2}x + \frac{4}{k}\right)dx = -\frac{3}{k^2}x^2 + \frac{4}{k}x + C_1$$

$$h_k(x) = -\frac{1}{k^2}x^3 + \frac{2}{k}x^2 + C_1x + C_2$$

Es muss gelten:

(1) $h_k'\left(\frac{4}{3}k\right) = 0 \;\Leftrightarrow\; -\frac{3}{k^2}\cdot\left(\frac{4}{3}k\right)^2 + \frac{4}{k}\cdot\frac{4}{3}k + C_1 = 0 \;\Rightarrow\; C_1 = 0$

(2) $h_k\left(\frac{4}{3}k\right) = \frac{32}{27}k \;\Leftrightarrow\; -\frac{1}{k^2}\cdot\left(\frac{4}{3}k\right)^3 + \frac{2}{k}\cdot\left(\frac{4}{3}k\right)^2 + C_2 = \frac{32}{27}k$

$\Leftrightarrow\; -\frac{64}{27}k + \frac{32}{9}k + C_2 = \frac{32}{27}k \;\Rightarrow\; C_2 = 0$

Ergebnis:

$$h_k(x) = -\frac{1}{k^2}x^3 + \frac{2}{k}x^2$$

b) Ansatz: $h_k'(2) = -2$

$-\frac{3}{k^2}\cdot 2^2 + \frac{4}{k}\cdot 2 = -2 \;\Leftrightarrow\; -\frac{12}{k^2} + \frac{8}{k} = -2 \;\Leftrightarrow\; 6 - 4k = k^2 \;\Leftrightarrow\; k^2 + 4k - 6 = 0$

Mit Lösungsformel:

$k_{1/2} = -2 \pm \sqrt{10}$

Weil $k > 0$ vorausgesetzt ist, gilt nur $k_1 = -2 + \sqrt{10} \approx 1{,}16$.

121.

$v(t) = \int a(t)\,dt$	wegen $v'(t) = a(t)$
$\Rightarrow\; v(t) = \int -g\,dt = -gt + C_1$	
$v(0) = v_0 = -g\cdot 0 + C_1$	Bestimmung von C_1
$\Rightarrow\; C_1 = v_0$	Anfangsgeschwindigkeit
$v(t) = -g\cdot t + v_0$	Aufstellen der Zeit-Geschwindigkeits-Funktion
$s(t) = \int v(t)\,dt$	wegen $s'(t) = v(t)$
$\Rightarrow\; s(t) = \int(-gt + v_0)\,dt$	
$= -\frac{1}{2}gt^2 + v_0t + C_2$	
$s(0) = 0 \;\Rightarrow\; C_2 = 0$	Bestimmung von C_2
$s(t) = -\frac{1}{2}gt^2 + v_0t$	Aufstellen der Zeit-Weg-Funktion

122. a) $\int_{-2}^{2} x\,dx = \left[\frac{1}{2}x^2\right]_{-2}^{2} = \frac{1}{2}\cdot 2^2 - \frac{1}{2}\cdot(-2)^2 = 2 - 2 = 0$

b) $\int_0^5 x(x-3)\,dx = \int_0^5 (x^2-3x)\,dx = \left[\frac{1}{3}x^3 - \frac{3}{2}x^2\right]_0^5 = \frac{1}{3}\cdot 5^3 - \frac{3}{2}\cdot 5^2 - 0 = \frac{25}{6}$

c) $\int_{-2}^{1} \left(4x^3 + x^2 - \frac{1}{2}x + 5\right) dx$

$= \left[x^4 + \frac{1}{3}x^3 - \frac{1}{4}x^2 + 5x\right]_{-2}^{1}$

$= 1 + \frac{1}{3} - \frac{1}{4} + 5 - \left((-2)^4 + \frac{1}{3}\cdot(-2)^3 - \frac{1}{4}\cdot(-2)^2 + 5\cdot(-2)\right)$

$= 6 + \frac{1}{3} - \frac{1}{4} - 16 + \frac{8}{3} + 1 + 10 = \frac{15}{4}$

d) $\int_0^{2\pi} \frac{\pi}{2}\sin\left(\frac{1}{2}x\right) dx = \frac{\pi}{2}\left[-2\cos\left(\frac{1}{2}x\right)\right]_0^{2\pi} = \frac{\pi}{2}(-2\cos(\pi) + 2\cos(0))$

$= \frac{\pi}{2}(-2\cdot(-1) + 2\cdot 1) = 2\pi$

123. a) $\int_{-1}^{t} (x+1)^3\,dx = \int_{-1}^{t} (x^3 + 3x^2 + 3x + 1)\,dx = \left[\frac{1}{4}x^4 + x^3 + \frac{3}{2}x^2 + x\right]_{-1}^{t}$

$= \frac{1}{4}t^4 + t^3 + \frac{3}{2}t^2 + t - \left(\frac{1}{4} - 1 + \frac{3}{2} - 1\right) = \frac{1}{4}t^4 + t^3 + \frac{3}{2}t^2 + t + \frac{1}{4}$

Dieser Term soll den Wert 4 annehmen:

$\frac{1}{4}t^4 + t^3 + \frac{3}{2}t^2 + t + \frac{1}{4} = 4 \quad |\cdot 4$

$t^4 + 4t^3 + 6t^2 + 4t - 15 = 0$

Es handelt sich um eine Gleichung vierten Grades, bei der sich die Unbekannte t nicht ausklammern lässt. Also muss zunächst eine Lösung geraten werden. Man findet relativ leicht $t_1 = 1$.

$(t^4 + 4t^3 + 6t^2 + 4t - 15) : (t-1)$
$= t^3 + 5t^2 + 11t + 15$

Damit wird eine Polynomdivision durchgeführt.

$t^3 + 5t^2 + 11t + 15 = 0$

Für den abdividierten Teil muss ebenfalls geraten werden. Mit mehr Mühe findet man $t_2 = -3$.

$(t^3 + 5t^2 + 11t + 15) : (t+3)$
$= t^2 + 2t + 5$

Erneute Polynomdivision führt auf einen quadratischen Term.

Der verbliebene quadratische Term hat keine Nullstellen, da seine Diskriminante negativ ist. Zusammengefasst gilt:

$\int_{-1}^{t} (x+1)^3\,dx = 4$, wenn $t = 1$ oder $t = -3$

b) $\int_0^a (x^2+a^2)\,dx = \left[\frac{1}{3}x^3+a^2x\right]_0^a = \frac{1}{3}a^3+a^2\cdot a-0=\frac{4}{3}a^3$

$\frac{4}{3}a^3=36 \iff a^3=27 \Rightarrow a=\sqrt[3]{27}=3$

124. a) $\int_{-1}^{1} f(x)\,dx = \int_{-1}^{0}(-x)\,dx+\int_0^1 x^2\,dx = \left[-\frac{1}{2}x^2\right]_{-1}^{0}+\left[\frac{1}{3}x^3\right]_0^1$

$= 0-\left(-\frac{1}{2}(-1)^2\right)+\frac{1}{3}\cdot 1^3-0=\frac{1}{2}+\frac{1}{3}=\frac{5}{6}$

b) $|2x-1| = \begin{cases} 2x-1 & \text{für } x\geq\frac{1}{2} \\ -2x+1 & \text{für } x<\frac{1}{2}\end{cases}$

$\int_0^5 |2x-1|\,dx = \int_0^{\frac{1}{2}}(-2x+1)\,dx+\int_{\frac{1}{2}}^{5}(2x-1)\,dx = \left[-x^2+x\right]_0^{\frac{1}{2}}+\left[x^2-x\right]_{\frac{1}{2}}^{5}$

$= -\frac{1}{4}+\frac{1}{2}-0+25-5-\left(\frac{1}{4}-\frac{1}{2}\right)=20{,}5$

125. a) Wegen Achsensymmetrie wird angesetzt:

b) $A = 2\cdot\int_0^2 (x^4-2x^2+1)\,dx$

$= 2\cdot\left[\frac{1}{5}x^5-\frac{2}{3}x^3+x\right]_0^2$

$= 2\cdot\left(\frac{32}{5}-\frac{16}{3}+2\right)$

$= \frac{92}{15}\text{ FE} \approx 6{,}13\text{ FE}$

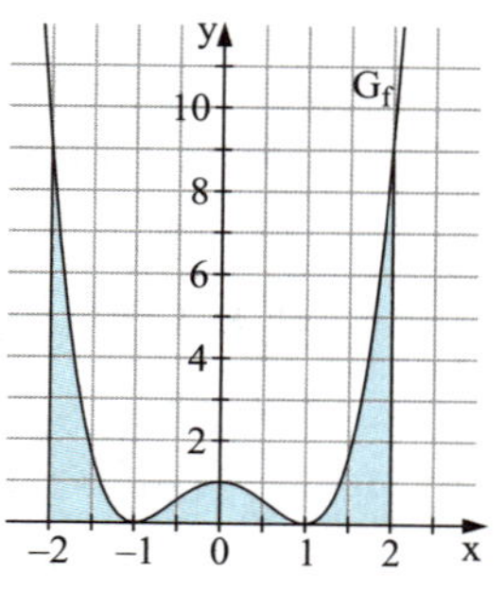

126. a) $g(x) = -\frac{1}{2}(x^3+6x^2+9x)$

b) $= -\frac{1}{2}x(x+3)^2$

Daraus lässt sich ablesen:

$x_{1/2}=-3;\quad x_3=0$

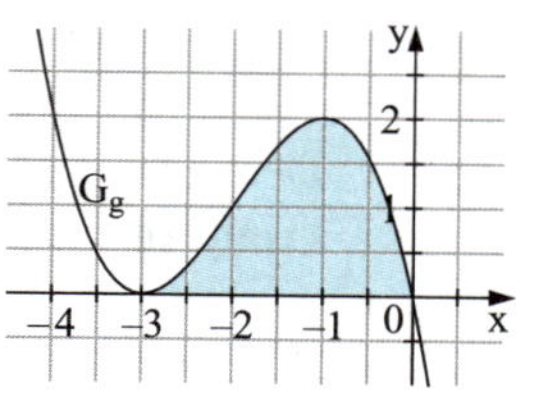

c) $A = -\frac{1}{2}\int\limits_{-3}^{0} (x^3 + 6x^2 + 9x)\,dx = -\frac{1}{2}\left[\frac{1}{4}x^4 + 2x^3 + \frac{9}{2}x^2\right]_{-3}^{0}$

$= 0 + \frac{1}{2}\left(\frac{1}{4}(-3)^4 + 2(-3)^3 + \frac{9}{2}(-3)^2\right) = \frac{27}{8}\text{ FE} = 3{,}375\text{ FE}$

127. a) $\int\limits_{0}^{\pi} \cos(x)\,dx = [\sin(x)]_0^{\pi} = 0 - 0 = 0$

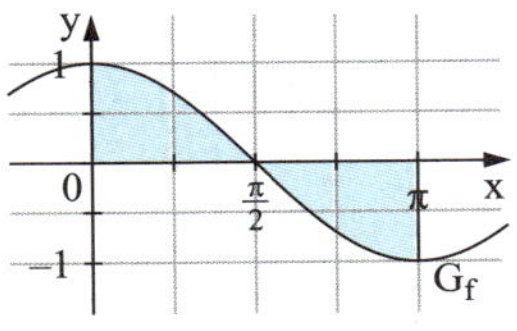

b) $A = \int\limits_{0}^{\frac{\pi}{2}} \cos(x)\,dx + \left|\int\limits_{\frac{\pi}{2}}^{\pi} \cos(x)\,dx\right|$

Wegen der Symmetrie der Flächenanteile von 0 bis $\frac{\pi}{2}$ und $\frac{\pi}{2}$ bis π (siehe Diagramm) kann man den gesuchten Flächeninhalt einfacher berechnen:

$A = \mathbf{2} \cdot \int\limits_{0}^{\frac{\pi}{2}} \cos(x)\,dx = 2[\sin(x)]_0^{\frac{\pi}{2}} = 2\left(\sin\left(\frac{\pi}{2}\right) - \sin(0)\right) = 2(1-0) = 2\text{ FE}$

c) Im ersten Fall wird das bestimmte Integral berechnet, das Flächeninhalte oberhalb der x-Achse mit plus und solche unterhalb der x-Achse mit minus bewertet.
Da beide Teilflächeninhalte gleich groß sind, ergibt das bestimmte Integral 0. Soll, wie bei Teilaufgabe b, eine Flächenberechnung durchgeführt werden, muss man das beachten und die Anteile getrennt berechnen.

128. a) Beim Auszählen hat man zunächst drei Kästchen mit Seitenlänge 1, die (fast) ganz unter G_f liegen. Hinzu kommen in etwa noch zwei halbe Kästchen und vielleicht noch ein viertel Kästchen unten rechts. Der Flächeninhalt sollte also gut 4 FE betragen.

b) Der gesuchte Flächeninhalt ist die Differenz der Funktionswerte einer (beliebigen) Stammfunktion F in Form von oberer Grenze minus unterer Grenze. Hier also: $F(3) - F(0)$. Diese beiden Funktionswerte lassen sich mühelos aus dem (farbigen) Graphen von F ablesen:
$A = F(3) - F(0) = 3{,}5 - (-1) = 4{,}5\text{ FE}$

129. a) $f(x)=0$

$x^3-6x=0 \quad\Leftrightarrow\quad x(x^2-6)=0$

$x_1=0;\ x_{1/2}=\pm\sqrt{6}$

Da es um die eingeschlossene Fläche mit der **positiven** x-Achse geht, ist nur von 0 bis $\sqrt{6}$ zu integrieren:

$$A=\left|\int_0^{\sqrt{6}}(x^3-6x)\,dx\right|$$

$$=\left|\left[\frac{1}{4}x^4-3x^2\right]_0^{\sqrt{6}}\right|$$

$$=\left|\frac{1}{4}\sqrt{6}^4-3\sqrt{6}^2-0\right|$$

$$=\left|\frac{1}{4}\cdot 36-3\cdot 6\right|=9\text{ FE}$$

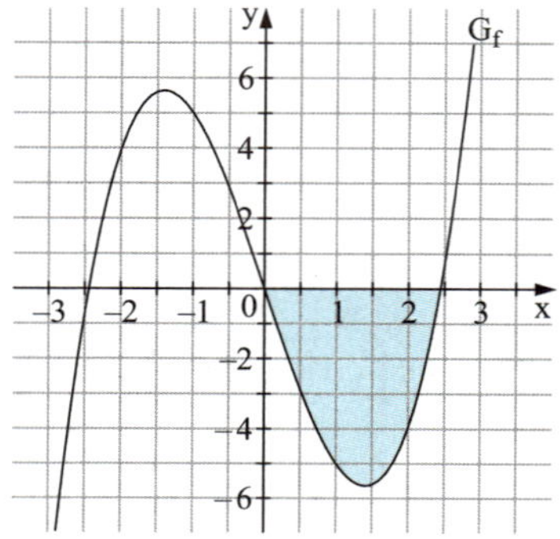

b) Es liegt Achsensymmetrie vor.
Die Nullstellen liegen bei $x_{1/2}=0$ und $x_{3/4}=\pm 2$.

$$A=\mathbf{2}\cdot\left|\int_0^2\left(\frac{1}{4}x^4-x^2\right)dx\right|$$

$$=2\cdot\left|\left[\frac{1}{20}x^5-\frac{1}{3}x^3\right]_0^2\right|$$

$$=\frac{32}{15}\text{ FE}\approx 2{,}13\text{ FE}$$

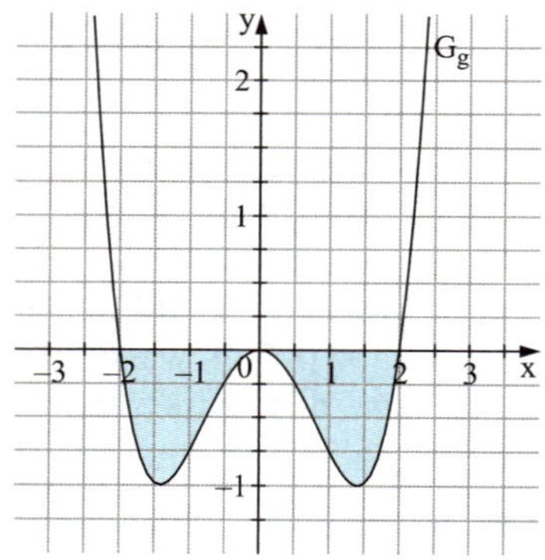

130. a) Da f nur ungerade Exponenten enthält, ist G_f punktsymmetrisch zum Ursprung und hat deshalb auch im Ursprung seinen Wendepunkt W(0|0).

$f(x)=0 \quad\Leftrightarrow\quad x(x^2-3)=0$

$x_1=0;\ x_{2/3}=\pm\sqrt{3}$

$f'(x)=3x^2-3$

$f''(x)=6x$

$f'(x)=0 \quad\Leftrightarrow\quad 3x^2-3=0 \quad\Leftrightarrow\quad x^2=1$

$\Rightarrow\quad x_{1/2}=\pm 1$

Wegen $f''(1)=6>0$ folgt T(1|–2).
Aus der Symmetrie ergibt sich weiter: H(–1|2)

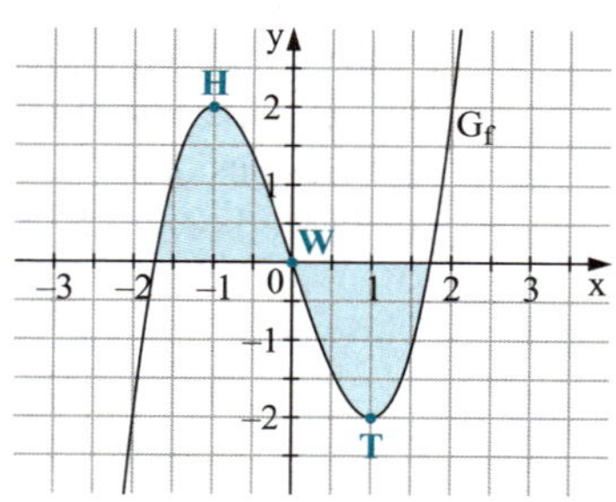

b) Wegen der Symmetrie genügt es, von 0 bis $\sqrt{3}$ zu integrieren und den Betrag zu verdoppeln.

$$A = 2 \cdot \left| \int_0^{\sqrt{3}} (x^3 - 3x)\, dx \right| = 2 \cdot \left| \left[\tfrac{1}{4}x^4 - \tfrac{3}{2}x^2 \right]_0^{\sqrt{3}} \right| = 2 \cdot \left| \tfrac{9}{4} - \tfrac{9}{2} \right|$$

$$= \tfrac{9}{2}\ \text{FE} = 4{,}5\ \text{FE}$$

c) Wegen der Symmetrie der beiden Flächenanteile und weil ein Teil über und der andere unter der x-Achse liegt, gilt:

$$\int_{-\sqrt{3}}^{\sqrt{3}} (x^3 - 3x)\, dx = 0$$

131. a) Getrennte Berechnung der zwei Flächenanteile:

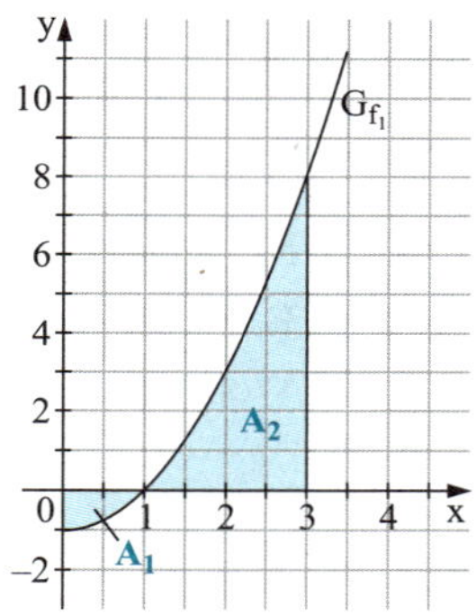

$$A_1 = \left| \int_0^1 (x^2 - 1)\, dx \right| = \left| \left[\tfrac{1}{3}x^3 - x \right]_0^1 \right|$$

$$= \left| \tfrac{1}{3} - 1 - 0 \right| = \tfrac{2}{3}\ \text{FE}$$

$$A_2 = \int_1^3 (x^2 - 1)\, dx = \left[\tfrac{1}{3}x^3 - x \right]_1^3$$

$$= 9 - 3 - \left(\tfrac{1}{3} - 1 \right) = \tfrac{20}{3}\ \text{FE}$$

$$A = A_1 + A_2 = \tfrac{22}{3}\ \text{FE} \approx 7{,}33\ \text{FE}$$

b) $f_t(x) = 0 \;\Leftrightarrow\; x^2 - t^2 = 0 \;\Leftrightarrow\; x^2 = t^2 \;\Rightarrow\; x_{1/2} = \pm t$

c) Zunächst wird unter Berücksichtigung der Symmetrie der eingeschlossene Flächeninhalt in Abhängigkeit von t berechnet:

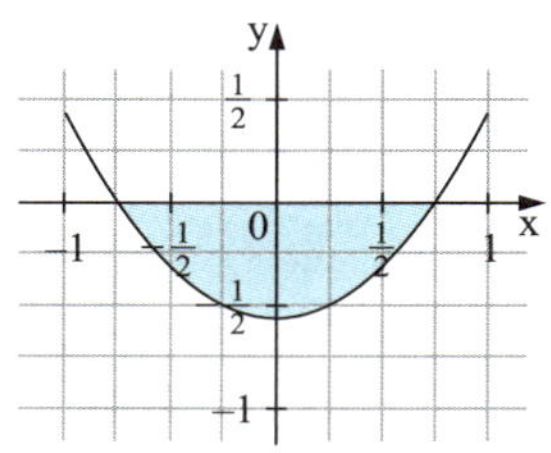

$$A(t) = \mathbf{2} \cdot \left| \int_0^t (x^2 - t^2)\, dx \right|$$

$$= 2 \cdot \left| \left[\tfrac{1}{3}x^3 - t^2 x \right]_0^t \right|$$

$$= 2 \cdot \left| \tfrac{1}{3}t^3 - t^3 - 0 \right| = 2 \cdot \left| -\tfrac{2}{3}t^3 \right| = \tfrac{4}{3}t^3$$

Dieser Wert soll $\frac{9}{16}$ sein, also wird gleichgesetzt:

$$\tfrac{4}{3}t^3 = \tfrac{9}{16} \;\Leftrightarrow\; t^3 = \tfrac{27}{64} \;\Rightarrow\; t = \sqrt[3]{\tfrac{27}{64}} = \tfrac{3}{4}$$

132. Ansatz auf Schneiden: $f(x) = g(x)$

$x^2 = \frac{1}{4}x^2 + 2 \iff x^2 = \frac{8}{3}$

$\Rightarrow x_{1/2} = \pm\sqrt{\frac{8}{3}} = \pm\frac{2}{3}\sqrt{6} \approx \pm 1,63$

Wegen der Symmetrie kann man ansetzen:

$$A = 2 \cdot \int_0^{\sqrt{\frac{8}{3}}} \left(\frac{1}{4}x^2 + 2 - x^2\right) dx$$

$$= 2 \cdot \int_0^{\sqrt{\frac{8}{3}}} \left(-\frac{3}{4}x^2 + 2\right) dx = 2 \cdot \left[-\frac{1}{4}x^3 + 2x\right]_0^{\sqrt{\frac{8}{3}}}$$

$$= 2 \cdot \left(-\frac{1}{4}\sqrt{\frac{8}{3}}^3 + 2\sqrt{\frac{8}{3}} - 0\right) = 2 \cdot \sqrt{\frac{8}{3}}\left(-\frac{1}{4} \cdot \frac{8}{3} + 2\right)$$

$$= 2 \cdot \sqrt{\frac{8}{3}} \cdot \frac{4}{3} = \frac{8}{3} \cdot \sqrt{\frac{8}{3}} = \frac{16}{9}\sqrt{6} \text{ FE} \approx 4,35 \text{ FE}$$

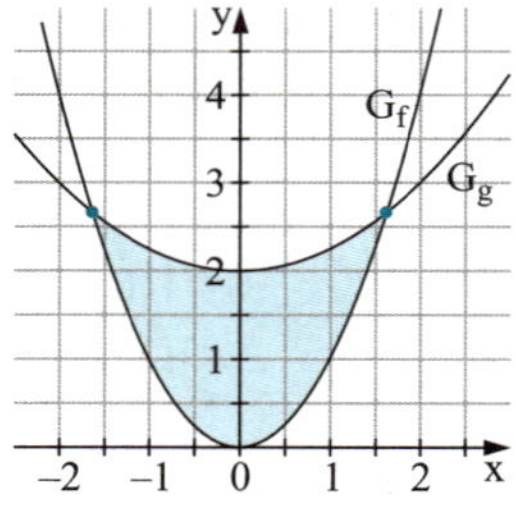

133. a) Nullstellen: $x_1 = 0$; $x_{2/3} = 3$

Extrema: H(1 | 2); T(3 | 0)

Wendepunkt: W(2 | 1)

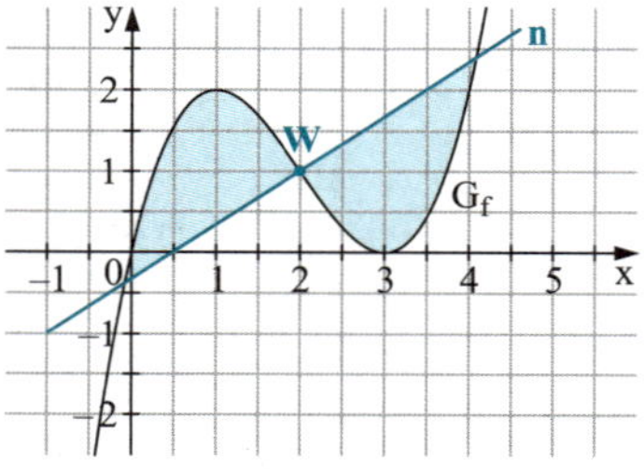

b) $x_W = 2$; $f(2) = 1$; $f'(2) = -\frac{3}{2}$ — Berechnung der Normalen in W

n: $y = \frac{2}{3}(x-2) + 1 = \frac{2}{3}x - \frac{1}{3}$

$f(x) = n(x)$ — Graph mit Normale schneiden

$\iff \frac{1}{2}x^3 - 3x^2 + \frac{9}{2}x = \frac{2}{3}x - \frac{1}{3}$

$\iff 3x^3 - 18x^2 + 23x + 2 = 0$ — Die Gleichung muss mit Polynomdivision gelöst werden. Eine Lösung ist bekannt: die Wendestelle $x_W = 2$.

$(3x^3 - 18x^2 + 23x + 2) : (x-2)$
$= 3x^2 - 12x - 1$

$x_{2/3} = 2 \pm \frac{1}{3}\sqrt{39} \approx \begin{cases} 4,08 \\ -0,08 \end{cases}$ — Die quadratische Gleichung wird mit der Lösungsformel gelöst.

$$A_2 = \int_2^{4,08} \left(\tfrac{2}{3}x - \tfrac{1}{3} - \left(\tfrac{1}{2}x^3 - 3x^2 + \tfrac{9}{2}x\right)\right) dx$$

Da beide Flächenstücke gleich groß sind (es herrscht Punktsymmetrie bzgl. des Wendepunktes), wird der Inhalt der rechten Fläche berechnet und anschließend verdoppelt.

$$= \int_2^{4,08} \left(-\tfrac{1}{2}x^3 + 3x^2 - \tfrac{23}{6}x - \tfrac{1}{3}\right) dx$$

$$= \left[-\tfrac{1}{8}x^4 + x^3 - \tfrac{23}{12}x^2 - \tfrac{1}{3}x\right]_2^{4,08}$$

$$\approx 2,35 \text{ FE}$$

Die Gesamtfläche ist damit:

$A \approx 4,70$ FE

134. a) Die Fläche ist symmetrisch, man kann sich daher auf die rechte Hälfte beschränken. Für die nach oben geöffnete Parabel wird wegen Symmetrie und Scheitel $S_o(0\,|\,1)$ angesetzt: $f(x) = ax^2 + 1$

Da diese Parabel außerdem durch den Punkt $P(2\,|\,5)$ geht, folgt weiter:

$f(2) = 5 \;\Rightarrow\; a \cdot 2^2 + 1 = 5 \;\Rightarrow\; a = 1$

Also: $f(x) = x^2 + 1$

Bei der nach unten geöffneten Parabel liest man sofort $c = 5$ ab und setzt noch an: $g(x) = ax^2 + bx + 5$. Da $S_u(1\,|\,7)$ Scheitel ist, folgt:

(1) $g(1) = 7 \;\Rightarrow\; a + b + 5 = 7 \;\Rightarrow\; a + b = 2$

(2) $g'(1) = 0 \;\Rightarrow\; 2a + b = 0$

Daraus ergibt sich: $g(x) = -2x^2 + 4x + 5$

Die eingeschlossene Fläche beträgt:

$$A = 2 \cdot \int_0^2 (g(x) - f(x))\,dx = 2 \cdot \int_0^2 (-3x^2 + 4x + 4)\,dx = 16 \text{ FE}$$

b) Zunächst erkennt man, dass es sich um ein achsensymmetrisches Flächenstück handelt. Es genügt, eine Hälfte zu bestimmen. Man benötigt die Begrenzungen x_1 und x_2, wobei $x_1 > 0$ und $x_2 > 0$:

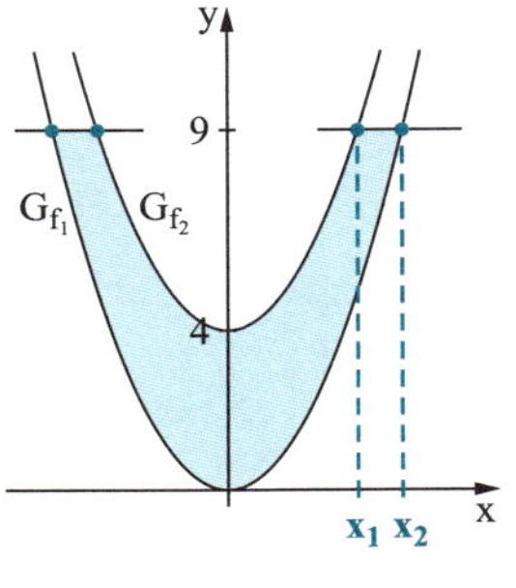

$f_2(x) = 9$ Ansetzen auf Schneiden

$x^2 + 4 = 9$

$x^2 = 5 \;\Rightarrow\; x_1 = \sqrt{5}$

$f_1(x) = 9$

$x^2 = 9 \;\Rightarrow\; x_2 = 3$

$$A_1 = \int_0^{\sqrt{5}} (f_2(x) - f_1(x))\,dx = \int_0^{\sqrt{5}} (x^2 + 4 - x^2)\,dx = \int_0^{\sqrt{5}} 4\,dx$$
$$= [4x]_0^{\sqrt{5}} = 4\sqrt{5} \approx 8{,}94$$
$$A_2 = \int_{\sqrt{5}}^{3} (9 - f_1(x))\,dx = \int_{\sqrt{5}}^{3} (9 - x^2)\,dx = \left[9x - \tfrac{1}{3}x^3\right]_{\sqrt{5}}^{3}$$
$$= 9\cdot 3 - \tfrac{1}{3}\cdot 3^3 - \left(9\sqrt{5} - \tfrac{1}{3}\sqrt{5}^3\right) = 27 - 9 - \sqrt{5}\left(9 - \tfrac{1}{3}\cdot 5\right)$$
$$= 18 - \sqrt{5}\cdot\tfrac{22}{3} \approx 1{,}60$$
$$A = 2(A_1 + A_2) = 36 - \tfrac{20}{3}\sqrt{5} \approx 21{,}09 \text{ FE}$$

c) $f(x) = ax^2 - 3$ — Ansatz: Die (große) Parabel ist symmetrisch zur y-Achse und hat den y-Achsenabschnitt –3. Nullstelle π

$$f(\pi) = 0 \quad\Rightarrow\quad a\pi^2 - 3 = 0$$
$$\Rightarrow\quad a = \frac{3}{\pi^2}$$
$$f(x) = \frac{3}{\pi^2}x^2 - 3$$

$g_1(x) = \sin(x)$ — obere rechte Funktion

$g_2(x) = |\sin(x)| = -\sin(x)$ — Die obere linke Funktion wird wegen der Symmetrie nicht zur Berechnung benötigt.

$$A_R = \int_0^{\pi} \left(\sin(x) - \left(\frac{3}{\pi^2}x^2 - 3\right)\right)dx = \left[-\cos(x) - \frac{1}{\pi^2}x^3 + 3x\right]_0^{\pi}$$
$$= -\cos(\pi) - \frac{1}{\pi^2}\cdot\pi^3 + 3\pi - (-\cos(0)) = 1 - \pi + 3\pi + 1 = 2 + 2\pi$$
$$A = 2\cdot A_R = 4 + 4\pi \approx 16{,}57 \text{ FE}$$

d)
$$A = \int_0^1 (\sqrt{x} - x^2)\,dx$$
$$= \left[\tfrac{2}{3}x^{\frac{3}{2}} - \tfrac{1}{3}x^3\right]_0^1$$
$$= \tfrac{2}{3} - \tfrac{1}{3} = \tfrac{1}{3} \text{ FE}$$

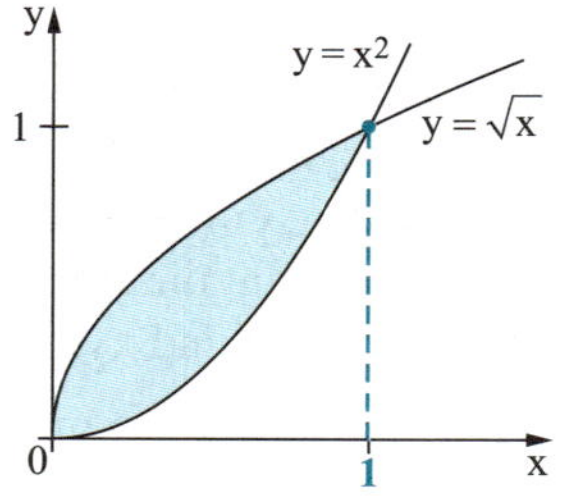

135. $A_1 = \int_0^a x^2\,dx = \left[\tfrac{1}{3}x^3\right]_0^a = \tfrac{1}{3}a^3$ — Flächeninhalt unter der Parabel

$A = \text{Breite}\cdot\text{Höhe} = a\cdot a^2 = a^3$ — Gesamtflächeninhalt des Rechtecks

$A_2 = \frac{2}{3}a^3$ über der Parabel liegender Flächeninhalt

$A_2 : A_1 = \frac{\frac{2}{3}a^3}{\frac{1}{3}a^3} = \frac{2}{1}$ Verhältnis der Flächeninhalte

Unabhängig von a ist demnach der Flächeninhalt über der Parabel immer doppelt so groß wie der unter der Parabel.

136. Der Graph von g enthält den Ursprung und hat dort eine waagrechte Tangente. Weil das bestimmte Integral negativ ist, muss er ferner im IV. Quadranten verlaufen.
Es sind natürlich auch noch andere Varianten denkbar. Wichtig sind die waagrechte Tangente im Ursprung und der Flächenanteil unter der x-Achse.

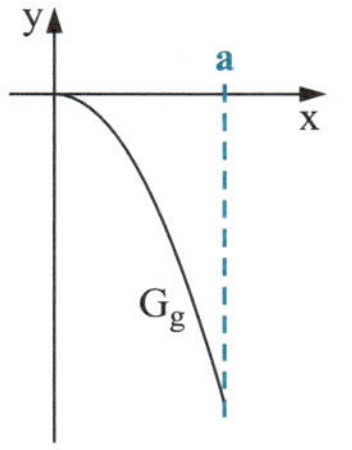

137. a) Da die Mauer oben 1,5 m breit sein soll, hat der rechte obere Eckpunkt die x-Koordinate 0,75 (Symmetrie).
$r_a(0{,}75) = 10 \quad \Leftrightarrow \quad a(0{,}75-2)^2 = 10 \quad \Rightarrow \quad a = 6{,}4$

b) Wegen der Symmetrie konzentriert man sich auf die rechte Hälfte. Hier ist es wichtig zu erkennen, dass sich die Fläche aus zwei unterschiedlichen Teilflächen zusammensetzt: einem Rechteck der Breite 0,75 und der Höhe 10 sowie dem Stück unter der Parabel im Bereich $0{,}75 \le x \le 2$.

$A_1 = 0{,}75 \cdot 10 = 7{,}5$

$$A_2 = \int_{0{,}75}^{2} 6{,}4 \cdot (x-2)^2 \, dx = 6{,}4 \cdot \int_{0{,}75}^{2} (x^2 - 4x + 4) \, dx$$

$$= 6{,}4 \cdot \left[\frac{1}{3}x^3 - 2x^2 + 4x\right]_{0{,}75}^{2} \approx 4{,}17 \text{ FE}$$

Der gesamte Flächeninhalt ist damit:
$A = 2(A_1 + A_2) \approx 23{,}34 \text{ m}^2$

c) $$g(x) = \begin{cases} 6{,}4 \cdot (-x-2)^2 & \text{für } -2 \le x < -0{,}75 \\ 10 & \text{für } -0{,}75 \le x < 0{,}75 \\ 6{,}4 \cdot (x-2)^2 & \text{für } 0{,}75 \le x \le 2 \end{cases}$$

Der linke parabelförmige Mauerrand wurde wegen der Symmetrie aus dem rechten Rand durch Spiegelung an der y-Achse angegeben. Dabei ersetzt man einfach x durch –x.

d) An den Übergangsstellen bei $\pm 0{,}75$ ist g(x) stetig (keine Sprünge) und nicht differenzierbar.

138. a) $A_K = r^2\pi$ — Kreisfläche

$A_{HK} = \frac{1}{2}\pi$ — Halbkreis mit r = 1

$A_{RE} = 2h$ — Rechteck mit Breite 2 und Höhe h

$A_{HK} = A_{RE}$ — Beide Flächeninhalte sollen gleich sein.

$\frac{1}{2}\pi = 2h \;\Rightarrow\; h = \frac{1}{4}\pi \approx 0{,}785$

Die rechts und links außerhalb des Halbkreises liegenden Flächenanteile des Rechtecks sind genauso groß wie das Flächenstück im oberen Teil des Halbkreises, das nicht durch das Rechteck abgedeckt wird.

b) Der Flächeninhalt unter der Parabel wird mit dem Integral berechnet:

$$A = 2\int_0^1 (1-x^2)\,dx = 2\cdot\left[x - \frac{1}{3}x^3\right]_0^1 = \frac{4}{3}\text{ FE}$$

Flächengleichheit:

$\frac{4}{3} = 2h \;\Rightarrow\; h = \frac{2}{3} \approx 0{,}667$

c) (1) Allgemein berechnet man den (vorzeichenbehafteten) Flächeninhalt einer Funktion f auf dem Intervall [a; b] mit dem bestimmten Integral:

$$\int_a^b f(x)\,dx$$

Für den Flächeninhalt eines Rechteckes mit der Breite der Intervalllänge von [a; b] und der Höhe m gilt: $(b-a)\cdot m$. Setzt man beide gleich und löst nach m auf, so ergibt sich die Formel für den Mittelwert einer Funktion gemäß:

$$m = \frac{1}{b-a}\int_a^b f(x)\,dx$$

(2) $$m = \frac{1}{3-0}\int_0^3 x^2\,dx = \frac{1}{3}\cdot\left[\frac{1}{3}x^3\right]_0^3 = 3$$

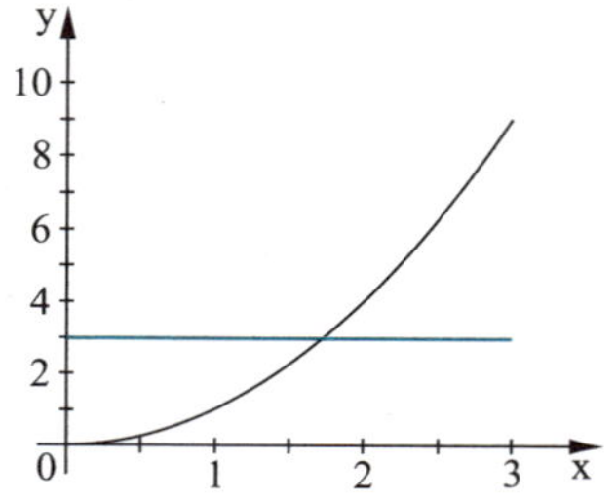

139. $k(x) = ax(x-4)$ — Zunächst wird die „Kanalfunktion" aufgestellt. Nach Zeichnung sind Nullstellen bei 0 und 4.

$k(2) = -2 \;\Rightarrow\; a = \frac{1}{2}$ — Der Parameter a wird mithilfe der abgelesenen Scheitelkoordinaten bestimmt.

$A_K = \left\| \int_0^4 \frac{1}{2} x(x-4)\,dx \right\|$	Die Querschnittsfläche des Kanals wird berechnet.
$= \frac{1}{2} \left\| \int_0^4 (x^2-4x)\,dx \right\|$	
$= \frac{1}{2} \left\| \left[\frac{x^3}{3} - 2x^2 \right]_0^4 \right\| \approx 5{,}33$	
$A_D = \frac{1}{2} \cdot 3 \cdot h = 1{,}5 \cdot h$	Flächeninhalt des Dreiecks
$1{,}5 \cdot h = 5{,}33 \;\Rightarrow\; h \approx 3{,}55$	Die Inhalte beider Flächen müssen gleich sein.
$\tan(\alpha) = \frac{3{,}55}{3} \;\Rightarrow\; \alpha \approx 50°$	Bestimmung des Winkels

140. $f_k(x) = \frac{-x^2+k^2}{x^2} = \frac{-x^2}{x^2} + \frac{k^2}{x^2} = -1 + \frac{k^2}{x^2}$; $k \in \mathbb{R} \wedge k > 0$

a) $D_{max} = \mathbb{R} \setminus \{0\}$; 0 ist eine Polstelle 2. Ordnung (ohne VZW).

b) D_{max} ist symmetrisch zum Ursprung und es gilt:

$f_k(-x) = \frac{-(-x)^2+k^2}{(-x)^2} = \frac{-x^2+k^2}{x^2} = f_k(x)$

$\Rightarrow$ G_{f_k} ist achsensymmetrisch zur y-Achse.

c) **Nullstellen**

$f_k(x) = 0 \;\Rightarrow\; -x^2+k^2 = 0 \;\Leftrightarrow\; x^2 = k^2 \;\Rightarrow\; x_{1/2} = \pm k$

Asymptoten

v. A. $x = 0$	Polstelle
h. A. $y = -1$	Zählergrad = Nennergrad

d) $f_k'(x) = (-1+k^2x^{-2})' = 0 - 2k^2x^{-3} = -\frac{2k^2}{x^3}$

Die Gleichung $f_k'(x) = 0$ hat keine Lösung, der Graph daher keine waagrechten Tangenten. Das bedeutet, dass keine Extrempunkte existieren.

e) Die Nullstellen sind $x_1 = -k$ und $x_2 = k$.
Wegen $k > 0$ muss $k = 2$ sein, damit –2 Nullstelle ist.

f)

x	0	±0,5	±1	±2	±3	±4
$f_2(x)$	/	15	3	0	−0,56	−0,75

g) Es handelt sich um ein Flächenstück zwischen zwei Graphen.

$$A_g = \int_1^3 (f_2(x) - (-1))\,dx$$
$$= \int_1^3 \left(-1 + \frac{4}{x^2} + 1\right) dx$$
$$= \int_1^3 4x^{-2}\,dx = \left[-4x^{-1}\right]_1^3$$
$$= \left[-\frac{4}{x}\right]_1^3 = -\frac{4}{3} + \frac{4}{1} = \frac{8}{3}\text{ FE}$$

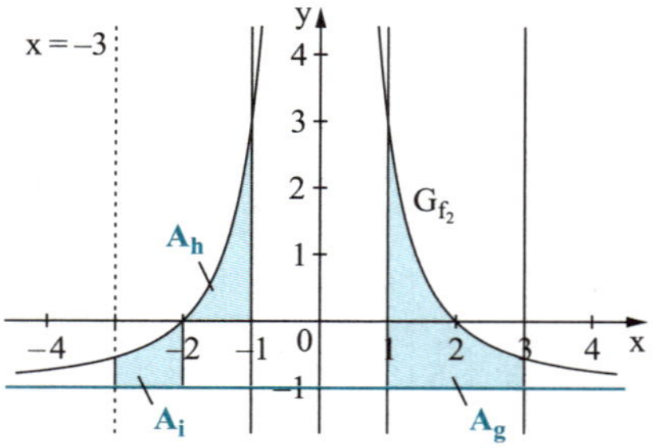

h) $$A_h = \int_{-2}^{-1} f_2(x)\,dx = \int_{-2}^{-1} \left(-1 + \frac{4}{x^2}\right) dx = \left[-x - \frac{4}{x}\right]_{-2}^{-1}$$
$$= -(-1) - \frac{4}{-1} - \left(-(-2) - \frac{4}{-2}\right) = 1 + 4 - 2 - 2 = 1\text{ FE}$$

i) $$A_i = \int_a^{-2} (f_2(x) - (-1))\,dx = \int_a^{-2} \left(-1 + \frac{4}{x^2} + 1\right) dx = \left[-\frac{4}{x}\right]_a^{-2}$$
$$= -\frac{4}{-2} - \left(-\frac{4}{a}\right) = 2 + \frac{4}{a}$$

Grenzwert: $\lim\limits_{a \to -\infty} \left(2 + \frac{4}{a}\right) = 2$ FE

Das ist der Flächeninhalt, wenn a nach $-\infty$ verschoben wird. Obwohl die Breite der zugehörigen Fläche gegen ∞ geht, ist ihr Inhalt endlich.

141. $f_t(x) = \frac{-x^4 + t}{x^2} = -\frac{x^4}{x^2} + \frac{t}{x^2} = -x^2 + \frac{t}{x^2}$

a) $D_{max} = \mathbb{R} \setminus \{0\}$
Für $t \neq 0$ handelt es sich um eine Polstelle 2. Ordnung.
Für $t = 0$ ist es eine stetig hebbare Definitionslücke.

b) D_{max} ist symmetrisch zum Ursprung und es gilt:
$$f_t(-x) = \frac{-(-x)^4 + t}{(-x)^2} = -\frac{-x^4 + t}{x^2} = f_t(x)$$
$\Rightarrow$ G_{f_t} ist achsensymmetrisch zur y-Achse.

c) $f_t(x) = 0 \;\Rightarrow\; -x^4 + t = 0 \;\Rightarrow\; x^4 = t$
Fall 1: $t < 0 \;\Rightarrow$ keine Nullstellen
Fall 2: $t = 0 \;\Rightarrow$ keine Nullstellen, da $0 \notin D_{max}$
Fall 3: $t > 0 \;\Rightarrow$ zwei einfache Nullstellen $x_{1/2} = \pm\sqrt[4]{t}$

d) $f_t'(x) = (-x^2 + tx^{-2})' = -2x - 2tx^{-3}$

$f_t''(x) = -2 + 6tx^{-4}$

e) $f_t'(-1) = 0$ Ansatz für waagrechte Tangente

$-2 \cdot (-1) - 2t(-1)^{-3} = 0$

$2 + 2t = 0 \Rightarrow t = -1$

f) $f_t'(x) = 0 \Rightarrow -2x - \frac{2t}{x^3} = 0 \quad | \cdot x^3$

$-2x^4 - 2t = 0$

$x^4 = -t$

$x_{1/2} = \pm\sqrt[4]{-t}$ wegen $t < 0$

$f_t''(\sqrt[4]{-t}) = -2 + \frac{6t}{(\sqrt[4]{-t})^4} = -2 + \frac{6t}{-t}$

$= -8 < 0 \Rightarrow$ lokales Maximum

$f_t(\sqrt[4]{-t}) = -(\sqrt[4]{-t})^2 + \frac{t}{(\sqrt[4]{-t})^2} = -\left[(-t)^{\frac{1}{4}}\right]^2 + \frac{t}{\left[(-t)^{\frac{1}{4}}\right]^2} = -(-t)^{\frac{2}{4}} + \frac{t}{(-t)^{\frac{2}{4}}}$

$= -(-t)^{\frac{1}{2}} + t \cdot (-t)^{-\frac{1}{2}} = -(-t)^{\frac{1}{2}} - (-t)^1 \cdot (-t)^{-\frac{1}{2}}$

$= -(-t)^{\frac{1}{2}} - (-t)^{\frac{1}{2}} = -2(-t)^{\frac{1}{2}} = -2\sqrt{-t}$

$\Rightarrow$ Hochpunkt $H\left(\sqrt[4]{-t} \mid -2\sqrt{-t}\right)$

Wegen Symmetrie: Hochpunkt $H\left(-\sqrt[4]{-t} \mid -2\sqrt{-t}\right)$

g) $f_t''(x) = -2 + \frac{6t}{x^4} < 0$, da $t < 0$

$\Rightarrow$ Die Graphen von f_t sind in jedem Intervall rechtsgekrümmt.

h)

x	0	±0,5	±1	±1,5	±2	±2,5	±3
$f_{-1}(x)$	/	−4,25	−2	−2,69	−4,25	−6,41	−9,11

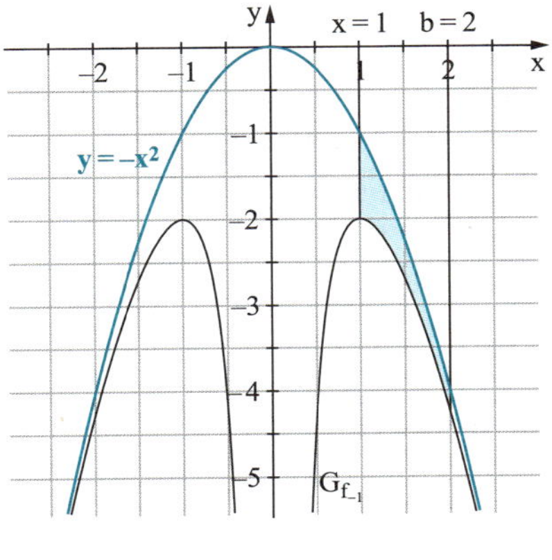

i) $\int f_{-1}(x)\,dx = \int\left(-x^2-\frac{1}{x^2}\right)dx = \int(-x^2-x^{-2})\,dx$

$= -\frac{1}{3}x^3+x^{-1}+C = -\frac{1}{3}x^3+\frac{1}{x}+C = \frac{-x^4+3}{3x}+C$

j) $f_{-1}(x) = g(x)$ Ansatz

$-x^2-\frac{1}{x^2} = -x^2 \quad |+x^2$

$-\frac{1}{x^2} = 0 \quad |\cdot x^2$

$-1 = 0$ keine Lösung $\Rightarrow$ kein Schnittpunkt

k) Siehe obiges Diagramm.

l) $A(b) = \int_1^b (g(x)-f_{-1}(x))\,dx = \int_1^b \left(-x^2-\left(-x^2-\frac{1}{x^2}\right)\right)dx$

$= \int_1^b \frac{1}{x^2}\,dx = \int_1^b x^{-2}\,dx = \left[-x^{-1}\right]_1^b = -\frac{1}{b}+1 = 1-\frac{1}{b}$

m) $A(b) = 0{,}75$ Ansatz

$1-\frac{1}{b} = 0{,}75 \quad\Leftrightarrow\quad \frac{1}{b} = 0{,}25 \quad\Leftrightarrow\quad b = 4$

n) $\lim\limits_{b\to\infty} A(b) = \lim\limits_{b\to\infty}\left(1-\frac{1}{b}\right) = 1$

142. a) 1-mal falten $\triangleq$ 2 Lagen Papier $\triangleq$ 2 mm
2-mal falten $\triangleq$ 4 Lagen Papier $\triangleq$ 4 mm
⋮
40-mal falten $\triangleq$ 2^{40} Lagen Papier $\triangleq$ 2^{40} mm

$\Rightarrow\quad h = 2^{40}\text{ mm} \approx 1{,}1\cdot 10^{12}\text{ mm} = 1{,}1\cdot 10^{9}\text{ m} = 1{,}1\cdot 10^{6}\text{ km}$

Die Höhe des Stapels beträgt also mehr als 1 Mio. km, das ist fast 3-mal die Entfernung Erde–Mond.

b) $E_{20} = E_0\cdot 1{,}02^{20} \approx 1{,}49\cdot E_0$, wobei E_0 = heutiger Energieverbrauch
Der Energieverbrauch wird also um knapp 50 % höher liegen als heute.

c) $A_n = A_0\cdot\left(1+\frac{p}{100}\right)^n$ mit $p = -3$, A_0 = jetzige Regenwaldfläche

$A_{10} = A_0\cdot 0{,}97^{10} \approx 0{,}74\cdot A_0$

Nach 10 Jahren ist noch 74 % der Regenwaldfläche übrig, diese ist also um 26 % geschrumpft.

$A_{25} = A_0 \cdot 0{,}97^{25} \approx 0{,}47 \cdot A_0$

47 % übrig, also Schrumpfung um 53 %

$A_{50} = A_0 \cdot 0{,}97^{50} \approx 0{,}22 \cdot A_0$

22 % übrig, also Schrumpfung um 78 %

d) $K_{65} = 10\,000 \cdot \left(1 + \frac{5}{100}\right)^{65} = 10\,000 \cdot 1{,}05^{65} \approx 238\,399$ [€] Zinseszinsformel

$K_{67} = 10\,000 \cdot \left(1 + \frac{2}{100}\right)^{67} = 10\,000 \cdot 1{,}02^{67} \approx 37\,689$ [€] Vergleichsbetrag

e) $K_6 = 25\,000 \cdot (1 - 0{,}1)^6 = 25\,000 \cdot 0{,}9^6 \approx 13\,286$ [€]

143. a)

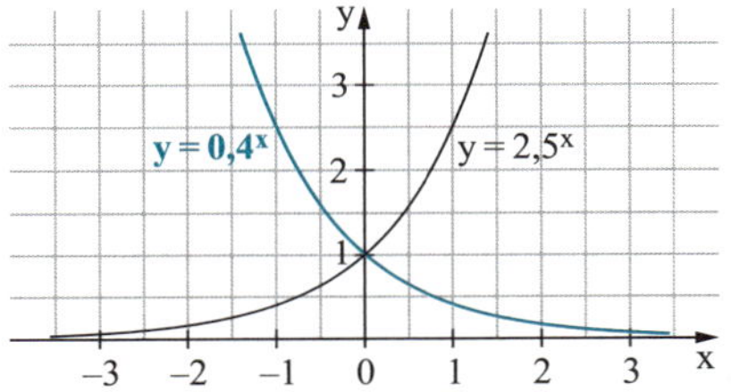

b)

x	y
0	1
1	1,5
2	2,25
3	3,375
4	5,0625
5	7,59375
6	11,390625
7	17,0859375
8	25,62890625
9	38,44335938
10	57,66503906

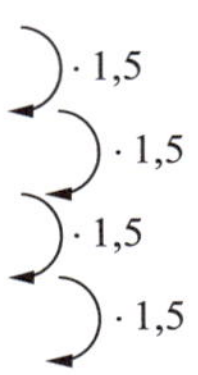

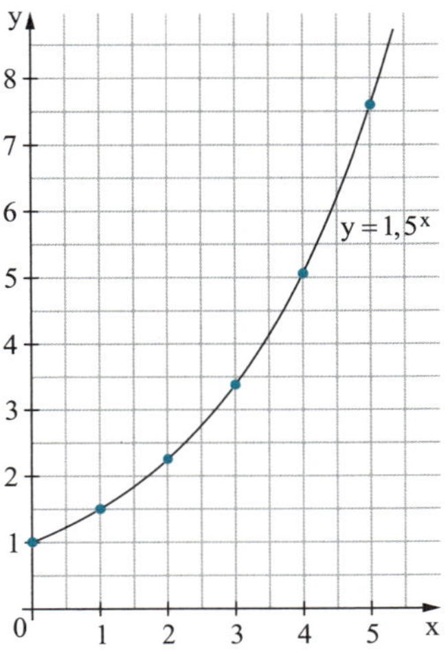

Die y-Werte nehmen jeweils um 50 % zu (Faktor 1,5).

$y_{10} = y_0 \cdot 1{,}5^{10} \approx 1 \cdot 57{,}665 = 57{,}665$

y_{10} ist um 5 766,5 % größer als y_0.

Die Funktionsgleichung lautet: $f(x) = 1 \cdot 1{,}5^x = 1{,}5^x$

144. a) $\lg(1)=0$; $\lg(10)=1$;
$\lg(100)=2$; $\lg(0{,}1)=-1$;
$\lg(10^6)=6$; $\lg\left(\frac{1}{1000}\right)=\lg(10^{-3})=-3$;

$\lg\left(\sqrt[3]{100}\right)=\lg\left(100^{\frac{1}{3}}\right)=\frac{1}{3}\lg(100)=\frac{2}{3}$

b) $\mathrm{ld}(2)=1$; $\mathrm{ld}(8)=\mathrm{ld}(2^3)=3$;
$\mathrm{ld}(512)=\mathrm{ld}(2^9)=9$; $\mathrm{ld}(0{,}25)=\mathrm{ld}(2^{-2})=-2$;
$\mathrm{ld}\left(\frac{1}{2}\right)=\mathrm{ld}(2^{-1})=-1$; $\mathrm{ld}\left(\sqrt{2}\right)=\mathrm{ld}\left(2^{\frac{1}{2}}\right)=\frac{1}{2}$;
$\mathrm{ld}(2^{10})=10$
Mit Basisumrechnungsformel gilt z. B.:
$\mathrm{ld}(512)=\frac{\lg(512)}{\lg(2)}=9$

145. a) $\lg\left(\frac{10x^2}{(x+1)^2}\right)=\lg(10)+\lg(x^2)-\lg\left((x+1)^2\right)=1+\lg(x^2)-\lg\left((x+1)^2\right)$
Für positive x können die Quadrate vorgezogen werden:
$\lg\left(\frac{10x^2}{(x+1)^2}\right)=1+2\lg(x)-2\lg(x+1)$

b) $\log_2(4\sqrt{x})=\log_2(4)+\log_2\left(x^{\frac{1}{2}}\right)=2+\frac{1}{2}\log_2(x)$

c) $2\log_5(x)-0{,}5\log_5(x)=\log_5(x^2)-\log_5(x^{0{,}5})=\log_5\left(\frac{x^2}{x^{0{,}5}}\right)$
$=\log_5(x^{1{,}5})=1{,}5\log_5(x)$
Das geht natürlich auch auf direktem Weg:
$2\log_5(x)-0{,}5\log_5(x)=1{,}5\log_5(x)$

d) Bei $\log_2(x^2+1)$ ist wegen „+" im Argument keine Umformung möglich.

146.

x	0,1	0,25	0,5	1	2	3	4	5	6	7	8	9	10
f(x)	–5,68	–3,42	–1,71	0,00	1,71	2,71	3,42	3,97	4,42	4,80	5,13	5,42	5,68

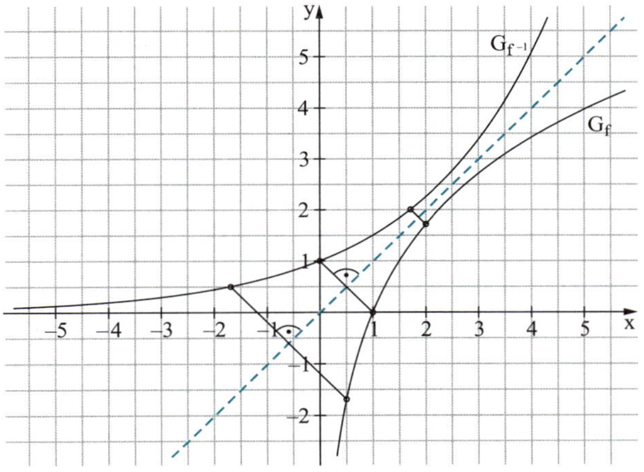

Gleichung der Umkehrfunktion: $f^{-1}(x) = 1{,}5^x$

147. a) $f'(x) = 0 + e^{-x} \cdot (-1) = -e^{-x}$ — 1 ist additive Konstante; Kettenregel

b) $f'(x) = 0 - e^{-(x-1{,}5)} \cdot (-1) = e^{-x+1{,}5}$ — e^2 ist additive Konstante; Kettenregel

c) $f'(x) = 4 \cdot e^{-\frac{x}{2}} + 4x \cdot e^{-\frac{x}{2}} \cdot \left(-\frac{1}{2}\right)$ — Produkt- und Kettenregel

$= 4e^{-\frac{x}{2}} - 2xe^{-\frac{x}{2}} = 2(2-x)e^{-\frac{x}{2}}$ — e-Funktion immer ausklammern!

d) $f(x) = \sqrt{e^x} = (e^x)^{\frac{1}{2}} = e^{\frac{x}{2}}$ — Umformen mithilfe der Potenzgesetze

$f'(x) = \frac{1}{2}e^{\frac{x}{2}} = \frac{1}{2}\sqrt{e^x}$ — Kettenregel

e) $f(x) = e^{\sqrt{x}} = e^{x^{\frac{1}{2}}}$; $D_{max} = [0; \infty[$ — Einschränkung von D_{max} wegen $\sqrt{x}$

$f'(x) = e^{x^{\frac{1}{2}}} \cdot \left(x^{\frac{1}{2}}\right)' = e^{x^{\frac{1}{2}}} \cdot \frac{1}{2}x^{-\frac{1}{2}}$ — Kettenregel

$= \frac{1}{2\sqrt{x}}e^{\sqrt{x}}$ mit $D_{f'} =]0; \infty[$ — $D_{f'}$ wird noch weiter eingeschränkt, da $\sqrt{x}$ im Nenner auftritt.

f) $f'(x) = -e^{-x} \cdot \sin(x) + e^{-x} \cdot \cos(x)$ — Produkt- und Kettenregel

$= (\cos(x) - \sin(x)) \cdot e^{-x}$

g) $f'(x) = (2x-1) \cdot e^{-x} + (x^2 - x) \cdot e^{-x} \cdot (-1)$ — Produkt- und Kettenregel

$= (-x^2 + 3x - 1) \cdot e^{-x}$

h) $f'(x) = e^{\sin(x)} \cdot \cos(x)$ — Kettenregel

i) $f'(x) = ake^{kx}$ — Kettenregel; c fällt weg.

148. a) $f(x) = \frac{1}{2}(e^x + e^{-x})$; $D_{max} = \mathbb{R}$

$f'(x) = \frac{1}{2}(e^x - e^{-x})$

b) $f(x) = \sqrt{e^x + 1} = (e^x + 1)^{\frac{1}{2}}$; $D_{max} = \mathbb{R}$ — $e^x + 1 > 0$ für alle $x \in \mathbb{R}$

$f'(x) = \frac{1}{2}(e^x + 1)^{-\frac{1}{2}} \cdot e^x = \frac{e^x}{2\sqrt{e^x + 1}}$

c) $f(x) = (2 - e^x)^2$; $D_{max} = \mathbb{R}$

$f'(x) = 2(2 - e^x) \cdot (-e^x) = 2(e^x - 2) \cdot e^x$ — Der Faktor -1 von $-e^x$ wird in der mittleren Klammer verrechnet.

d) $f(x) = \frac{1}{2}(e^x + e^{-x})^2$; $D_{max} = \mathbb{R}$

$f'(x) = \frac{1}{2} \cdot 2(e^x + e^{-x}) \cdot (e^x - e^{-x})$

$= (e^x + e^{-x}) \cdot (e^x - e^{-x}) = e^{2x} - e^{-2x}$ — binomische Formel

e) $f(x) = \frac{e^x}{e^x + x}$

Der Definitionsbereich muss so bestimmt werden, dass der Nenner nicht null wird. Ansatz:

$e^x + x = 0$

Diese Gleichung lässt sich nicht direkt lösen. Das Newton-Verfahren liefert die Näherungslösung $x_0 = -0{,}57$, d. h.:

$D_{max} = \mathbb{R} \setminus \{-0{,}57\}$

$f'(x) = \frac{e^x \cdot (e^x + x) - e^x \cdot (e^x + 1)}{(e^x + x)^2} = \frac{(x - 1)e^x}{(e^x + x)^2}$ — Quotientenregel

f) $f(x) = \frac{e^{2x} - 4}{e^{2x} + 4}$; $D_{max} = \mathbb{R}$

$f'(x) = \frac{2e^{2x} \cdot (e^{2x} + 4) - (e^{2x} - 4) \cdot 2e^{2x}}{(e^{2x} + 4)^2} = \frac{16e^{2x}}{(e^{2x} + 4)^2}$

g) $f(x) = \frac{2e^x - 1}{e^{2x}}$; $D_{max} = \mathbb{R}$

$f'(x) = \frac{2e^x \cdot e^{2x} - (2e^x - 1) \cdot 2e^{2x}}{(e^{2x})^2} = \frac{2e^{2x}(e^x - 2e^x + 1)}{(e^{2x})^2}$

$= \frac{2(1 - e^x)}{e^{2x}} = \frac{2}{e^{2x}} - \frac{2e^x}{e^{2x}} = 2(e^{-2x} - e^{-x})$

h) $f(x) = e^{x\cos(x)}$; $D_{max} = \mathbb{R}$

$f'(x) = e^{x\cos(x)} \cdot (x \cdot \cos(x))' = e^{x\cos(x)} \cdot (1 \cdot \cos(x) + x \cdot (-\sin(x)))$

$= (\cos(x) - x\sin(x))e^{x\cos(x)}$

i) $f(x) = \frac{e^{\frac{x}{2}}}{x^2+1}$; $D_{max} = \mathbb{R}$

$$f'(x) = \frac{\frac{1}{2}e^{\frac{x}{2}} \cdot (x^2+1) - e^{\frac{x}{2}} \cdot 2x}{(x^2+1)^2} = \frac{\left(\frac{1}{2}(x^2+1) - 2x\right)e^{\frac{x}{2}}}{(x^2+1)^2} = \frac{\left(\frac{1}{2}x^2 - 2x + \frac{1}{2}\right)e^{\frac{x}{2}}}{(x^2+1)^2}$$

149. a) $\lim\limits_{x \to \infty} \frac{1}{2}(\underbrace{e^x}_{\to\infty} + \underbrace{e^{-x}}_{\to 0}) = \infty$; $\lim\limits_{x \to -\infty} \frac{1}{2}(\underbrace{e^x}_{\to 0} + \underbrace{e^{-x}}_{\to\infty}) = \infty$

b) $\lim\limits_{x \to \infty} \sqrt{\underbrace{e^x}_{\to\infty} + 1} = \infty$; $\lim\limits_{x \to -\infty} \sqrt{\underbrace{e^x}_{\to 0} + 1} = 1$

c) $\lim\limits_{x \to \infty} (2 - \underbrace{e^x}_{\to\infty})^2 = +\infty$; $\lim\limits_{x \to -\infty} (2 - \underbrace{e^x}_{\to 0})^2 = 4$

d) $\lim\limits_{x \to \infty} \frac{1}{2}(\underbrace{e^x}_{\to\infty} + \underbrace{e^{-x}}_{\to 0})^2 = \infty$; $\lim\limits_{x \to -\infty} \frac{1}{2}(\underbrace{e^x}_{\to 0} + \underbrace{e^{-x}}_{\to\infty})^2 = \infty$

e) $\lim\limits_{x \to \infty} \frac{\overbrace{e^x}^{\to\infty}}{\underbrace{e^x + x}_{\to\infty}} = \lim\limits_{x \to \infty} \frac{\overbrace{e^x}^{\to\infty}}{\underbrace{e^x + 1}_{\to\infty}} = \lim\limits_{x \to \infty} \frac{e^x}{e^x} = 1$ zweimal Regel von de L'Hospital

$\lim\limits_{x \to -\infty} \frac{\overbrace{e^x}^{\to 0}}{\underbrace{e^x + x}_{\to -\infty}} = 0$

Bei der Definitionslücke $x_0 \approx -0{,}57$ ergibt der Nenner null, der Zähler nicht, also liegt eine Polstelle vor; der Grenzwert geht je nach Annäherung von links bzw. rechts gegen $-\infty$ bzw. $+\infty$.

f) $\lim\limits_{x \to \infty} \frac{\overbrace{e^{2x} - 4}^{\to\infty}}{\underbrace{e^{2x} + 4}_{\to\infty}} = \lim\limits_{x \to \infty} \frac{2e^{2x}}{2e^{2x}} = 1$ Regel von de L'Hospital

$\lim\limits_{x \to -\infty} \frac{\overbrace{e^{2x}}^{\to 0} - 4}{\underbrace{e^{2x}}_{\to 0} + 4} = \frac{0-4}{0+4} = -1$

g) $\lim\limits_{x \to \infty} \frac{\overbrace{2e^x - 1}^{\to\infty}}{\underbrace{e^{2x}}_{\to\infty}} = \lim\limits_{x \to \infty} \frac{2e^x}{2e^{2x}} = \lim\limits_{x \to \infty} \frac{1}{e^x} = 0$ Regel von de L'Hospital

$\lim\limits_{x \to -\infty} \frac{\overbrace{2e^x}^{\to 0} - 1}{\underbrace{e^{2x}}_{\to 0}} = -\infty$

h) $\lim\limits_{x \to \pm\infty} e^{\overbrace{x \cdot \cos(x)}^{\to \pm\infty}}$ existiert nicht.

Es existiert kein Grenzwert, weil aufgrund des cos(x) das Vorzeichen im Exponenten ständig zwischen + und – hin- und herwechselt.

i) $\lim\limits_{x \to \infty} \frac{\overbrace{e^{\frac{x}{2}}}^{\to \infty}}{\underbrace{x^2+1}_{\to \infty}} = \infty$ „e gewinnt."

$\lim\limits_{x \to -\infty} \frac{\overbrace{e^{\frac{x}{2}}}^{\to 0}}{\underbrace{x^2+1}_{\to \infty}} = 0$

150. a) $\int e^{\frac{x}{2}}\,dx = 2e^{\frac{x}{2}} + C$ Mit dem Kehrwert des bei x stehenden Faktors multiplizieren.

b) $\int e^{-2x}\,dx = -\frac{1}{2}e^{-2x} + C$

c) $\int \sqrt{e^x}\,dx = \int (e^x)^{\frac{1}{2}}\,dx = \int e^{\frac{x}{2}}\,dx = 2e^{\frac{x}{2}} + C$

d) $\int \frac{1}{e^x}\,dx = \int e^{-x}\,dx = -e^{-x} + C$

e) $\int\limits_0^1 e^{\frac{x}{3}}\,dx = \left[3e^{\frac{x}{3}}\right]_0^1 = 3e^{\frac{1}{3}} - 3 \approx 1{,}19$

f) $\int\limits_{-2}^{1} e^{-2x+3}\,dx = \left[-\frac{1}{2}e^{-2x+3}\right]_{-2}^{1} = -\frac{1}{2}e^1 + \frac{1}{2}e^7 = \frac{1}{2}(e^7 - e) \approx 546{,}96$

151. a) t: $y = f'(x_0) \cdot (x - x_0) + f(x_0)$ mit $x_0 = 0$

$f'(x) = e^x \Rightarrow f'(0) = e^0 = 1$

$f(0) = e^0 = 1$

$\Rightarrow$ t: $y = 1 \cdot (x - 0) + 1 = x + 1$

b)

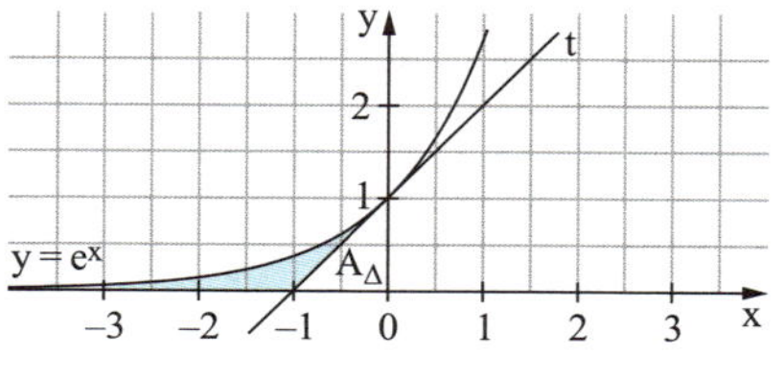

c) Zunächst wird der Flächeninhalt A_1 unter dem Graphen bestimmt und dann die Fläche A_Δ des von der Tangente und den Koordinatenachsen begrenzten Dreiecks abgezogen:

$$A_1 = \int_{-3}^{0} e^x \, dx = \left[e^x\right]_{-3}^{0} = e^0 - e^{-3} = 1 - e^{-3} \approx 0{,}95;$$

$$A_\Delta = \tfrac{1}{2} \cdot 1 \cdot 1 = \tfrac{1}{2}$$

$$\Rightarrow \quad A = A_1 - A_\Delta = 1 - e^{-3} - \tfrac{1}{2} \approx 0{,}45 \text{ FE}$$

d) $A(a) = \int_{a}^{0} e^x \, dx = \left[e^x\right]_{a}^{0} = e^0 - e^a = 1 - e^a$

$$\lim_{a \to -\infty} A(a) = \lim_{a \to -\infty} (1 - \underbrace{e^a}_{\to 0}) = 1 \text{ FE}$$

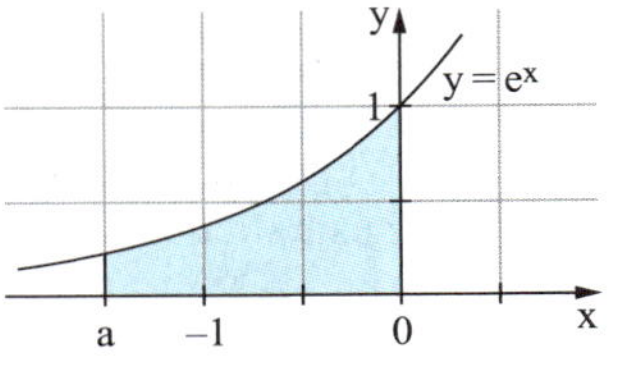

Der berechnete Flächeninhalt ist die Maßzahl der Fläche zwischen dem Graphen von f und der x-Achse im II. Quadranten. Obwohl diese Fläche eine unendliche horizontale Ausdehnung besitzt, ist ihr Flächeninhalt nur 1 FE groß.

152. a) $f(x) = \ln\left(\frac{1}{x}\right) = \ln(1) - \ln(x) = -\ln(x); \quad D_{max} = \mathbb{R}^+ =]0; \infty[$

b) $f(x) = \ln(\underbrace{1 + x^2}_{>0}); \quad D_{max} = \mathbb{R}$

c) $f(x) = \ln(x^2 - 2x + 1)$

Ansatz: $x^2 - 2x + 1 > 0$

$(x-1)^2 > 0$

Das trifft nur für $x = 1$ nicht zu, also:

$D_{max} = \mathbb{R} \setminus \{1\}$

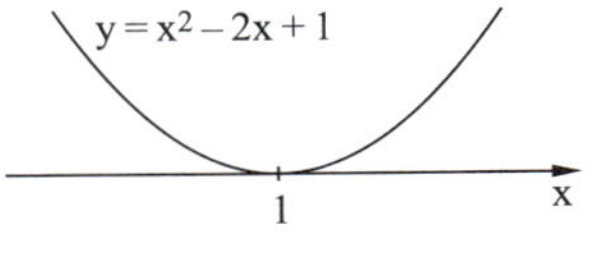

d) $f(x) = \ln(x^2 - 4)$

Ansatz: $x^2 - 4 > 0$

$x^2 > 4$

$|x| > 2$

$D_{max} =]-\infty; -2[\cup]2; \infty[= \mathbb{R} \setminus [-2; 2]$

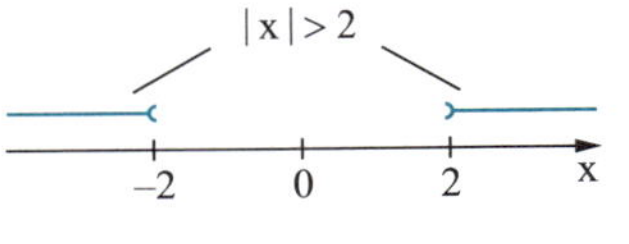

e) $f(x) = \ln(-x^2 + 3x + 4)$

Ansatz: $-x^2 + 3x + 4 > 0$

Der Graph der Funktion $y = -x^2 + 3x + 4$ ist eine nach unten geöffnete Parabel.

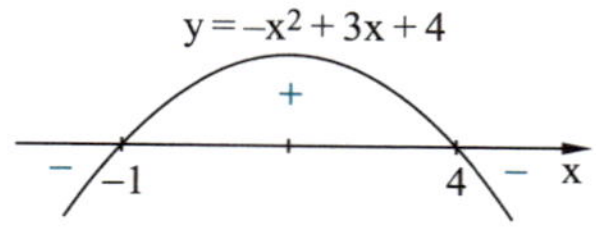

Berechnung der Nullstellen:

$$-x^2 + 3x + 4 = 0 \quad |\cdot(-1)$$
$$x^2 - 3x - 4 = 0$$
$$(x-4)(x+1) = 0$$
$$x_1 = 4;\ x_2 = -1 \ \Rightarrow\ D_{max} = \,]-1; 4[$$

f) $f(x) = \frac{1}{\ln(x)}$

Wegen der ln-Funktion muss $x > 0$ sein.
Zusätzlich muss der Nenner $\ln(x) \neq 0$ sein. Wegen $\ln(x) = 0$ für $x = 1$ gilt:
$D_{max} = \mathbb{R}^+ \setminus \{1\}$

g) $f(x) = \ln\left(\frac{x-2}{x}\right)$

Ansatz: $\frac{x-2}{x} > 0$

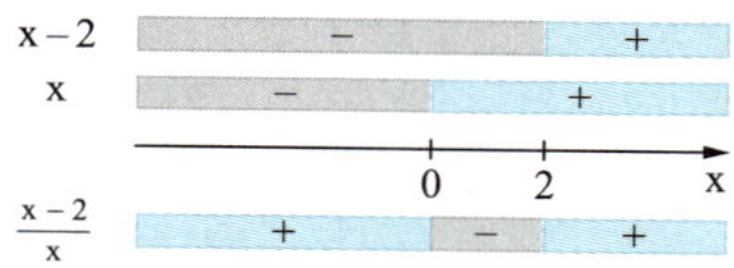

1\. Fall $\frac{+}{+}$ $\quad x - 2 > 0 \ \wedge\ x > 0$
$\quad x > 2 \ \wedge\ x > 0$

$D_1 = \,]2; \infty[$

2\. Fall $\frac{-}{-}$ $\quad x - 2 < 0 \ \wedge\ x < 0$
$\quad x < 2 \ \wedge\ x < 0$

$D_2 = \,]-\infty; 0[$

$D_{max} = D_1 \cup D_2 = \,]2; \infty[\,\cup\,]-\infty; 0[\,= \mathbb{R} \setminus [0; 2]$

h) $f(x) = \ln\left(\frac{x+2}{1-x}\right)$

Ansatz: $\frac{x+2}{1-x} > 0$

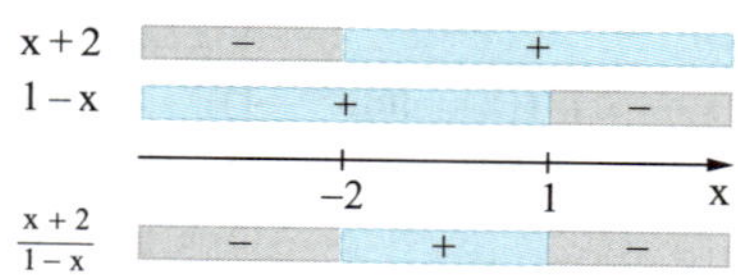

1\. Fall $\frac{+}{+}$ $\quad x + 2 > 0 \ \wedge\ 1 - x > 0$
$\quad x > -2 \ \wedge\ x < 1$

$D_1 = \,]-2; 1[$

2\. Fall $\frac{-}{-}$ $\quad x + 2 < 0 \ \wedge\ 1 - x < 0$
$\quad x < -2 \ \wedge\ x > 1$

$D_2 = \emptyset$

$D_{max} = D_1 \cup D_2 = \,]-2; 1[$

153. a) $f(x) = \ln\left(\frac{1}{x}\right)$; $D_{max} = \mathbb{R}^+$

$$\lim_{x \to \infty} \ln \underbrace{\left(\frac{1}{x}\right)}_{\to 0+} = -\infty; \quad \lim_{x \to 0+} \ln \underbrace{\left(\frac{1}{x}\right)}_{\to \infty} = \infty \Rightarrow \text{vertikale Asymptote } x = 0$$

b) $f(x) = \ln(1 + x^2)$; $D_{max} = \mathbb{R}$

Aufgrund der Achsensymmetrie zur y-Achse können die beiden Grenzwerte für $x \to \pm\infty$ zusammen untersucht werden:

$$\lim_{x \to \pm\infty} \ln \underbrace{(1 + x^2)}_{\to \infty} = \infty$$

c) $f(x) = \ln(x^2 - 2x + 1)$; $D_{max} = \mathbb{R} \setminus \{1\}$

$$\lim_{x \to \pm\infty} \ln \underbrace{(x^2 - 2x + 1)}_{\to \infty} = \infty$$

$$\lim_{x \to 1} \ln \underbrace{(x^2 - 2x + 1)}_{\to 0+} = -\infty \Rightarrow \text{vertikale Asymptote } x = 1$$

d) $f(x) = \ln(x^2 - 4)$; $D_{max} = \mathbb{R} \setminus [-2; 2]$

Der Graph von f ist achsensymmetrisch zur y-Achse.

$$\lim_{x \to \pm\infty} \ln \underbrace{(x^2 - 4)}_{\to \infty} = \infty$$

$$\lim_{x \to \pm 2} \ln \underbrace{(x^2 - 4)}_{\to 0+} = -\infty \Rightarrow \text{vertikale Asymptoten } x = \pm 2$$

e) $f(x) = \ln(-x^2 + 3x + 4)$; $D_{max} =]-1; 4[$

$$\lim_{x \to 4-} \ln \underbrace{(-x^2 + 3x + 4)}_{\to 0+} = -\infty \Rightarrow \text{vertikale Asymptote } x = 4$$

$$\lim_{x \to -1+} \ln \underbrace{(-x^2 + 3x + 4)}_{\to 0+} = -\infty \Rightarrow \text{vertikale Asymptote } x = -1$$

f) $f(x) = \frac{1}{\ln(x)}$; $D_{max} = \mathbb{R}^+ \setminus \{1\}$

$$\lim_{x \to \infty} \frac{1}{\underbrace{\ln(x)}_{\to \infty}} = 0 \Rightarrow \text{rechtsseitige horizontale Asymptote } y = 0$$

$$\lim_{x \to 0+} \frac{1}{\underbrace{\ln(x)}_{\to -\infty}} = 0$$

$$\lim_{x \to 1+} \frac{1}{\underbrace{\ln(x)}_{\to 0+}} = \infty; \quad \lim_{x \to 1-} \frac{1}{\underbrace{\ln(x)}_{\to 0-}} = -\infty \Rightarrow \text{vertikale Asymptote } x = 1$$

g) $f(x) = \ln\left(\frac{x-2}{x}\right)$; $D_{max} = \mathbb{R} \setminus [0; 2]$

$$\lim_{x \to \pm\infty} \ln\underbrace{\left(\frac{x-2}{x}\right)}_{\to 1,\text{ da Zählergrad = Nennergrad}} = \ln(1) = 0 \;\Rightarrow\; \text{horizontale Asymptote } y = 0$$

$$\lim_{x \to 2+} \ln\underbrace{\left(\frac{\overbrace{x-2}^{\to 0+}}{\underbrace{x}_{\to 2}}\right)}_{\to 0+} = -\infty \;\Rightarrow\; \text{vertikale Asymptote } x = 2$$

$$\lim_{x \to 0-} \ln\underbrace{\left(\frac{\overbrace{x-2}^{\to -2}}{\underbrace{x}_{\to 0-}}\right)}_{\to \infty} = \infty \;\Rightarrow\; \text{vertikale Asymptote } x = 0$$

h) $f(x) = \ln\left(\frac{x+2}{1-x}\right)$; $D_{max} =]-2; 1[$

$$\lim_{x \to 1-} \ln\underbrace{\left(\frac{\overbrace{x+2}^{\to 3}}{\underbrace{1-x}_{\to 0+}}\right)}_{\to \infty} = \infty \;\Rightarrow\; \text{vertikale Asymptote } x = 1$$

$$\lim_{x \to -2+} \ln\underbrace{\left(\frac{\overbrace{x+2}^{\to 0+}}{\underbrace{1-x}_{\to 3}}\right)}_{\to 0+} = -\infty \;\Rightarrow\; \text{vertikale Asymptote } x = -2$$

154. a) **Definitionsbereich**

Ansatz: $x^2 - 1 > 0$

$x^2 > 1$

$|x| > 1$

$\Rightarrow\; D_{max} = \mathbb{R} \setminus [-1; 1]$

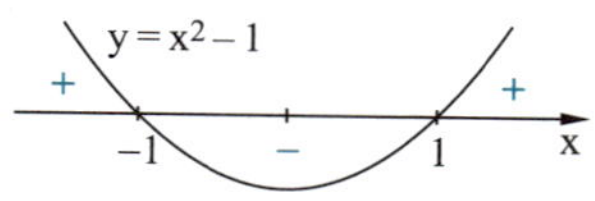

Symmetrie

D_{max} ist symmetrisch und es gilt: $f(-x) = \ln((-x)^2 - 1) = \ln(x^2 - 1) = f(x)$

$\Rightarrow$ Achsensymmetrie zur y-Achse

Grenzwerte und Asymptoten

$$\lim_{x \to \pm\infty} \ln\underbrace{(x^2 - 1)}_{\to \infty} = \infty$$

$$\lim_{x \to \pm 1} \ln\underbrace{(x^2 - 1)}_{\to 0+} = -\infty \;\Rightarrow\; \text{vertikale Asymptoten } x = \pm 1$$

b) **Definitionsbereich**

Wegen der ln-Funktion muss $x \neq 0$, wegen des Nenners $x \neq \pm 1$ sein.

$\Rightarrow \; D_{max} = \mathbb{R} \setminus \{-1; 0; 1\}$

Symmetrie

D_{max} ist symmetrisch und es gilt: $f(-x) = \frac{-x}{\ln\left((-x)^2\right)} = -\frac{x}{\ln(x^2)} = -f(x)$

$\Rightarrow$ Punktsymmetrie zum Ursprung

Grenzwerte und Asymptoten

$$\lim_{x \to \infty} \frac{\overbrace{x}^{\to \infty}}{\underbrace{\ln(x^2)}_{\to \infty}} = \infty$$

„ln verliert."

$$\lim_{x \to 0+} \frac{\overbrace{x}^{\to 0+}}{\underbrace{\ln(x^2)}_{-\infty}} = 0$$

$$\lim_{x \to 1+} \frac{\overbrace{x}^{\to 1}}{\underbrace{\ln(x^2)}_{\to 0+}} = \infty; \quad \lim_{x \to 1-} \frac{\overbrace{x}^{\to 1}}{\underbrace{\ln(x^2)}_{\to 0-}} = -\infty \;\Rightarrow\; \text{vertikale Asymptote } x = 1$$

Die Grenzwerte im negativen Bereich müssen nicht erneut bestimmt werden; sie werden aus der Symmetrie gefolgert:

$$\lim_{x \to -\infty} f(x) = -\infty; \quad \lim_{x \to 0-} f(x) = 0$$

$$\lim_{x \to -1-} f(x) = -\infty; \quad \lim_{x \to -1+} f(x) = \infty \;\Rightarrow\; \text{vertikale Asymptote } x = -1$$

c) **Definitionsbereich**

Ansatz: $\frac{x-1}{x+1} > 0$

1\. Fall $\frac{+}{+}$ $\quad x-1 > 0 \;\wedge\; x+1 > 0$

$\quad x > 1 \;\wedge\; x > -1$

$\quad D_1 =]1; \infty[$

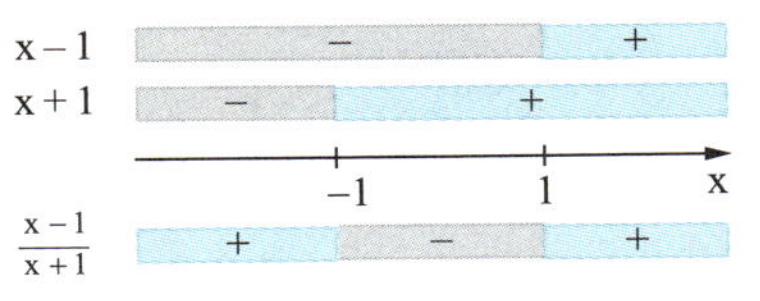

2\. Fall $\frac{-}{-}$ $\quad x-1 < 0 \;\wedge\; x+1 < 0$

$\quad x < 1 \;\wedge\; x < -1$

$\quad D_2 =]-\infty; -1[$

$D_{max} = \mathbb{R} \setminus [-1; 1]$

Symmetrie

D_{max} ist symmetrisch und es gilt:

$$f(-x) = \ln\left(\frac{-x-1}{-x+1} \cdot \frac{(-1)}{(-1)}\right) = \ln\left(\frac{x+1}{x-1}\right) = \ln\left(\left(\frac{x-1}{x+1}\right)^{-1}\right) = -\ln\left(\frac{x-1}{x+1}\right) = -f(x)$$

$\Rightarrow$ Punktsymmetrie zum Ursprung

Grenzwerte und Asymptoten

$$\lim_{x\to\infty} \ln\left(\frac{x-1}{x+1}\right) = \ln(1) = 0$$

$$\lim_{x\to-\infty} f(x) = 0 \text{ (wegen Symmetrie)} \Rightarrow \text{horizontale Asymptote } y=0$$

$$\lim_{x\to1+} \ln\left(\frac{\overbrace{x-1}^{\to 0+}}{\underbrace{x+1}_{\to 2}}\right) = -\infty \Rightarrow \text{vertikale Asymptote } x=1$$

$$\lim_{x\to-1-} f(x) = \infty \text{ (wegen Symmetrie)} \Rightarrow \text{vertikale Asymptote } x=-1$$

155. a) $\lim\limits_{x\to\infty} \frac{\overbrace{\ln(x)}^{\to\infty}}{\underbrace{x}_{\to\infty}} \overset{\text{L'H.}}{=} \lim\limits_{x\to\infty} \frac{\frac{1}{x}}{1} = 0$

Regel von de L'Hospital oder „ln verliert".

b) $\lim\limits_{x\to0+} \underbrace{x}_{\to 0} \cdot \underbrace{\ln(x)}_{\to-\infty} = 0$

„ln verliert."

Alternativ mit einer Regel von de L'Hospital:

$$\lim_{x\to0+} \frac{x\cdot\ln(x)}{1}\cdot\frac{\frac{1}{x}}{\frac{1}{x}} = \lim_{x\to0+} \frac{\overbrace{\ln(x)}^{\to-\infty}}{\underbrace{\frac{1}{x}}_{\to\infty}} \overset{\text{L'H.}}{=} \lim_{x\to0+} \frac{\frac{1}{x}}{-\frac{1}{x^2}}$$

$$= \lim_{x\to0+} -\frac{1}{x}\cdot\frac{x^2}{1} = \lim_{x\to0+}(-x) = 0$$

c) $\lim\limits_{x\to1+} \frac{1}{\underbrace{\underbrace{x}_{\to 1}\cdot\underbrace{\ln(x)}_{\to 0+}}_{\to 0+}} = \infty$; $\lim\limits_{x\to1-} \frac{1}{\underbrace{\underbrace{x}_{\to 1}\cdot\underbrace{\ln(x)}_{\to 0-}}_{\to 0-}} = -\infty$

d) $\lim\limits_{x\to0+} \frac{1}{\underbrace{x\cdot\ln(x)}_{\to 0-}} = -\infty$

Dieser Grenzwert kann genauso wie in Teilaufgabe b mit der Regel von de L'Hospital berechnet werden.

156. a) $f(x) = \ln\left(\frac{1}{x}\right) = \ln(1) - \ln(x) = -\ln(x)$

$$f'(x) = \frac{1}{\frac{1}{x}}\cdot\left(\frac{1}{x}\right)' = x\cdot\left(-\frac{1}{x^2}\right) = -\frac{1}{x}$$

Kettenregel – oder einfacher: $(-\ln(x))' = -\frac{1}{x}$

b) $f(x) = x\cdot\ln(1+x^2)$

$$f'(x) = 1\cdot\ln(1+x^2) + x\cdot\frac{1}{1+x^2}\cdot 2x$$
$$= \ln(1+x^2) + \frac{2x^2}{1+x^2}$$

Produktregel

c) $f(x) = (\ln(x))^2 - \ln(x)$

$f'(x) = 2\ln(x) \cdot \frac{1}{x} - \frac{1}{x} = \frac{2\ln(x) - 1}{x}$ Kettenregel

d) $f(x) = \ln((x^2 - 1)^2) = 2\ln|x^2 - 1|$ Betrag ist erforderlich.

$f'(x) = 2 \cdot \frac{1}{x^2 - 1} \cdot 2x = \frac{4x}{x^2 - 1}$ Kettenregel

e) $f(x) = \ln|-x^2 + 3x - 4|$

$f'(x) = \frac{1}{-x^2 + 3x - 4} \cdot (-2x + 3)$ Kettenregel

$= \frac{-2x + 3}{-x^2 + 3x - 4}$

f) $f(x) = \frac{1}{\ln(x)} = (\ln(x))^{-1}$

$f'(x) = (-1) \cdot (\ln(x))^{-2} \cdot \frac{1}{x} = -\frac{1}{x(\ln(x))^2}$ Kettenregel

Alternativ:

$f'(x) = \frac{0 \cdot \ln(x) - 1 \cdot \frac{1}{x}}{(\ln(x))^2} = -\frac{1}{x(\ln(x))^2}$ Quotientenregel

g) $f(x) = \ln\left(\frac{x + 2}{1 - x}\right)$

$f'(x) = \frac{1 - x}{x + 2} \cdot \frac{1 \cdot (1 - x) - (x + 2) \cdot (-1)}{(1 - x)^2}$

$= \frac{1}{x + 2} \cdot \frac{1 - x + x + 2}{1 - x} = \frac{3}{(x + 2)(1 - x)}$

Ketten- und Quotientenregel; beim ersten Faktor wurde der Kehrwert durch Umdrehen des Bruches gebildet.

h) $f(x) = \frac{1}{x \cdot \ln(x)}$

$f'(x) = \frac{0 \cdot x\ln(x) - 1 \cdot \left(\ln(x) + x \cdot \frac{1}{x}\right)}{(x\ln(x))^2}$ Quotientenregel und beim Ableiten des Nenners: Produktregel

$= \frac{-\ln(x) - 1}{(x\ln(x))^2}$

i) $f(x) = \frac{4\ln(x)}{(\ln(x))^2 + 1}$

$f'(x) = \frac{\frac{4}{x} \cdot \left((\ln(x))^2 + 1\right) - 4\ln(x) \cdot \left(2\ln(x) \cdot \frac{1}{x}\right)}{\left((\ln(x))^2 + 1\right)^2}$ Quotientenregel

$= \frac{-4(\ln(x))^2 + 4}{x \cdot \left((\ln(x))^2 + 1\right)^2}$

157. a) $\int \frac{1}{3x-2}\,dx = \frac{1}{3}\ln|3x-2| + C$

Es muss mit dem Kehrwert des bei x stehenden Koeffizienten multipliziert werden.

b) $\int \frac{x}{3x-2}\,dx$

Der Bruch ist nicht von der Form $\frac{f'(x)}{f(x)}$.

$$x : (3x-2) = \frac{1}{3} + \frac{\frac{2}{3}}{3x-2}$$
$$\underline{-\left(x - \frac{2}{3}\right)}$$
$$/ \quad \frac{2}{3} \quad \text{Rest}$$

Er wird mit Polynomdivision zerlegt.

$$\int \frac{x}{3x-2}\,dx = \int\left(\frac{1}{3} + \frac{\frac{2}{3}}{3x-2}\right)dx = \frac{1}{3}x + \frac{2}{9}\ln|3x-2| + C$$

c) Dadurch, dass im Nenner nur die Potenz x^2 steht, kann der Bruch in Einzelbrüche zerlegt und dann gliedweise integriert werden.

$$\int \frac{2x^3 - x^2 - 3x + 1}{x^2}\,dx = \int\left(\frac{2x^3}{x^2} - \frac{x^2}{x^2} - \frac{3x}{x^2} + \frac{1}{x^2}\right)dx$$
$$= \int (2x - 1 - 3x^{-1} + x^{-2})\,dx$$
$$= x^2 - x - 3\ln|x| - x^{-1} + C$$

d) $$\int_3^5 \frac{x-1}{x}\,dx = \int_3^5 \left(1 - \frac{1}{x}\right)dx = [x - \ln|x|]_3^5 = 5 - \ln(5) - (3 - \ln(3))$$
$$= 2 + \ln(3) - \ln(5) = 2 + \ln\left(\frac{3}{5}\right) \approx 1{,}49$$

e) $$\int_{-e}^{-1} \frac{1}{x}\,dx = [\ln|x|]_{-e}^{-1} = \ln|-1| - \ln|-e| = \ln(1) - \ln(e) = 0 - 1 = -1$$

f) $$\int_0^{\frac{\pi}{4}} \tan(x)\,dx = \int_0^{\frac{\pi}{4}} \frac{\sin(x)}{\cos(x)}\,dx = -\int_0^{\frac{\pi}{4}} \frac{-\sin(x)}{\cos(x)}\,dx = [-\ln|\cos(x)|]_0^{\frac{\pi}{4}}$$
$$= -\ln\left|\cos\left(\frac{\pi}{4}\right)\right| + \underbrace{\ln|\underbrace{\cos(0)}_{1}|}_{0} = -\ln\left(\frac{1}{\sqrt{2}}\right) = -\ln\left(2^{-\frac{1}{2}}\right) = \frac{1}{2}\ln(2) \approx 0{,}35$$

158. a) $2e^{-x} = 6$

$$e^{-x} = 3 \qquad |\ln$$
$$-x = \ln(3)$$
$$x = -\ln(3) \approx -1{,}1$$

b) $2e^{2x} = 3e^x \quad |:e^x$

$2e^x = 3$

$e^x = \frac{3}{2}$

$x = \ln\left(\frac{3}{2}\right) \approx 0,41$

Da $e^x \neq 0$ für alle $x \in \mathbb{R}$ gilt, kann durch e^x dividiert werden.

c) $(e^x + 2)^2 = 4 \quad |\sqrt{}$

$e^x + 2 = 2$

$e^x = 0$

Es gibt keine reellen Lösungen.

Wegen $e^x + 2 > 0$ ist keine $\pm$-Angabe nötig.

d) $\ln(x) = -\frac{1}{2} \quad |e^{\uparrow}$

$x = e^{-\frac{1}{2}} \approx 0,61$

e) $x \cdot \ln(x) = 0$ — Produktform

$x = 0 \;\vee\; \ln(x) = 0$ — $x = 0$ entfällt, da $0 \notin D$

Nur $x = 1$ ist eine Lösung.

f) $\ln(e^{-x} + 1) = 3 \quad |e^{\uparrow}$

$e^{-x} + 1 = e^3$

$e^{-x} = e^3 - 1 \quad |\ln$

$-x = \ln(e^3 - 1)$

$x = -\ln(e^3 - 1) \approx -2,95$

g) Die Gleichung $\ln(x) = \frac{1}{x}$ lässt sich nicht nach x auflösen. Bringt man den ln weg, bekommt man $e^{\frac{1}{x}}$. Auch die Umformung $x\ln(x) = 1$ hilft nicht weiter, da bei der Produktform $= 0$ stehen muss.
Dennoch muss die Gleichung eine Lösung besitzen, wie die Graphen zeigen.
Also bleibt das Newton-Verfahren als geeignetes Werkzeug.

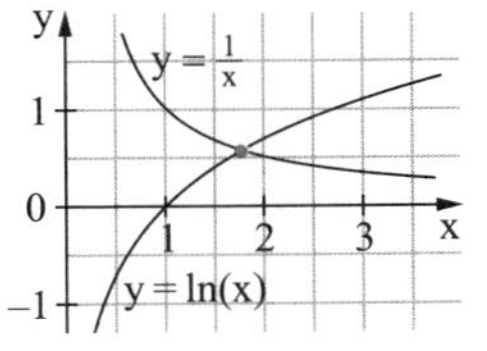

$f(x) = \ln(x) - \frac{1}{x}; \quad f'(x) = \frac{1}{x} + \frac{1}{x^2}; \quad x_0 = 1$

n	x_n	$f(x_n)$	$f'(x_n)$	x_{n+1}
0	1	−1	2	1,5
1	1,5	−0,2612	1,111111	1,735081
2	1,735081	−0,02529	0,908512	1,762915
3	1,762915	−0,00027	0,889006	1,763223

Demnach ist $x_N \approx 1,763$ die Lösung. Machen Sie die Probe!

159. a) $(5^x)' = (e^{x\ln(5)})' = e^{x\ln(5)} \cdot \ln(5) = 5^x \cdot \ln(5)$

b) $(\lg(x))' = \left(\frac{\ln(x)}{\ln(10)}\right)' = \frac{1}{x\ln(10)}$ — $\frac{1}{\ln(10)}$ ist ein konstanter Faktor.

c) $(10^{2x})' = 10^{2x} \cdot \ln(10) \cdot 2$ — Nachdifferenzieren: $(2x)' = 2$

d) $(\log_{\frac{1}{2}}(x))' = \left(\frac{\ln(x)}{\ln\left(\frac{1}{2}\right)}\right)' = \frac{1}{x\ln\left(\frac{1}{2}\right)} = -\frac{1}{x\ln(2)}$ — $\ln\left(\frac{1}{2}\right) = \ln(1) - \ln(2) = -\ln(2)$

e) $\int 2^x\,dx = \int e^{x\ln(2)}\,dx = e^{x\ln(2)} \cdot \frac{1}{\ln(2)} + C$

$= \frac{2^x}{\ln(2)} + C$

Mit dem Kehrwert des bei x stehenden Faktors multiplizieren

160. a)

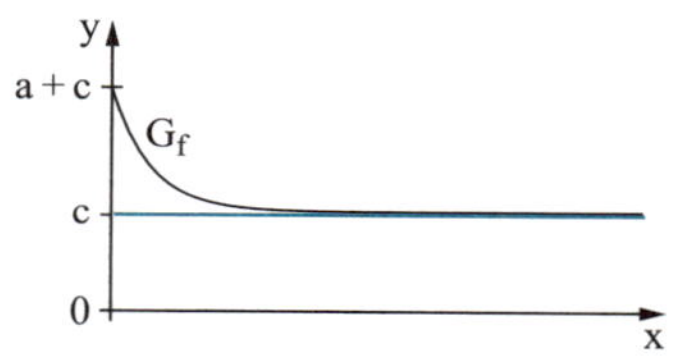

b)
- Die Zahl 100 stellt die volle Ladung des Akkus dar; sie kann auch als 100 % interpretiert werden.
- $Q(1) = 100(1 - e^{-1}) \approx 63$
  Nach 1 Stunde ist der Akku zu 63 % aufgeladen.
- $95 = 100(1 - e^{-t})$

$$0{,}95 = 1 - e^{-t}$$
$$e^{-t} = 0{,}05 \quad |\ln$$
$$-t = \ln(0{,}05)$$
$$t = -\ln(0{,}05) \approx 3\,[h]$$

c) Linke Seite: $f'(x) = (ae^{kx})' = ae^{kx} \cdot k = ake^{kx}$
Rechte Seite: $k \cdot f(x) = kae^{kx}$

Da linke und rechte Seite der Gleichung übereinstimmen, erfüllt $f(x) = ae^{kx}$ die (Differenzial-)Gleichung.

161. $v(t) = -g\mu + g\mu e^{-\frac{t}{\mu}} = g\mu\left(e^{-\frac{t}{\mu}} - 1\right)$

a) $a(t) = v'(t) = 0 + g\mu e^{-\frac{t}{\mu}} \cdot \left(-\frac{1}{\mu}\right) = -ge^{-\frac{t}{\mu}}$

Die Beschleunigung nimmt mit zunehmender Zeit ab.

b) $\lim\limits_{t \to \infty} v(t) = \lim\limits_{t \to \infty} \left(-g\mu + \underbrace{g\mu e^{\overbrace{-\frac{t}{\mu}}^{\to -\infty}}}_{\to 0}\right) = -g\mu$

Der Grenzwert gibt die Endgeschwindigkeit der Kugel an, der sie sich asymptotisch annähert.

c) $s(t) = \int v(t)\,dt = \int \left(-g\mu + g\mu e^{-\frac{t}{\mu}}\right) dt$

$= -g\mu \cdot t + g\mu e^{-\frac{t}{\mu}} \cdot \frac{1}{\frac{1}{-\mu}} + C = -g\mu t - g\mu^2 e^{-\frac{t}{\mu}} + C$

Die Integrationskonstante C muss eingeführt werden, da sie die Anfangsbedingung der Wegmessung wiedergibt.

162. $f(x) = \frac{2e^x - 1}{e^{2x}} = \frac{2e^x}{e^{2x}} - \frac{1}{e^{2x}} = 2e^{-x} - e^{-2x}$

Diese Umwandlung kann man machen, muss man aber nicht.

a) $y_0 = f(0) = \frac{2e^0 - 1}{e^0} = \frac{2-1}{1} = 1$

$\Rightarrow$ Schnittpunkt mit der y-Achse: $S_y(0\,|\,1)$

$f(x) = 0 \Rightarrow 2e^x - 1 = 0 \Leftrightarrow e^x = \frac{1}{2} \Rightarrow x_0 = \ln\left(\frac{1}{2}\right) = -\ln(2)$

$\Rightarrow$ Schnittpunkt mit der x-Achse: $S_x(-\ln(2)\,|\,0)$

$\lim\limits_{x \to \infty} f(x) = \lim\limits_{x \to \infty} \frac{\overbrace{2e^x - 1}^{\to \infty}}{\underbrace{e^{2x}}_{\to \infty}} \overset{\text{L'H.}}{=} \lim\limits_{x \to \infty} \frac{2e^x}{2e^{2x}} = \lim\limits_{x \to \infty} \frac{1}{e^x} = 0$

$\Rightarrow$ rechtsseitige horizontale Asymptote $y = 0$

$\lim\limits_{x \to -\infty} f(x) = \lim\limits_{x \to -\infty} \frac{\overbrace{2e^x - 1}^{\to -1}}{\underbrace{e^{2x}}_{\to 0}} = -\infty$

b) $f'(x) = \frac{2e^x \cdot e^{2x} - (2e^x - 1) \cdot e^{2x} \cdot 2}{(e^{2x})^2} = \frac{2e^{2x} \cdot \left(e^x - 2e^x + 1\right)}{(e^{2x})^2} = \frac{2(1-e^x)}{e^{2x}}$

$= 2(1 - e^x)e^{-2x}$

$f'(x) = 0 \Rightarrow 1 - e^x = 0 \Rightarrow x_1 = 0$

Das Vorzeichen von f' wird wegen $e^{-2x} > 0$ vom Term $1 - e^x$ bestimmt:

x		0	
f'(x)	+	0	–
f(x)	↑	H	↓

In $]-\infty; 0]$ ist f streng monoton zunehmend.
In $[0; \infty[$ ist f streng monoton abnehmend.

$y_H = f(0) = 1$ (siehe auch Teilaufgabe a) $\Rightarrow$ Hochpunkt $H(0\,|\,1)$

c) $f''(x) = \frac{-2e^x \cdot e^{2x} - 2(1-e^x) \cdot e^{2x} \cdot 2}{(e^{2x})^2} = \frac{2e^{2x} \cdot (-e^x - 2 + 2e^x)}{(e^{2x})^2} = \frac{2(e^x - 2)}{e^{2x}}$

$f''(x) = 0 \quad \Rightarrow \quad e^x = 2 \quad \Rightarrow \quad x_1 = \ln(2)$ — Nullstelle mit Vorzeichenwechsel

Bei $x_1 = \ln(2)$ liegt ein Wendepunkt vor:

$W\left(\ln(2) \,\middle|\, \frac{3}{4}\right)$ — $f(\ln(2)) = \frac{2e^{\ln(2)} - 1}{e^{2\ln(2)}} = \frac{2 \cdot 2 - 1}{2 \cdot 2} = \frac{3}{4}$

t: $y = f'(x_0) \cdot (x - x_0) + f(x_0)$ — allgemeine Tangentenformel

$x_0 = \ln(2); \quad f(\ln(2)) = \frac{3}{4}$

$f'(\ln(2)) = \frac{2(1 - e^{\ln(2)})}{e^{2\ln(2)}} = \frac{2(1-2)}{4} = -\frac{1}{2}$

t_W: $y = -\frac{1}{2}(x - \ln(2)) + \frac{3}{4}$ — Einsetzen in die Tangentenformel

$y = -\frac{1}{2}x + \frac{1}{2}\ln(2) + \frac{3}{4}$

d) Wertetabelle und Graph:

x	–1,1	–1,0	–0,5	0	0,5	1,0	1,5	2,0	2,5	3,0
f(x)	–3,0	–1,95	0,58	1,0	0,85	0,6	0,4	0,25	0,16	0,1

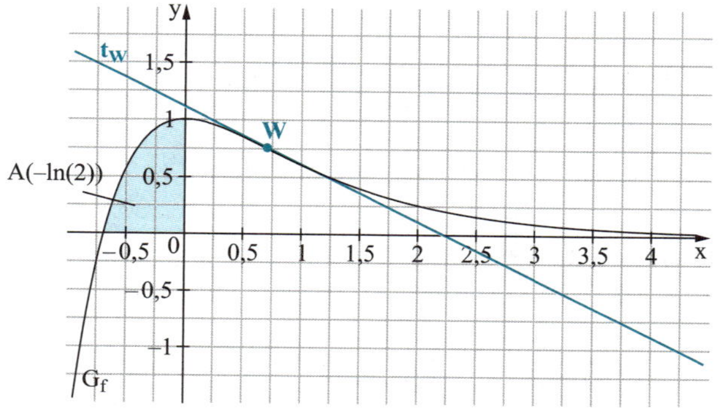

e) Zu zeigen: $F' = f$

$F'(x) = \left(\frac{1 - 4e^x}{2e^{2x}}\right)' = \frac{-4e^x \cdot 2e^{2x} - (1 - 4e^x) \cdot 2e^{2x} \cdot 2}{(2e^{2x})^2} = \frac{4e^{2x} \cdot (-2e^x - (1 - 4e^x))}{4(e^{2x})^2}$

$= \frac{2e^x - 1}{e^{2x}} = f(x)$

$\Rightarrow$ F ist Stammfunktion von f.

$$A(k) = \int_k^0 f(x)\,dx = [F(x)]_k^0 = \left[\frac{1-4e^x}{2e^{2x}}\right]_k^0 = \frac{1-4}{2} - \frac{1-4e^k}{2e^{2k}} = -\frac{3}{2} - \frac{1-4e^k}{2e^{2k}}$$

$$A(-\ln(2)) = A\left(\ln\left(\tfrac{1}{2}\right)\right) = -\frac{3}{2} - \frac{1-4e^{\ln(\frac{1}{2})}}{2e^{2\ln(\frac{1}{2})}} = -\frac{3}{2} - \frac{1-4\cdot\frac{1}{2}}{2e^{\ln(\frac{1}{4})}} = -\frac{3}{2} - \frac{-1}{2\cdot\frac{1}{4}}$$

$$= -\frac{3}{2} + 2 = \frac{1}{2}$$

Das ist der Flächeninhalt, der vom Graphen von f und den Koordinatenachsen im II. Quadranten eingeschlossen wird, da bei –ln(2) die Nullstelle von f liegt.

$$A(-\ln(3)) = A\left(\ln\left(\tfrac{1}{3}\right)\right) = -\frac{3}{2} - \frac{1-4e^{\ln(\frac{1}{3})}}{2e^{2\ln(\frac{1}{3})}} = -\frac{3}{2} - \frac{1-\frac{4}{3}}{2\cdot\frac{1}{9}}$$

$$= -\frac{3}{2} - \frac{-\frac{1}{3}}{\frac{2}{9}} = -\frac{3}{2} + \frac{1}{3}\cdot\frac{9}{2} = -\frac{3}{2} + \frac{3}{2} = 0$$

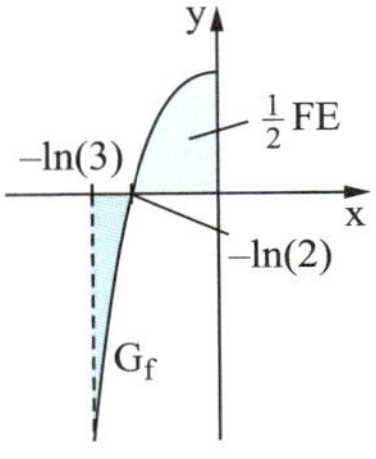

Das bestimmte Integral liefert null. Deshalb ist der Flächenanteil oberhalb der x-Achse genauso groß wie der unter der x-Achse.

163. $f(x) = (2-e^x)^2;\quad x \in \mathbb{R}$

a) $f(x)=0$ führt aufgrund des Quadrats zu einer doppelten Nullstelle:

$2-e^x = 0 \;\Rightarrow\; e^x = 2 \;\Rightarrow\; x_{1/2} = \ln(2) \approx 0{,}69$

Wegen der Quadratbildung liegt an dieser doppelten Nullstelle ein absoluter (oder globaler) Tiefpunkt vor: $T(\ln(2)\,|\,0)$

b) Die Funktionswerte haben bei 0 ihren absolut kleinsten Wert und steigen bis unendlich an: $W_f = [0;\, \infty[$

c) $f'(x) = 2\cdot(2-e^x)\cdot(-e^x) = 2e^x(e^x-2)$

$f''(x) = 2e^x\cdot(e^x-2) + 2e^x\cdot e^x = 2e^x\cdot\left(e^x - 2 + e^x\right)$

$= 2e^x(2e^x-2) = 4e^x(e^x-1)$

$f''(x) = 0 \;\Rightarrow\; 4e^x(e^x-1) = 0 \;\Rightarrow\; x_1 = 0$ Beachte: $e^x > 0$

Der das Vorzeichen bestimmende Faktor von $f''(x)$ ist (e^x-1):

$f''(x) < 0$ für $x < 0$ und $f''(x) > 0$ für $x > 0$

In $]-\infty;\, 0]$ ist G_f rechtsgekrümmt. In $[0;\, \infty[$ ist G_f linksgekrümmt.

Der Wendepunkt ist $W(0\,|\,1)$.

d) t: $y = f'(x_0)\cdot(x-x_0) + f(x_0)$ allgemeine Tangentengleichung

$x_0 = 0;\; f(0) = 1;\; f'(0) = 2e^0(e^0-2) = -2$

t_W: $y = -2x + 1$

e) $\lim\limits_{x \to \infty} f(x) = \lim\limits_{x \to \infty} (\underbrace{2 - e^x}_{\to -\infty})^2 = \infty$

$\lim\limits_{x \to -\infty} f(x) = \lim\limits_{x \to -\infty} (2 - \underbrace{e^x}_{\to 0})^2 = 4 \quad \Rightarrow$ linksseitige horizontale Asymptote $y = 4$

f) Wertetabelle und Graph

x	–5	–4,5	–4	–3,5	–3	–2,5	–2	–1,5	–1	–0,5	0	0,5	1	1,5
f(x)	3,97	3,96	3,93	3,88	3,8	3,68	3,48	3,16	2,66	1,94	1	0,12	0,52	6,16

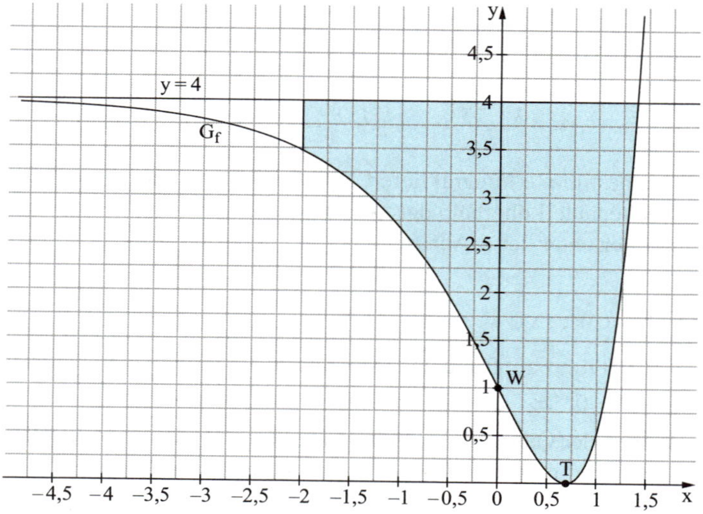

g) Das Flächenstück ist in der Abbildung in Teilaufgabe f farbig markiert.

h) $f(x) = 4 \quad \Leftrightarrow \quad (2 - e^x)^2 = 4 \quad |\sqrt{\;}$

$2 - e^x = \pm 2$

$2 - e^x = 2$ | $2 - e^x = -2$
$e^x = 0$ | $e^x = 4$
keine Lösung | $\Rightarrow x_S = \ln(4) \approx 1{,}39$

i) $A(a) = \int\limits_a^{\ln(4)} (4 - f(x))\,dx = \int\limits_a^{\ln(4)} (4 - \overbrace{(2 - e^x)^2}^{4 - 4e^x + e^{2x}})\,dx = \int\limits_a^{\ln(4)} (4e^x - e^{2x})\,dx$

$= \left[4e^x - \frac{1}{2}e^{2x}\right]_a^{\ln(4)} = 4e^{\ln(4)} - \frac{1}{2}e^{2\ln(4)} - \left(4e^a - \frac{1}{2}e^{2a}\right)$

$= 4 \cdot 4 - \frac{1}{2} \cdot 16 - 4e^a + \frac{1}{2}e^{2a} = \frac{1}{2}e^{2a} - 4e^a + 8$

j) $A(a)=4 \iff \frac{1}{2}e^{2a}-4e^{a}+8=4 \iff \frac{1}{2}e^{2a}-4e^{a}+4=0$

$\frac{1}{2}z^2-4z+4=0$ Substitution: $z=e^a$

$z_{1/2}=\frac{4\pm\sqrt{16-4\cdot\frac{1}{2}\cdot 4}}{2\cdot\frac{1}{2}}=4\pm\sqrt{8}$ mit der Lösungsformel

$e^a=4\pm\sqrt{8}$ Rücksubstitution

$a=\ln(4\pm\sqrt{8})\approx\begin{cases}1{,}92>\ln(4) & \text{scheidet aus}\\ 0{,}158\end{cases}$

k) $\lim\limits_{a\to-\infty}A(a)=\lim\limits_{a\to-\infty}\Big(\underbrace{\tfrac{1}{2}e^{2a}-4e^{a}}_{\to 0}+8\Big)=8\,[\text{FE}]$

l) $A=A_\triangle+A(0)$

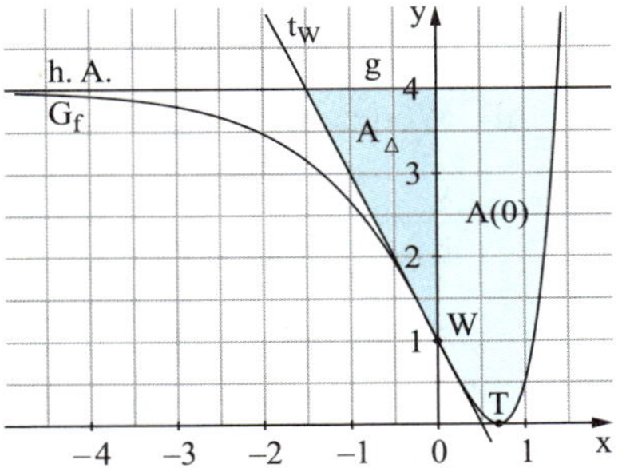

$A_\triangle=\frac{1}{2}g\cdot h=\frac{1}{2}g\cdot(4-1)=\frac{3}{2}g$

g berechnet sich aus der Schnittstelle zwischen horizontaler Asymptote $y=4$ und der Wendetangente $y=-2x+1$:

$-2x+1=4 \Rightarrow x=-\frac{3}{2}$

$\Rightarrow g=\frac{3}{2} \Rightarrow A_\triangle=\frac{3}{2}\cdot\frac{3}{2}=\frac{9}{4}$

$A(0)=\frac{1}{2}e^{2\cdot 0}-4e^{0}+8=\frac{1}{2}-4+8=\frac{9}{2}$

$A=A_\triangle+A(0)=\frac{9}{4}+\frac{9}{2}=\frac{27}{4}=6{,}75\,[\text{FE}]$

164. $f(x)=(\ln(x))^2-\ln(x)=\ln(x)\cdot(\ln(x)-1);\quad x\in\mathbb{R}^+$

a) $\lim\limits_{x\to\infty}f(x)=\lim\limits_{x\to\infty}\underbrace{\ln(x)}_{\to\infty}\cdot\underbrace{(\ln(x)-1)}_{\to\infty}=\infty$ Die ursprüngliche Darstellung des Funktionsterms von f eignet sich nicht so gut zur Grenzwertberechnung.

$\lim\limits_{x\to 0+}f(x)=\lim\limits_{x\to 0+}\underbrace{\ln(x)}_{\to-\infty}\cdot\underbrace{(\ln(x)-1)}_{\to-\infty}=\infty$

$\Rightarrow$ vertikale Asymptote: $x=0$

b) $f(x)=0 \Rightarrow \ln(x)\cdot(\ln(x)-1)=0$ Produktform

$x_1=1 \vee x_2=e$ $\ln(1)=0$ bzw. $\ln(e)=1$

c) $f'(x)=2\ln(x)\cdot\frac{1}{x}-\frac{1}{x}=\frac{2\ln(x)-1}{x}$ Kettenregel in der ursprünglichen Darstellung

$f''(x)=\frac{\frac{2}{x}\cdot x-(2\ln(x)-1)\cdot 1}{x^2}=\frac{3-2\ln(x)}{x^2}$ Quotientenregel

Extrempunkt

$f'(x) = 0 \;\Rightarrow\; 2\ln(x) - 1 = 0 \;\Rightarrow\; x_1 = e^{\frac{1}{2}}$

$f''(e^{\frac{1}{2}}) = \frac{3 - 2\ln(e^{\frac{1}{2}})}{(e^{\frac{1}{2}})^2} = \frac{3-1}{e} = \frac{2}{e} > 0$

$\Rightarrow$ Tiefpunkt $T\left(e^{\frac{1}{2}} \,\middle|\, -\frac{1}{4}\right)$

$f(e^{\frac{1}{2}}) = \left(\ln(e^{\frac{1}{2}})\right)^2 - \ln(e^{\frac{1}{2}})$
$= \frac{1}{4} - \frac{1}{2} = -\frac{1}{4}$

Wendepunkt

$f''(x) = 0 \;\Rightarrow\; 3 - 2\ln(x) = 0 \;\Rightarrow\; x_2 = e^{\frac{3}{2}}$

Das ist eine Nullstelle von f'' mit Vorzeichenwechsel (einfache Nullstelle).

$\Rightarrow$ Wendepunkt $W\left(e^{\frac{3}{2}} \,\middle|\, \frac{3}{4}\right)$

$f(e^{\frac{3}{2}}) = \left(\ln(e^{\frac{3}{2}})\right)^2 - \ln(e^{\frac{3}{2}})$
$= \frac{9}{4} - \frac{3}{2} = \frac{3}{4}$

d) Wertetabelle und Graph

x	0,1	0,5	1	1,5	2	2,5	2,72	3	3,5
f(x)	7,6	1,17	0,0	−0,24	−0,21	−0,08	0,0	0,11	0,32

x	4	4,5	5	5,5	6
f(x)	0,54	0,76	0,98	1,2	1,42

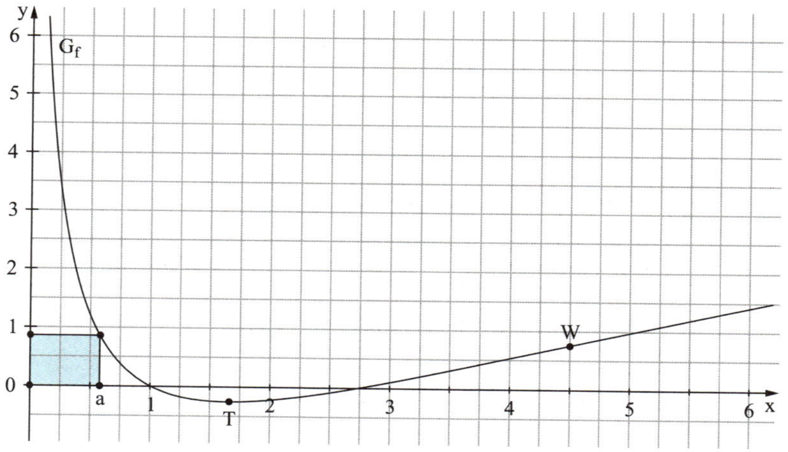

e) Ansatz zur Bestimmung von a und b: $F'(x) = f(x)$

$F'(x) = 1 \cdot (\ln(x))^2 + x \cdot 2\ln(x) \cdot \frac{1}{x} + a \cdot \ln(x) + ax \cdot \frac{1}{x} + b$

$= (\ln(x))^2 + 2\ln(x) + a\ln(x) + a + b$

$= (\ln(x))^2 + (2+a)\ln(x) + (a+b)$

Damit dieser Ausdruck gleich $f(x)=(\ln(x))^2-\ln(x)$ ist, muss gelten:

(1) $2+a=-1 \quad \Rightarrow \quad a=-3$

(2) $a+b=0 \quad \Rightarrow \quad b=-a=3$

f) $A=\left|\int_1^e f(x)\,dx\right|$ Nullstellen 1 und e

$=\left|\left[x(\ln(x))^2-3x\ln(x)+3x\right]_1^e\right|$

$=|e-3e+3e-(0-0+3)|$

$=|e-3|=3-e\approx 0{,}28\,[FE]$

g) $A(a)=a\cdot f(a)=a\cdot\left((\ln(a))^2-\ln(a)\right);\quad a\in\,]0;1[$

$A'(a)=1\cdot\left((\ln(a))^2-\ln(a)\right)+a\cdot\left(2\ln(a)\cdot\frac{1}{a}-\frac{1}{a}\right)=(\ln(a))^2+\ln(a)-1$

$A'(a)=0$ Ansatz für Extremstellen

$(\ln(a))^2+\ln(a)-1=0$

$z^2+z-1=0$ Substitution: $z=\ln(a)$

$z_{1/2}=\frac{-1\pm\sqrt{1+4}}{2}=\frac{1}{2}(-1\pm\sqrt{5})\approx\begin{cases}0{,}618\\-1{,}618\end{cases}$ mit der Lösungsformel

$\ln(a)=\frac{1}{2}(-1\pm\sqrt{5})$ Rücksubstitution

$a=e^{\frac{1}{2}(-1\pm\sqrt{5})}\approx\begin{cases}1{,}855\notin\,]0;1[\\0{,}198\end{cases}$

$A''(a)=2\ln(a)\cdot\frac{1}{a}+\frac{1}{a}=\frac{2\ln(a)+1}{a}$

$A''(0{,}198)<0 \quad\Rightarrow\quad$ lokales Maximum bei $a=e^{\frac{1}{2}(-1-\sqrt{5})}$

Randuntersuchung:

Für $a\to 1$ wird $A(a)=0$, das folgt aus der Anschauung.

Interessanter ist der Fall $a\to 0$, da hier die Rechteckhöhe gegen ∞ geht:

$\lim\limits_{a\to 0+} A(a)=\lim\limits_{a\to 0+}\underbrace{a}_{\to 0}\cdot\underbrace{\left((\ln(a))^2-\ln(a)\right)}_{\to\infty}=0$ „ln verliert."

(siehe Teilaufgabe a)

Das größte Rechteck erhält man für $a\approx 0{,}198$. Es hat die Höhe $f(0{,}198)\approx 4{,}24$ und den Flächeninhalt $A_{max}\approx 0{,}84$.

165. $f_a(x)=\frac{1}{x\ln(ax)}$ mit $a>0$

a) Das Argument der ln-Funktion muss positiv sein:

$ax>0 \quad |:a\;(>0)$

$x>0$

Die Nullstellen des Nenners sind Definitionslücken:

$x = 0 \;\vee\; \ln(ax) = 0$

$\qquad\qquad ax = 1$

$\qquad\qquad x = \frac{1}{a}$

Insgesamt:

$D_{max} = \mathbb{R}^+ \setminus \left\{\frac{1}{a}\right\}$

b) $\lim\limits_{x\to\infty} f_a(x) = \lim\limits_{x\to\infty} \frac{1}{\underbrace{x\ln(ax)}_{\to\infty}} = 0 \quad\Rightarrow$ horizontale Asymptote $y=0$

$\lim\limits_{x\to 0+} f_a(x) = \lim\limits_{x\to 0+} \frac{1}{\underbrace{\underbrace{x}_{\to 0+}\;\underbrace{\ln(ax)}_{\to -\infty}}_{\to 0-}} = -\infty \quad\Rightarrow$ vertikale Asymptote $x=0$

$\lim\limits_{x\to \frac{1}{a}+} f_a(x) = \lim\limits_{x\to \frac{1}{a}+} \frac{1}{\underbrace{\underbrace{x}_{\to \frac{1}{a}}\;\underbrace{\ln(ax)}_{\to 0+}}_{\to 0+}} = \infty \quad\Rightarrow$ vertikale Asymptote $x = \frac{1}{a}$

$\lim\limits_{x\to \frac{1}{a}-} f_a(x) = \lim\limits_{x\to \frac{1}{a}-} \frac{1}{\underbrace{\underbrace{x}_{\to \frac{1}{a}}\;\underbrace{\ln(ax)}_{\to 0-}}_{\to 0-}} = -\infty$

c) $f(x) = f_{\frac{1}{e}}(x) = \frac{1}{x\cdot\ln\left(\frac{1}{e}x\right)} = \frac{1}{x\cdot(\underbrace{\ln(e^{-1})}_{=-1} + \ln(x))} = \frac{1}{x(\ln(x)-1)}$

$D_{max}(f) = \mathbb{R}^+ \setminus \{e\}$ (siehe Teilaufgabe a)

$f'(x) = \frac{0 - 1\cdot\left(1\cdot(\ln(x)-1) + x\cdot\frac{1}{x}\right)}{(x(\ln(x)-1))^2} = \frac{-\ln(x)}{(x(\ln(x)-1))^2}$

d) $f'(x) = 0 \;\Rightarrow\; x_1 = 1$

Definitionslücke von f': $x_2 = e$

Das Vorzeichen von f' wird vom Term $-\ln(x)$ bestimmt.

x		1		e	
f'(x)	+	0	–	/	–
f(x)	↑	H	↓	/	↓

In $]0; 1]$ ist f streng monoton zunehmend.

In $[1; e[$ ist f streng monoton abnehmend.

In $]e; \infty[$ ist f streng monoton abnehmend.

$\Rightarrow$ Hochpunkt $H(1\,|\,{-1})$

e) Wertetabelle und Graph

x	0,1	0,4	1	2	2,5	e	3	4	5	7,39
f(x)	–3,03	–1,3	–1,0	–1,63	–4,78	/	3,38	0,65	0,33	0,14

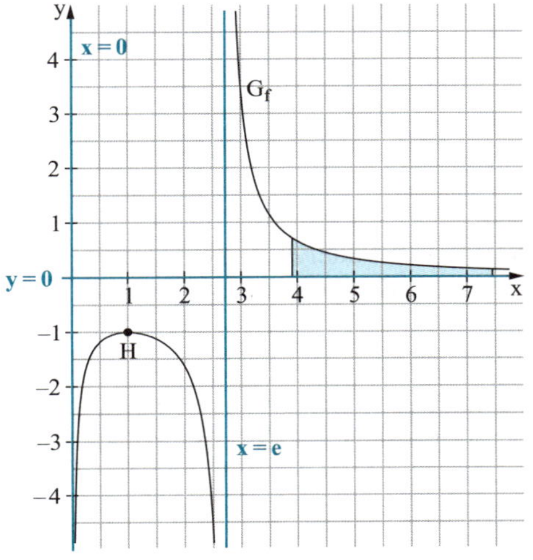

f) $f(x) = \frac{1}{x(\ln(x)-1)} = \frac{\frac{1}{x}}{\ln(x)-1}$

Demnach ist $g(x) = \ln(x) - 1$ und $g'(x) = \frac{1}{x}$.

Damit ist $\ln|g(x)|$ eine Stammfunktion von $f(x) = \frac{g'(x)}{g(x)}$.

Alle Stammfunktionen von f erhält man somit:

$$\int \frac{1}{x(\ln(x)-1)}\,dx = \int \frac{\frac{1}{x}}{\ln(x)-1}\,dx = \ln|\ln(x)-1| + C$$

g) $A(u) = \int_u^{e^2} f(x)\,dx = [\ln|\ln(x)-1|]_u^{e^2} = \underbrace{\ln|\ln(e^2)-1|}_{0} - \ln|\ln(u)-1|$

$= -\ln(\ln(u)-1)$

Wegen $\ln(u) - 1 > 0$ kann auf die Betragstriche verzichtet werden.

h) $\lim\limits_{u \to e+} A(u) = \lim\limits_{u \to e+} \underbrace{-\ln\underbrace{(\underbrace{\ln(u)}_{\to 1+}-1)}_{\to 0+}}_{\to -\infty} = \infty$ Kein endlicher Flächeninhalt!

$A(e^2) = -\ln(\ln(e^2)-1) = -\ln(2-1) = -\ln(1) = 0$

Dies ist wegen $\int_{e^2}^{e^2} f(x)\,dx = 0$ auch ohne Rechnung klar.

Ansatz: $A(u)=1 \Rightarrow -\ln(\ln(u)-1)=1$

$$\ln(\ln(u)-1)=-1 \qquad |e^{\uparrow}$$
$$\ln(u)-1=e^{-1}$$
$$\ln(u)=1+e^{-1} \qquad |e^{\uparrow}$$
$$u=e^{1+\frac{1}{e}}\approx 3{,}93 \qquad \text{vgl. Diagramm}$$

166. a) $D_{max}=\mathbb{R}\setminus\{a\}$;

Nullstelle: $x_1=-a$

b) horizontale Asymptote: $y=1$ (Zählergrad = Nennergrad)
vertikale Asymptote: $x=a$ (Polstelle mit Vorzeichenwechsel)

c) $y_S=f(0)=\frac{a}{-a}=-1 \Rightarrow S_y(0|-1)$

Da die Koordinaten dieses Punkts nicht von a abhängen, liegt er auf allen Graphen. Anders formuliert: Alle Graphen f_a gehen durch S_y.

d)

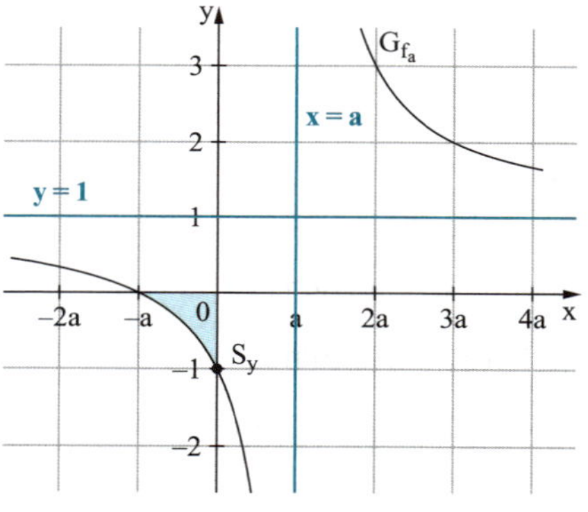

e) Polynomdivision:

$$(x+a):(x-a)=1+\frac{\mathbf{2a}}{x-a}$$
$$\underline{-(x-a)}$$
$$\mathbf{2a} \quad \leftarrow \text{Rest}$$

Daher ist:

$$f_a(x)=\underbrace{1}_{\substack{\text{ganz-}\\\text{rational}}}+\underbrace{\frac{2a}{x-a}}_{\substack{\text{echt gebro-}\\\text{chen-rational}}}$$

f) $\int f_a(x)\,dx=\int\left(1+\frac{2a}{x-a}\right)dx=x+2a\ln|x-a|+C$

g) $$A(a) = \left| \int_{-a}^{0} f_a(x)\,dx \right| = \left| \left[x + 2a\ln|x-a|\right]_{-a}^{0} \right|$$
$$= |0 + 2a\ln|-a| - (-a + 2a\ln|-2a|)|$$
$$= |2a\ln(a) + a - 2a\ln(2a)|$$
$$= |2a\ln(a) + a - 2a(\ln(2) + \ln(a))|$$
$$= |2a\ln(a) + a - 2a\ln(2) - 2a\ln(a)|$$
$$= |a - 2a\ln(2)| = a\,|1 - 2\ln(2)| = a(2\ln(2) - 1)$$
$$= a(\ln(4) - 1) \approx 0{,}39a$$

h) $$g(x) = \ln\left(\frac{x+e}{x-e}\right)$$

Ansatz: $\frac{x+e}{x-e} > 0$

1\. Fall $\frac{+}{+}$ $\quad x + e > 0 \ \wedge\ x - e > 0$

$\quad x > -e \ \wedge\ x > e$

$\quad D_1 =]e; \infty[$

2\. Fall $\frac{-}{-}$ $\quad x + e < 0 \ \wedge\ x - e < 0$

$\quad x < -e \ \wedge\ x < e$

$\quad D_2 =]-\infty; -e[$

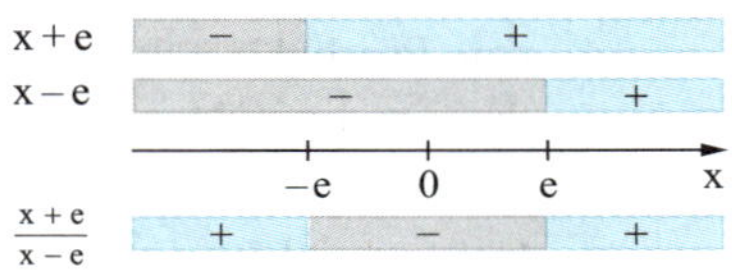

$\Rightarrow\ D_{max} = \mathbb{R} \setminus [-e; e]$

i) D_{max} ist symmetrisch (notwendige Voraussetzung) und es gilt:

$$g(-x) = \ln\left(\frac{-x+e}{-x-e}\right) = \ln\left(\frac{x-e}{x+e}\right) = \ln\left(\left(\frac{x+e}{x-e}\right)^{-1}\right) = -\ln\left(\frac{x+e}{x-e}\right) = -g(x)$$

Damit ist der Nachweis erbracht.

j) $$\lim_{x \to \infty} g(x) = \lim_{x \to \infty} \ln\underbrace{\left(\frac{x+e}{x-e}\right)}_{\to 1} = \ln(1) = 0$$

$$\lim_{x \to e+} g(x) = \lim_{x \to e+} \underbrace{\ln\left(\frac{\overbrace{x+e}^{\to 2e}}{\underbrace{x-e}_{\to 0+}}\right)}_{\to \infty} = \infty$$

Wegen Symmetrie:

$$\lim_{x \to -\infty} g(x) = 0;$$

$$\lim_{x \to -e-} g(x) = -\infty$$

k) horizontale Asymptote: $y=0$ wegen $\lim\limits_{x\to\pm\infty} g(x)=0$

vertikale Asymptote: $x=e$ wegen $\lim\limits_{x\to e+} g(x)=\infty$

vertikale Asymptote: $x=-e$ wegen $\lim\limits_{x\to -e-} g(x)=-\infty$

keine Nullstellen

l) $g'(x)=\underbrace{\frac{x-e}{x+e}}_{\text{Kehrwert}}\cdot\frac{1\cdot(x-e)-(x+e)\cdot 1}{(x-e)^2}=\frac{-2e}{(x+e)(x-e)}=\frac{-2e}{x^2-e^2}$

$g''(x)=\frac{0+2e\cdot 2x}{(x^2-e^2)^2}=\frac{4ex}{(x^2-e^2)^2}$

m) $g'(x)=\frac{-2e}{x^2-e^2}$

Der Nenner stellt eine nach oben geöffnete Parabel mit den Nullstellen $x=\pm e$ dar. Da der Zähler stets negativ ist, gilt:
$g'(x)<0$ für alle $x\in D_g=\mathbb{R}\setminus[-e;\,e]$

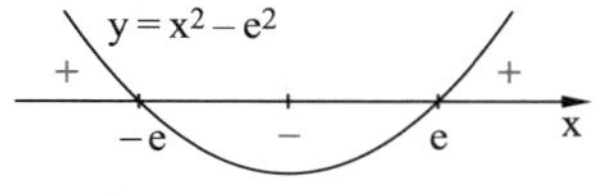

In $]-\infty;\,-e[$ ist g streng monoton abnehmend. In $]e;\,\infty[$ ist g streng monoton abnehmend.

n) $g''(x)=0 \Rightarrow 4ex=0 \Rightarrow x=0$, aber $0\notin D_{max}$
$\Rightarrow$ Der Graph von g hat keinen Wendepunkt.

o)

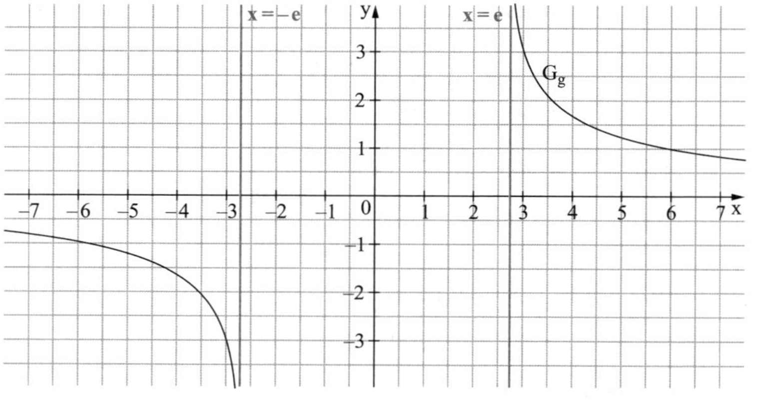